普通高等院校风景园林专业“十三五”规划精品教材

景观设计原理

丛书审定委员会

何镜堂　仲德崑　张　颀　李保峰
赵万民　李书才　韩冬青　张军民
魏春雨　徐　雷　宋　昆

本书主编　郝　鸥　谢占宇

本书主审　陈伯超

本书编写委员会

郝　鸥　谢占宇　哈　静　何周娟
张　勇　徐　帆　刘思铎　原砚龙
吴云涛　佟露露　刘万迪　何颖娴

华中科技大学出版社

中国·武汉

内 容 提 要

景观设计是近年来中国教育界新兴的一门学科，其发展的势头呈“热”化，而与之相关的应用理论书籍配备却比较缺乏。本书综合国内外教学经验，针对景观设计做了较完整的编著与研究。从景观设计学科的确立、发展到现代景观设计的形成、景观设计方法、景观元素的设计运用等都做了详细的讲述。特别重要的是，本书的切入点没有单一地局限在现代景观设计方面，而是把中国古典园林的空间构成方法和造园理念做了客观的分析，将其设计精髓与当今的景观设计相结合，书中提出了许多有价值的、古为今用的景观设计方法。本书不仅包括客观学术理论，还囊括了具体设计规范及施工方法、材料，具有理论知识研究与实际设计双重价值。本书既可作为教材、教学参考书，也可作为景观规划设计的读物。无论是刚迈入设计之列的初学者，还是多年从事本专业的行家，本书讲解的内容将为读者打开新的设计大门。

图书在版编目(CIP)数据

景观设计原理/郝鸥，谢占宇编著. —武汉：华中科技大学出版社，2017.8(2022.1 重印)
普通高等院校风景园林专业“十三五”规划精品教材
ISBN 978-7-5680-2908-7

Ⅰ.①景…　Ⅱ.①郝…　②谢…　Ⅲ.①景观设计-高等学校-教材　Ⅳ.①TU983

中国版本图书馆 CIP 数据核字(2017)第 126964 号

景观设计原理　　郝　鸥　谢占宇　编著
Jingguan Sheji Yuanli

责任编辑：简晓思
封面设计：潘　群
责任校对：张　琳
责任监印：朱　玢
出版发行：华中科技大学出版社(中国・武汉)　　电话：(027)81321913
武汉市东湖新技术开发区华工科技园　　邮编：430223
录　　排：华中科技大学惠友文印中心
印　　刷：广东虎彩云印刷有限公司
开　　本：850mm×1065mm　1/16
印　　张：24.25
字　　数：516 千字
版　　次：2022 年 1 月第 1 版第 4 次印刷
定　　价：59.80 元

普通高等院校风景园林专业“十三五”规划精品教材

总　　序

《管子》一书中《权修》篇中有这样一段话:“一年之计,莫如树谷;十年之计,莫如树木;百年之计,莫如树人。一树一获者,谷也;一树十获者,木也;一树百获者,人也。”这是管仲为富国强兵而重视培养人才的名言。

“十年树木,百年树人”即源于此。它的意思是说,培养人才是国家的百年大计,既十分重要,又不是短期内可以奏效的事。“百年树人”并不是非得100年才能培养出人才,而是比喻培养人才的远大意义,要重视这方面的工作,并且要预先规划,长期、不间断地进行。

当前我国风景园林业发展形势迅猛,急需大量的应用型人才。全国各地设有风景园林专业的学校众多,但能够做到既符合当前改革形势又适用于目前教学形式的优秀教材却很少。针对这种现状,急需推出一系列切合当前教育改革需要的高质量优秀专业教材,以推动应用型本科教育办学体制和运作机制的改革,提高教育的整体水平,并且有助于加快改进应用型本科办学模式、课程体系和教学方法,形成具有多元化特色的教育体系。

这套系列教材整体导向明确,科学精练,编排合理,指导性、学术性、实用性和可读性强,符合学校、学科的课程设置要求。以风景园林学科专业指导委员会的专业培养目标为依据,注重教材的科学性、实用性、普适性,尽量满足同类专业院校的需求。教材内容大力补充新知识、新技能、新工艺、新成果。注意理论教学与实践教学的搭配比例,结合目前教学课时减少的趋势适当调整了篇幅。根据教学大纲、学时、教学内容的要求,突出重点、难点,体现建设“立体化”精品教材的宗旨。

这套系列教材以发展社会主义教育事业,振兴高等院校教育教学改革,促进高校教育教学质量的提高为己任,为发展我国高等建筑教育的理论、思想,对办学方针、体制,教育教学内容改革等进行了广泛深入的探讨,以提出新的理论、观点和主张。希望这套教材能够真实的体现我们的初衷,真正能够成为精品教材,得到大家的认可。

中国工程院院士 何镜堂

2007年5月

前　　言

景观设计是中国新兴的学科专业，它是基于科学与艺术的观点及方法，探究人与自然的关系，以协调人与自然的关系为根本目标进行空间设计规划的行为。随着人们对于环境意识的不断增强，景观设计逐渐成为与建筑学、城市规划同等重要的一级学科。

教育是推动社会变化最强大的力量，中国现代景观设计起步较晚，为了应对当下多所高校开设景观设计专业，而作为教材的书籍不足的情况，我们专门针对教学实践撰写了本书。本书综合讲述了景观设计学科的建立，国内外景观设计的发展，全面地分析和阐述了景观设计的方法及相关要素的设计，还包括了从业人士必须掌握的景观设计要素的设计方法及施工。特别重要的是，本书分析研究了中国古典园林及其在空间设计等方面的卓越贡献，并萃取其精华，应用到今天的景观设计中。本书作为教材，具有创新性、实践性、规范性，在课程的结构设计上层层递进，系统而循序渐进。

本书由沈阳建筑大学郝鸥、谢占宇主编，哈静、何周娟、张勇、徐帆、刘思铎、原砚龙、吴云涛、佟露露、刘万迪、何颖娴参与编写。由沈阳建筑大学教授陈伯超主审。在编写过程中，参考了有关著作、论文等，在此谨向有关专家、学者致谢。

编　者

2017 年 7 月

目　　录

1 景观规划设计综述

1.1 景观的含义与分类

1.1.1 景观的含义

在西方文化中，“景观”最早见于希伯来文本的《圣经》旧约全书中，为“landscape”，被用来描述圣城耶路撒冷所罗门王子瑰丽的神殿以及具有神秘色彩的皇宫和庙宇。现代英语中景观(landscape)一词则出现于16世纪与17世纪之交，它作为一个描述自然景色的绘画术语，引自于荷兰语，意为“描绘内陆自然风光的绘画”，用以区别于肖像、海景等。后来景观亦指所画的对象——自然风景与田园景色，也用来表达某一区域的地形或者从某一点能看到的视觉环境。18世纪，英国学派的园林设计师们直接或间接地将绘画作为园林设计的范本(见图1-1)，将风景绘画中的主题与造型移植到了园林设计的过程中，这样创造出来的景观形式都类似于风景绘画，从而将“景观”一词同“造园”联系起来。

图1-1 英国风景画

现代社会中，景观的含义是指土地及土地上的空间和物体所构成的综合体。它是复杂的自然过程和人类活动在大地上的烙印。景观是多种功能的载体，可被理解和表现为：

①风景——视觉审美的空间和环境；

②栖居地——人类生活其中的空间和环境；

③生态系统——一个具有内在和外在联系的有机系统；

④符号——一种记载人类过去、表达希望和理想，赖以认同和寄托的语言与精神空间。

“景观”作为一个专业名词，从艺术的角度来说，是具有审美价值的景物，是观察者从视觉、听觉和触觉等多方面都能感受到的美的存在；从精神文化的角度来说，景观是能够影响或调节人类精神状态的景物；从生态的角度来说，景观是能够协调人类与自然之间生态平衡的景物。景观是人所向往的自然，是人类的栖居地，是人造的工艺品，是需要科学分析方能被理解的物质系统。

1.1.2 景观的分类

1. 一类自然

一类自然又称原始自然，它是天然形成的、非人力所为的景观形态，它反映了大自然原有的风貌，如山岳、湖泊、峡谷、沼泽等（见图 1-2）。

图 1-2 武陵源风景区

2. 二类自然

二类自然是人类生产活动过程中改造的自然，表现在文化景观上，体现了人与自然和谐共处的关系，如图 1-3 所示就是人类结合自身的生产劳动创造出的梯田景观。

3. 三类自然

三类自然又称美学自然，是人们按照美学的目的而建造的自然，东西方传统园林均属于这一范畴。

4. 四类自然

四类自然是指被人类损害又逐渐恢复的自然，如工业景观的设计（见图 1-4）。

图 1-3 梯田景观

图 1-4 工业区废弃地修复后形成的景观

1.2 景观设计学科概述

1.2.1 景观设计学科的确立

19 世纪，西方城市工业化发展非常迅速，也使城市聚居条件迅速恶化。刘易斯·芒福德的《城市发展史》中详细地描述了当时欧洲的城市面貌："一个街区接着一个街区，排列得一模一样；街道也是一模一样，单调而沉闷；胡同里阴沉沉的，到处是垃圾；到处都没有供孩子游戏的场地与公园；当地的居住区也没有各自的特色和凝聚力。窗户通常是很窄的，光照明显不足……比这更为严重的是城市的卫生状况极为糟糕，缺乏阳光，缺乏清洁的水，缺乏清新的空气，缺乏多样的食物。”

面对城市聚居环境的恶化，郊区和乡间村镇成了人们心中理想的居住环境，在那里可以呼吸新鲜的空气，享受家庭生活。怎样改善城市居住环境，防止城市居民大量涌入乡村，真正地保持城市和郊区平衡及稳定持久的结合，成为城市面临的最紧迫的问题。

这些情况引起了城市规划师的高度重视，奥地利城市规划师卡米罗·西特强调了城市公园对于城市健康卫生起到的作用：公园是能够使城市保持卫生的绿地，是城市的肺。

从 1860—1900 年，“美国景观设计之父”费雷德里克·劳·奥姆斯特德（见图 1-5）、美国景观设计师卡尔弗特·沃克斯等在城市公园绿地、广场、校园、居住区及自然保护地等方面所做的规划设计奠定了景观设计学科的基础。1900 年，老奥姆斯特德之子小奥姆斯特德和沙克利夫首次在哈佛大学开设了景观设计专业课程，这标志着景观设计专业的诞生。自此，景观通过教育的形式得以广泛传播。1909 年，普雷教授开始在景观设计课程中加入规划课程，逐渐从景观设计中派生出城市规划专业方向。1929 年城市规划从景观设计院独立出来，成立城市与区域规划学院，“建筑学，景观设计，城市规划”三足鼎立的格局从此形成。景观设计学科的设置，大大加强了城市规划与建筑学之间的联系，同时它摆脱了传统艺术院校僵化、死板的教学模式，提出了一种全新的、系统化的、有时代特色的教学模式。到 19 世纪 20 年代，美国哈佛大学的景观规划设计已成为其他院校效仿的对象，景观设计在世界范围内得到了推广。

图 1-5 费雷德里克·劳·奥姆斯特德

现代景观设计实践的范围越来越广泛，涉及的对象越来越复杂，参与者越来越多样。现代景观设计不仅追求形式与功能，而且体现叙事性与象征性；不仅关注空间、时间、材料，还把人的情感、文化联系纳入设计目标中；不仅重视自然资源、生物节律，还把当代艺术引入人类日常生活中。随着时代的进步，现代景观设计受到现代材料技术、加工技术、环境科学技术以及现代美学、现代艺术和现代建筑理论的影响，许多新的观念、新的技术介入进来，使现代景观设计和营造不可避免地发生了转型和变化，显示出明显的技术发展趋势。新技术成为景观设计师的灵感源泉和完成设计的手段，现代景观呈现出与传统景观迥然不同的面貌。随着 21 世纪高科技的飞速发展，材料、工艺水平和施工技术的提高与更新，环境技术、生态技术、多媒体技术、信息技术的空前发展,国内外涌现出了大量高新技术在现代景观设计中运用的理论与实践,现代景观设计呈现出高技化、生态化、乡土化、信息化和智能化趋势。

20 世纪 90 年代,随着中国经济的繁荣和环境意识的极大提高,景观设计在中国获得了前所未有的迅速发展,并且它所涵盖的内容和表现形式与中国传统园林有着千丝万缕的渊源,同时因其丰富多彩的设计思想和设计语言表现出高速发展社会下的勃勃生机。

1.2.2 景观设计涵盖的设计内容

景观设计涵盖了规划、建筑、园林的设计角度与思想,融合生态发展的理念,主要分为以下六个方面。

1. 国家及地域性规划

从景观生态学的角度对整个国家或某一地区的生态资源、风景、野生动植物、自然特性、环境价值等进行综合规划与分区,明确不同区域的景观生态特质,从而形成不同区域的生态特征,成为指导其发展建设的依据。如图 1-6 所示为英格兰景观生态规划图,在这里划分了不同的识别区域,由风景、野生动物和自然特性构成,每个区域拥有一个景观的视觉品质,从而构成了该区域的生态保护基础与区域发展特质。

2. 城市设计

城市设计是关注城市规划布局、城市面貌、城镇功能,并且尤其关注城市公共空间的一门学科。相对于城市规划的抽象性和数据化,城市设计更具有具体性,更加图形化。它涵盖景观设计、建筑设计、规划设计的多种学科内容,通过对物质空间和景观标志空间的处理,以及对城市色彩与城市体量的考量,创造一种物质环境,既能使居民感到愉快,又能激励其社区精神,并且能够带来整个城市范围内的良性发展。

3. 生态设计

生态设计,也称绿色设计、生命周期设计或环境设计,是指将环境因素纳入设计之中,从而帮助确定设计的决策方向。生态设计要求在产品开发的所有阶段均考虑环境因素,从产品的整个生命周期减少对环境的影响,最终引导产生一个更具有可持续性的生产和消费系统。广义的生态设计是指运用生态学,包括生物生态学、系统生态学、人类生态学和景观生态学等方面的原理、方法和知识,对某一尺度的景观进行规划和设计。这个层面上的生态设计,实质上是对景观的生态设计。狭义的生态设计是指以景观生态学的原理和方法进行的景观设计。它注重的是景观空间格局和空间过程的相互关系。景观空间格局由斑块、基质、廊道、边界等元素构成。

4. 城市空间结构

城市空间结构是城市要素在空间范围内的分布和联结状态,是城市经济结构、社会结构的空间投影,是城市社会经济存在和发展的空间形式。城市空间结构一般表现为城市密度、城市布局和城市形态等三种形式,这三者也与景观设计内容密切

图 1-6 英格兰景观生态规划图

相关,如广场、街区、公园、学校、滨水、住区等空间,都是城市密度调节、城市布局生态、城市形态发展的关键节点。图 1-7 所示为美国洛杉矶珀欣广场。

5. 景观建筑设计

景观建筑设计是一门新兴学科,设计领域的多学科交叉共荣已成为必然趋势。景观建筑是以建筑、园林、规划为研究理论和支撑骨架,探索多学科交叉的设计领

图 1-7 美国洛杉矶市珀欣广场

域。景观建筑一般是指在风景区、公园、广场等景观场所中出现的抑或本身具有景观标志作用的建筑，其具有景观与观景的双重身份。景观建筑和一般建筑相比，有着与环境、文化结合紧密，生态节能，造型优美，注重观景与景观和谐等多种特征。由于其设计制约因素复杂而广泛，因此较一般建筑敏感，需丰富的建筑、规划、景观设计等多方面知识结构的良好结合。

6. 庭院设计

庭院设计主要是建筑群或者建筑内部的室外空间设计。在庭院设计中首先要注意庭院与建筑空间的协调，在设计庭院时应当考虑到建筑空间的特点和流线安排，利用绿化来进一步分割动静区域。庭院设计应具有亲和性。一般来说，庭院的尺度不会很大，庭院中各个元素的比例和尺度不宜过度封闭，应以开敞和闭合相结合，形成宜人的小环境。最后是可达性，为了充分利用庭院空间，尽量不要再用围墙来将流线和视线强硬分割，并且注意尽量不要采用有刺和有毒的植被，例如夹竹桃。

1.2.3 景观设计与其他学科的区别

景观设计与许多学科有交叉联系，一些概念常被人们混淆，下面对它们加以区分。

1. 与园林设计相比

园林设计是以人工手段合理利用和塑造自然环境，并将其与人工环境结合的一种设计过程。造园有着悠久的历史，也形成了一些成熟的专业理论和美学理论。造园通常被视为景观设计的早期形态和内容之一，它们的相同之处都是人们改造所处环境、营造新环境的行为。它们的不同之处在于造园多是为了满足少数人的欣赏目的，所以，其风格更注重个人的喜好；而景观设计的研究焦点是在较大的空间和时间尺度上生态系统的空间格局和生态过程。景观设计的研究具体包括：景观空间异质性的发展和动态、异质性景观的相互作用和变化、空间异质性对生物和非生物过程的影响、空间异质性的管理。景观生态学的理论发展突出体现其与异质景观格局和过程的关系，以及它们在不同时间和空间尺度上相互作用的研究。理论研究还包括探讨生态过程是否存在控制景观动态及干扰的临界值，不同景观指数与不同时空尺度对生态过程的影响，景观格局和生态过程的可预测性，以及等级结构和跨尺度外推。准确地说，造园应该是景观设计中的分支之一，主要是对小规模场地景观的设计。

2. 与城市规划相比

景观设计与城市规划在实践上有众多的交叉。景观设计和城市规划的主要区别在于景观设计是对物质空间的规划和设计，包括城市与区域物质空间的规划和设计；而城市规划更注重社会经济、城市总体的发展计划。景观设计更多的是从微观入手，城市规划更多的是从宏观着眼。

3. 与建筑设计相比

建筑设计与景观设计有着密切的联系，特别是现代建筑设计理论的发展直接推动了现代景观的发展，所以两者在理论和设计中有很多相似之处，如对古典历史设计风格的摒弃、崇尚自由流空间、从艺术的发展中获取灵感等。它们的主要区别在于：建筑设计主要侧重于对人工聚居空间与实体的塑造，也侧重于对建筑单体及建筑群的建造；而景观设计的对象是城市空间形态，侧重于对空间领域的开发和整治。

4. 与环境艺术相比

环境艺术是一个较为宽泛的概念，它主要指对人工环境设计，通常包括广场、雕塑、绿化、建筑小品、城市家具以及建筑室内的装饰设计等，它是景观设计中不可或缺的元素，而景观设计的关注点是用综合的途径和方法来解决问题，关注一个物质空间的整体设计。解决问题的途径主要是建立在科学理性的基础上的，不仅仅依赖于设计师的艺术灵感和艺术创造。

1.2.4 景观设计师

景观设计师是以协调人地关系和以可持续发展为根本目标，进行空间规划、设计以及管理的职业。其终身目标是使建筑、城市和人的一切活动与生命能和谐相处。

“景观设计师”的称谓由“美国景观设计之父”费雷德里克·劳·奥姆斯特德于1858年非正式使用，1863年被正式作为职业称谓。奥姆斯特德坚持用景观设计师而不用在当时盛行的“风景花园师”(或称“风景园林师”)，不仅仅是职业称谓上的创新，而是对该职业内涵和外延的一次意义深远的扩充与革新。

景观设计师与传统造园师、园丁、风景花园师不同的根本之处在于：景观设计师这一职业是大工业、城市化背景下的产物，是在现代科学与技术(而不仅仅是经验)基础上发展起来的；景观设计师所要处理的对象是土地综合体的复杂问题，绝不是某个层面的问题(如视觉审美意义上的风景问题)；景观设计师所面临的问题是土地、人类、城市和土地上的一切生命的安全与健康以及可持续发展的问题。它是以土地的名义，以人类和其他生命的名义，以及以人类历史与文化遗产的名义，来监护、合理地利用、设计脚下的土地及土地上的空间和物体。

2 景观设计的创作思维

景观设计是一个由浅入深、从粗到细、不断完善的过程，设计者应先进行基地调研，熟悉场地的视觉环境与文化环境，然后对与设计相关的内容进行概括和分析，最后制定合理的方案，完成设计。这种先调研、再分析、最后综合的设计过程可分为五个阶段，即实地调研分析、构思立意、功能图解、推敲形式、空间设计。由于实地调研分析内容需要因地制宜，本章不做重点讲解。

2.1 设计之初的构思理念

构思理念是景观设计的灵魂，是具有挑战性和创造性的活动。如果没有构思理念的指导，后期的设计工作往往就是徒劳。设计的构思立意来源于对场地的分析、历史发展文脉的研究、解决社会矛盾以及从大众思想启迪等多方面，具体可分为以下两个方面。

2.1.1 抽象的哲学性理念

哲学性理念是通过设计表达场所的本质特征、根本宗旨和潜在特点。这种立意赋予场所特有的精神，使景观设计具有超出美学和功能之外的特殊意义。设计如果植根于一个强有力的哲学性理念，将产生强烈的认同感，使人们在经历、体验这样一个景观空间后，能感受到景观所表达的情感，从而引起人们的共鸣。设计师需要发现并且揭示这种精神的特征，进而明确场地如何使用，并巧妙地把它融入有目的的使用和特定的设计形式中。

抽象的哲学性理念来源于许多方面，如受哲学思想影响的东方园林，运用景观艺术营造出诗画般的意境空间；受现代艺术影响的景观设计，直接从绘画中借鉴灵感来源，用抽象的具有象征意义的手法来表现景观空间的特质；还有的从历史文脉入手，创造出具有民族文化特点的作品，等等。下面列举几个方面的哲学性理念，来探讨一下其在景观设计中的具体应用。

1. 从历史文脉中获取灵感

人类创造历史的同时也创造了灿烂的文化。每个国家、每个民族都有其自身独特的文明。文化的美积淀了一个国家、一个民族的传统习惯和审美价值，它包含了人类对理想生活的追求和美好向往。当今世界高速发展，各国之间的交流越来越频繁，在巴黎、纽约、北京看到的现代建筑和景观都是非常相似的，毫无城市特色而言，往往会造成民族文化的缺失。所以，从文化角度出发，设计具有民族文化的作品势在必行。

许多设计师已经在地域文化的土壤中汲取灵感，如巴西的景观设计师布雷·马克斯(以下简称布雷)设计的作品。布雷是20世纪最有天赋的景观设计师之一(见图2-1)，他的出色之处在于作品大都根植于巴西的传统文化。布雷18岁时跟随父亲去德国学习艺术，两年的德国之行可以说是他人生中重要的经历，在那里他接触到欧洲现代艺术，在参观柏林的达雷姆植物园时，他见到了引种在柏林的巴西植物，被其深深地触动。当时，巴西人对本国热带植物不屑一顾，而热衷于在庭院中种植从欧洲引进的植物。巴西造园还保留着欧洲的传统，索然无味和千篇一律的对称设计是普遍弊端。布雷意识到，巴西本土植物在庭院中是大有可为的，由此引发了他从历史文脉中探寻设计之路的想法。布雷创造了适合巴西气候特点和植物材料的风格，开辟了巴西景观设计的新天地，如图2-2所示为布雷设计的柯帕卡帕那海滨大道。巴西的传统建筑是漂亮的葡萄牙式建筑，瓷砖贴面装饰着院墙、商店和房子的入口，黑、白、棕色马赛克铺就的路面，传统的地域风情给了布雷创作灵感。他用当地出产的黑、白、棕三色马赛克在人行道上铺出精彩图案。海边的步行道用黑、白两色铺成具有葡萄牙传统风格的波纹状。布雷的设计不单纯是对于传统的模仿，而是将传统用现代艺术的语言来表达，其作品本身就是一幅巨大的抽象绘画，布雷用传统的马赛克将抽象绘画艺术表现得淋漓尽致。

图2-1 巴西景观设计师布雷

图2-2 柯帕卡帕那海滨大道

又如中国沈阳的一处街景设计，它是位于沈阳市少儿图书馆广场前的一个绿地设计，设计以草编雕塑为主景，这个雕塑内容是一个满族女孩的旗头半身像(见图2-3)，虽然它没有复杂的设计变化，但却在周围现代化的景观环境中尤为突出，原因就是它的创作立足于沈阳的历史文化。沈阳的格局是以清王朝故宫为核心的方城发展而来的，可以说满族文化是沈阳的地域文化，是沈阳的城市文化。设计中虽采用了极具象的设计手法，但它从文化角度的立意却高于其周边精美却没有特色的现代景观。

图 2-3　沈阳市少儿图书馆广场前的绿地雕塑设计

2. 运用隐喻象征的手法来设计景观

隐喻属于一种二重结构，主要表现为显在表象与隐在意义的叠合。象征是一种符号，象征的呈现，并不单纯表现其本身，而通常意味着更深层的意义。隐喻象征的手法通常给景观增添很多情趣，不同的人对于带有隐喻的设计符号的景观给予不同的解释，给空间带来独特的内涵。如哈普林在加利福尼亚州旧金山设计的“内河码头广场喷泉”(见图 2-4)是由一些弯曲的、折断的矩形柱状体组成的。作为城市经历了剧烈地震所造成的混乱和破坏的象征物，它提醒人们这座城市坐落在不良的地质带之上。为了纪念“9・11 事件”，景观设计采用隐喻手法，在双塔原址做了向下跌落 9 m多的大瀑布(见图 2-5)，设计师沿建筑遗址四边轮廓布置了一圈并列的锥形跌落引水渠，让人们强烈感受到双塔的存在，水不断地流去象征生命的逝去，轰隆隆的声音使人联想起大楼轰塌的场面，设计师用不多的语言，让人们充分感受到双塔的存在，产生纪念性的体验。

图 2-4　内河码头广场喷泉

图 2-5　9・11 纪念广场

3．场所精神的体现

场所精神，是根植于场地自然特征之上的，是对其包含及可能包含的人文思想与情感的提取与注入，是一个时间与空间、人与自然、现世与历史纠缠在一起的，留有人的思想、感情烙印的“心理化地图”。中国古典园林讲究的意境就是一种场所精神的体现，把自然山水与人的思想融合，从而使园林的美不止停留在审美的表象，而具有更深的内涵，形成了一种情感上的升华。肯尼迪纪念花园（见图 2-6）的设计就是体现场所精神的一个作品。1963 年 11 月 22 日肯尼迪总统遇刺后不久，英国政府决定在兰尼米德一块可以北眺泰晤士河的坡地上建造一个纪念花园。设计者杰弗里·杰里科是英国景观设计的代表人物，他在设计时没有采用具有震撼力的大手笔的纪念景观设计模式，而是反其道行之，选择了一种舒缓平和的方式，用质朴自然的要素来体现场所特有的精神。一条小石块铺砌的小路蜿蜒穿过一片自然生长的树林，引导参观者到山腰的长方形纪念碑（见图 2-7）。纪念碑和谐地处在乡村风景中，像永恒的精神，让游人凝思遐想。白色的纪念碑后的美国橡树在每年 11 月份叶色绯红，具有强烈的感染力，这正是肯尼迪总统遇难的季节。再经过一片开阔的草地，踏着一条规整的小路便可到达能让人坐下来冥想的石凳前，在这里可以俯瞰着泰晤士河和绿色的原野，象征着未来和希望。杰里科希望参观者能够仅仅通过潜意识来理解这朴实的景观，使参观者在心理上经过一段长远而伟大的里程，这就是一个人的生、死和灵魂，从而感受物质世界中看不到的生活的深层含义。

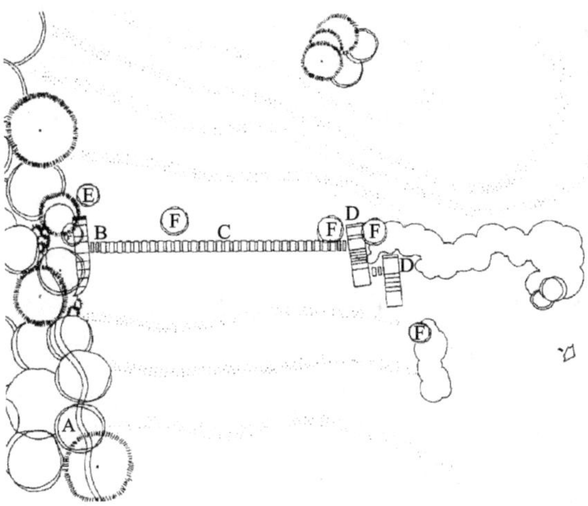

图 2-6　肯尼迪纪念花园平面

A—林中小径；B—石碑；C—石步道；
D—坐椅；E—美国橡树；F—原有树木

图 2-7　花园中的纪念碑

曾获得 1980 年普林茨克建筑奖的路易斯·巴拉甘（以下简称为巴拉甘）常常是建筑、园林连同家具一起设计。他设计的园林以明亮色彩的墙体与水、植物和天空形成强烈反差，创造宁静而富有诗意的心灵庇护所。巴拉甘 1902 年出生于墨西哥哈利斯科省的乡村，这里的人们住在有天井的房子里，树干被掏空做成的水槽在村庄的屋顶上纵横交错，水顺着水槽边沿流下来，滋润出青翠的苔藓。这些乡土建筑和传统的乡村生活方式给巴拉甘以后的建筑和景观设计留下了深深的烙印。巴拉甘园林作品中的一些要素——彩色的墙、高架的水槽和落水口的瀑布等已成为墨西哥风格标志(见图 2-8、图 2-9)。巴拉甘注重在建筑与园林空间中创造神秘感和孤独感，对他来说，设计是一个发现的过程，只有那些具备美丽和能够感动人品质的作品才是正确的。他构造的空间能唤起人们的情感、心灵的反应、怀旧的情结并为人们的思想提供归属感。他的作品强化了孤寂、神秘、喜悦、死亡。巴克曾说，花园的精髓就是具有人类所能达到的最伟大的宁静。巴拉甘的作品赋予人们物质环境一个精神的价值。

图 2-8　俱乐部社区中的情侣之泉

图 2-9　圣·克里斯多巴尔住宅庭园

2.1.2　具象的功能性理念

具象的功能性理念是指设计的立意源自于解决特定的实际问题，如减少土壤侵蚀、改善排水不良、生态保护、减少经济投入等，具有积极的现实意义。解决这些问题可能不像哲学性理念那样有一个很明确的场所情感，但它却常影响最终的设计形式。具象的功能性理念在景观设计中主要体现在以下几方面。

1. 从解决场地的实际问题入手

场地的实地调研是设计的基础，往往也是设计灵感的来源。因为在调研时设计师对场地就产生了感知，即设计师已经品读了场地的“气质”，这可能刺激设计的灵感。在调研过程中通过分析得到了场地的地域地貌特征，有被保留利用的积极因素，也有给设计造成困难的客观元素，面对这些问题就需要设计师从解决实际问题入手。有的利用场地保留的元素做文章，也有的把设计的目光放在了那些给设计造成困难的元素上。如沈阳建筑大学建筑研究所设计的大连龙王塘樱花园项目，它的设计理念正是来源于基地中最大的"困难"。樱花园坐落在一条南北走向的山谷之中。它的北面是大连龙王塘水库大堤，当年日本人在山谷中修水库、筑堤坝，又在大坝南侧种植了大片的樱花树。恰在这青山碧谷的正中间，日本人修筑了一条最宽处达 50 m 的人工泄洪渠，渠深 2～3 m，宽大而笔直，从水库大坝"旁若无人"地一直通向南面的大海。尽管建成后几十年从未用它泄过洪，但只要有水库就不能不保留这条"无用"却又不得不"存在"的"旱渠"（见图 2-10）。它像一条十分显眼的疤痕，令这天赐的山水为之失色。设计的关键之笔在于对泄洪渠问题的解决。它的位置居中，占地达 40 000 m^2，对它若无合理而巧妙的处理，整个项目的设计效果就无从谈起。解决这个设计难题的方法归纳起来大致分成两种类型：①"移位法"，将渠移到东或西侧的山脚下，沿山而行，腾出完整的谷中空间供建设需要；②"注水法"，将渠中注满水，化不利为有利，使它成为谷内景观中心。这两类处理方式各有所得，但是巨大的土方工程或注水量都是难以实现的，更何况渠底高差达 5 m 余，要注水就必须设橡皮坝，如此又将影响必要时的泄洪功能。沈阳建筑大学建筑研究所吸纳了中国传统艺术中的"意境设计"手法，以"虚"代"实"，以"无"喻"有"，以"旱河景观"的构思体现"江南水乡"的意境。恰似中国画的写意留白，无须画水，仅以船、虾、鸭示意水景（见图 2-11）；又如京剧表演，无须实景，仅以扬鞭示意骑马，以抬步示意登城。这个设计以渠底的局部浅池、岸壁瀑布、波形铺地示意水流，配合临水建筑和绿化小品，形成一幅"此处无水胜有水"的"旱河水乡"画面（见图 2-12），并将这条旱河命名为"生命谷"，赋予它以休闲和体育活动为内容的功能主题。在渠内设置多种休闲与运动场地，允许人们进入其中休憩、锻炼、游戏。人是活动因素，能在洪水警戒期安全、迅速地撤离，既不影响泄洪要求，又赋予它以新的生命与活力。由于设计的立意是根植于解决场地实际问题，把不利的因素通过设计立意巧妙地进行转化，反而成为设计的一大特色。

图 2-10　旱渠现状

图 2-11　国画中的水景意境

图 2-12 旱河水乡对比

2. 从改善社会现实问题角度入手

景观设计师通常都是社会活动家，对于社会有着深深的责任感，对于社会环境的变迁保持着敏锐的触角。景观设计根本的意图就是提升人类的生存环境质量，缓解社会问题。许多设计作品的立意是从改善社会现实问题角度出发的。第二次世界大战结束后，美国社会处在巨大的变化之中，大量退伍军人的涌入使城市人口大大增加，面对城市环境的恶化，中产阶层家庭逐渐迁移到市郊。美国与欧洲国家不同，欧洲国家由于历史原因，稠密的城市与丰富的广场并存，而美国的城市大多是繁杂、拥挤的地方，只有极少的开放空间。在这种生活环境下，景观设计师面临巨大的机遇和挑战。劳伦斯·哈普林（见图 2-13）通过对社会现状的思考，尝试在都市尺度和人造环境中，依据他对自然的体验来进行设计，将人工化了的自然要素插入环境，以此来改善社会环境质量的恶化。他为波特兰市设计的一组广场和绿地，三个广场由一系列已建成的人行林荫道来连接（见图 2-14）。爱悦广场是这一系列的第一站，是为公众参与而设计的一个活泼且令人振奋的中心。广场的喷泉吸引人们将自己淋湿，并进入其中而发掘出对瀑布的感觉。喷泉周围是不规则的折线台地（见图 2-15）。系列的第二站是柏蒂格罗夫公园。这是一个供休息的安静而青葱的多树荫地区，曲线的道路分割了一个个隆起的小丘，路边的座椅透出安详休闲的气氛（见图 2-16）。波特兰城市系列广场的最后一站是演讲堂前庭广场，它是整个系列的高潮。混凝土块组成的方形广场的上方，一连串的清澈水流自上层开始以激流涌出，从 24.4 m 宽、5.5 m 高的峭壁上笔直泻下，汇集到下方的水池中（见图 2-17）。爱悦广场的生气勃勃、柏蒂格罗夫公园的松弛宁静、演讲堂前庭广场的雄伟有力，三者之间形成了对比，并互为衬托。对哈普林来说，波特兰城市系列广场所展现的是他对自然的独特理解：爱悦广

图 2-13 劳伦斯·哈普林

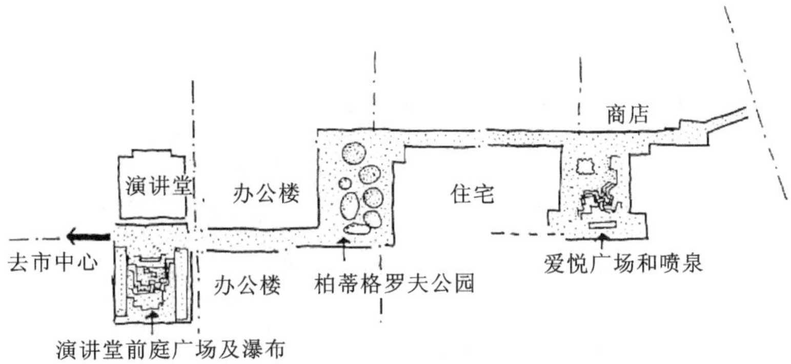

图 2-14 波特兰城市系列广场平面位置图

图 2-15 爱悦广场喷泉周围不规则的折线台地

图 2-16 柏蒂格罗夫公园

场的不规则台地，是自然等高线的简化；广场上休息廊的不规则屋顶，来自于对落基山山脊线的印象（见图 2-18）；喷泉的水流轨迹，是他反复研究加州席尔拉山山间溪流的结果（见图 2-19）；而演讲堂前庭广场的大瀑布，更是对美国西部悬崖与台地的大胆联想。哈普林设计的岩石和瀑布不仅是景观，也是人们游憩的场所。

图 2-17 演讲堂前庭广场的瀑布

图 2-18 广场中象征自然等高线的不规则台地和象征洛基山山脊线的休息廊屋顶

图 2-19 哈普林在加州席尔拉山关于溪流的书写和爱悦广场的构思草图

3. 从生态保护角度入手

景观设计师所要处理的是土地综合体的复杂问题，他们所面临的问题是土地、人类、城市和一切生命的安全与健康以及可持续发展的问题。很多景观设计师在设计中遵循生态的原则，遵循生命的规律，并以此为设计的立意之本。如反映生物的区域性；顺应基址的自然条件，合理利用土壤、植被和其他自然资源；依靠可再生能源，充分利用日光、自然通风和降水选用当地的材料，特别是注重乡土植物的运用；注重材料的循环使用并利用废弃的材料以减少对能源的消耗等。德国的工业景观设计正是这一立意指导下的作品。随着后工业时代的到来，德国的经济结构发生了巨大的变化，一些传统的制造业开始衰落，留下了大片衰败的工业废弃地。处置这些受到污染的工业废地，最简单的做法是将原有的工厂设备全部拆除，把受污染的泥土挖去并运来干净的土壤，种上树林、草地，建成如画的自然式公园。但这样做花费巨大，所以设计师选择从生态利用的角度去重新诠释场地。由德国慕尼黑工业大学教授、景观设计师彼得·拉茨设计的杜伊斯堡风景公园是一个生态设计成功的例子。公园坐落于杜伊斯堡市北部，这里有百年历史的钢铁厂，尽管这座钢铁厂曾辉煌一时，但它却无法抗拒产业的衰落，于 1985 年关闭，无数的老工业厂房和构筑物很快淹没于野草之中。1989 年，政府决定将工厂改造为公园。拉茨的事务所从 1990 年起开始规划设计工作，经过数年努力，1994 年公园部分建成开放。

规划之初，设计师面临的最关键问题是如何处理这些工厂遗留物，如庞大的建筑和货棚、矿渣堆、烟囱、鼓风炉、铁路、桥梁、沉淀池等，能否使它们真正成为公园建造的基础，如果答案是肯定的，又怎样使这些已经无用的构筑物融入今天的生活和公园的景观之中。拉茨的设计思想理性而清晰，他要用生态的手段处理这片破碎的地段。首先，公园的处理方法不是努力掩饰这些破碎的景观，而是寻求对这些旧有的景观结构和要素的重新解释。上述工厂中的构筑物都予以保留，部分构筑物被赋予了新的使用功能。高炉等工业设施可以让游人安全地攀登、眺望，废弃的高架铁路可改造成为公园中的游步道(见图2-20),高高的混凝土墙体可成为攀岩训练场(见图 2-21),并被处理为大地艺术的作品。设计并未掩饰历史,任何地方都让人们去看、去感受历史,建筑及工程构筑物都作为工业时代的纪念物保留下来了,它们不再是丑陋难看的废墟,而是如同风景园中的点景物,供人们欣赏。其次,工厂中的植被

图 2-20 高架铁路改造的步行系统

图 2-21 混凝土墙成为攀岩爱好者的训练场

均得以保留,荒草也任其自由生长,工厂中原有的废弃材料也得到尽可能的利用。红砖磨碎后可以用作红色混凝土的部分材料,厂区堆积的焦炭、矿渣可成为一些植物生长的介质或地面面层的材料(见图 2-22),工厂遗留的大型铁板可成为广场的铺装材料(见图 2-23)。此外,水可以循环利用,污水被处理,雨水被收集,引至工厂中原有的冷却槽和沉淀池,经澄清过滤后,流入埃姆舍河。拉茨最大限度地保留了工厂的历史信息,利用原有的"废料"塑造公园的景观,从而最大限度地减少了对新材料的需求,减少了对生产材料所需的能源的索取。这些景观层自成系统,各自独立而连续地存在,只在某些特定点上用一些要素,如坡道、台阶、平台和花园将它们连接起来,从而获得视觉、功能、象征上的联系。

图 2-22 炉渣铺就的林荫广场

图 2-23 铁板铺成的"金属舞台"

设计立意往往来自对场地的详细了解与分析。场地条件包括思想上的和物质上的,也包括自然方面的和人文方面的,其往往是形成立意与产生灵感的基础,生活中还有很多方面能够激发设计师的创作神经,比如现代景观设计兴起初期,设计师

从现代建筑和艺术的理论作品中汲取创作的养分。但值得注意的是，景观设计的立意应该是积极的，能够对社会发展起到促进作用，那种只为标新立异而毫无价值的立意应该避免。例如，一个水龙头，一直以来都是顺时针旋转关闭，逆时针旋转开启。你可以将它的样子改变，材料改变，也可以改变它的开启方式，如上下开启、电子开启，这些可以称为创新，但如果你还保留旋转的开启方式，却非要把它变成逆时针关闭、顺时针开启，这就不是一种创新，而是盲目的哗众取宠，因为它违背了常规的使用习惯，不仅没有为生活带来便利，反倒造成麻烦，没有任何意义。

2.2 设计图解分析

在确定了设计立意之后，还应该根据设计内容进行功能图解分析。每个景观设计都有特定的使用目的和基地条件，使用目的决定了景观设计所包括的内容，这些内容有各自的特点和不同的要求，因此，需要结合基地条件合理地进行安排和布置，一方面为具有特定功能的内容安排相适应的基地位置；另一方面为某种基地布置恰当内容，尽可能地减少功能矛盾、避免动静分区交叉冲突。景观设计功能分析有三方面的内容：①找出各使用区之间理想的功能关系；②在基地调查和分析的基础上合理利用基地现状条件；③精心安排和组织空间序列。

2.2.1 定义与目的

功能图解是一种随手勾画的草图，它可以用许多气泡和图解符号形象地表示出设计任务书中要求的各元素之间以及与基地现状之间的关系。功能图解以符号形象地表示出基地分析和基地设计条件图，而不是基地详图。

功能图解的目的就是要以功能为基础，做一个粗线条的、概念性的布局设计。它的作用与书面的简要报告相似，就是要为设计提供一个组织结构。功能图解是后续设计过程的基础。

功能图解研究的是与功能和总体设计布局相关的多种要素，在这个阶段不考虑具体外形和审美方面的因素，因为这些都是以后才考虑的问题。

设计师通过功能图解的图示语言就整个基地的功能组织问题与其他设计师或业主交流。这种图形语言使构思很快地表达出来。在初始阶段，设计师脑中会浮现大量图像画面或是构思，通过功能图解可以将它们形化、物化。有些构思可能较具体，而有一些则较概括、模糊，这时就需要将它们快速画在纸上以便日后进一步深入。画得越快，其构思的价值大小就越容易判断。由此可见，功能图解的图形语汇对于快速表达而言，是不可多得的工具。此外，由于功能图解是随手勾画的，形式抽象、概括，所以改动起来十分容易。这有利于设计师探寻多个方案，最终获得一个合适的设计方案。

2.2.2 功能图解的重要性

功能图解在整个设计中很关键，它的作用有：①为最终方案奠定一个正确的功能基础；②使设计师保持这种宏观层面上对设计的思考；③使得设计师能够构想出多个方案并探讨其可能性；④使设计师不只是停留在构思阶段，而是继续迈进。

1. 建立正确的功能分区

一个经过审慎考虑的功能图解将使后续的设计过程得心应手，所以它的重要性不管怎么强调都不过分。因为合理的功能关系能保证各种不同性质的活动、内容的完整性和整体秩序性。例如，在图 2-24 所示的街头休憩小公园中，三个分区看似简单，但若将租赁区放在坐憩区和水景区之间则必然会扰乱坐憩区的秩序，妨碍人们的休息和观景。这个时期做出的决定将会一直贯穿在接下来的设计中，因此，它必须是正确的，如果不对，那么问题就会在后几个阶段接二连三地冒出来。请记住：设计的外观，包括形式、材料和图案都不能解决功能上的缺陷。所以设计一开始就要有一个正确的功能分区，图 2-25 所示为常见的平面功能结构关系。

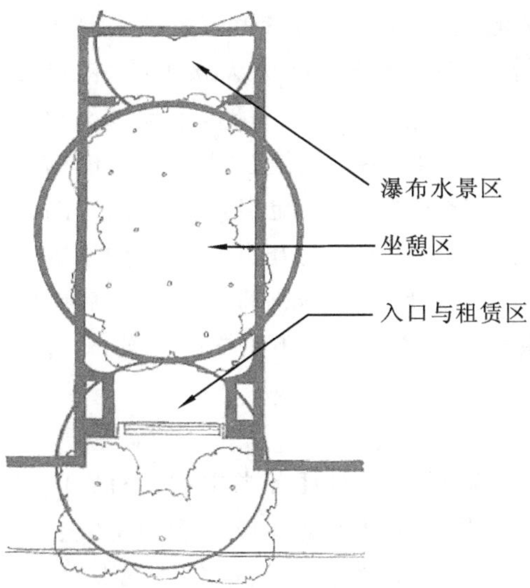

图 2-24 街头休憩小公园的功能分区

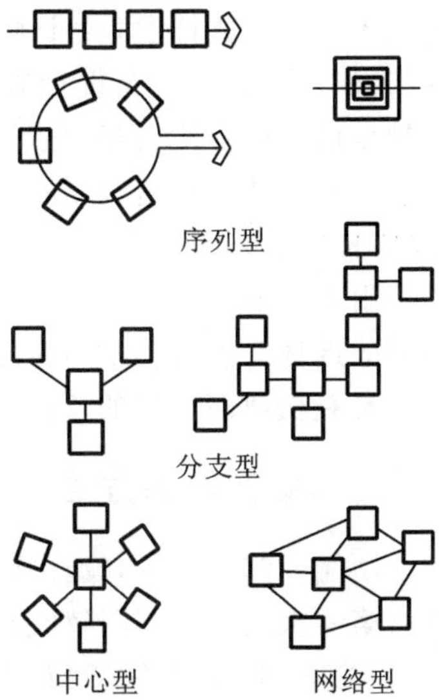

图 2-25 几种常见的平面结构关系

2. 保持宏观思考

没有经验的设计师最常见的一个错误就是一拿到设计，就在平面上画很具体的形式和设计元素。例如，平台、露台、墙和种植区的边界线在功能考虑得还不是很充分的情况下就赋予了高度限定的形式。类似地，材料及其图案的位置和对应的功能还没敲定，就画得过细。像这样太早关注过多的细节会使设计师忽略一些潜在的功能关系(见图 2-26)。

先总体考虑再深入做细节设计的另一个原因就是时间因素。因为在设计过程

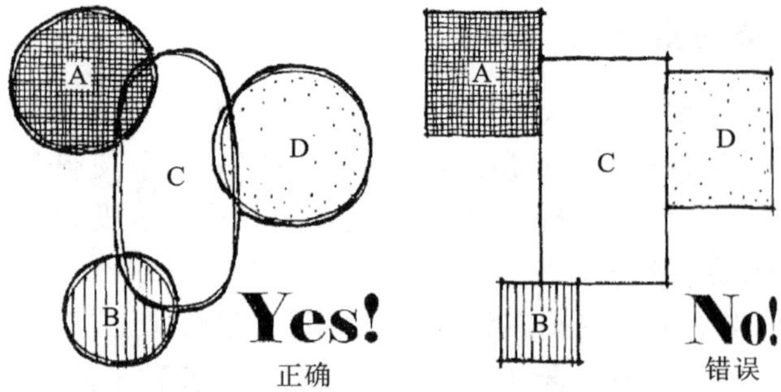

图 2-26　用气泡徒手勾画的功能图解空间

中改动是不可避免的，太早确定细节而后再更改将会造成时间浪费。当然，在每个设计阶段都会有变更，但是在初始阶段，如果用功能图解的图形语言合适地组织总体功能，改动起来就会十分迅速，耗费的精力也少。

3. 探讨多种方案

显而易见，随着设计经验的增多，设计师将会在脑中积累许多构思。不管是通过拍照还是实地去体验，设计师都会画大量的图作为将来的参考。这些大脑中的构思存档很有价值，每一个设计师都通过设计和亲身体验来扩充大脑中的“构思”库，这种视觉信息的宝库直接促成最初的构思。有时这些构思很对路，结果方案很快就成形了。但是请记住这只是一个构思而已，它也许不错，但是在没有与其他构思比较之前，你无法确定它是最好的。只有在加以比较之后，才能出现一个较好的设计思路。因为它使得设计师面对任何一个给定的项目，都能想出几种不同的选择。尝试不同的选择对设计师的成长非常重要。因为这有助于形成新的构思。功能图解的图形具有快速而简单的特征，这往往会激发设计师去尝试不一样的方案。

2.2.3　功能图解的方法

在功能图解过程中，设计师要使用徒手的图解符号对任务书中的所有空间和元素进行第一次定位。当图解完成的时候，任务书中的每个空间或元素的位置也就确定了。与这个阶段相关的设计因素有比例与尺度、位置与关联、概念性表现符号、竖向变化等。

1. 比例与尺度

在勾画功能图解之前，设计师应该清楚设计中各空间和元素的大概尺寸。这一步很重要，因为在一定比例的方案图中，数量性状要通过相应的比例去体现。比如要设计一个能容纳 50 辆车的停车场，就需要迅速估算出它所占的面积。

在确定了必要的大小之后，将任务书中的每个空间和元素画在一张白纸上。每个内容都必须使用与基地设计条件图一致的比例，按其大致的尺寸及比例用徒手绘制的“泡泡图”表示。有时仅用数字来描述空间的大小很难让人确切理解它在基地中的实际大小。例如，“100 m^2”的一块区域的大小并不很让人明了。只有当这块区域按给定的比例以泡泡图的形式表现时，设计师才能较清楚地看到它占据了平面中多大的地方（见图 2-27）。按比例勾出各空间和要素之后，设计师就会更清楚哪些功能应该放在基地中的什么位置。

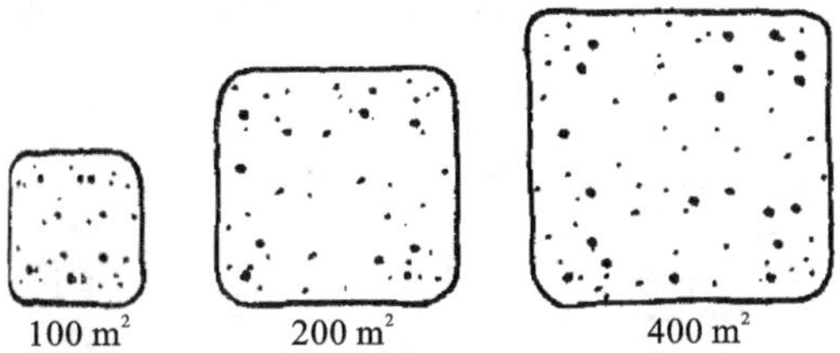

图 2-27　给定的空间比例实例

其次要考虑的是可获得的空间。每个空间和元素都必须与它在基地中所选的位置大小吻合。任务书中的所有空间和要素并非都能够放在基地中。当一个空间相对于基地中的某块特定区域而言太大时，问题就出现了。这种情况就需要重新组织功能图解，减少空间或元素的大小，或是从设计中删减某些空间或元素。

2. 位置与关联

在基地中确定各个拟定空间和元素的位置应该以功能关系、可以获得的空间和现有基地条件三点为根据。

首先看功能关系，基地中的每个空间和元素的位置都应该与相邻的空间和元素有良好的功能关系。联系密切的功能分区应该相邻设置，而不相兼容的功能应当分开设置。这阶段可借助于图示法来分析使用区之间关系的强弱。可用线条来连接联系紧密的分区（见图 2-28），内容较多时，也可将各项内容排列在圆周上，然后用粗细不同的线表示其关系的强弱（见图 2-29），从图中可以发现关系强的一些内容自然形成相应的分组。

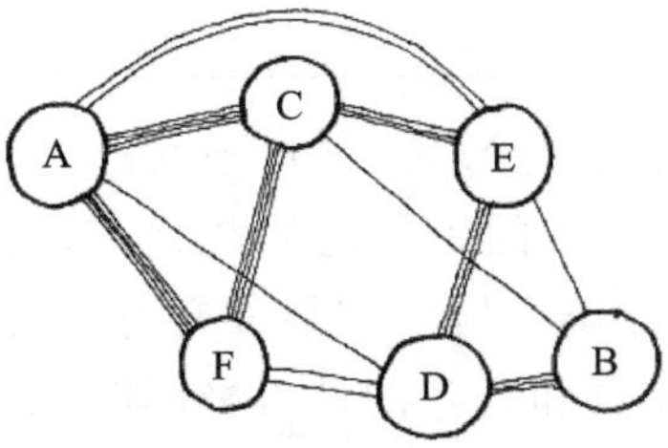

图 2-28　关系的强弱用线条数表示

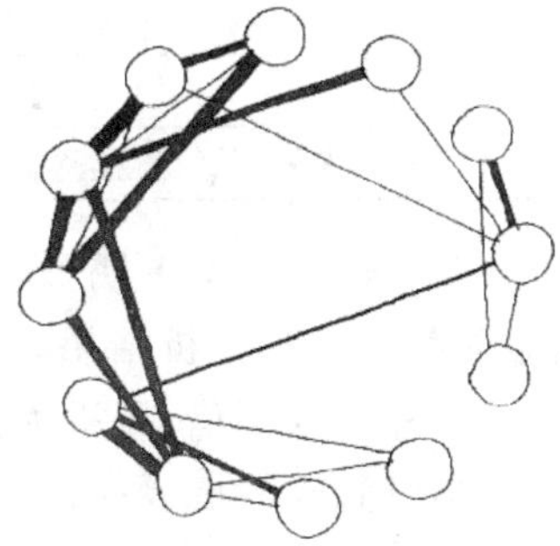

图 2-29　内容较多时的处理方式

此外还要考虑现有基地条件，基地分析时所做的观察和建议能够在功能图解中得以体现并表现出来。例如，现准备在两面临街、一侧为商店专用停车场的小块空地上建一处街头休憩空间，其中打算设置休息区（座椅）、服务区（饮水装置、废物箱）、观赏区（树木、铺装），要求能符合行人路线，为购物或候车者提供坐憩的空间。

基地周围的交通、视线条件，基地内的地形、树木和行走路线等现状情况可参见图2-30所示的基地分析图。

根据上述条件，对图2-30所列的两个设计方案进行比较，比较结果如表2-1所示，其中，正号表示该方案设计符合要求，负号则表明不正确或多少存在不足之处。

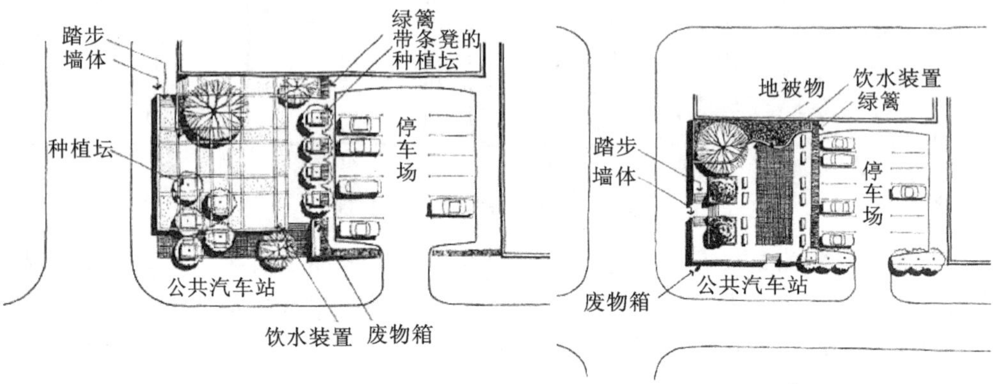

图 2-30　两个方案的比较

(a)方案一；(b)方案二

表 2-1　同一基地两个方案的比较

内　　容	方案一	方案二
设置的内容是否与任务书要求的相一致(包括座凳、饮水装置、种植、铺装等)	+	+
候车区是否设置了供坐憩的座凳	+	−
是否利用了基地外的环境景色，如街对面的广场喷泉	+	−
台阶入口位置的确定是否考虑到了行人的现状穿行路线	+	−
停车场地、商店是否能便利地与该休憩区连接	+	−
休息区是否有遮阴	+	−
服务区位置是否选在人流线附近方便的地方	+	−

从结果来看，方案一明显优于方案二，如果撇开设计形式、材料不谈，单单从利用基地现状条件和分析结果来看，方案二就存在着众多的不足之处，如候车区不设座凳、基地外有景不借、无视人的行为习惯、商店和停车场地不能很方便地利用该休憩区、座凳设置未考虑夏季遮阴、服务区设在远离休息和行走的地方，等等。从这两个方案的比较中可以发现，在动手做设计之前应仔细地分析基地，充分利用基地现状条件，只有这样才能做到有目的地设计和解决问题。

3. 概念性表现符号

在这一设计发展的阶段，使用抽象而又易于画的符号是很重要的。它们能很快地被重新配置和组织，这能帮助设计师集中精力做这一阶段的主要工作，即优化不同使用面积之间的功能关系，解决选址定位问题，发展有效的环路系统，推敲一些设计元素为什么要放在那里，并且如何使它们之间更好地联系在一起。普遍性的空间特性，不管是下陷还是抬升，是墙还是顶棚，是斜坡还是崖径，都能在这一功能性概念阶段得到进一步发展。

1）轮廓

轮廓是指一个空间的总体形状，可用易于识别的一个或多个不规则板块和圆圈来表示不同的空间，每一个圆圈的比例象征着空间属性的大小（见图 2-31）。

图 2-31 用不同大小的板块表示空间

2）边界

一个空间外部边界的形成有几种不同的方式，可以是地面的不同材质进行限定，也可以是立面上的坡度或高差，如种植的植物、墙、栅栏或是建筑。其中，边界的透明度不同，特性就不一样的。因此，功能图解中泡泡图周围的轮廓线应详尽地表明其是否透明的特征。透明度是指空间边缘透明的程度，它影响人们视线的通畅。透明度有三种类型，分别为实体、半透明、透明（见图 2-32）。

(a)　　(b)　　(c)

图 2-32 边界的透明度图例

(a)实体；(b)半透明；(c)透明

①实体边界是指那些诸如石墙、木篱或密植的常绿树等不可看穿的物体。这种边界可用于完全分隔或提供私密性。也可用“之”字形线或关节形状的线来表示。

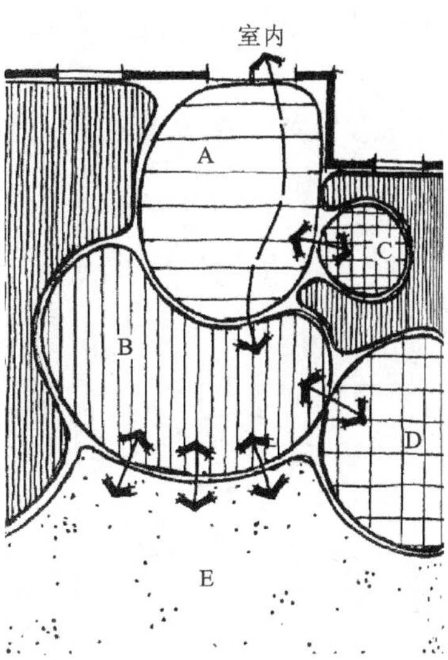

图 2-33 在图解中用箭头标出出入口

②半透明边界是指那些如木格栅、百叶篱、防烟透光塑料板或是疏叶型绿篱等，视线可以部分穿透的边界。这种边界既保持了一定程度的开敞，又提供了一种部分的围合感。

③透明边界完全开敞，视线可以毫无遮挡地到达设计指定的区域。这种边界可以由一片玻璃墙或通过竖向平面什么也不设来实现。

3）流线

流线关注的是沿着空间基本运动线路的各个空间的出入点。入口和出口的位置可以在图解中用简单的箭头标出（见图 2-33）。这里，箭头表明了进出空间的运动方式。除了出入口，设计师还应确定穿过空间的最主要运动线路，以规划出一条连续的流线，这可以用简单的虚线和指向运动方向的箭头来表示。这一步应该只针对主要的运动线路，而不是每一条可能的运动路径。

考虑流线的过程中，设计师应该考虑几个问题。流线是应该从空间的中央穿过呢？还是沿着空间的外部边缘走呢？或是直接从入口到出口？抑或随意地蜿蜒穿过空间？设计师必须研究流线的不同可能性，并确定何者与空间的功能最吻合（见图 2-34）。

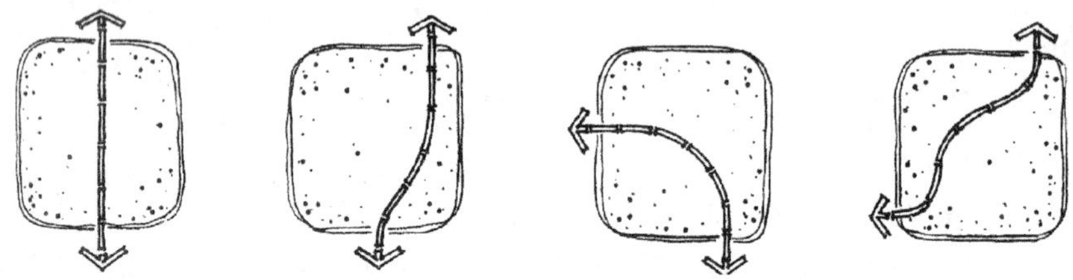

(a) (b) (c) (d)

图 2-34　流线穿越空间的不同方式

(a)流线从空间的中间穿过；(b)流线从空间的边缘穿过；
(c)流线在空间中拐弯；(d)流线蜿蜒穿过空间

当然，不仅要考虑流线的位置，对其密度和特征也要加以考虑。如前所述，可以用虚线和箭头这类图形符号来表示流线。而流线的其他一些特征密度则可用更为具体的箭头种类来表示。流线的密度是指流线路径的使用频率及重要性。流线密度大概可分为主要流线和次要流线两种。

①主要流线（见图 2-35）。这种类型的流线较为重要，使用频率从中等到高频。例如，介于车道和门前之间的入口人行道或是从室内的起居室经室外起居及娱乐空间到达草坪区的流线。

②次要流线（见图 2-36）。这种类型的流线较不重要，相对于主要流线而言使用频率较低，例如，沿房子外围的一圈路线，还有随意的花园小径。

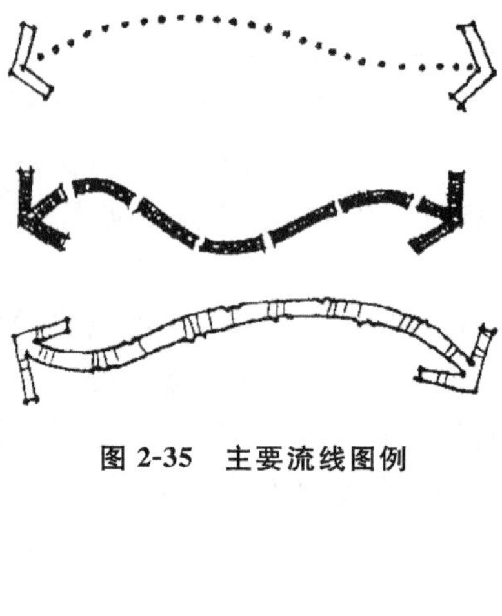

图 2-35　主要流线图例

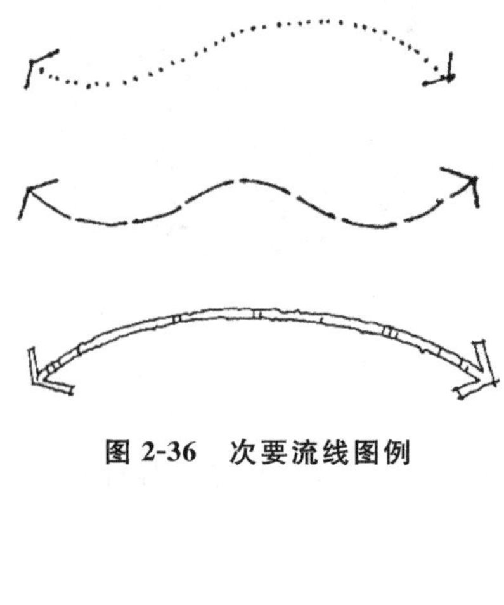

图 2-36　次要流线图例

4）视线

视线是功能图解中应该研究的另一个因素。人在空间中从一个区域或一个特定的点能看到什么或看不到什么，对于整个设计的组织和体验很重要。在功能图解的发展过程中，设计师关注的是对主要空间来说最有意义的那些视线。视线有几种不同类型，分别是全景视线或远景、焦点视线、屏蔽视线、聚焦点。

（1）全景视线或远景

这种视线视野范围很宽，并且通常强调离观者有一定距离的一个景点。这是一个向四面敞开的视线，举几个例子，比如，一个可以望见远山的视线，或是看到下方的山谷，或是可以望到邻近高尔夫球场的视线，当这些视线向外延伸到邻近或远处的景观时，这些美景往往可以借助框景加以强化，而且可以至少保证视线通透，以便将这部分美景组织到景观设计中，因为它们是这个设计视觉体验的一部分，图 2-37 所示为全景视线图例。

（2）焦点视线

这种视线是设计中的主视线，在视线的尽头往往设置景观中的节点，比如，一件雕塑品、一棵独一无二的树或是一个艳丽的花坛。图 2-38 所示为焦点视线图例。

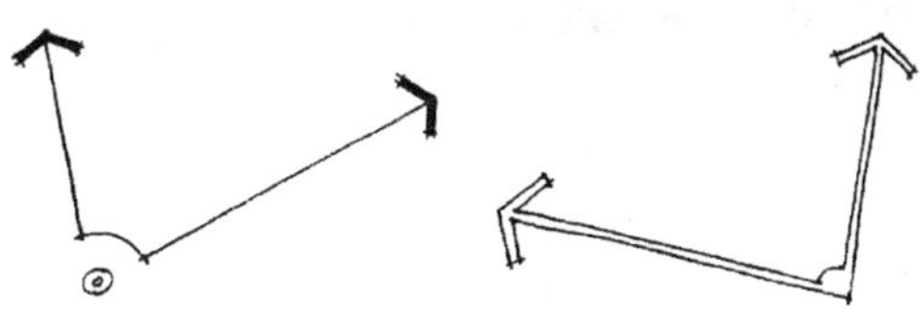

(a) (b)

图 2-37 全景视线图例

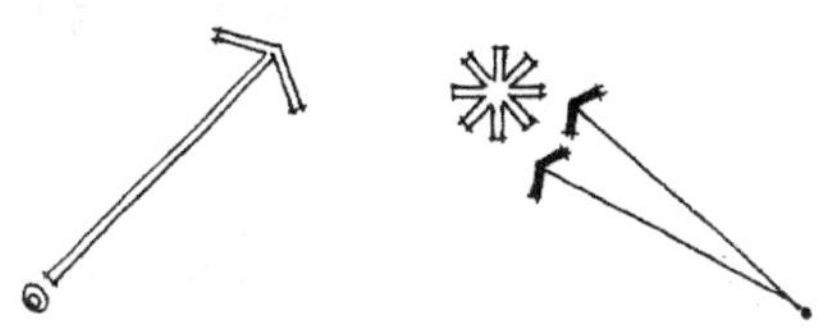

(a) (b)

图 2-38 焦点视线图例

（3）屏蔽视线

这种视线是人们不希望看到的应该屏蔽的视线，可以使用高植物、墙体、栅栏等来遮挡不良视线。图 2-39 所示为屏蔽视线图例。

（4）聚焦点

聚焦点与视线密切相关，是指与周围环境相比独特或是十分突出的视觉元素。例如，一棵虬劲苍老的古树、清新的水景、烂漫的春花，或是一件雕塑、一棵大树。在功能图解中要设好聚焦点的位置，以配合视线的设置。聚焦点能够突显出景观中的亮点，所以是决定性的。不要滥用聚焦点或是不加区分地将它们散布于各处，因为这样会造成令人目不暇接的混乱印象。图 2-40 所示为聚焦点图例。

4. 竖向变化

竖向变化在功能图解中同样应该给予表述，因为在这个时期设计师开始思考景观的三维形式。在图解中各空间之间高度变化的表示方法之一就是利用点来标示其高度（见图 2-41），这种方法可表达设计师决定哪些空间比其他高且高多少的设计意图。另一种表示高差的方法就是用线表示出沿流线的踏步位置（见图 2-42）。

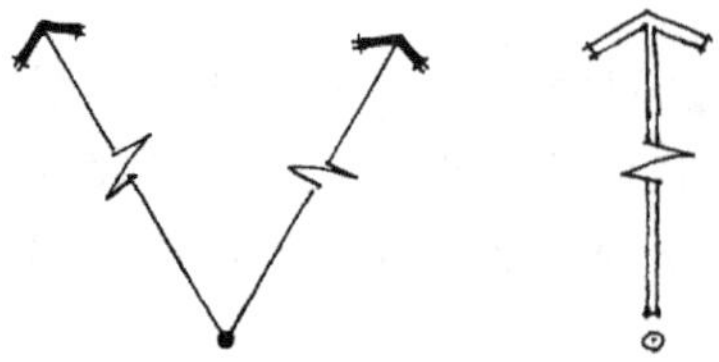

图 2-39　屏蔽视线图例

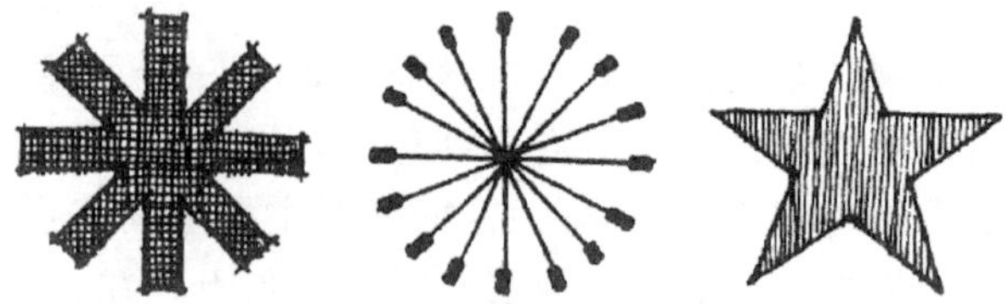

图 2-40　聚焦点图例

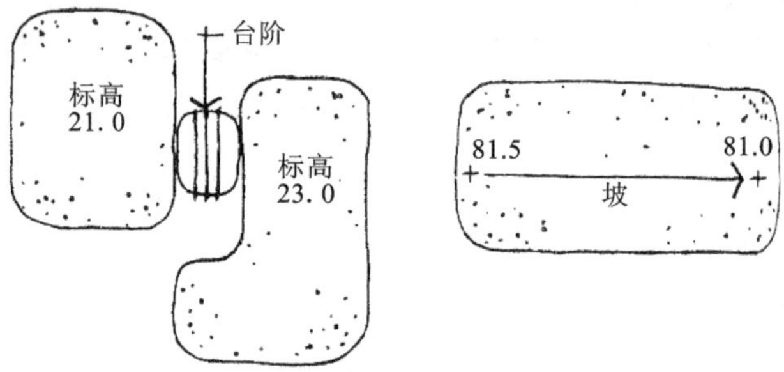

图 2-41　空间之间的高差可以用点标高来表示

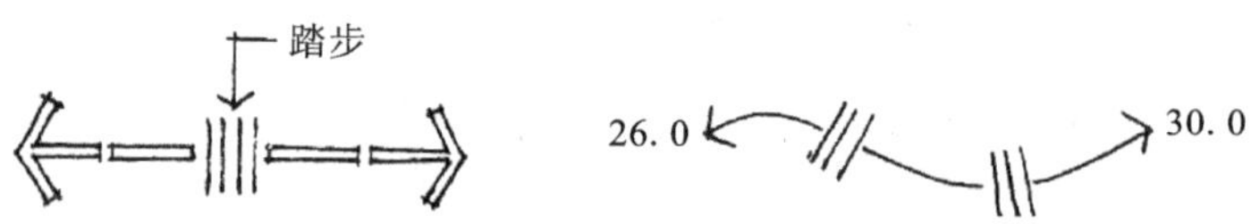

图 2-42　可以在流线中用线条形象地表示出踏步位置

2.2.4　功能图解小结

如前所述，设计师在准备功能图解时要考虑各种不同的设计因素，这些因素相互影响，所以应该综合起来考虑。当功能图解完成的时候，整个基地都应该布满泡泡图和其他代表所有必要空间和元素的图形符号（见图 2-43）。在整个布局中不应该出现空白的区域或是“孔洞”（见图 2-44），如果出现这样的地方，则说明设计师还

图 2-43　在完成的功能图解中，所有的基地区域都应该有泡泡或其他符号

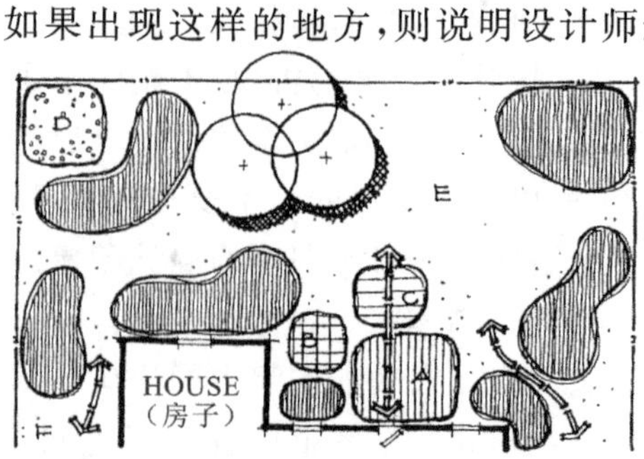

图 2-44　在一张完成的功能图解上不应该有空白的区域或孔洞

未想好这块地的用处，这时应该确定其用作什么。

在这个阶段一定记住要尝试多个不同的选择，实际上，初始阶段一般以 2～3 个方案为宜。这使得设计师在组织基地的功能上更有创造性，并且还可能发现比最初设想更为完善的解决办法。在考虑过一系列方案后，设计师最好在其中选择一个最佳方案或是综合几个方案的精华，然后再继续深入。

2.2.5 功能图解实例分析

1. 基地现状

基地南侧、西侧是主要道路。基地内有四处保留的植被，位于基地西侧有一条贯穿场地的小溪。拟建一个社区服务中心（见图 2-45）。

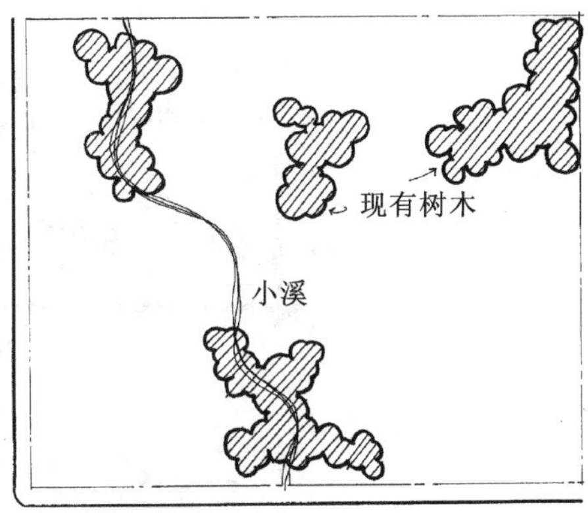

图 2-45 基地条件图

2. 基地任务书

拟建社区服务中心，包括礼堂、图书馆、会议室、停放 100 辆小汽车的停车场。环境包括广场、服务区、圆形剧场、公共用地、种植区等。

3. 功能图解考虑思路

①为了尽可能地减少现有小溪和植被的干扰，先对三个主要建筑物进行定位。

②设计能停放 100 辆小车的停车场。

③使汽车停车场出入口尽可能不相互影响。

④使人行道便于通向邻近的街区。

⑤设计多用途的广场或古罗马式圆形竞技场，以满足临时表演、户外课堂、娱乐、艺术展、雕塑展等之需。

⑥标出放置某些设施的位置。

⑦设计一些开敞的草坪空间以供休闲。

4. 功能图解概念性方案

这些思想能很容易且很快地按一定比例在方案图上表现出来。首先对场地清单，它记录着场地的现状，然后用符号对场地进行分析，图 2-46 和图 2-47 显示了社区进一步设计的两个不同的概念。这两个概念都对场地现存的条件进行了分析且满足设计原则，可这两个概念却彼此不同。接下来要仔细地比较这两个概念，揭示出它们的利弊，理性地选出一个较好的概念性方案。

在这些概念发展过程中，最好能避免制订具体形式和形状。无定形的泡影的线在这个状况下代表用途区域，并不表示特定物质的精确边界。定向箭头代表走廊的运动方向，也不表示它的边界。方案图中可以指出一些表面物质，如硬质景观、水、草坪、林地的类型，但没有必要去表示细节，如颜色、质地、图案、样式等。

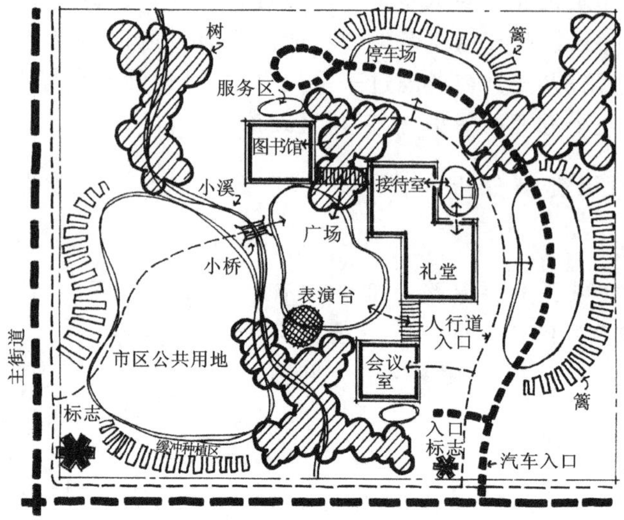

图 2-46　功能图解一

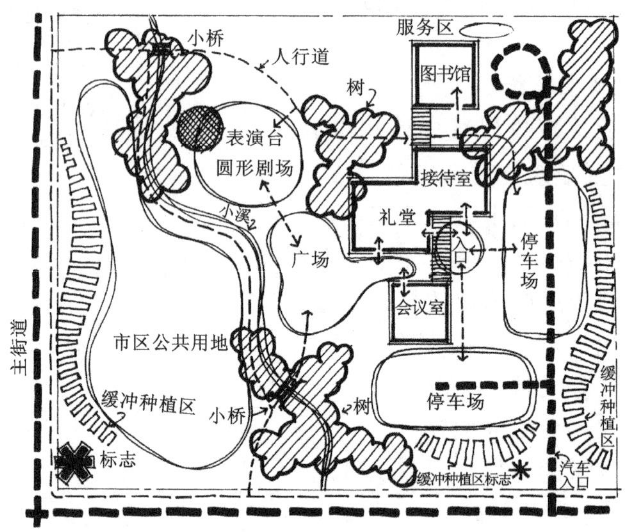

图 2-47　功能图解二

2.3　设计形式表达

从概念到形式的跳跃被看成是一个再修改的组织过程。在这一过程中，那些代表概念的圆圈和箭头将变成具体的形状，可辨认的物体将会出现，实际的空间将会形成，精确的边界将被绘出，实际物质的类型、颜色和质地也将会被选定。

2.3.1 设计表达的基本形式

下面把设计的基本形式归纳为10项，其中前7项是可见的常见形式，即点、线、面、形体、运动、颜色和质感，后3项是无形的要素，即声音、气味、触觉。

1. 点

点是构成形态的最小单元，不仅具有大小、位置，而且随着不同的组织方法，可以产生很多效果。比如，点可以排列成线，单独的点元素可以起到加强某空间领域的作用。当大小相同、形态相似的点，被相互及严谨地排成阵列时，会产生均衡美与整齐美。当大小不同的点被群化时，由于透视的关系会产生或加强动感，故而富于跳动的变化美。如图2-48所示为亚特兰大里约购物中心庭院里的点阵陶蛙所形成的点阵列及构成，图2-49中的点构成形式活泼，有空间、虚实之别。

图2-48 亚特兰大里约购物中心庭院里的点阵陶蛙

图2-49 活泼的点构成形式

景观艺术中，点的形式通常以“景点”的形式存在，最常见的如雕塑、具有艺术感的构筑物、形象独特的孤植等。如图2-50所示的马尔他潘的作品在整个景观中起到了“景点”的点缀作用。当对景观进行设计构图时，应以景点的分布控制整个景观。要点在于均衡布置景点，合理安排功能分区及组织游览内容，充分发挥景点的核心作用。当然，中心区域景点应适当集中，以突出重点，但应注意不能过分集中，否则会造成功能上的不合理和交通上的拥挤。因此，景点应合理运用“聚散”原则及相互呼应原则。单独点元素可以创造空间领域感，起到设置空间的作用。

2. 线

线存在于点的移动轨迹，面的边界以及面与面的交界或面的断、切截取处，具有丰富的形状和形态，并能形成强烈的运动感。线从形态上可分为直线（水平线、垂直线、斜线和折线等）和曲线（弧线、螺旋线、抛物线、双曲线及自由线）两大类。在景观设计中，有相对长度和方向的回路长廊、围墙、栏杆、溪流、驳岸、曲桥等均为线。

1）直线在园林艺术中的应用

直线在造型中常以三种形式出现，即水平线、垂直线和斜线。直线本身具有某种平衡性。虽然是中性的，但很容易适应环境。由于直线是人抽象出的产物，所以具有表现的纯粹性。在景观中，有时具有很重要的视觉冲击力，但直线过分明显则会产生疲劳感。因此，在景观设计中，常用直线的对景对它进行调和和补充。

水平线平静、稳定、统一、庄重，具有明显的方向性。水平线在景观中的应用非常广泛，直线形道路、直线形铺装、直线形绿篱、水池、台阶等都体现了水平线的美（见图 2-51）。

图 2-50　马尔他潘的作品

图 2-51　直线铺地的美

垂直线给人以庄重、严肃、坚固、挺拔、向上的感觉，在园林艺术中，常用垂直线的有序排列造成节奏律动美，或加强垂直线以取得形体挺拔有力、高大庄重的艺术效果。如用垂直线造型的疏密相间的园林栏杆及围栏、护栏等，它们的有序排列可形成有节奏的律动美。景观中的纪念性碑塔就是典型的垂直造型，刚直挺拔、庄重的艺术特点在这里体现得最充分（见图 2-52）。

倾斜线动感较强，具有奔放、上升等特性，但运用不当会有不安定和散漫之感。园林中的雕塑造型常常用到斜线，斜线具有生命力，能表现出生气勃勃的动势，另外也常用于打破呆板、沉闷而形成变化，达到静中有动、动静结合的意境（见图 2-53）。但由于斜线的个性特别突出，一旦使用，往往处于视觉中心，同时斜线对于水平和垂直线条组成的空间有强烈的冲击作用，因此要考虑好与斜线相配合的景观要素设计，使之与整个环境相协调。

由于现代审美趋向于简洁、明快、动感和个性，因此设计中简洁的直线几乎无处不在，表现形式越来越理性和抽象化，各种直线成为艺术中常用的表达要素，这种思想也影响了现代景观设计。现代景观设计运用直线创作出许多引人注目的园林景观，直线有时是设计师对自然独特的理解表达。美国景观设计大师彼得·沃克在他的极简主义景观作品中就大量使用了直线。例如，他在福特沃斯市伯纳特公园的设

图 2-52 华盛顿纪念碑

图 2-53 斜线造型的雕塑具有动感

计中，以水平线和垂直线为设计线形，用直交和斜交的直线道路网、长方形的水池和有序排列的直线形水魔杖构架了整个公园（见图 2-54）。

图 2-54 伯纳特公园

1—石步道；2—水池；3—座椅；4—花池；5—建筑；6—广场

2）曲线在园林艺术中的应用

曲线的基本属性是柔和性、变化性、虚幻性、流动性和丰富性。曲线分两类，一是几何曲线，一是自由曲线。几何曲线的种类很多，如椭圆曲线、抛物曲线、双曲线。几何曲线能表达饱满、有弹性、严谨、理智、明确的现代感觉，同时也有机械的冷漠感；自由曲线是一种自然、优美、跳跃的线形，能表达丰满、圆润、柔和、富有人情味的感觉，同时也有强烈的活动感和流动感。曲线在园林设计中运用最广泛，园林中的桥、廊、墙，以及驳岸建筑、花坛等处处都有曲线的存在（见图 2-55）。

为了模仿和体现自然，中国古典园林中几乎所有的线都顺应成自然的曲线——山峰起伏、河岸和湖岸弯曲、道路蜿蜒，植物配植也避免形成规则的直线，总要高低错落、左右参差，形成自然起伏的林冠竖向线（林冠线）和自然弯曲的林冠投影线（林缘线），即使是亭台楼阁等人工建筑，也把屋顶做成起翘以形成自由的曲线。另外，园林道路的线形也是自然弯曲的，曲线在有限的园林中能最大限度地扩展空间与时

图 2-55　建筑的屋檐起翘与自然的融合

间，在园路和长廊中处处展现它的美姿。

在现代园林设计中，曲线更是以多种形式出现，形成了各具特色的景观。女艺术家塔哈所设计的新泽西州特伦顿市环境保护局庭院绿亩园就是利用各种叠加在一起的曲线形成层层叠叠的硬质景观，仿佛大海退潮后在沙滩上留下的层层波纹（见图 2-56）；纽约亚克博·亚维茨广场上的主要景观就是利用流畅的弧线座椅形成独特的广场景观（见图 2-57）。

人们在紧张工作之余都喜欢轻松和自由地缓和一下生活节奏，希望从紧张的节奏中解放出来，而曲线能带给人们自由、轻松的感觉，并能使人们联想到自然的美景。因此，曲线成为景观设计中人们所偏爱的造型形式。在运用曲线的时候要注意曲线曲度与弯度的设计，曲线的弯度要适度，有张力、弹力，才能显现出曲线的美感。

图 2-56　新泽西州特伦顿市环境保护局庭院绿亩园

图 2-57　纽约亚克博·亚维茨广场景观

3. 面

几何学中面的含义是：线移动的轨迹，或者是点的密集。外轮廓线决定面的外形。面可分为几何形面和自由曲面。

从空间角度看，景观中面的构成可以分为底面、顶面和垂直面。底面通常用高差、颜色、材质的变化来对空间进行限定，如图 2-58 中休息椅与铺地在色彩、形状和质地上规则相交，以平面、严肃的装饰方式表现高差和绿化等元素，使底面体现了严谨的风格和观赏性；顶面的定义很自由，如大树的树冠和蓝蓝的天空都可以作为顶面要素，它通常会使空间变得富有功能意义与安全感；垂直面是三个面中最显眼也最易于控制的要素，在创造室外空间时起着重要的作用，它是空间分隔的屏障和背景。分隔，一般是在场所中将功能进行分区的手段。分隔的手法很多，高的、矮的、暂时的，等等。屏障，犹如空间中设置的一片墙，除了空间分隔功能外，还起到增加私密性的作用。作为屏障的树木可起到过滤风、声音、空气污染以及遮挡太阳光的作用。空间中适当的背景处理，可以避免注意力的分散，避免不必要事物的干扰，使兴趣集中于所观察的事物，成功衬托所展示物体的最佳品质。美国著名风景园林理论家、设计师约翰·奥姆斯比·西蒙兹教授认为，底面的规划模式大多设定了空间的主题，而垂直面则调节并产生了那些丰富和谐的表现形式。图 2-59 中，两栋建筑之间的庭院以对称形式布局，高大的建筑立面上黑玻璃与透明玻璃同时使用，使紧夹的垂直面并不显得沉重。黑玻璃幕墙上的 LED 照明盒也减轻了大块面的呆板，起到了节点装饰作用。图 2-60 中具有中国古典园林特色的圆形入口，作为一个垂直面，形成了一个圆形框景，与庭院里的现代建筑一起反映了中西合璧的思想。

图 2-58　色彩和形状规则相交的底面设计

图 2-59　两栋建筑之间的庭院

图 2-60　中国古典园林特色的圆形入口

4. 形体

当面被移位时，就形成了三维的形体。形体被看成是实心的物体或由面围成的空心物体。就像一座房子由墙、地板和顶棚组成一样，户外空间中形体由垂直面、水平面或底面组成。将户外空间的形体设计成完全或部分开敞的形式，就能使光、气流、雨和自然界的其他物质穿入其中(见图 2-61)。

图 2-61　形体实例

5. 运动

当一个三维形体被移动时，就会感觉到运动，同时也把第四维空间——时间当作了设计元素。然而，这里所指的运动，应该理解为与观察者密切相关。当我们在空间中移动时，我们观察的物体似乎在运动，它们时而变小时而变大，时而进入视野时而又远离视线，物体的细节也在不断变化。因此，在户外设计中，这种运动的观察者的感官效果比静止的观察者对运动物体的感觉更有意义。

6. 颜色

所有的表面都有内在的颜色，它们能反射不同的光波。在景观设计中用色是很特殊的，它不同于绘画，而是纯粹靠自然色彩的组合。色彩一般分为冷色调和暖色调，冷色调以青色系为主，暖色调以红色系为主。冷色调的特点是平静、亲和、舒适、安全，暖色调的特点是热烈、兴奋、温暖等。不同的景观为了满足不同的需要而设计，而不同的功能对景观空间环境的需求不同，因而对色彩的设计要求也不同。例如，纪念性建筑、烈士陵园等景观场所营造的气氛是庄重的、肃穆的、严肃的，这时较为稳重的冷色调中类似色的色彩设计就可以营造出相应的气氛；而娱乐性空间，如主题公园、游乐园等，则需要营造出活跃、热烈、欢快的气氛，这时就应该充分利用明度和彩度比较高的对比色来形成丰富的视觉感受；在安静的休息区，需要的是宜人、舒适、平和的气氛，这时应该采用以近似色为主，同时较为调和的色彩进行设计，可以以自然环境色彩为主，同时要有一些重点色形成视觉的焦点，从而满足人较长时间休息的心理需要。

色彩突出景观的个性，创造富有特色的景观空间，是设计者永远的追求。色彩应从场所文化中提炼与表达，根据法国色彩学家朗科洛关于色彩地理学的分析，地域和色彩是具有一定联系的，不同的地理环境有着不同的色彩表现。设计师只有深入了解当地的民俗文化、体验当地的生活，才能领会场所的精神，提炼出场所的“色彩”，并将这种色彩应用到景观设计中来。从大的范围来讲，这种色彩可以是一种民族的色彩、区域的色彩。例如，中国人认为红色是喜庆的色彩，因此，在节假日和喜庆的日子里，少量点缀一些红色就可以把气氛烘托出来，如挂上红灯笼、系上红绸子、摆上红色的花坛等；又如，墨西哥人热爱阳光，感情热烈奔放，因此墨西哥著名的景观建筑师巴拉甘对各种浓烈色彩的运用是其设计中鲜明的个人特色，这些后来也成为墨西哥建筑的重要设计元素，他所设计的墙体的色彩取自于墨西哥的传统色彩，尤其是民居中的绚烂的色彩，传统的墨西哥文化通过巴拉甘对色彩的应用得以充分表达（见图 2-62）。

图 2-62　圣克里斯多巴尔住宅庭院中的浓烈色彩

7. 质感

质感指视觉或触觉对不同物态（如固态、液态、气态）特质的感觉，是由于感触到素材的结构而产生的材质感或产生于颜色和映象之间的突然转换。例如，我们从粗糙的质感中感受到的是野蛮、男性、缺乏雅致的情调，从细致光滑的质感中则感受到的是女性、优雅的情调；从金属上感受到的是坚硬、寒冷、光滑的感觉；从布帛上感受到的是柔软、轻盈、温和的感觉；从石头上感受到的是沉重、坚硬、强壮的感觉。

质感可以分为人工的和自然的、触觉的和视觉的，设计中要充分发挥素材固有的美。材质本身固有的感受给人一种真实感、细腻感，可以营造出丰富的视觉感受。因此，质感是景观设计当中一个重要的创作手段，在设计中应该强化其特征，用简单的材料，创造出不平凡的景观，体现出设计的特色。

此外，还要根据景观表现的主题采用不同的手法调和质感，质感调和可以是同一调和、相似调和、对比调和。例如，图 2-63 中所采用的地面铺装选择了丰富的材料，有地砖、卵石和磨石等，但材料的质感具有粗糙、朴实的共性，因此既可形成丰富的特性，同时又具有协调的感觉。质感的对比是提高质感效果的最佳方法之一，能使各种素材的优点相得益彰。例如，德国萨尔州立大学庭院（见图 2-64），采用碎石英岩、暗色玄武岩和黄杨树丛质感对比，形成了丰富的视觉效果，并赋予庭院独特的景色和趣味。另外，设计时在庭院中点缀的石头和踏步石，有的布置在苔藓中，有的布置在草坪中，还有的布置在水中，都是根据庭院的环境、规模、表现意图等设计的。但在一般情况下，草坪和石头的配合不如苔藓同石头配合更为优美，这是由于石头坚硬、强壮的质感与苔藓柔软、光滑的质感的对比，使人从不同素材中看到了美。

8. 声音

声音是听觉感受，对我们感受外界空间有极大的影响。声音可大可小，可以来

图 2-63 地砖、卵石和磨石铺地效果

图 2-64 萨尔州立大学庭院铺地质感对比

自自然界，也可以人造，可以是乐音，也可以是噪音。声音能给设计带来很多情趣，如在水体设计中，大面积的平静水面如果能加以小的跌泉，就会产生很好的效果，跌泉的水声正好对比了水面的宁静，一动一静，相得益彰。

9. 气味

气味是嗅觉感受。在园林中植物花卉的气味往往能刺激嗅觉器官，它们有的能带来愉悦的感觉，有的却能引起不快的感觉。在很多景观设计中都以植物的气味作为造园的主题。

10. 触觉

触摸的感受通过皮肤直接接触，人们可以得到很多感受，如冷和热、光滑和粗糙、尖和钝、软和硬、干和湿、黏性的、有弹性的，等等。

把握住以上设计元素能给设计者带来很多机会，设计者能有选择地或创造性地利用它们满足特定的场地和业主的要求。特别是声音、气味、触觉这三种无形的设计要素，对它们的设计考虑将对残障人士感受景观之美，起到很大作用。伴随着概念性草图的进展，本节探讨了许多设计形式，这些形式仅仅是设计中最普遍和有用的，绝非唯一的。设计形式进一步的发展取决于两种不同的思维模式。一种是以逻辑为基础并以几何图形为模板，所得到的图形遵循各种几何形体内在的数学规律。运用这种方法可以设计出高度统一的空间。但对于纯粹的浪漫主义者来说，几何图形是乏味的、厌倦的和郁闷的。他们的思维模式是以自然的形体为模板，通过更加直觉的、非理性的方法，把某种意境融入设计中。他们设计的图形似乎无规律、琐碎、离奇、随机，但却迎合了使用者喜欢消遣和冒险的一面。两种模式都有内在的结构，但却没必要把它们绝对地区分开来。

2.3.2 几何形体思维模式

重复是组织中一条有用的原则。如果人们把一些简单的几何图形或由几何图形换算出的图形有规律地重复排列，就会得到整体上高度统一的形式。通过调整大小和位置，就能从最基本的图形演变成有趣的设计形式。

几何形体开始于三个基本的图形，即正方形、三角形、圆(见图 2-65)。从每一个基本图形又可以衍生出次级基本图形：从正方形中可衍生出矩形；从三角形中可衍生出 45°/90°和 30°/60°的三角形；从圆中可衍生出各种图形，最常见的包括两圆相接、圆和半圆、圆和切线、圆的分割、椭圆、螺线等。

1. 正方形模式

迄今为止，正方形是最简单、最有用的设计图形，它同建筑平面形状相似，易于同建筑物相配。在建筑物环境中，正方形和矩形或许是景观设计中最常见的组织形式，原因是这两种图形易于衍生出相关图形。正方形有四条独立而又划分清晰的边，所以它有四个确定的方向，它不像圆那样中心发散，正方形轴线属性比较强(见图2-66)。

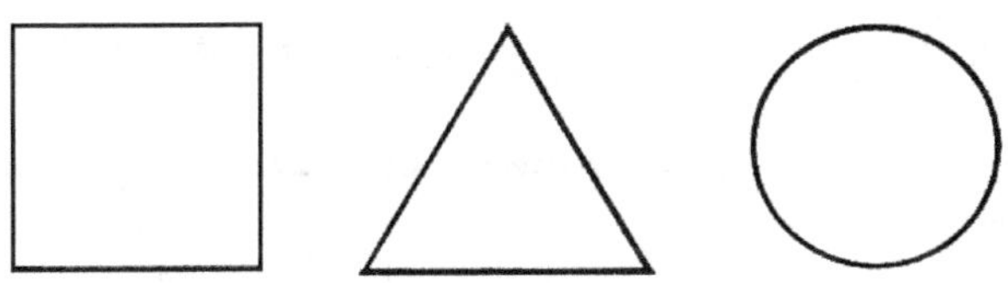

图 2-65 三个基本图形

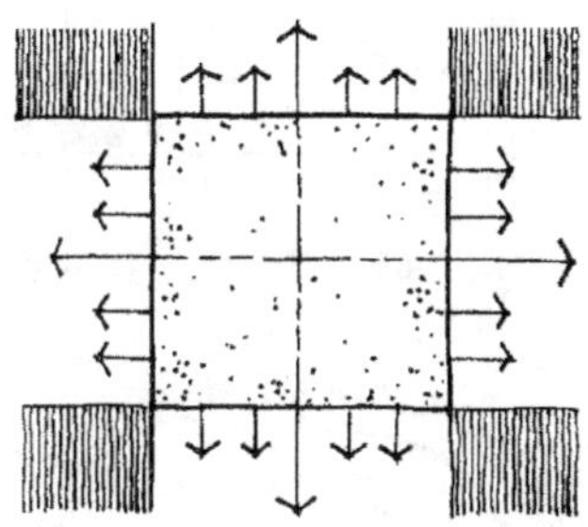

图 2-66 正方形轴线属性较强

正方形有六种参量(见图 2-67)对构成有影响，它们是边、延长线、轴线、延长轴线、对角线、延长对角线，由它们可发展成不同的构成形式。可以用正方形画出 90°网格，形成不同方形平面形式(见图 2-68)。将网格线铺在概念性方案的下面，就能很容易地组织出功能性示意图(见图 2-69)。通过 90°网格线的引导，概念性方案中

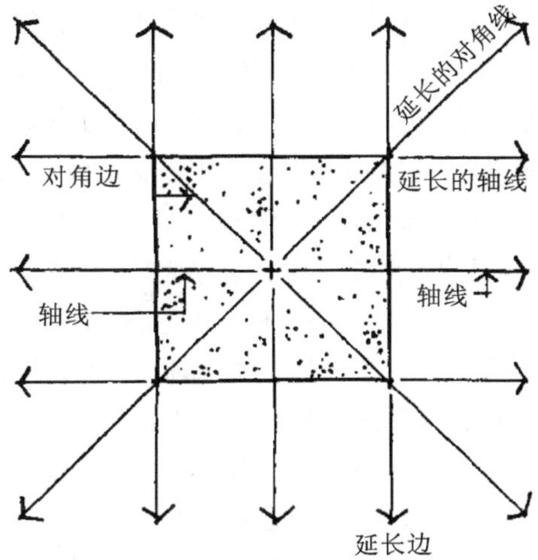

图 2-67 正方形的六种参量

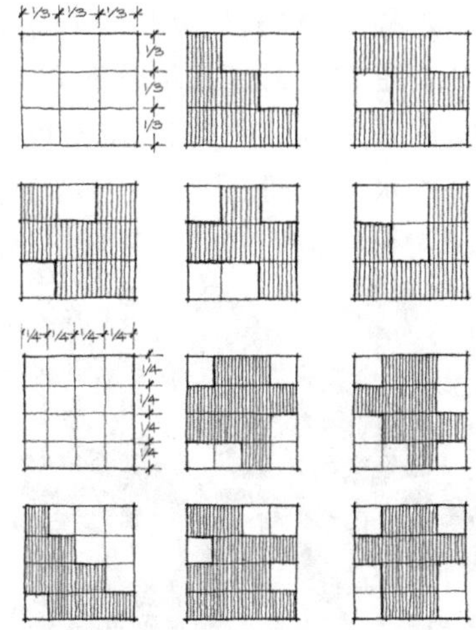

图 2-68 正方形模数网格

的粗略形状将会被重新改写(见图 2-70)。在概念性方案中表现抽象思想,如圆圈和箭头轮廓分别代表功能性分区和运动的走廊(见图 2-71)。而在重新绘制的图形中,新绘制的线条则代表实际的物体,变成了实物的边界线,显示出从一种物体向另一种物体的转变。在概念性方案中用一条线表示的箭头变成了用双线表示的道路的边界,遮蔽物符号变成了用双线表示的墙体的边界,中心焦点符号变成了小喷泉(见图 2-72)。

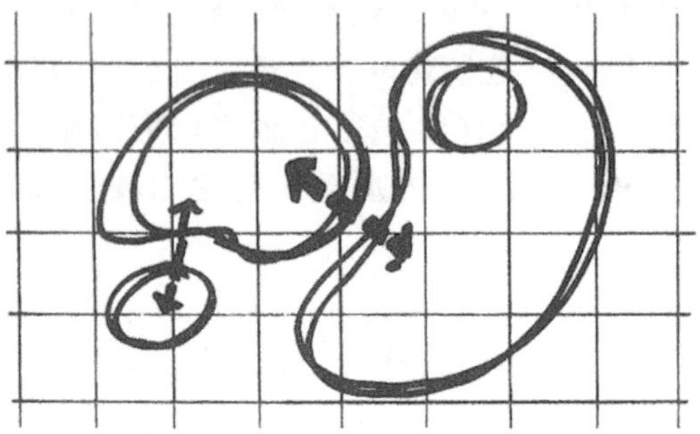

图 2-69 概念性方案下面的网格线

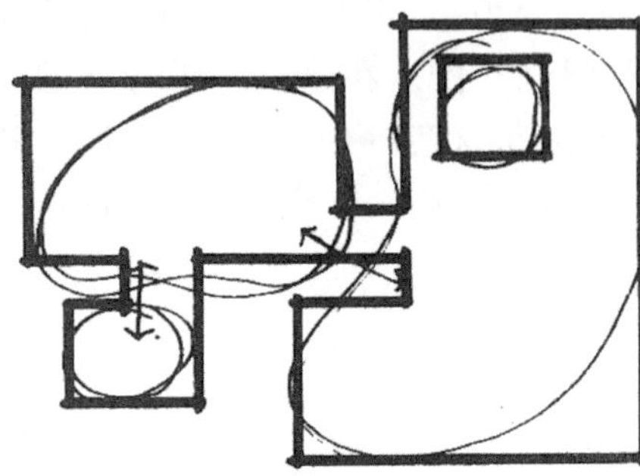

图 2-70 90°网格线的引导作用图

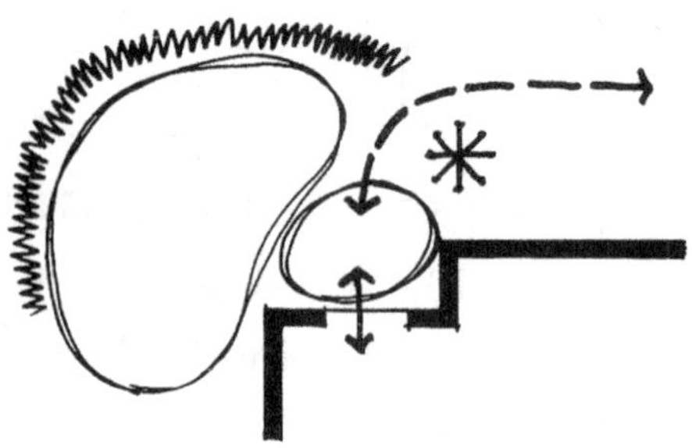

图 2-71 概念性方案中的抽象思想

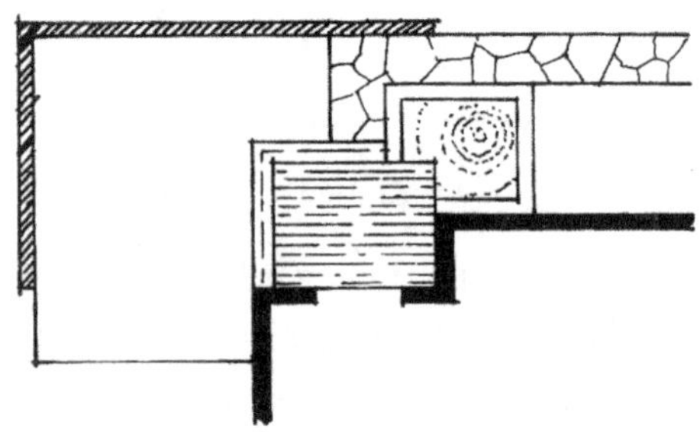

图 2-72 由概念性方案转化为实体设计

这种 90°模式最易与中轴对称搭配,但它经常被用在要表现正统思想的基础性设计。正方形的模式尽管简单,但它也能设计出一些不寻常的有趣空间,特别是把垂直因素引入其中,把二维空间变为三维空间以后。由台阶和墙体处理成的下陷和抬高的水平空间的变化,丰富了空间特性。此外,还可以在原网格中加入扭转网格以形成不同的设计构成。这种角度的扭转可根据景观视线、采光朝向、夏季通风的需要,发挥并提升出基地的潜力。如沈阳建筑大学校区的整体设计就运用了多个正方形网格叠加(见图 2-73)。建筑部分采用网格式布局,既反映了现代办学理念(多学科交叉),又围合出不同的正方形庭院空间(见图 2-74),校园的景观设计是在原有建筑规划的网格上,叠

图 2-73 沈阳建筑大学网格布局

加以一个正方形网格，与建筑庭院空间对应，形成了整体、统一的校园面貌。

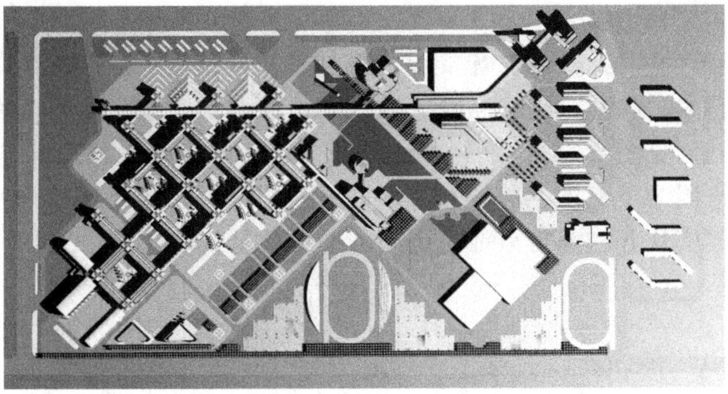

图 2-74 沈阳建筑大学平面图

在设计中使用正方形主题时，应考虑以下几点：①大小要多样；②形式的比例；③各种形式之间的叠加。在正方形主题中，会使用大量的矩形和正方形以形成视觉趣味，同时会在构成中按空间的重要性形成层次。设计中最重要的空间应该有最大、最突出的形式，而较次要的空间在形式上则较小、较不突出(见图 2-75)。

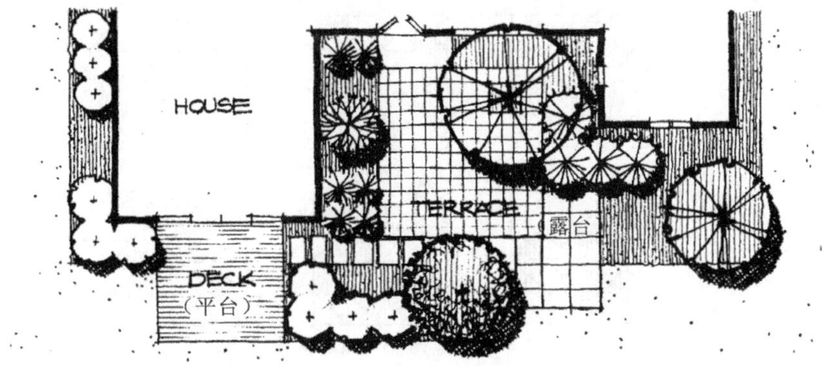

图 2-75 方形主题中的空间大小应有层次

在设计中将两个或两个以上形式相互叠加时，一个重要的参考原则就是要将重叠的部分限制在连接形式大小的 1/4、1/3 或 1/2 以内(见图 2-76)。这就使得每个形式都能保持自身的可识别性，并且为集中使用留出足够的空间。

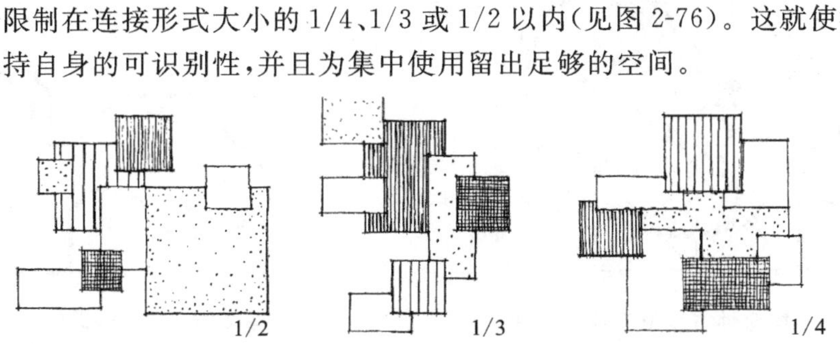

图 2-76 方形主题中应注意叠加的“度”

2. 三角形模式

1）45°/90°三角形模式

把两个矩形的网格线以 45°相交就能得到基本的模式(见图 2-77)。为比较正方形与三角形两种模式的差异，还是用上次的概念性设计方案图，不同的是用 45°/90°角的网格做铺垫(见图 2-78)。重新画线使之代表物体或材料的边界，这一水平变化的过程很简单，因为下面的网格线仅是一个引导模板，没必要很精确地描绘上面的线条，但重视其模块并注意对应线条之间的平行还是很重要的(见图 2-79)。

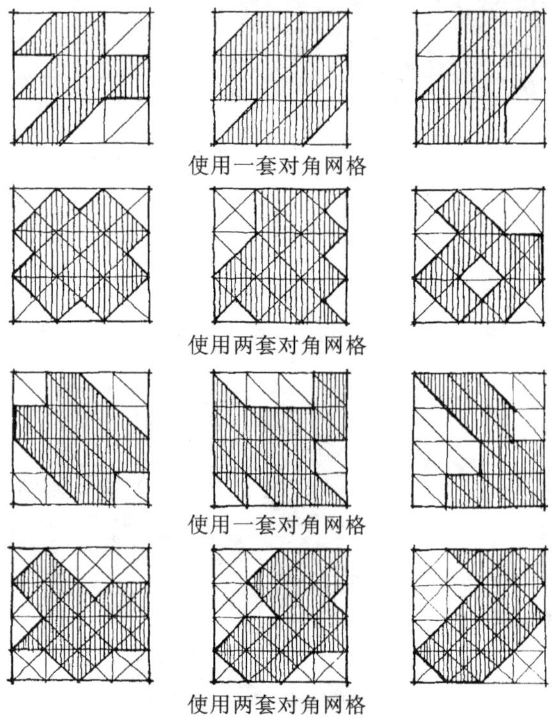

图 2-77　45°/90°三角形模数网格

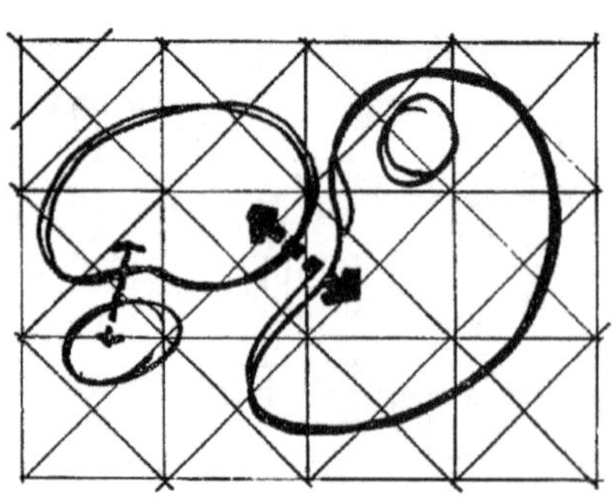

图 2-78　概念性方案图下铺 45°/90°三角形网格线

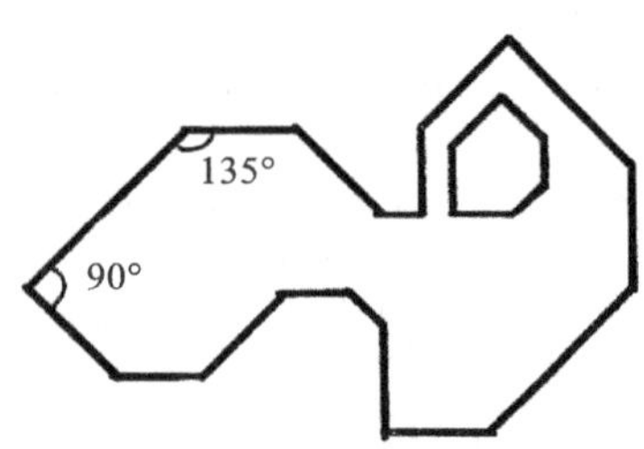

图 2-79　根据 45°/90°三角形模式设计的平面

三角形模式带有运动的趋势，能给空间带来某种动感，随着水平方向的变化和三角形垂直元素的加入，这种动感会愈加强烈。图 2-80、图 2-81 是采用 45°/90°模式产生的一些空间效果。

图 2-80　45°/90°三角形模式设计实例一

图 2-81　45°/90°三角形模式设计实例二

2）30°/60°三角形模式

30°/60°三角形模式可作为一种模板并按前面的方法去绘制一些图形，可以尝试用六边形来组织空间（见图 2-82）。根据概念性方案图的需要，可以按相同尺度或不同尺度对六边形进行复制。当然，如果需要的话，也可以把六边形放在一起，使它们相接、相交或彼此镶嵌（见图 2-83）。为保证统一性，应尽量避免排列时旋转，以概念性方案为底图决定空间位置的安排（见图 2-84）。欲使空间表现更加清晰，可采用擦掉某些线条、勾画轮廓线、连接某些线条等方法简化内部线条。但要注意，这时的线条已表示实体的边界（见图 2-85）。

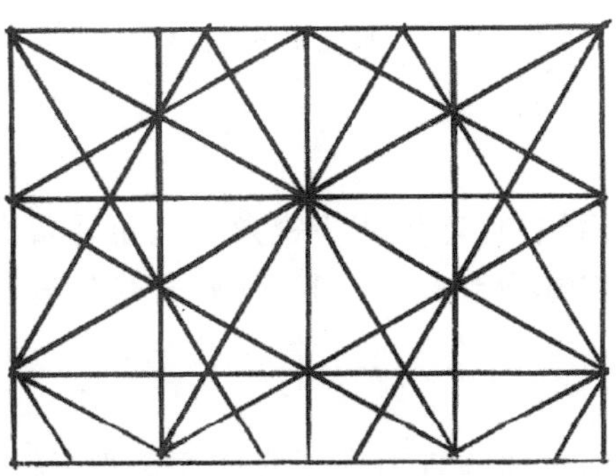

图 2-82　30°/60°三角形模式绘制的网格

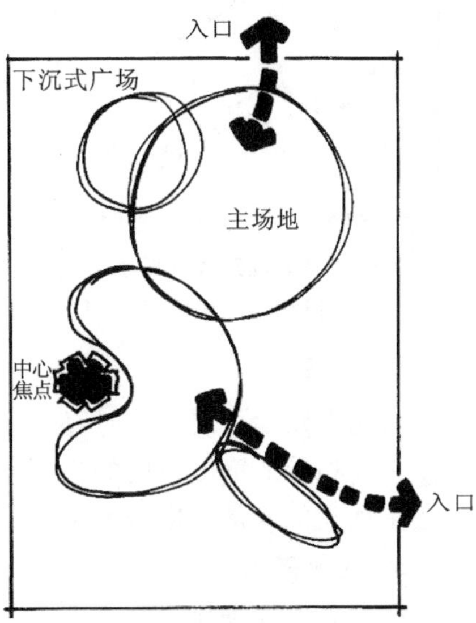

图 2-83　概念性功能图解

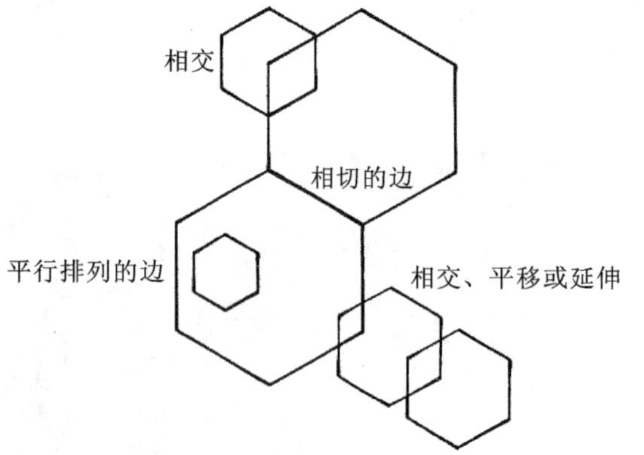

图 2-84　根据 30°/60°三角形模式设计的六边形平面

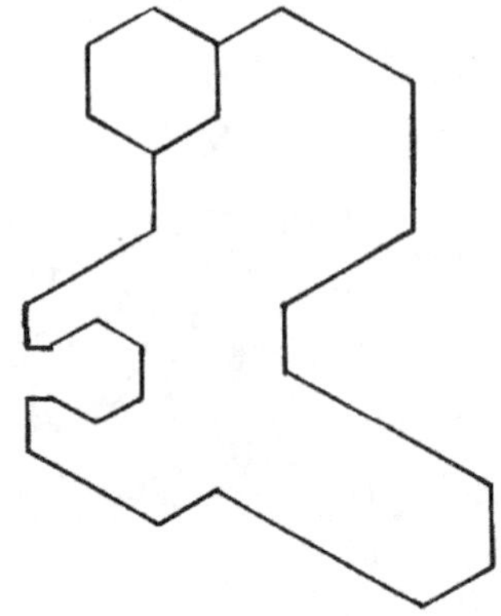

图 2-85　简化内部线条使方案明晰

根据设计需要，可以采取提升或降低水平面、突出垂直元素或发展上部空间的方法来开发三维空间（见图 2-86）。也可以通过增加娱乐和休闲设施的方法赋予空间人情味（见图 2-87）。

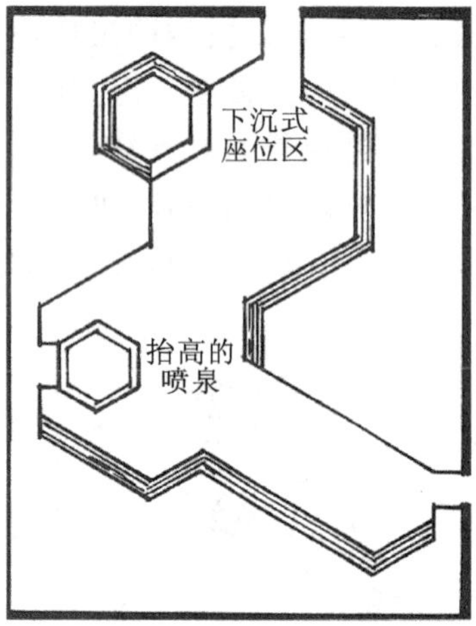

图 2-86　采取提升或降低水平面以创造三维空间

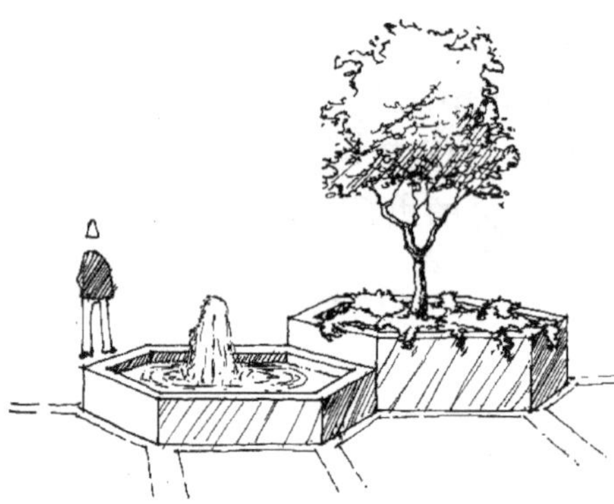

图 2-87　三维空间设计实例

3）设计建议

当使用角状主题设计时，应尽可能多地使用钝角，避免使用锐角。锐角通常会产生一些功能上不可利用的空间，这些空间在实施中会产生一些问题，并且这些转角还是危险的或是结构尚不完善的。

3. 圆形模式

在世界各种各样的形式中，圆是独一无二的。圆的魅力在于它的简洁性、统一感和整体感。它也象征着运动和静止双重特性，正如本杰明·霍夫所说："圆规的双腿保持相对静止却能绘出完美的圆。"

圆的许多参数对它在设计中的应用是非常重要的，它们是圆心、圆周、半径、半径延长线、直径、切线。在圆的所有参数中，圆心是最重要的。首先，圆心是一个能吸引人注意力的点，绝大多数人都能用铅笔或钢笔轻松地估计出圆心的位置，其次，半径、半径延长线和直径都经过圆心，从而加强了圆心位置的重要性。所以，用圆来设计时，首先要考虑到任何直接与圆心相连的线或形体都能跟圆产生强烈的关系（见图 2-88），而那些不与圆心相连的直线则看起来好像与圆无关或关系较为模糊。

类似地，连线及其构成形式与圆周相接的方式决定了一个构图是否成功。那些在构成中借用半径延长线与圆周相交的直线比不与圆周相交的线看起来更令人愉悦（见图 2-89），换句话说，穿过圆心的直线要比斜交的更为稳定。

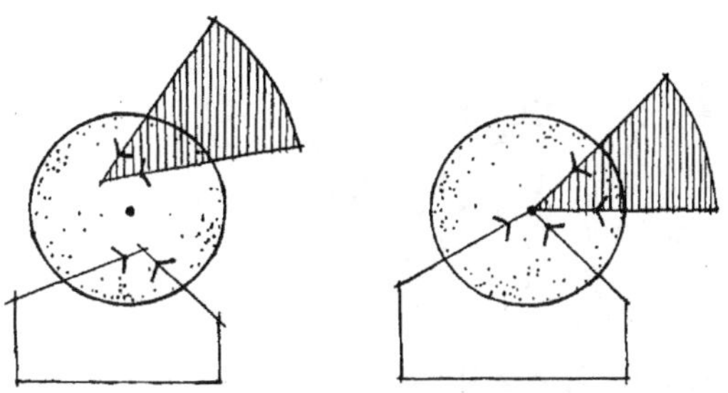

(a) (b)

图 2-88 形体与圆心发生关系以形成有力的视觉构成

(a)没有经过圆心，形体间关系较弱；(b)经过圆心，形体间关系较强

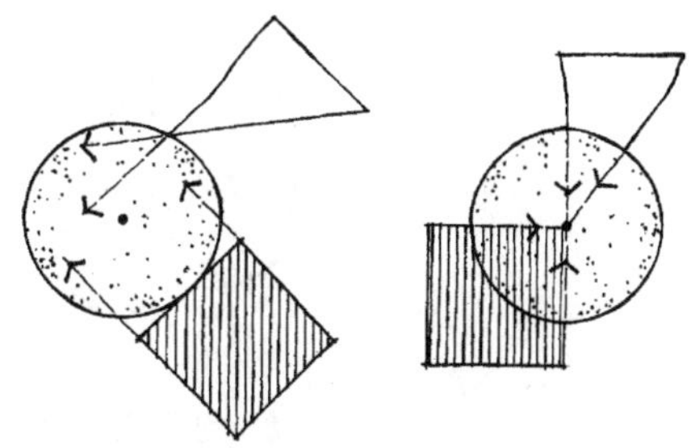

(a) (b)

图 2-89 直线应与圆周成直角相交

(a)与圆周关系较弱；(b)与圆周关系较强

1）叠圆

叠圆基本的模式是不同尺度的圆相叠加或相交。从一个基本的圆开始，复制、扩大、缩小。圆的尺寸和数量由概念性方案所决定，必要时还可以把它们嵌套在一起代表不同的物体。当几个圆相交时，把它们相交的弧调整到接近 90°，可以从视觉上突出它们之间的交叠。

许多相互叠加的圆具有“软化”边界构成的作用。运用叠加圆主题时，应注意以下几条参考原则。

第一，圆的大小宜多样。每个构成里应包含一个主导空间或主体形式。根据这点，构成中的一个完整的圆形区域就会突显出来成为主体（见图 2-90）。这样的一个圆形区域可以设计成一个草坪或主要的娱乐空间、起居空间，甚至是设计中的另一个重点区域。除此以外，其他圆的尺寸应较小一些，大小也不必一样。

第二，当要将两个圆交叠时，建议让其中一个圆的圆周通过或靠近另一个圆的圆心（见图 2-91）。这样设计有两个原因：一方面，如果两圆有太多重叠部分，那么其中一个往往变得不可识别，因为有太多部分在另一个圆里（见图 2-92(a)）；另一方面，两圆若重叠得太少，就有可能会出现锐角（见图 2-92(b)）。

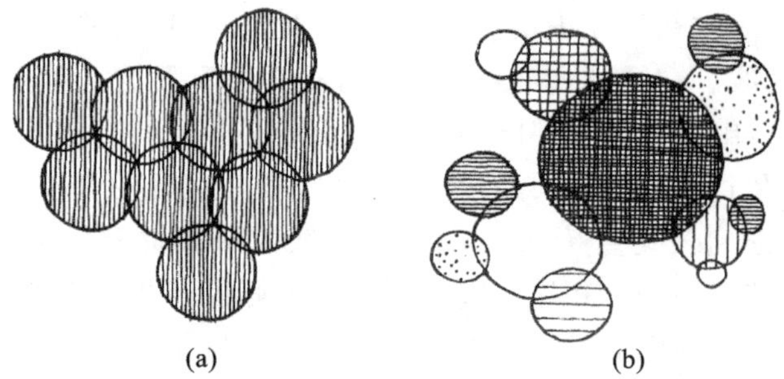

图 2-90　在一个叠加圆的主题中，应该有一个完整的圆形作为主体

(a)不合适的；(b)合适的

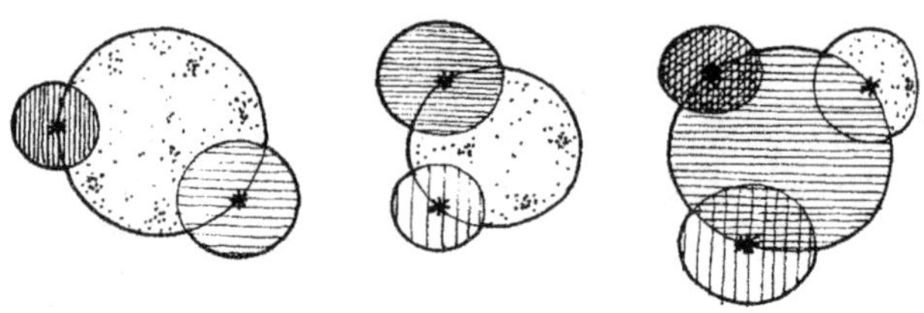

图 2-91　每个圆的圆周应该经过或靠近与之叠加的圆的圆心

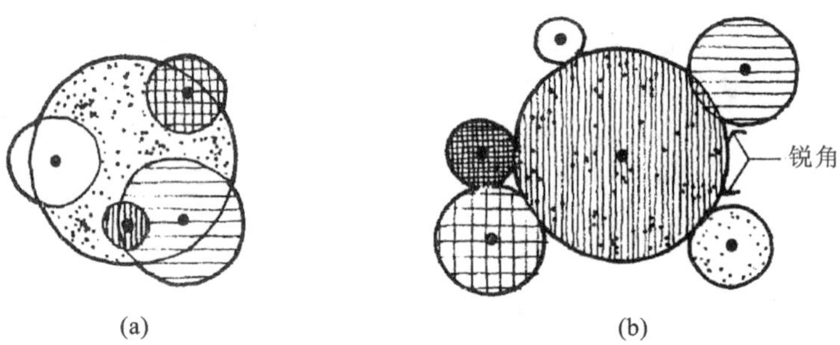

图 2-92　在构成中，圆的叠加太多或太少都会使其关系变弱

(a)太多的部分重叠；(b)太少的部分重叠

图 2-93　圆相交避免出现尖角

第三，避免两圆小范围的相交，这将产生一些锐角。也要避免画相切圆，除非几个圆的边线要形成“S”形空间。在连接点处反转也会形成一些尖角(见图 2-93)。

叠加圆主题有几个性质。首先，它提供了几个相互联系但又区分明确的部分。当设计中要求有许多不同的空间或区域时，这个性质就很有优势。其次，叠加圆主题可以有很多朝向，这可以使设计具有多个良好的景观视线。因为有多个圆重叠，所以叠加圆主题最好坐落在平地上或坡地上，这样每个圆就可在不同的标高上嵌入坡地中。最后，这种具有强烈几何性的圆主题不适于在起伏剧烈的地形上使用。此外，改变非同心圆圆心的排列方式将会带来一些变化

（见图 2-94）。

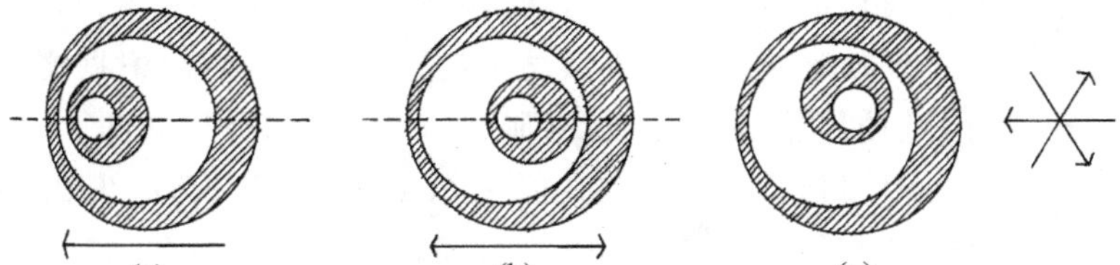

图 2-94 改变非同心圆圆心的排列方式

(a)单方向沿轴线移动这些圆；(b)双方向沿轴线来回移动这些圆；
(c)沿不同方向轴线来回移动这些圆

2）同心圆和半径

同心圆是一种强有力的构成形式，它们的公共圆心是注意力的焦点，因为所有的半径和半径延长线均从此点发出。同心圆主题中构成的多种变化可以通过变换半径和半径延长线的长度以及旋转角度来实现（见图 2-95）。

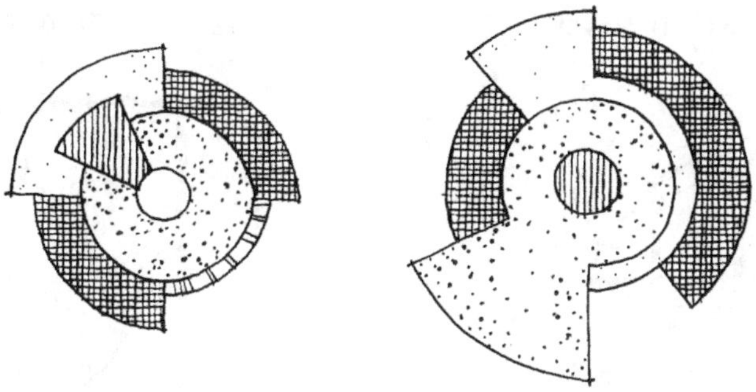

图 2-95 同心圆主题的多种变化

同心圆主题最适于用在设计非常重要的设计元素或空间。形成视觉中心的同心圆的圆心不能随意在基地上设置，它应该在构成特点或空间构成上有非常重要的存在价值，以此来突显整个设计构成。因此，它应该是一个诸如雕塑、水体或别致的铺地图案之类的视觉焦点（见图 2-96）。除此之外，同心圆主题能为观赏周围景观提

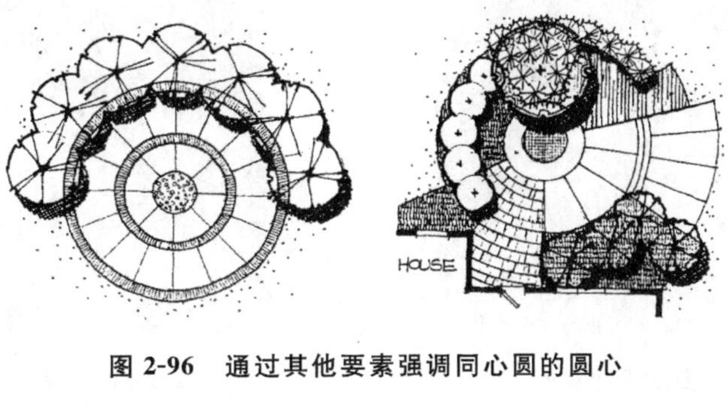

图 2-96 通过其他要素强调同心圆的圆心

供全景式的视线。

采用同心圆形式设计时，准备一个“蜘蛛网”样的网格（见图 2-97），用同心圆把半径连接在一起。把网格铺于概念性方案之下（见图 2-98），然后根据概念性方案中所示的尺寸和位置，遵循网格线的特征，绘制实际物体平面图（见图 2-99）。所绘制的线条可能不与下面的网格线完全吻合，但它们必须是这一圆心发出的射线或弧线。擦去某些线条以简化构图（见图 2-100），与周围的元素形成 90°角的连线。

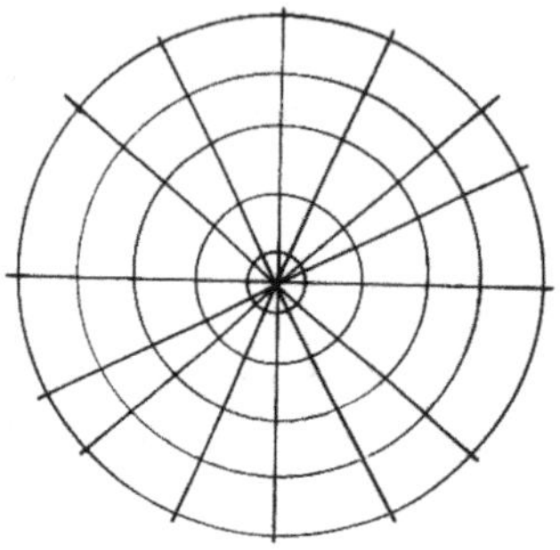

图 2-97 “蜘蛛网”样的网格

图 2-98 网格铺于概念性方案之下

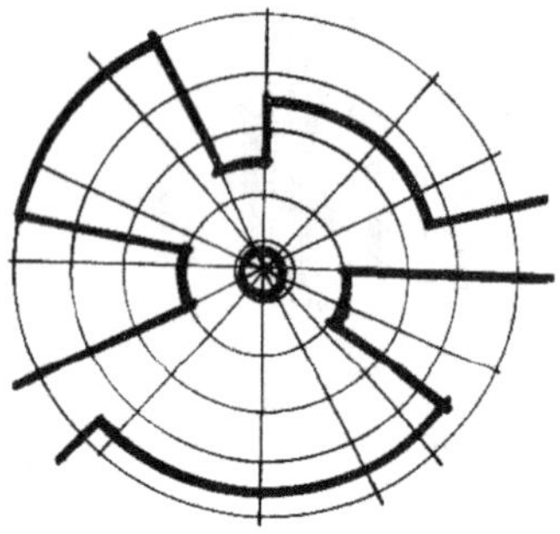

图 2-99 用网格法绘制实际物理平面图

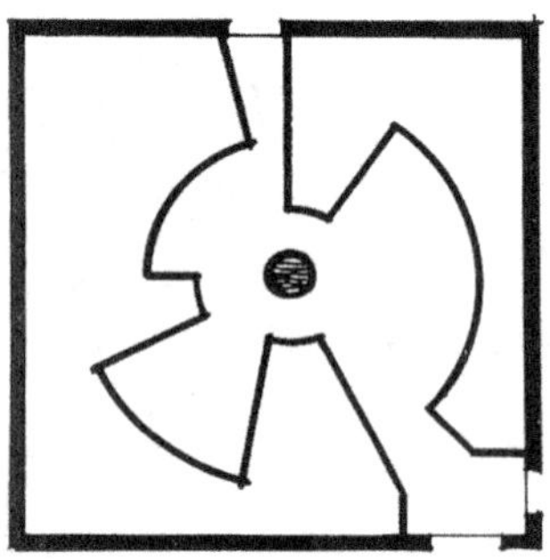

图 2-100 擦去辅助线

以下列举了用半径和同心圆设计的实例（见图 2-101、图 2-102）。注意圆心是如何适用于其他设计元素的。

图 2-101 半径法设计实例

图 2-102 同心圆法设计实例

3）圆弧和切线

圆弧及切线其实来源于不同主题，包括来自圆形主题中的圆弧和正方形主题中的直线。直线具有结构感，而曲线有柔和流动感，两者之间能很好地搭配在一起。

在设计中，设计师从矩形外框封闭概念性方案开始（见图 2-103），在拐角处绘制不同尺寸的圆，使每个圆的边和直线相切（见图 2-104），然后设计师需要仔细地确定构成中的哪个部分或线条需要圆弧来柔化角部或得到圆边，而不能仅仅将矩形的角部变成圆弧（见图 2-105）。最后增加一些材料和设施细化设计图，使之与环境融合（见图 2-106）。

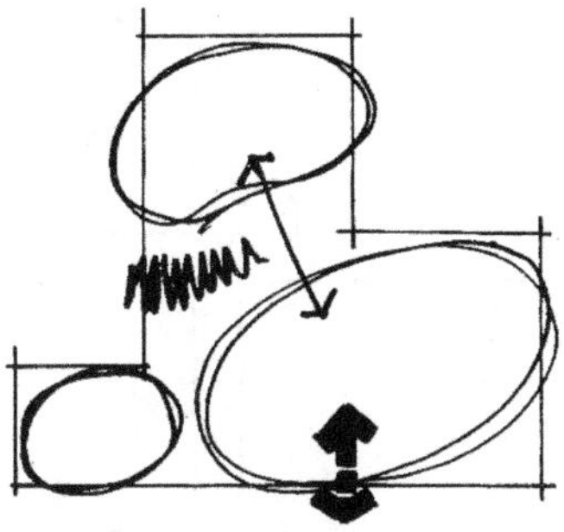

图 2-103　概念性方案示意

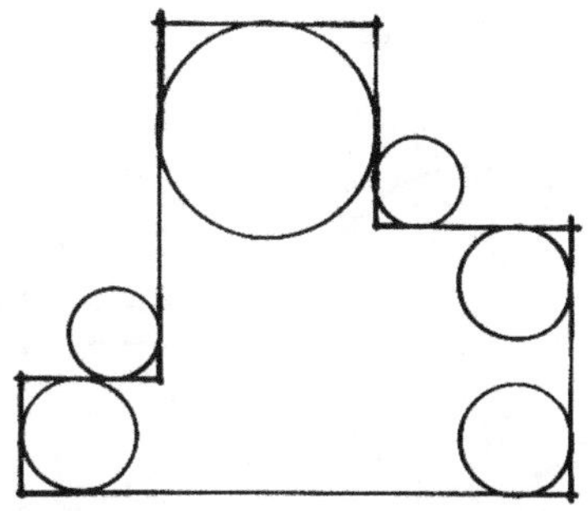

图 2-104　初步确定设计边界

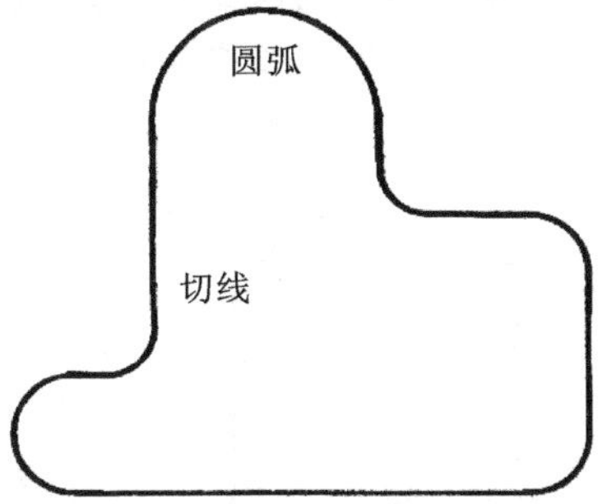

图 2-105　柔化后的设计边界

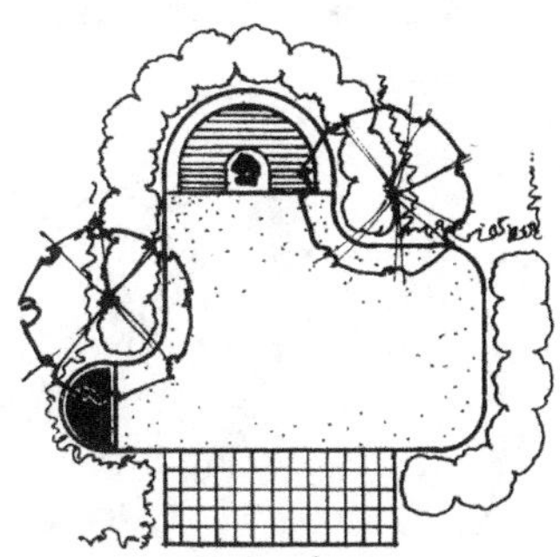

图 2-106　加入景观材料后的设计图

如果觉得这种样式的图形过于呆板，可以在细化图形之前采取另一步骤。前面绘出的圆可以沿着不同的方向推动，然后将对应的切线画出，使之看似一些围绕轮子的传送带。最后形成如图 2-107 所示的较松散的流线形式，但其中也隐含有正式的成分。

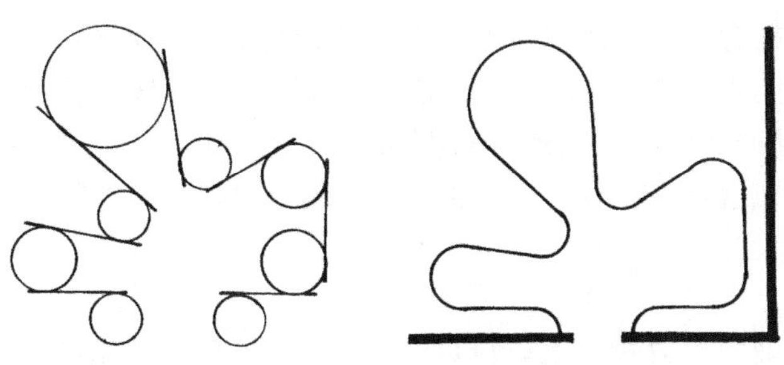

图 2-107　用切线法创造的设计边界

4）圆的一部分

圆在这里被分割成半圆、1/4 圆、扇形形状的一部分，并且可沿着水平轴和垂直轴移动，从而构成新的图形。从一个基本的圆形开始，把它分割、分离（见图 2-108），把它复制、扩大或缩小（见图 2-109）。根据概念性方案决定所分割图形的数量、尺寸和位置（见图 2-110）。沿同一边滑动这些图形，合并一些平行的边，使这些图形得以重组（见图 2-111）。绘制轮廓线，擦去不必要的线条，以简化构图。增加连接点或出入口，绘出图形大样（见图 2-112）。通过水平变形和添加合适的材料来改进和修饰图纸（见图 2-113）。

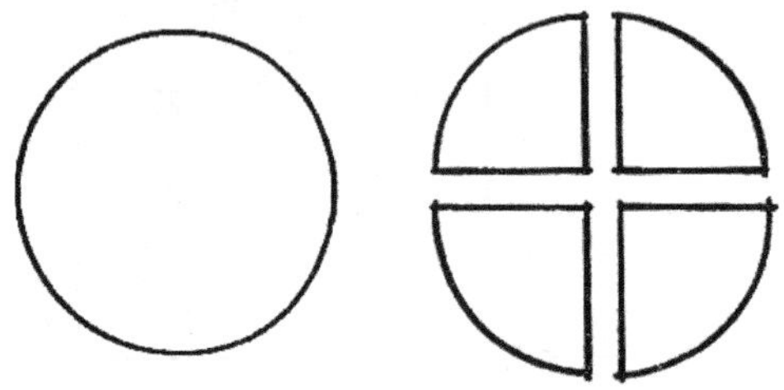

图 2-108　将一个基本圆分离

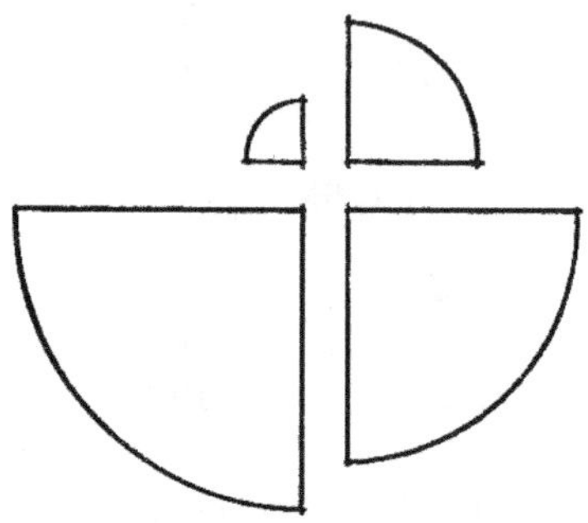

图 2-109　将各部分放大或缩小来形成对比

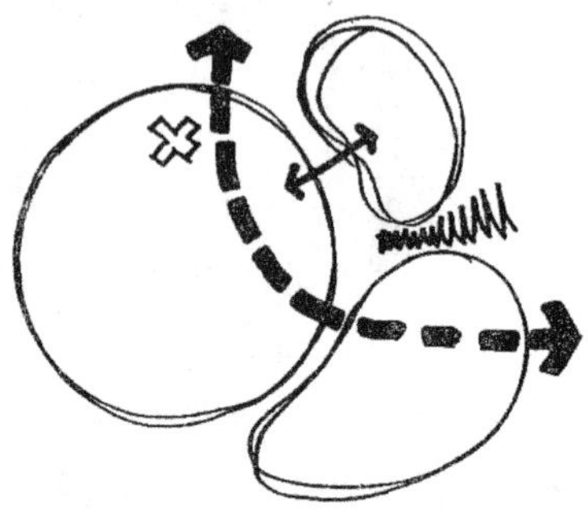

图 2-110　概念性方案

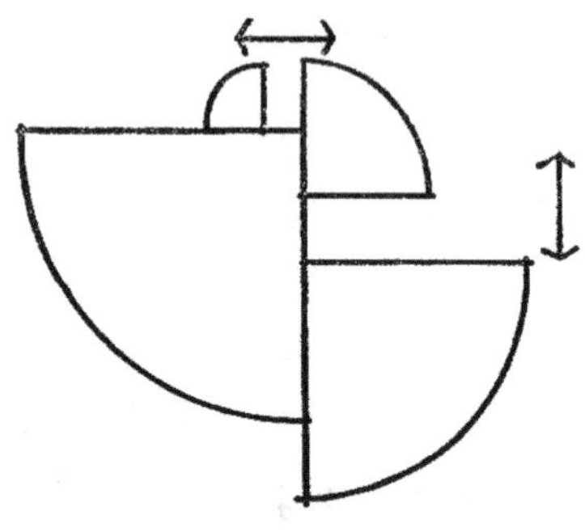

图 2-111　图形重组

5）椭圆

椭圆从数学概念上讲是由一个平面与圆锥或圆柱相切而得的图形（见图2-114），相切的角度是不能平行于主要的水平或垂直轴的斜切。椭圆同圆相比尽管增加了动感，但仍有严谨的数学排列形式。前面在圆中所阐述的原则在椭圆或卵圆中同样适用。椭圆能单独应用，也可以多个组合在一起，或同圆组合在一起（见图2-115、图2-116）。

6）螺旋线

如果需要精确的对数式螺线，可以在黄金分割矩形中按数学方法绘制。在这个大矩形中，撇开以短边为边长的正方形，剩下的矩形还是一个黄金分割矩形，它的长

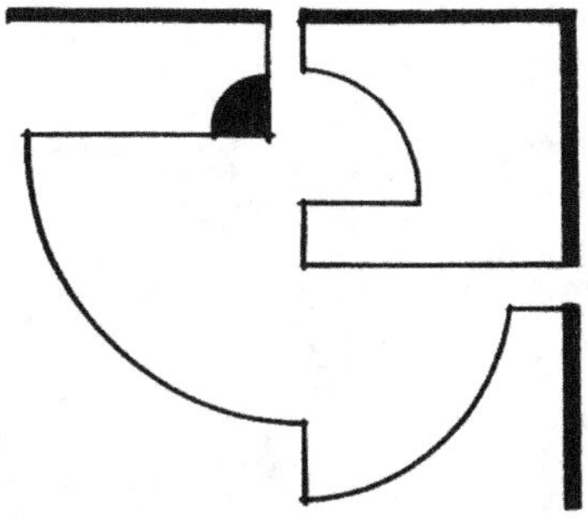

图 2-112 根据重组图形绘制大样

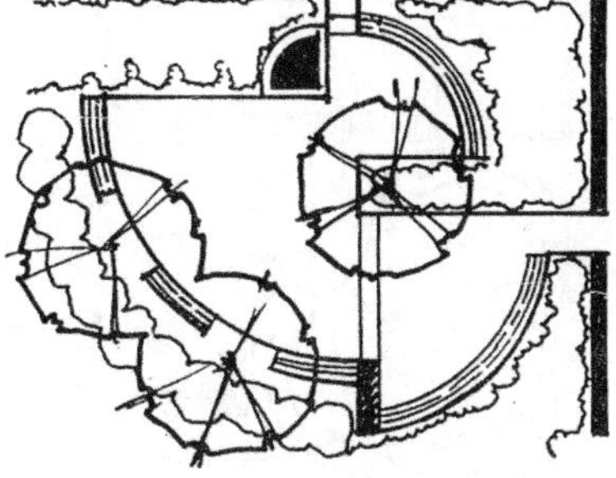

图 2-113 改进和修饰后的图纸

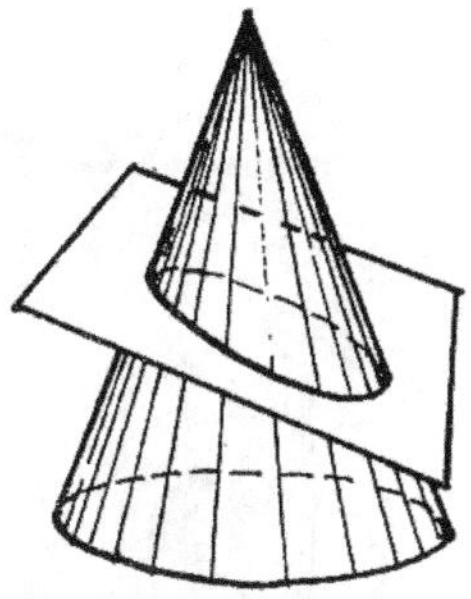

图 2-114 斜切圆锥成圆柱产生椭圆

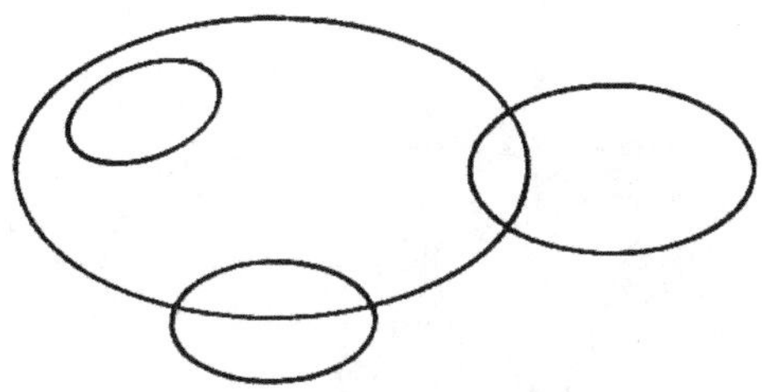

图 2-115 椭圆之间互相结合

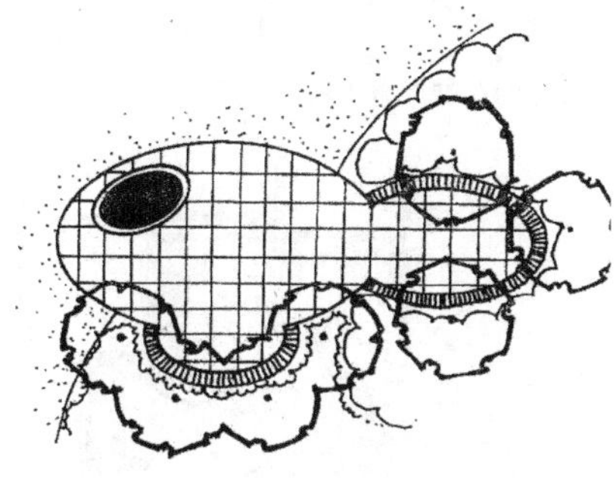

图 2-116 椭圆组合后作为边界的设计实例

边等于大矩形的短边。照此方法细分下去，最后再按图示在每一个正方形中画弧，就得到了一条螺旋线（见图 2-117）。

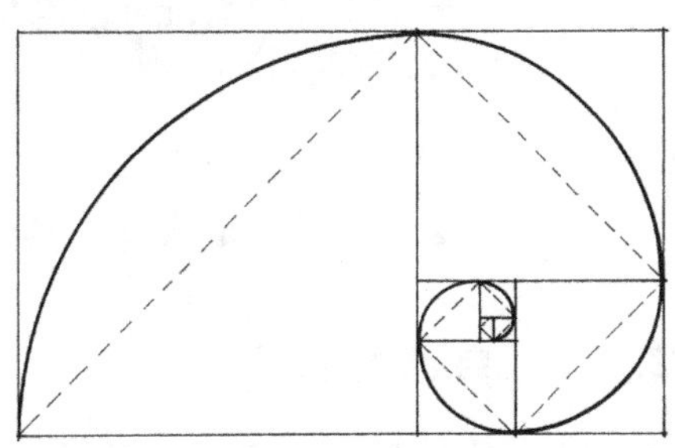

图 2-117 螺旋线的绘制

景观中用数学方法绘出的矩形有令人羡慕的精确性，但园林设计中广泛应用的还是徒手画的螺旋线，即自由螺线。

4. 设计实例

为归纳几何形体在设计中的应用，将一个社区广场的概念性图解用不同图形的模式进行设计。每一个方案中都有相同的元素，即临水的平台、设座位的主广场、小桥和必要的出入口。图中显示了用这些相当规则的几何形体作为模式所产生的不同空间效果(见图 2-118)。

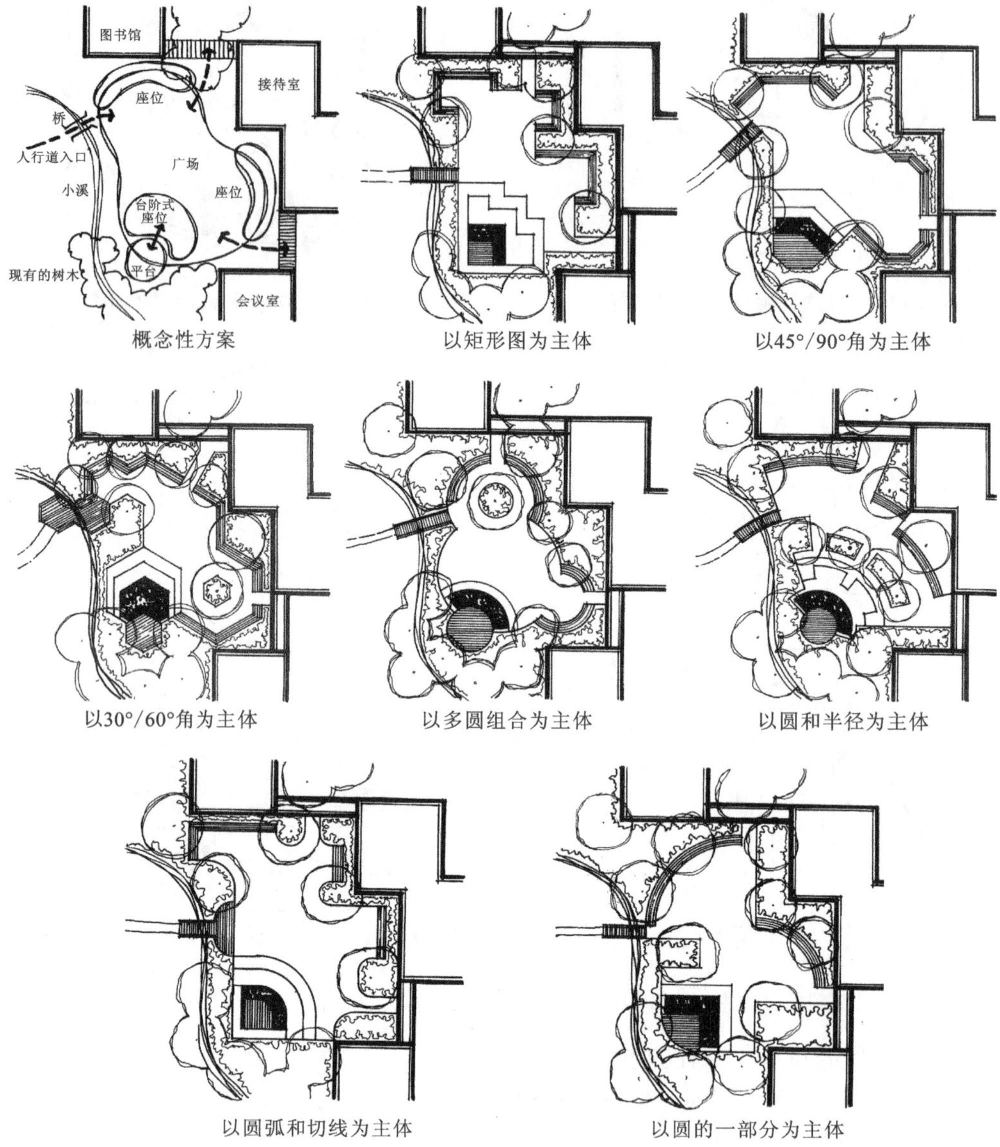

图 2-118　以单一几何形体为边界的设计方案

2.3.3　自然的形式

在一个项目处于研究阶段时,当收集到关于场地和使用者的信息后,可能会在进一步的设计中明显产生一种必须用自然形式设计的感觉。许多理由使设计者感觉到应用有规律的纯几何形体可能不如使用那些较松散的、更贴近生物有机体的自然形体。这可能是由场地本身所决定的。展示最初很少被人干预的自然景观或包含一些符合自然规律之元素的景观，与人为地把自然界的材料和形体重新再组合的景观相比，更易被人接受。

此外，这种用自然方式进行设计的倾向根植于使用者的需求、愿望或渴望，同场地本身没有关系。事实上，场地可能位于充满人造元素的城市环境中，然而业主希望看到一些柔软、自由、贴近自然的新东西。同时，开发商需要树立具有环保意识的形象，他们要向公众展示他们的产品会唤起生态意识或他们的服务将有利于保护自然资源。如此一来，设计者的概念基础和方案最终就同自然联系在一起。

建筑环境和自然环境联系的强弱程度取决于设计的方法和场地固有的条件。这种联系可被分为三个水平等级。

第一级水平是生态设计的本质，它不仅是重新认识自然的基本过程，而且是人类行为最低程度地影响生态环境，甚至促进生态环境再生的要求。例如，把一片已经退化的湿地生态系统进行重建，或者建一些与当地环境相协调、能保证当地的自然过程完整无缺的建筑。这些形式展示了同自然之间的真正协调。

第二级水平尽管对整体生态系统不完全有利，但却能创造出一种自然的感觉。用人为的控制物，如水泵、循环水和使植物保持正常生长的灌溉系统，或者是防止土壤被侵蚀的水管和排水沟，在城市环境中创造一些自然景观。设计时需要强调的重点仍是用一些自然材料，如植物、水、岩石等，以自然界的存在方式进行布置。

第三级水平同自然的联系最不紧密。设计的空间里很大程度上缺乏对生态系统的考虑，主要由水泥、玻璃、砖块、木料等人造材料组成。在这一人造的环境里，设计的形状和布置方式也必须影射出自然界的规律。

在自然式图形的王国中存在一个含有丰富形式的调色板。这些形式可能是对自然界的模仿、抽象或类比。

模仿是指对自然界的形体不做大的改变，如图 2-119 中可循环的小溪酷似山涧溪流。

抽象是对自然界的精髓加以提炼，再被设计者重新解释并应用于特定的场地。它的最终形式同原物体比可能会大相径庭。如图 2-120 中平滑的流线形道路看似人

图 2-119 对山涧溪流的模仿

图 2-120 对蜿蜒小溪形式的抽象

工之物，但它的设计灵感却来自于自然界蜿蜒的小溪。

图 2-121 人行道排水沟与小溪的类比

类比来自基本的自然现象，但又超出外形的限制。通常是在两者之间进行功能上的类比。如图 2-121 中人行道上的明沟排水道的流向是小溪的类比物，但看起来同真实的小溪又完全不同。

在以后的例子中将对模仿和抽象进行详细阐述，在此之前必须声明一点：这里把几何形体和自然形体及它们之间的不同效果分别进行讨论，并非意味着它们是相互独立的种类。事实上，自然界中存在无数的数学和几何体系的规律，如蜜蜂做的六边形蜂巢、一些花朵的辐射对称排列、DNA 双螺旋的严谨排列。数学中有一个特殊分支叫不规则排列的几何学，是专门研究自然界中不规则形体的，但就我们的目的而言，我们只需把自然主义看成是用无规则的放置代替精确的复制，用不对称代替对称，用随意代替墨守成规，用松散代替僵化。

1. 蜿蜒的曲线

就像正方形是建筑中最常见的组织形式一样，蜿蜒的曲线或许是景观设计中应用最广泛的自然形式，它在自然王国里随处可见。来回曲折的平滑河床的边线是蜿蜒曲线的基本形式(见图 2-122)，它的特征是由一些逐渐改变方向的曲线组成，没有直线。

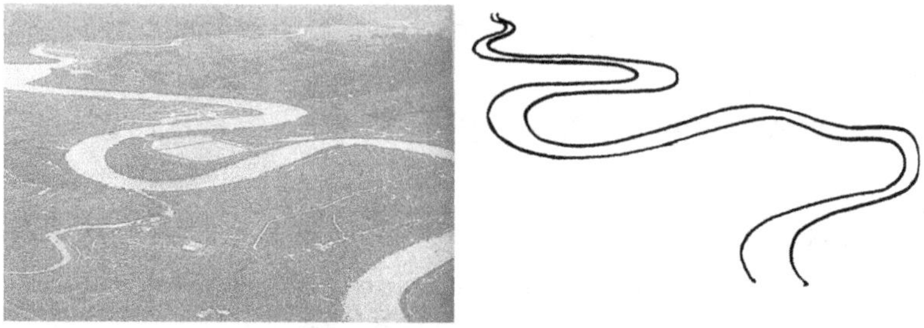

图 2-122 由平滑河床抽象出的蜿蜒曲线

从功能上说，这种蜿蜒的形状是设计一些景观元素的理想选择，如某些机动车道和人行道适用于这种平滑流动的形式。在空间表达中，蜿蜒的曲线常带有某种神秘感。沿视线水平望去，水平布置的蜿蜒曲线似乎时隐时现，并伴有轻微的上下起伏之感。相当有规律的波动或许能表达出蜿蜒的形状，就像这潮汐的入口，来回涨退的海水在泥土中刻出波状的图形。如图 2-123 所示波浪形的人行道设计了形状类似

图 2-123 设计灵感来源于曲线的人行道

但更规律化的图形。

从树干的裂缝也能抽象出蜿蜒的曲线(见图 2-124),这种曲线在二维的平面、三维的体量中都有应用。下面列举一些实例,来说明一个设计者如何靠变换曲线的形式,从而在流线中创造有趣的韵律(见图 2-125 至图 2-127)。

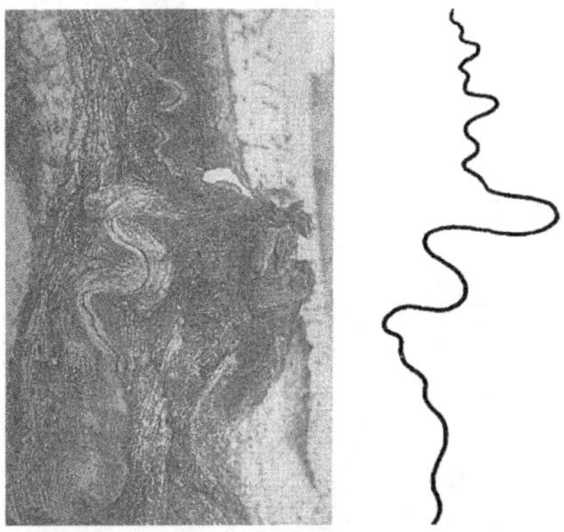

图 2-124 从树干裂缝抽象出自然曲线

图 2-125 人行道边缘的设计

图 2-126 蜿蜒的座凳和绿篱增强空间表现力

树皮中尽管常有很多细小的弯曲,但也具有波纹的特征。进一步对这些细小的弯曲进行抽提(见图 2-128),能设计出一个逐渐弯曲的池塘或富于变换的平台(见图 2-129)。

从包含着环状气泡的冰块抽象出的平滑曲线也有很多有趣的形式(见图 2-130)。和直线的特点一样,曲线也能环绕形成封闭的曲线。当这种封闭的曲线被用于景观中时,它能形成草坪的边界、水池的驳岸或者水中种植槽的外沿(见图 2-131)。

图 2-127 垂直面上的曲面形式

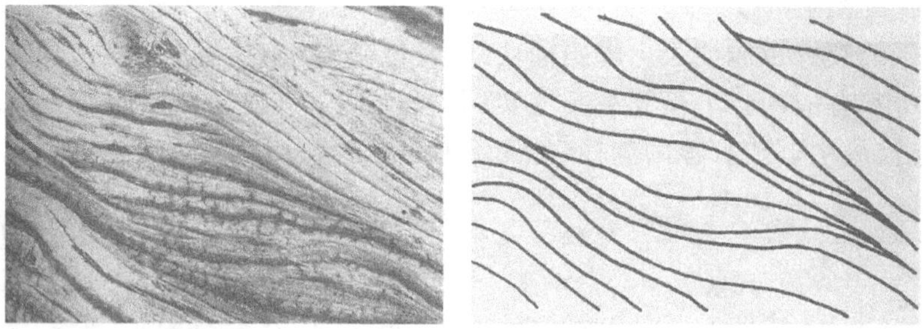

图 2-128　从树皮中抽象出的曲线形式

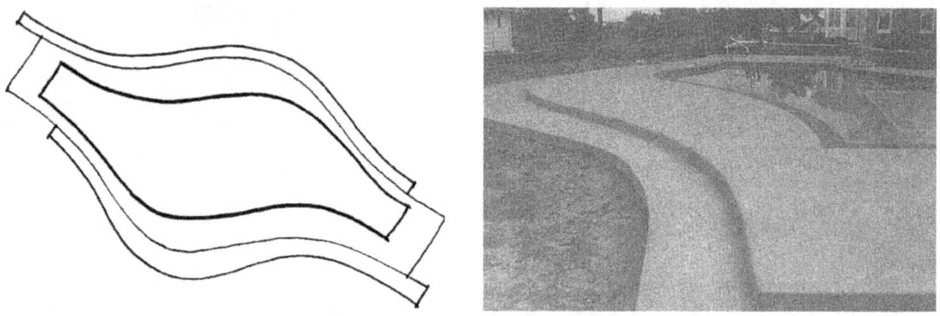

(a)　　(b)

图 2-129　从树皮的波纹状抽象设计出富于变化的平台

(a)设计者抽提出的形状；(b)波纹状景观平台

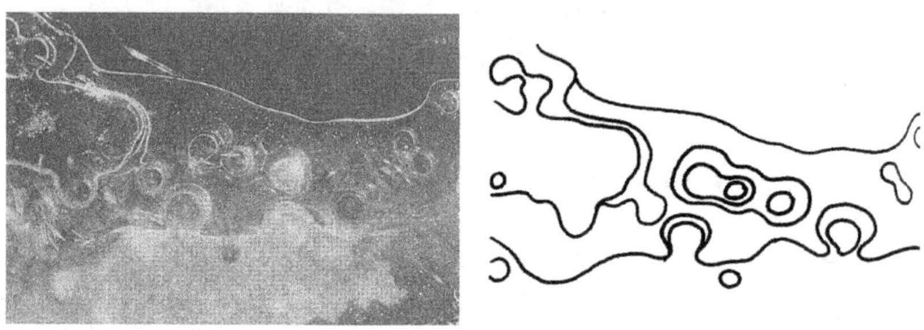

图 2-130　从包含着环状气泡的冰块抽象出平滑的曲线

2. 不规则的多边形

自然界存在很多沿直线排列的形体。花岗岩石块的裂缝显示了自然界中不规则直线形物体的特点，它的长度和方向带有明显的随机性。正是这种松散、随机的特点，使它有别于一般的几何形体(见图2-132)。

当使用这一不规则、随机的设计形式时，往往产生生动活泼的图案构成。如图2-133所示，绘制不同长度的线条和改变线条的方向。可以使用角度在100°～170°之间的钝角(见图2-134)和使用角度在190°～260°之间的优角(见图2-135)。如在德克萨斯州的一个城市水景广场中，用不规则角度和平面去增强垂直空间效果，从而创

图 2-131 曲线在设计中的运用

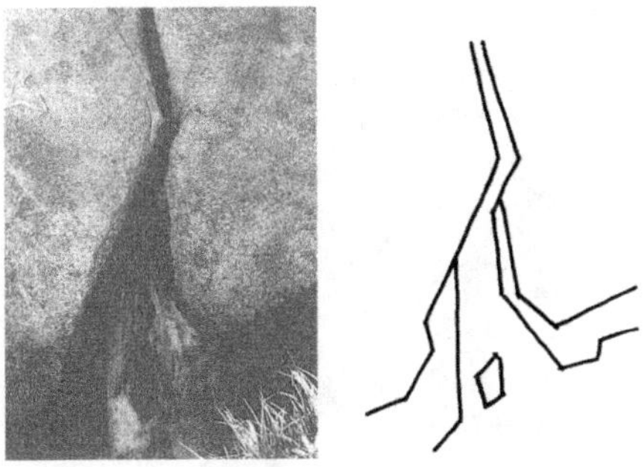

图 2-132 花岗岩中体现的不规则多边形

造出充满激情的空间表达形式(见图 2-136)。

图 2-133 不同长度的线条

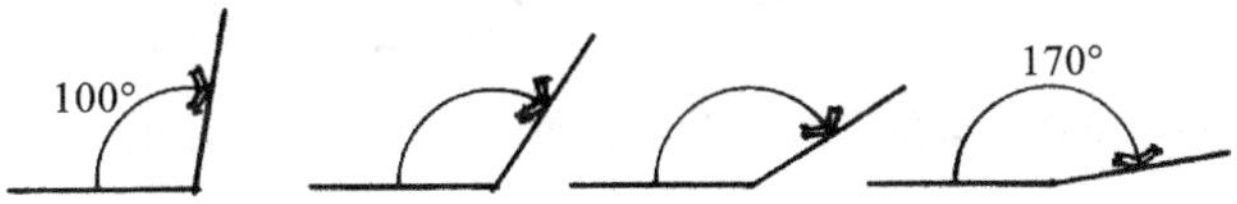

图 2-134 使用角度在 100°～170°之间的钝角

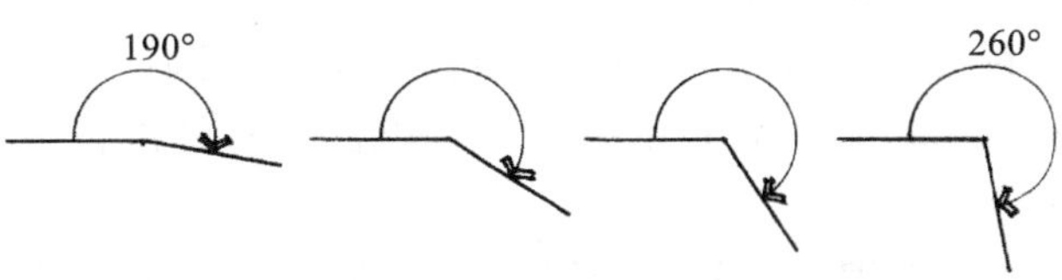

图 2-135 使用角度在 190°～260°之间的优角

从干裂泥浆中的线条得到的灵感,常被用于设计景观空间中非正式的地平面模式(见图 2-137)。

要注意的是,设计中避免使用太多的与 90°或 180°相差不超过 10°的角度(见图 2-138),也不要用太多的平行线。若反复使用 90°角和平行线,就会回到前面讨论过的主体,即那些矩形或其他有角的几何图形的规整特点。避免在设计中使用锐角,正如前面所提到的,锐角将会使施工难以实施、人行道产生裂缝、一些空间使用受限、不利于景观的养护等。

图 2-136 德克萨斯州的城市水景广场

图 2-137　从干裂泥浆中的线条得到的设计灵感

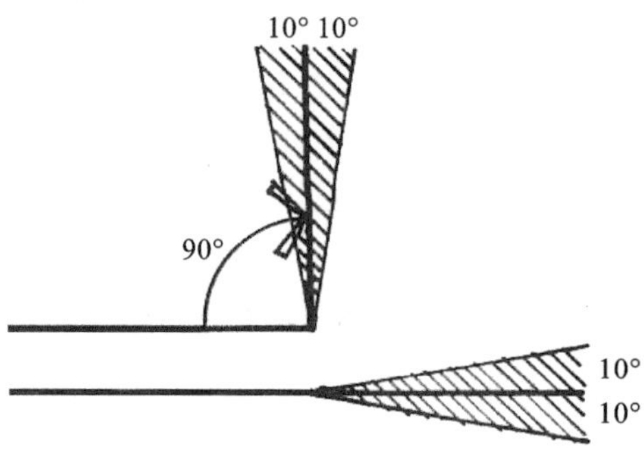

图 2-138　设计中避免使用太多的与 90°或 180°相差不超过 10°的角度

3. 生物有机体的边沿线

一条按完全随机的形式改变方向的直线能画出极度不规则的图形，它的不规则程度是前面所提到的图形（蜿蜒曲线、松散的椭圆、螺旋形或多边形）无法比拟的。这一“有机体”特性能很好地在下面来自大自然的实例中被发现。

生长在岩石上的地衣有一个界线分明的不规则边沿，边沿的有些地方还有一些回折的弯。这种高度的复杂性和精细性正是生物有机体边界的特征（见图 2-139）。

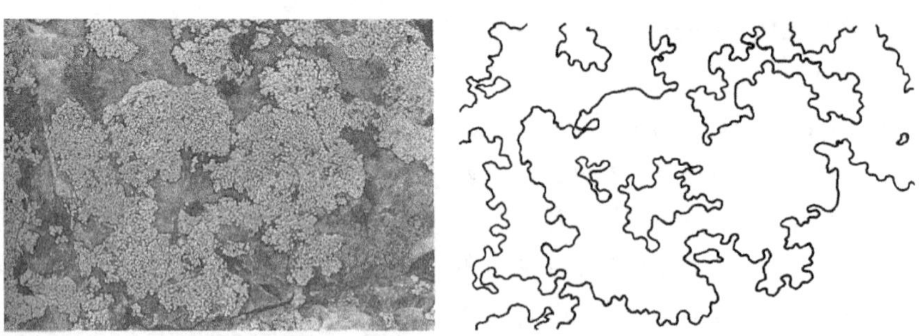

图 2-139　生物有机体的边界特征

自然界植物群落中经常存在一些软质、不规则的形式。尽管形式繁多，但它们拥有一种可见的序列，这种序列是植物对生态环境的变化和那些诸如水系、土壤、微气候、动物栖息地等不确定因素的反应结果（见图 2-140）。

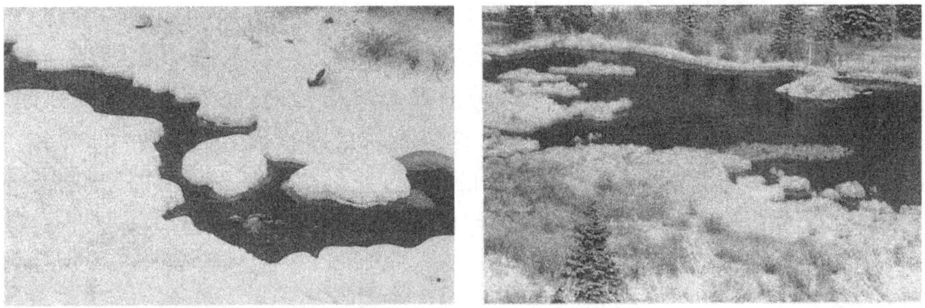

图 2-140 自然界中的边沿线

有机体的形式可以用一个软质的随机边界或一个硬质的(如断裂岩石的)随机边界来表示(见图 2-141)。

图 2-141 随机边界

自然材料,如未雕琢的石块、土壤、水、植物等,很容易就能展现出生物有机体的特点,人造的塑模材料,如水泥、玻璃纤维、塑料等,也能表现出生物有机体的特点。这种较高水平的复杂性能把复杂的运动引入到设计中,从而增加观景者的兴趣,吸引观景者的注意力(见图 2-142、图 2-143)。

图 2-142 展现生物有机体特征的景观一

图 2-143 展现生物有机体特征的景观二

4. 聚合和分散的自然曲线

自然形体的另一个有趣的特性是二元性。它将统一和分散两种趋势集为一体:一方面,各元素像相互吸引一样丛状聚合在一起,组成不规则的组团;另一方面,各元素又彼此分离成不规则的空间片段(见图 2-144)。

景观设计师在种植设计中用聚合和分散的手法,创造出不规则的同种树丛或彼此交织和包裹的分散的植物组。成功创造出自然丛状物体的关键是在统一的前提下，应用一些随机、不规则的形体。如图 2-145 中围绕池塘的一组石块可通过改变大小、形状和空间排列而成。有些石块应该比其他的大一些；有些石块因空间排序和形状的需要必须突出于水面，还有些则需沿着池岸拾阶而上；有些石块要显示出高耸的立面，而有一些却要强调平面效果。这组石块通过大致相同的色彩、质地、形状和排列方向统一在一起。也有一些分散的例子，它们表达一种破裂分开的感觉，包含一个紧密联系在一起的元素向松散的空间元素逐渐转变的概念。

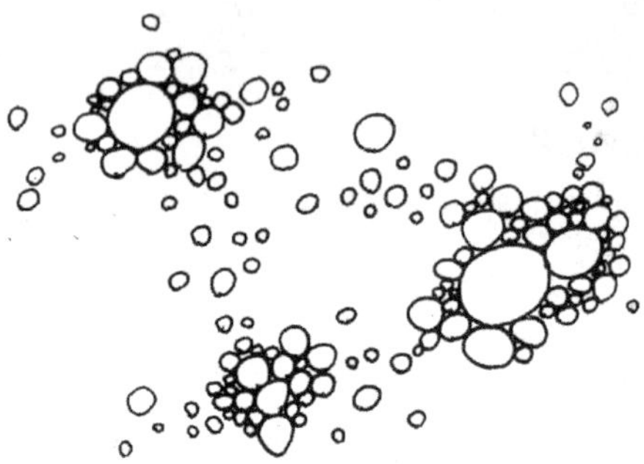

图 2-144　具有二元性特征的形体

图 2-145　围绕池塘的石块

当设计师想由硬质景观（如人行道）向软质景观（如草坪）逐渐转变时，或想创造出一丛植物群渗入另一丛植物群的景象时，聚合和分散都是很有用的手段（见图2-146）。一个丛状体和另一个丛状体在交界处要以一种松散的形式连接在一起（见图 2-147）。

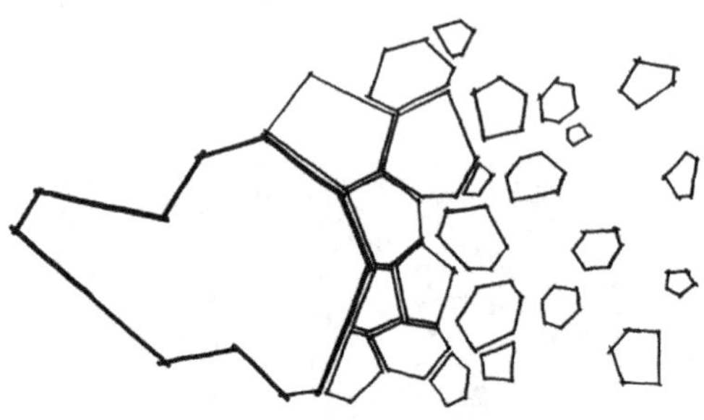

图 2-146　从人行道向草坪过渡采用聚合和分散的手法

图 2-147　两个丛状体在交界处松散连接

2.3.4 多种形体的整合

仅仅使用一种设计主体固然能产生很强的统一感，如重复使用同一类型的形状、线条和角度，同时靠改变它们的尺寸和方向来避免单调。但在通常情况下，需要连接两个或更多相互对立的形体。或因概念性方案中存在几个次级主体，或因材料的改变导致形体的改变，或因设计者想用对比增加情趣，不管何种原因，都要注意创造一个协调的整合体。图 2-148 展示了两个由同样的部分构成的形式组合，但构成差异很大。这种差异就在于构成中各形式的相对位置不一样。很明显，构成"B"看起来更像是经过组织后的形式，而构成"A"却像是几个方案的随意放置。构成"B"的组织是基于四条正确的关于形式组合的参考原则，即平行或使用 90°角连接，避免锐角，确保形式的可识别性，具有形式主体。

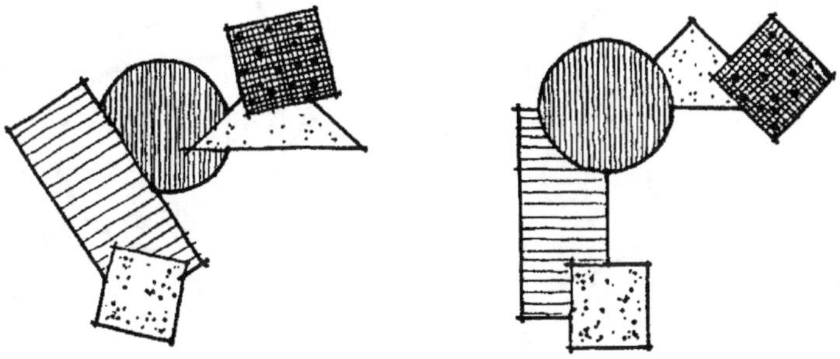

(a) (b)

图 2-148 由同样的部分构成的不同形式组合

(a)构成"A"；(b)构成"B"

首先，最重要的原则就是平行或使用 90°角连接。举个例子，请注意图 2-149(a)方案的构成中各个不同部分是连接的，圆 C 的两条半径延长线是等腰三角形 B 和矩形 D 的一条边。而且，B 的两条边与 D 的两条边是圆 C 的半径延长线，这时所有的线条同圆心都有直接的联系，进而使彼此之间形成很强的联系。矩形的角点同时又是正方形的中心。与之形成对比的是图 2-149(b)各个组成部分之间缺乏内在的联

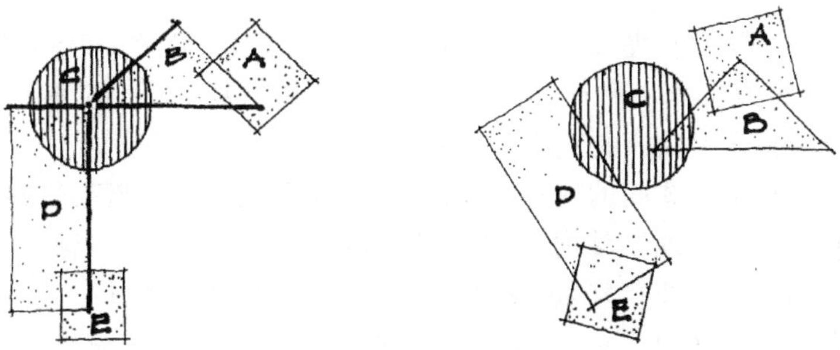

(a) (b)

图 2-149 相互连接的各部分应与其他部分对齐

系，而且各个参量没有对齐，这种构成理所当然是苍白无力的。此外，90°角连接也是蜿蜒的曲线和直线之间以及直线和自然形体之间可行的连接方式（见图 2-150）。

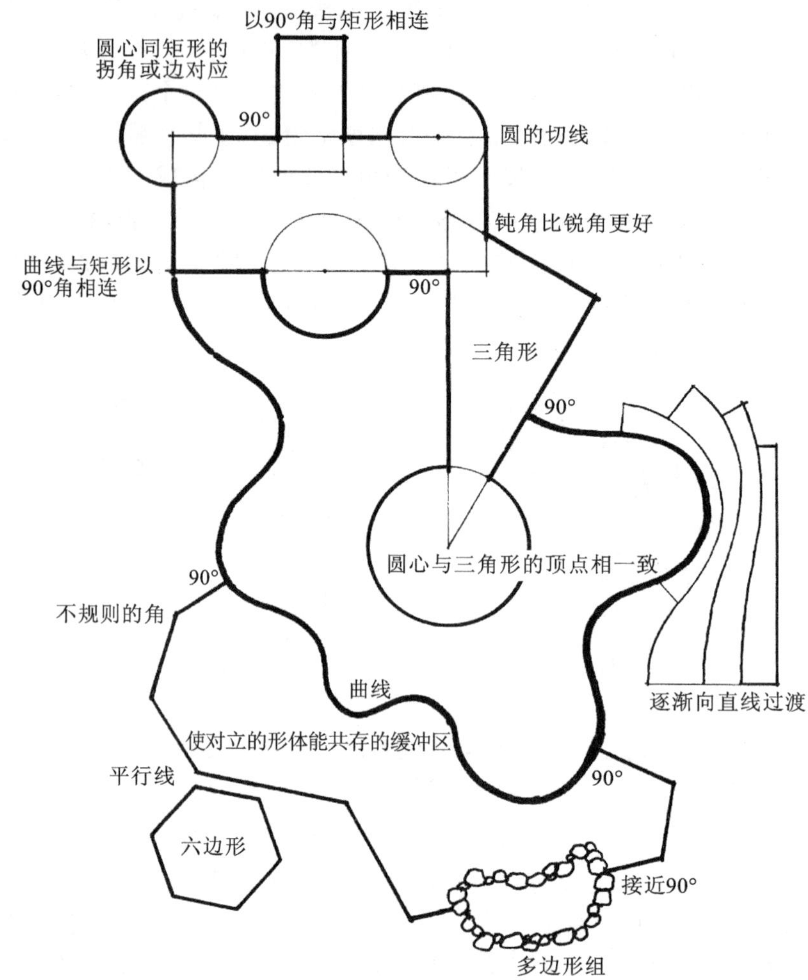

图 2-150　图形整合

其次，避免形成锐角，尤其是小于 45°的角。图 2-151 显示了多种锐角的形式构成，尽管其中一些构成第一眼看上去组织得还行或者说视觉上还能接受，但是这些形状间的关系形成了锐角。构成中应避免出现锐角，原因如下：

①锐角使得构成形式间的视觉关系较弱，但却易成为视力紧张的点；

②当锐角出现在铺地区域内部或边缘时，就形成了结构上较薄弱的区域，这些区域里狭窄的角状材料往往容易出现裂缝，尤其是在冻融循环时；

③当锐角在种植区的边缘形成时，这些地方往往不可能种植灌木，甚至连地被植物都不适合；

④若是用锐角区域来作为人使用的空间，如就餐空间或娱乐空间，就会有许多

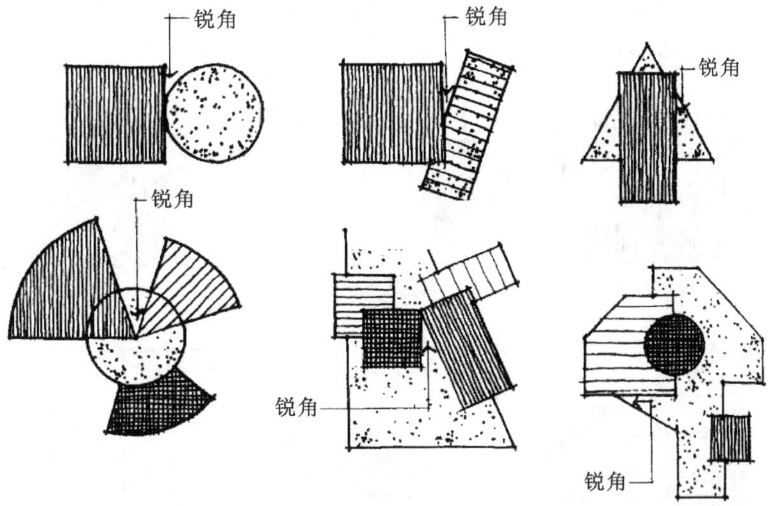

图 2-151 在设计构成中应避免运用锐角

空间浪费，因为尺度实在太小。

再次，使形式具有可识别性。形式可识别性指的是在一个构成中单个的形式(图案)能被辨认出来，例如图 2-152 中所示的圆和正方形就是可识别性的形状，而且每一个都把自身的一些特性赋予了整个构成。图 2-153 则列举了一些构成中的形状对于整个构成缺乏足够的视觉支持的例子，其中甚至有些形式被其他形式所掩盖，当这种情况出现时，要么把“被掩盖”的形式去掉，要么改变它的大小和位置以提高可识别性。

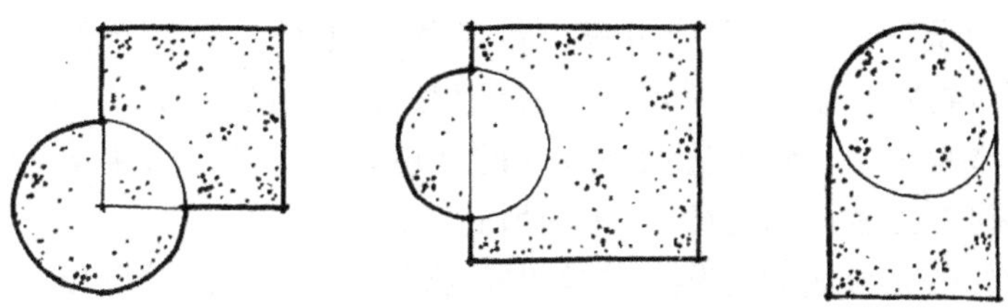

图 2-152 关系强的构成中图形的辨识性强

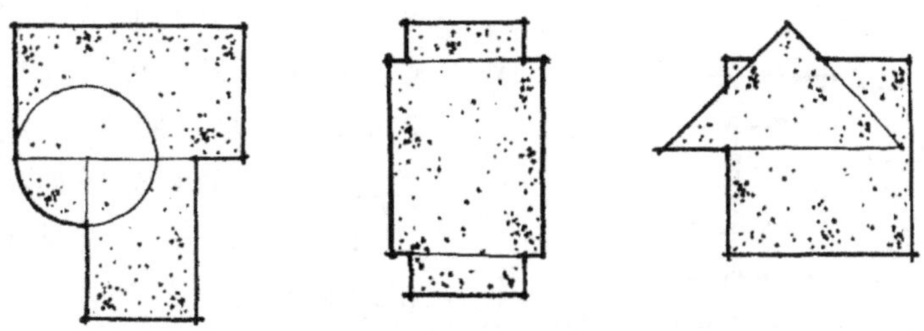

图 2-153 关系弱的构成中某些形式不能被识别

最后，有一个构图形式作为主体。一个完整的形式作为主体可以形成视觉重点，使眼睛得到休息（见图 2-154）。

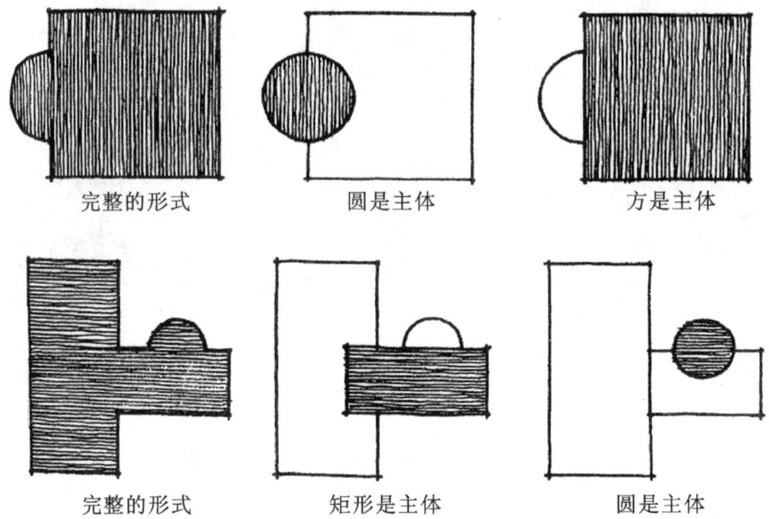

图 2-154　一个构成中有一个形式居主体地位

2.3.5　与形式构成设计相关的其他因素

一个好的形式构成不能单纯从几何与自然形态构图上出发，还应该合理地考虑与现有建筑的关系，以及形式同功能图解的关系。

1. 形式构成和现有构筑物之间的关系

几乎所有的设计在深入设计过程中都必须与现有的或将有的构筑物相结合。因为现有的构筑物将会影响到景观空间的线和边界在方案设计中的位置，从而保证最后的设计结果是一个视觉上协调和统一的环境。如果这个关系处理得好，最后可能会难以分辨何者为基地原有的，何者为增建的。

通过将新的构成形式的边界与原有构筑物的边界相联系，可以实现这个目标。所以，首先，设计师要获得一份反映现有构筑物状况的基地图副件。在这张图上，设计师要确认出现有构筑物的突出点和边界。对一栋现有房屋，需考虑的关键点和边界应分几个层次：①房子的外墙和转角（见图 2-155）；②外墙与地面相接的元素的边界，如门的边界，或外墙上材质的变化产生的划分线如砖和木护壁板之间（见图 2-156）；③外墙上不与地面相接触的元素的边界，如窗洞的边界（见图 2-157）。

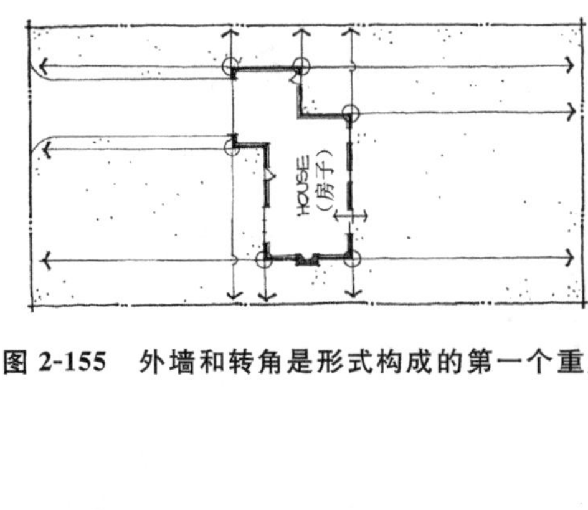

图 2-155　外墙和转角是形式构成的第一个重点

下一步就是在基地图上从这些关

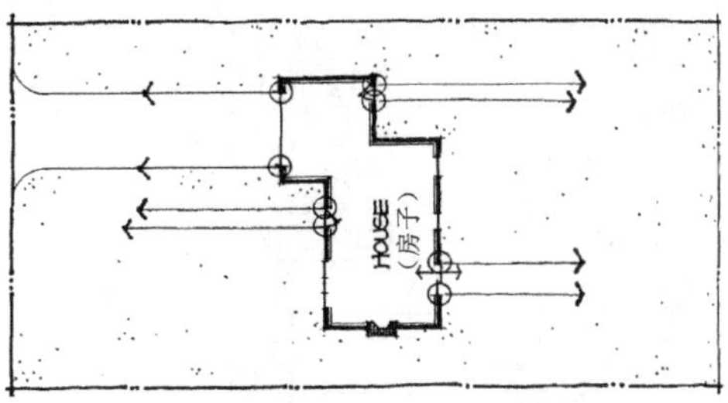

图 2-156　门的边缘和材料变化是形式构成的第二个重点

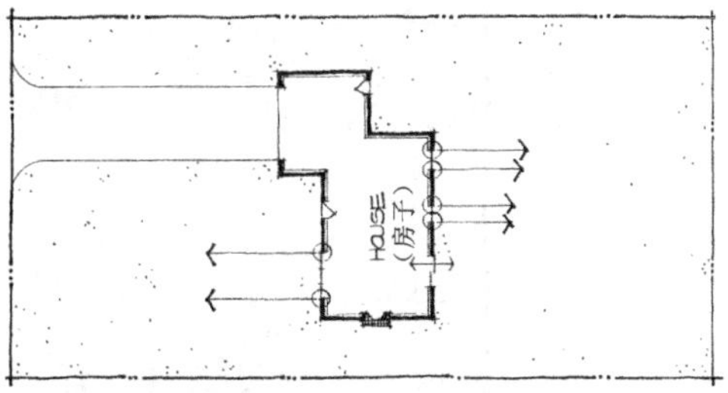

图 2-157　窗的边缘是形式构成的第三个重点

键点和边线处向周围基地画线(见图 2-158)。建议使用彩铅,那样这些线就很容易与基地图上的其他线分开。这三种边线称为约束线,因为它们将使设计的形式构成与现有形式之间发生相互作用。作为强调,最重要的线应画得稍深一些。此外,还

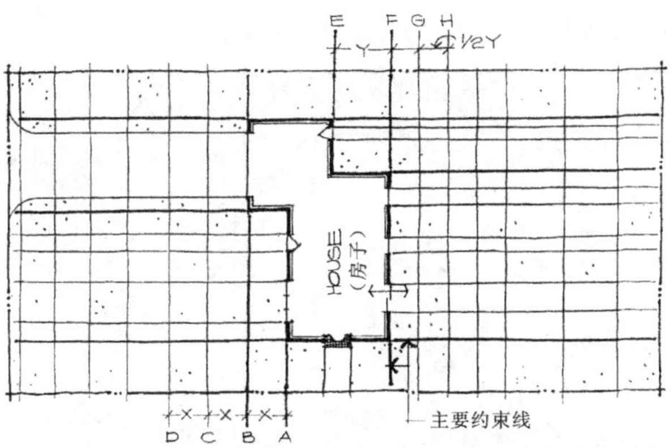

图 2-158　约束线将延伸至远离房子主要焦点的基地之中

要加一些其他的线与这三种约束线垂直,以形成网格。这些附加线的间距并没有严格的规定。在基地图上画完约束线和网格之后,设计师应该在基地图上面放上一张描图纸。接着就可以开始在描图纸上进行形式构成研究了,这样做的好处是:①可以结合下面的约束线和网格系统;②还可同功能图解相结合(将在下一部分介绍)。图 2-159 是一个结合了约束线但还没考虑具体功能图解的形式构成草图。从草图中可以明确两点:第一,用 90°的网格系统可以轻松地将矩形主题的设计深入下去;第二,网格是整个基地内形式构成的基础,而不仅是在靠近建筑的地方。但有些形式的边线并不与约束线重合,而是夹在约束线的中间,所以,设计师不必认为形式的边线必须与约束线重合。

设计师并不总是用 90°的网格来与建筑发生联系。如图 2-160 所示,约束线可以自房屋向外以任何角度延伸。这个例子中,所有约束线均与房屋成 45°角,所以设计师使用了斜线设计主题来与之呼应。网格系统也可以产生其他的设计主题,它对矩形、斜线、角状、圆弧及切线主题都很有用,因为这些主题都与直线有关。而另一方面,网格系统对圆形和曲线形主题用处不大,因为这些主题可以与现有建筑物的某

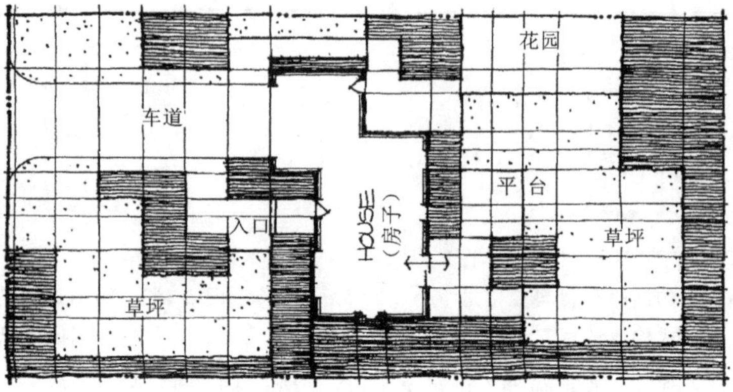

图 2-159　一个基于潜在网格系统的矩形设计主题例子

些点和边线发生联系，却很难用上网格。因此，在发展圆形和曲线形的设计主题中，除了第一重要的约束线外，其余的约束线均可取消。

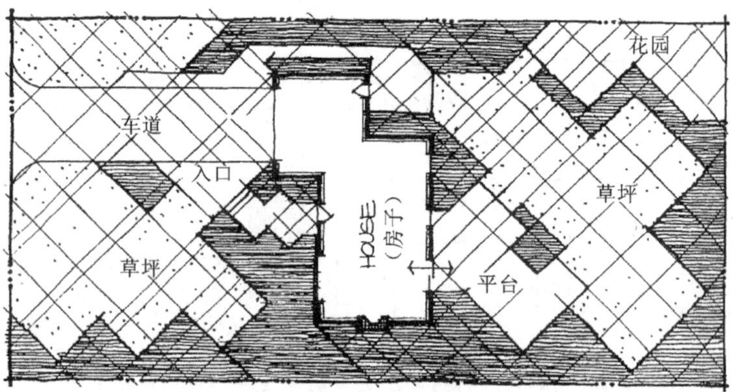

图 2-160　一个基于潜在的斜线网格系统的 45°斜线主题的例子

在圆形和曲线形主题中，最主要的问题是如何将基地中的线和边同房屋的边和其他直线边界联系起来。应该尽可能地在新形式与原有构筑物的连接处避免锐角和不良的视觉关系。在图 2-161 中，大多数圆弧与房子成 90°角相交，当圆弧已经没有空间以 90°角相接时（如车道的左边），可以以 45°或大于 45°角相接，避免使用小于 45°角相接。

画网格的时候，要考虑网格如何为新的构成形式的边线定位提供参考或线索。当新的构成形式的边线与网格中的点或线对齐时，这个形式就与建筑的点与边产生了强烈的视觉联系，这样，建筑与基地就形成了很好的结合。但是，如果两者不对齐也没有什么错，网格中约束线的使用只是一个辅助工具而不是绝对的必然途径。网格系统绝不是一个确保成功的魔术公式。

约束线和网格系统对于靠近房屋的设计形式与房屋对齐确实很重要，但是对于离构筑物较远的形式来说意义就不那么重要了。构筑物周围的场地与构筑物的关系是最密切的，在这个区域内，能够轻易地看到形式的边界是否与房子的转角或门

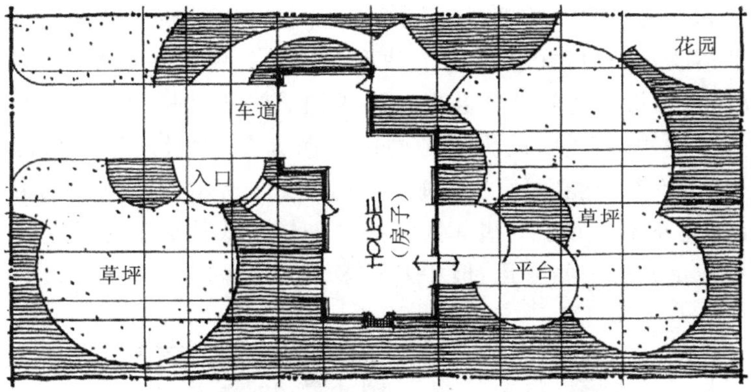

图 2-161 在发展圆形或曲线设计主题时网格系统的应用

的边线对齐。但是距离建筑越远，即使场地与构筑物对齐了，也很难被察觉到。

既然约束线和网格只是一种线索，那么怎么在场地中建立它们，就无所谓正确或错误了。给定一个基地，让不同设计师来设计，每个人都会作出与别人稍微不同的网格。尽管第一重要的约束线可能相同，但其他的线则因人而异。建议网格中不要给出太多的线，只要每根线最后被证明有用就可以了。因为线太少了好像对设计师没什么帮助，线太多了又让人迷惑。

2. 形式构成与功能图解的关系

除了与基地内现有的构筑物发生联系之外，新的形式设计应与在上一步已敲定的功能图解发生关系。功能图解和概念平面同样也是形式构成进一步深入的基础。请记住，形式构成阶段的目标之一就是要将概括、粗略的功能图解的边界具体化、清晰化。

首先，将一张画有约束线和网格的基地图放在功能图解的下面，就可以进行将形式构成与功能图解相结合的工作了（见图 2-162）。接着，将一张空白的描图纸放在功能图解的上面，就可以在描图纸上画形式构成的草图了。这样一来，设计师就可以透过描图纸参考下面的功能图解和网格平面。

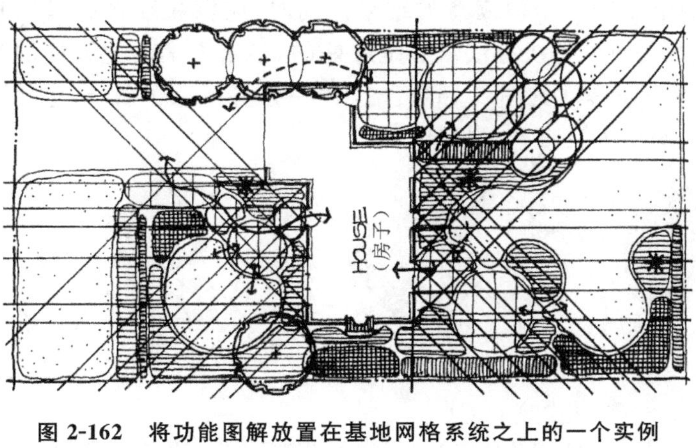

图 2-162 将功能图解放置在基地网格系统之上的一个实例

有约束线和功能图解作基础，接下来设计师就可以开始把图解中泡泡图的轮廓转变成具体的边线，这时可能会采用一种设计主题。设计师需要做的是把约束线、网格、功能图解以及设计主题结合起来。形式构成被认为是约束线与功能图解审慎的嫁接。这个过程并不容易，因为要考虑的东西太多，而且从结果可能既看不出约束线的影响，也看不到功能图解的痕迹。如图 2-163 所示的调整过的形式构成使用了一些网格线，此外还增加了一些其他的线，同时，形式构成的边线与压在下面的功能图解的轮廓线尽管有一些变化，但相差不多。

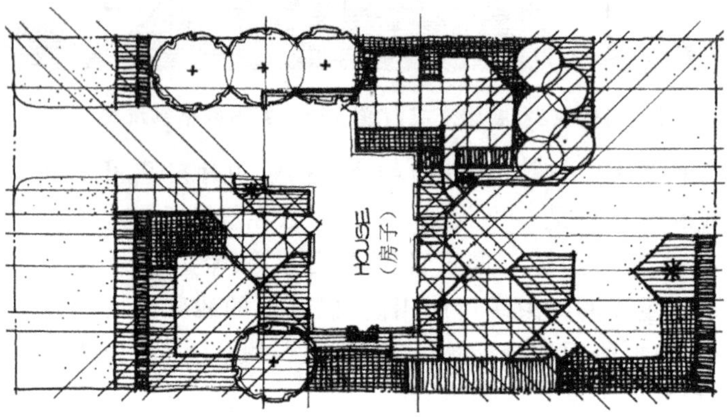

图 2-163　设计主题与功能图解和网格密切相关的一个实例

在将新形式与功能图解相结合的过程中，设计师不必一一与图解中的泡泡图对应。图解只是一种参考线索，为形式边线的定位提供一个大致方向。因此，设计师可以自由地移动形式边线的边界，以便与约束线对应或是形成一个看起来合理的构成。不过整体的大小、比例和位置还是应该大致与功能图解差不多。

刚开始的草图只是一种尝试，必然十分粗略，而且问题也不少。这时，在第一张描图纸上再放上一张，就可以在第一个形式构成草图上继续修改深入。几张描图纸下来，设计师就会获得一个较满意的结果。同时，应该鼓励自己多做几个方案。第一个想到的显而易见的解决办法未必是最好的，多个方案的比较能够帮助设计师发现一些容易忽略的问题(见图 2-164)。这种一张叠一张的深入过程将一直继续下去，直到做出既吸引人又可行的设计。

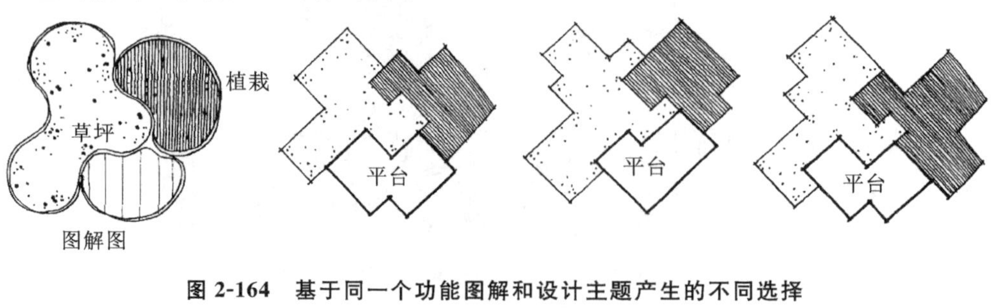

图 2-164　基于同一个功能图解和设计主题产生的不同选择

通过以上分析，读者也许更能体会到功能图解的意义了。一个合理的功能图解会使得形式构成具有坚实的功能基础。不幸的是，功能图解的缺点也同样会带到下一个环节。所以，这里再重申一下，设计师有必要花足够的时间去研究功能图解，以防止布局上的缺陷成为后续阶段的障碍。

在形式构成与功能图解相结合的过程中，设计师很有可能会想出一种比原有的功能图解好的新布局。当这种情况出现时，建筑师应该回到功能图解阶段加以改进，然后再进入功能构成阶段。

2.4　空间设计法则

景观空间环境，从根本上讲是依赖和凭借感觉器官来感知和体验的。景观中众多的景物，高低错落、进退变化，存在着一种和谐有机的构图关系，犹如一幅幅静止或流动的画面，令人赏心悦目，给人以极大的美的感受。这种美是如何产生和形成的，以及怎样再现这种美，古往今来，人们从各种不同的方面作了许多探讨和研究。得出的结论是：景观之美离不开空间结构之美，就像中国古代诗文、绘画、雕刻均讲究结构章法或空间布局一样，景观设计除去缤纷表象，起支配作用的是空间的布局结构、形式美的内在构成要素、构图美的组织原则以及空间美的构景手法。

中国古典园林是世界园林之母，其蕴含的空间设计方法更应为我们所学习，本节多以中国古典园林为例，探寻其空间构景手法。

2.4.1　空间形态构成要素

构成景观形象的各种客观要素包括空间与边界，视点、结点与焦点、视距与视角、视域，路径、区域、空间序列等。这不仅因为它们几乎是任何空间环境所具有的、客观存在的构成要素，而且因为它们同优秀的景观空间密切相关。同时，这些要素概念简单、具体可感、明晰易解，而不是抽象、含混、难以捉摸的。

1. 空间与边界

现代建筑空间和外部空间研究理论的创建不过是近几十年的事，然而人们在古典园林中体会到的种种空间变化和丰富的层次、序列感却令人惊叹不已。空间的大小、明暗、开合、旷奥的交替变化，空间序列富于戏剧化的表现，小中见大、步移景异的效果，精彩纷呈，令人叹为观止。从设计的角度，我们常常说，景观空间的功能是为游人提供游憩和观赏风景的场地与条件，景观设计的实质是空间设计，可是观赏者却不易感受到空间的存在，而往往只对景物留下深刻的印象。

景观的空间都是有范围的，是在一定区域内由围合它们的边界形成的。空间与边界，虽然一个无形，一个有形，但反映的是它们的相互作用和依存关系。景观空间有内向外向之分，用边界作为约束和限定。从某种意义上讲，空间的设计实质上是边界的设计，边界是构成外部空间和景观的基本要素之一。

1）景观空间的边界处理

外部空间边界的构成有许多方法，如地面的质感变化、高低变化都会产生空间感。空间的体验与边界有直接关系，不同的边界形式会对空间的性格和氛围产生重大的影响。例如，用混凝土或砖块铸成的坚固围墙与只用篱笆或水面围合成的空间无疑是两种截然不同的场所感觉。

空间的封闭程度给人们带来不同的心理感受和行为影响。封闭性强的空间令人感到安静、安全、孤独而使行为趋于静止并受到约束；而开敞的空间令人振奋、舒畅、缺少依靠而对人具有引导性。利用空间封闭性的强弱可以使空间组织取得相互隔断、相互穿插与渗透、增加层次感和秩序性的效果。边界从平面上可以分为“单一型”“双重型”“多重型”（见图 2-165）；从立面则分为“墙型”“列柱型”“高差型”“记号型”（见图 2-166）。在平面上，从“单一型”向“多重型”变化的过程表明边界的“封闭性”逐渐增强；在立面上，随着从“墙型”到“记号型”的演变，边界的“封闭性”逐渐减弱。根据芦原义信对外部空间设计的研究可以清晰地看出，不同边界高度对于空间的围合程度不同（见图 2-167）：30 cm 的高度只能达到勉强区别领域的程度，几乎没有封闭性，由于它刚好成为休憩座位的高度或搁脚的高度，因此带来极非正式的印象；60 cm的高度与 30 cm 的较为相似，在视觉上有连续性，还没有达到封闭性的程度；到达 1.2 m 高度时，身体的大部分逐渐看不见了，带来安心的感觉，与此同时，作为划分空间的隔断性加强了，在视觉上仍然具有充分的连续性；到达 1.5 m 高度时，只有头部露在外面，封闭性进一步加强；到达 1.8 m 以上时，视线被完全遮挡，形成了封闭性的空间。

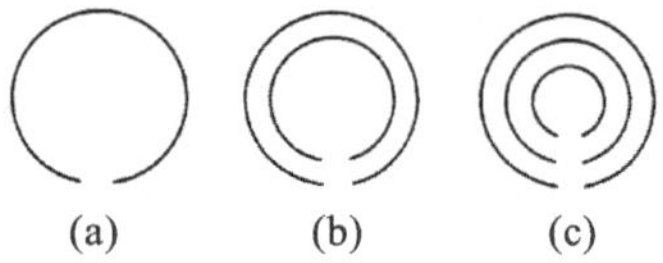

图 2-165　边界立面示意

(a)单一型；(b)双重型；(c)多重型

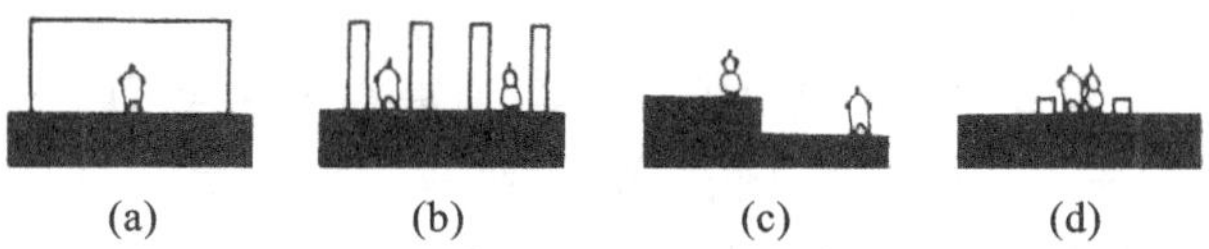

图 2-166　边界高度与空间围合度的关系

(a)墙型；(b)列柱型；(c)高差型；(d)记号型

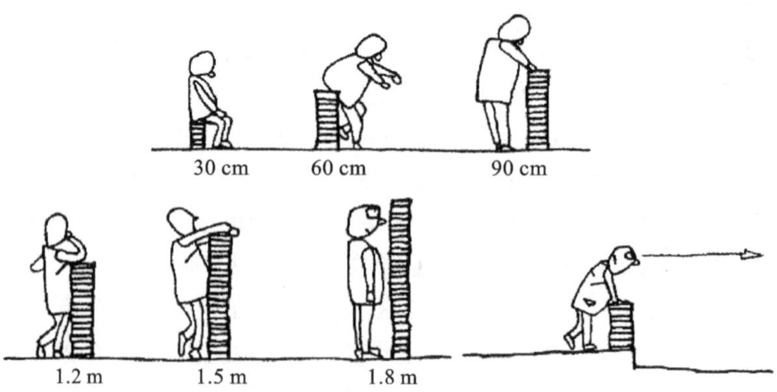

图 2-167　不同边界高对于空间的围合程度示意

在空间中更强调垂直界面的围合作用，它隔绝了外界的视线，同时造成内向的空间，相对于景观内的观赏者，它又成为观赏的景面。作为主景空间的边界面，也是景面，或景观空间的立面，处理更精细考究。“墙型”大多是指运用界面处理达到遮蔽不良景观的作用，所谓“俗则屏之”。作为景观边界的墙垣多长且平直，突兀而单调，最简单的方法可通过在墙前栽种植物，或在墙面上攀爬藤蔓，或配置峰石，造成质感和虚实变化，还可运用木格栅等隔而不断的材料或在墙上开洞口等方法破解其单调感。“列柱型”中的列柱，可以是按一定间隔排列的墙柱、树木等（见图 2-168）。“高差型”就要求不仅要组织边界轮廓的高低错落、进退变化，而且要求景物配置与空间关系自然和谐。如图 2-169 所示的台阶即是组织空间的边界，又与建筑平面形式巧妙地结合，使入口的空间很和谐。“记号型”一般包含暗示边界存在的含义，在传统园林中有很多与“意义”密切相关的“记号型”边界，在现代景观设计中使用最多的是根据不同材料的不同质感来分隔空间（见图 2-170）。

图 2-168　组成边界的列柱

图 2-169　组织空间边界的台阶

图 2-170　用不同质感的材料划分空间

2）内向和外向

内向和外向是两种不同类型的外部空间，由边界作用形成的内向空间是按照人的意图创造、有目的、有功能意义的空间环境。景观布局的内向和外向同自然环境、空间结构及视线条件有关。内向的视线是向心、内敛的，适于小尺度景观；外向的视线是离心、扩散的，适于大尺度景观。下面以中国古典园林为例进行说明。

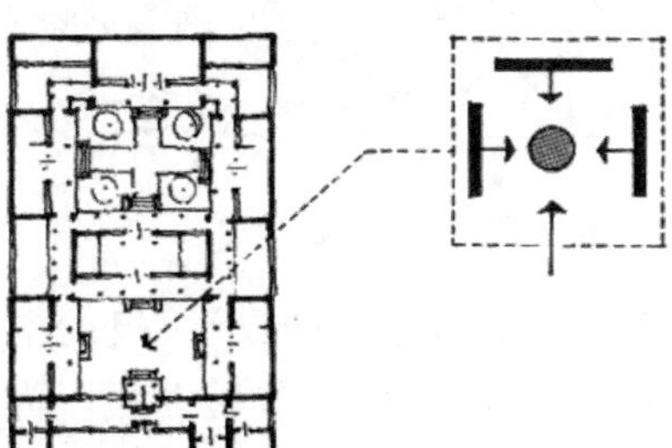

图 2-171　中国古典园林中的内向布局

中国古代处于市井内的私家园林，为避免外部的干扰以求得宁静，多取内向布局的形式（见图 2-171）。这类园林的空间布局通常是内向的，着重于从内部建立秩序，满足居住和游憩的需要。道路、建筑、景物的布置具有向心、内聚的特点。在中小型庭园中，主体空间几乎都是以水池为中心，周边环绕建筑、道路、山石、植物等，高低错落、虚实相间，视线越过水面，建筑互为对景，遥相呼应，水岸凹凸起伏，曲桥低平，使不大的水面显得明净旷远，扩大了园林空间尺度感。这种布局方式的空间尺度不宜过大，避免视距太长，使本处于中景的建筑退为远景，且视角过小，空间围合感不够，容易造成散漫、空旷的感觉。如图 2-172 所示的苏州鹤园，虽然其分前后两个院落，但主体部分的形式是以水池为中心，采用内向布局，从而形成一个既亲切、宁静又富于变化的空间环境。

鹤园鸟瞰图

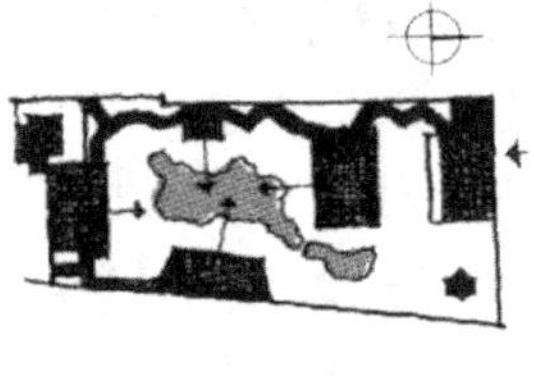

鹤园平面的内向布局图

图 2-172　苏州鹤园

采用外向布局的建筑群，由于建筑均背向内而面朝外，因而建筑群体空间给人以开敞的感觉(见图 2-173)。皇家苑囿虽然也有边界限定，但范围广大，自然环境复杂，空间布局结合山水地形，变化多端。例如，地处四周均被水面包围的岛上的园林空间、建在凸起的山地上的园林空间、被用来当作制高点的园林空间多为开敞外向布局。如濠濮间，位于北海东侧，坐落在一个凸起的山丘上，采用外向型布局较开敞，并可环顾四周景物(见图 2-174)。

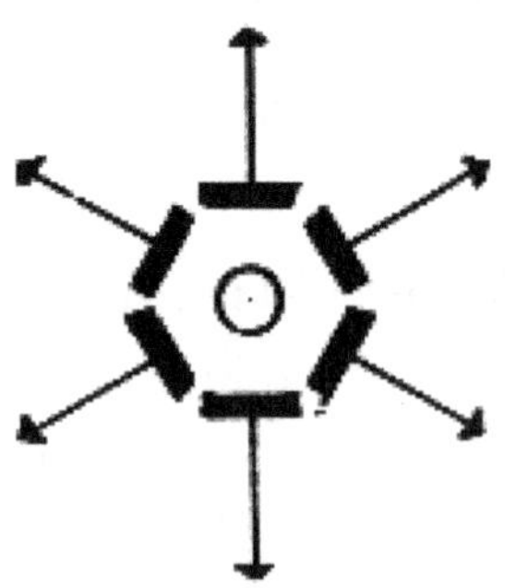

图 2-173　空间的外向布局

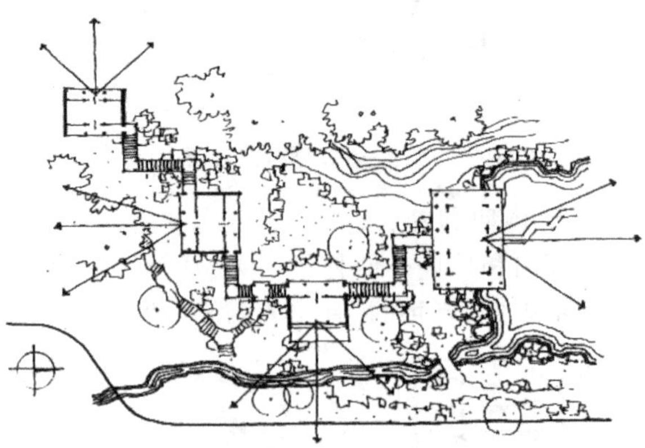

图 2-174　濠濮间平面

尽管很多景观采用或外向或内向的布局，但景观空间毕竟不同于一般的空间，无论从景观或观景的角度出发，都要顾及周围环境而采取适宜的布局方式。为此，还有一部分园林采用外向与内向结合的布局形式，这样的景观空间不仅具有良好的景观效果，而且还能给观景提供有利条件(见图 2-175)，如苏州沧浪亭，由于园外西北部临水，因而部分建筑取外向布局形式，既保证了内部的安静，又可巧借外部水域形成良好的景观。

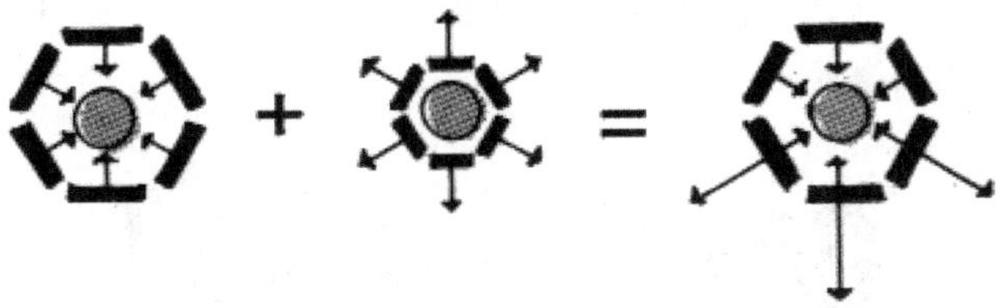

图 2-175 内向布局与外向布局的结合

3）层次与景深

空间层次是外部空间设计需考虑的重要因素之一。层次可增加景观空间的深远感，避免单调、空旷无物，因而也关系到视觉空间的丰富性。层次和景深既涉及静态观赏时景观空间的层次感和立体感，也包括动态过程中空间的重重切换变化。正所谓"庭院以深远不尽为极品，切忌一览无余"，景观中为在有限的空间内创造出景深不尽的感觉，空间结构布局尤为重要，主要有以下几种方法。

第一，可以利用空间的渗透，也可借丰富的层次变化，极大地加强空间的景深感。如对某一对象，直接看和隔着一重层次看，其距离感是不尽相同的，倘若透过许多重层次去看，尽管实际距离不变，但给人感觉距离似乎要远得多。如苏州留园中部石林小院一组建筑和庭园，有十余处小空间均以回廊、空窗、门洞相连通，庭园内置石峰，种翠竹芭蕉。置身其中，环顾左右，视线通过门窗洞，空间延续和流动，除可看到相邻庭园竹石小品的园景，更可窥见二重、三重，甚至更深远的空间及景物。在这里，曲折巧妙的空间布局，使室内外空间互相穿插，变幻莫测、妙趣横生，空间层次不可谓不丰富（见图 2-176）。

图 2-176 苏州留园石林小院平面图

第二，景观空间的层次变化，主要是通过对空间的分隔与联系处理来营造的。例如，一个大的空间，如果不加以分隔，就不会有层次变化，但完全隔绝也不会有景深的发生。只有在分隔之后又使之有适当的连通，才能使人的视线从一个空间渗透至另一个空间，从而使两个空间相互渗透，这时才会呈现出空间的层次变化（见图2-177）。根据景观要求采取不同手法，常常隔而不断，空间既有分隔，又有联系。相邻庭园既分隔又贯通，形成空间的渗透、流动和多层次变化，产生园景深远幽邃、不可穷尽的感觉。分隔空间可用墙、亭廊、水面、山石等。

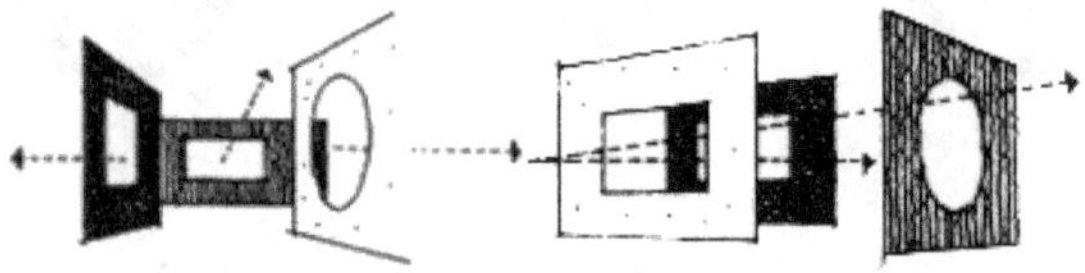

图 2-177　视线穿过重重洞口

留园鹤所向左至东部景区，这里借粉墙把空间分隔成若干小院，并在墙上开了许多门洞、窗口，视线穿过一系列洞口，可使若干空间互相渗透（见图 2-178）。

园林中亭廊是很特别的建筑，它们的视线是外向通透的。廊蜿蜒逶迤于山坡水际，既分隔了空间，又形成两侧空间和景物的相互通透，亭也有类似特点。通过亭廊观赏景物，柱楣挂落构成近景，犹如景框（见图 2-179）。

图 2-178　留园鹤所外景观

图 2-179　自松风亭看小飞虹

园林中的水体空间也可借助各种手段的分隔，形成丰富的水景层次。开阔的水面常运用桥、岛、堤进行水面划分和联系，以增加景深不尽的感觉。如沈阳建筑大学的中央水系景观就用两座平桥来划分水面空间，使水流隔而不断，达到视线连通、延续的效果。越过空灵、通透的桥向水面望去，水流深远，水岸两边景物丰富，空间极有层次。

现代园林景观设计中，通常用景亭、景墙、栏架等小品分割和联系空间，使空间层次丰富、相互渗透（见图 2-180）。

2. 视点、结点与焦点、视距与视角、视域

景观空间的布局结构不仅与地形环境有关，而且与观赏的视觉条件和要素有关。景观中所强调的绘画美，一方面是指在静态观赏条件下感受到的具有画面构图般的景观美；另一方面是指随着视点的移动，看到的是一幅幅连续不断的风景画面，主题、构图、质感均不相同。

图 2-180 广场空间的分隔

静态观赏与视点的位置、角度、距离等要素有关，动态观赏还与路径的设置有关。现代景观设计强调空间形式和结构建立在视觉分析的基础上。视点在景观中的位置分布、高低变化，视距和视角等都会影响到观赏效果和景观空间的质量。这些视觉要素和规律是以客观理论分析为依据的，因而在很大程度上说明了景观空间形式美的理由和原因。通过对古典园林视觉要素的分析发现，许多优秀的景观空间都存在着景物之间的和谐关系，体现了审美的视觉规律，而这些都离不开对于视觉要素的自觉或不自觉的意识和把握。

1）视点

视点又称观赏点，即观赏风景的位置。严格地说，景观中的每一处都是视点，但一些重要视点的确定与布局结构密切相关。景观中的山水、建筑、道路等布局位置均与重要观赏点位有关，视点亦常常处在建筑、道路交叉、转弯等结点处。如视点设在建筑中，那么建筑的选址就要充分考虑观景的条件，要考虑建筑的朝向和景向，它们关系到景物的观赏效果。江南园林内主要建筑多位于山池的南面，形成坐南朝北、遥对山池的面势。这是因为建筑面北，正对的主要景面朝南，在光影的作用下，无论是山石植物，还是建筑景观，都可获得丰满的层次和体积感，相反，则景物较为平淡。如环秀山庄大假山面南，结构层次丰富，色泽纹理清晰（见图 2-181）；而艺圃主景区同为湖石假山，因常年处于阴面，景观的层次和质感表现都受到一定的影响（见图2-182）。此外，除考虑景观中的建筑是观赏点外，还要考虑建筑自身作为观赏

图 2-181 环秀山庄大假山

图 2-182 艺圃主景区湖石假山

对象的要求。古典园林的布局看似自由、萧散，建筑分布似乎随意、散漫，空间关系往往无章可循，但从观赏和被观赏的要求出发，可以看出建筑具有视线的内聚和扩散的双重特点，因此在选址布局上常常互为对景，遥相呼应、彼此关照，处于一定的视觉联系和制约关系之中。

此外，景观内视点的高低变化为从不同角度观赏风景创造了条件，也有利于增加景观的丰富性。登高俯瞰，视野广阔，空间景物较完整；仰视则感觉空间高狭，景物巍峨壮观。景观中视点有高有低，可从视觉上造成景观的不同变化，无论是在现代景观还是古代园林中，都可以意会到视点高低变化带来的丰富多变的景观感受。造成视点高低变化最自然的方式是借助高低起伏的地形，构筑观景建筑，既可取得错落的景观效果，又为视点的高低变化提供了条件，既助眺望，借取远景，又可俯视将景物尽收眼底。

2）结点与焦点

在景观视觉结构中，结点与焦点均是重要的点位，它们有助于加强环境的识别性和方位感，形成具有意义和特征的景观形象。

结点与道路、区域有密切关系。结点是路径的连接点，多位于入口、交叉点等空间和方位变换处，也是区域的集中活动点，具有某些功能与特征。在这些重要的点位，可使人们驻足、盘桓、观察周边环境和选择路径。因此，结点也是观察点或视点。

在古典园林景观结构中，入口通常是重要结点，是区别园内园外的标志，是进入空间体验的起始处。中国古代建筑的门堂之制对门的处理十分重视。典型的四合院住宅入口常常偏于一侧，或在门内布置照壁，形成视线屏障，造成内外有别。在古典园林中，亦十分注重入口处理，“涉门成趣”，避免直白浅露，平铺直叙。所谓“峭石当门”（见图 2-183）或“开门见山”，是造园入口处理的基本手法之一。如苏州拙政园中部腰门和网师园入口处均以假山石为屏障，南京瞻园入口采用峰石回廊相结合的手法。此外，空间的曲折引导也是入口处理的常用方法。如怡园、鹤园、畅园，都是几度迂回，才引入园内。怡园的四时潇洒亭（见图 2-184）、南雪亭和锁绿轩都是进入不同景区的结点（见图 2-185）。皇家苑囿的大门多位于规整格局的中轴线之上，其

图 2-183　峭石当门

图 2-184　怡园四时潇洒亭

中一些小庭园入口处理也极力变化，饶有趣味。如紫禁城内的乾隆花园，布局基本为规整对称，入口道路却因石峰当门而向右偏移，避免了视线的长驱直入，显得幽邃而深远(见图 2-186)。

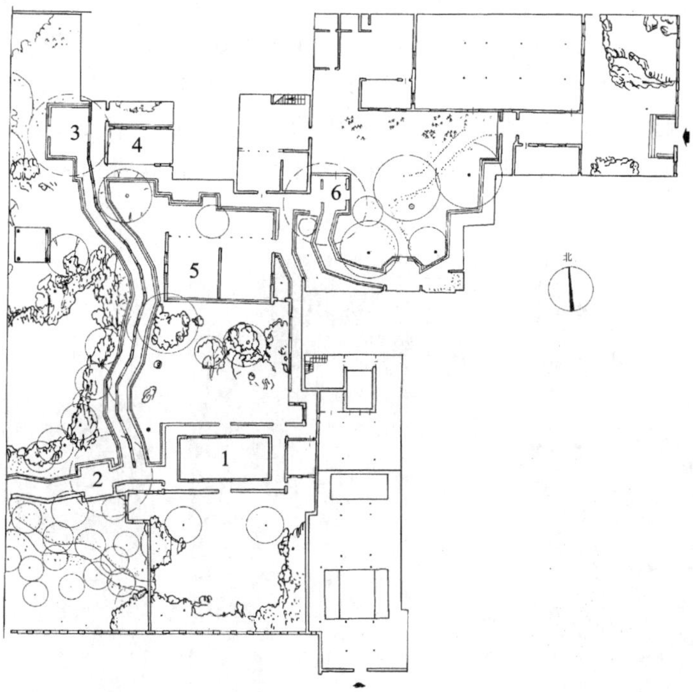

图 2-185 苏州怡园的结点平面图

1—拜石轩；2—南雪亭；3—锁绿轩；4—石舫；5—坡仙琴馆；6—四时潇洒亭

图 2-186 北京故宫宁寿宫花园入口结点处理

焦点，又称视觉中心，是景观空间中最引人注目的对象。它具有清晰可辨的独特形象，以其明确的体量、形状、色彩、质感、位置突出于所在环境或背景。焦点也是标志，具有引导作用，有助于确定所在空间方位，其形式变化多样，赋予环境鲜明的个性(见图 2-187)。在构成景观的物质要素中，建筑、山石、水体、植物都可以成为所在环境的焦点。建筑通常因其轮廓、质感、色彩所具备的人工造景的因素，在以山水、植物材料为主的自然环境中十分显著。如图 2-188 所示阿尔伯特纪念钟塔就是一个景观分区的焦点。山石以其独特的形态成为景观空间的焦点，如留园的冠云峰因其奇特的外观、细腻的纹理而成为庭院中的视觉焦点(见图 2-189)。景观设计时要根据平面构成形式设计视觉焦点，组织空间，让人们欣赏时有重点、有主次、有高潮。

图 2-187 杭州西泠印社的石塔

图 2-188 阿尔伯特纪念钟塔

图 2-189 留园的冠云峰

3) 视距与视角

从静态观赏的角度看，景观画面的清晰度和构图与视距、视角有直接关联，它们反映了视点与景物的空间关系，都是影响空间景观质量和观赏效果的视觉要素。

按照外部空间理论，视距关系到对景物的视觉感受，因而也影响到空间的尺度、层次和质感。视距由近及远，景物由清晰到模糊。景观设计中常将人、建筑和树木当作可视空间尺度感知的参照物。根据视觉规律，25～100 m 的视距范围对景观感知和设计影响较大。

另一个与视距有关的视觉要素是视角。垂直视角与景物的高度有关，水平视角与景物的宽度有关，它们共同作用形成视域空间。一般认为，高度角 30°左右、水平视角 45°左右，为观赏景物的最佳范围，也就是说，景物与视点的距离 D 与景物高度 H 之比，即 $D/H=2$ 时，可以完整地看到景物的形象及周边环境。这时空间的大小尺度也较适宜。在许多优秀景观空间中，都体现了这种视觉规律。视线与视角的比值不是绝对的，在 $D/H=1$～3 范围内，空间和景物之间的关系比较和谐。但若小于

1，则易产生封闭、压抑、景物拥塞的感觉，如苏州听枫园（见图 2-190），建筑与山石比肩而立，空间过于局促狭仄。但若大于 3，则会感到空旷、散漫，景物失之平淡。如苏州怡园自复廊西眺假山螺髻亭，视距约 40 m，则不如从藕香榭（20 m）观赏时效果好（见图 2-191）。有时则可利用 D/H 小于 1 或大于 3 的视觉特点，来达到某些特殊的景观效果。

图 2-190　苏州听枫园空间封闭拥塞

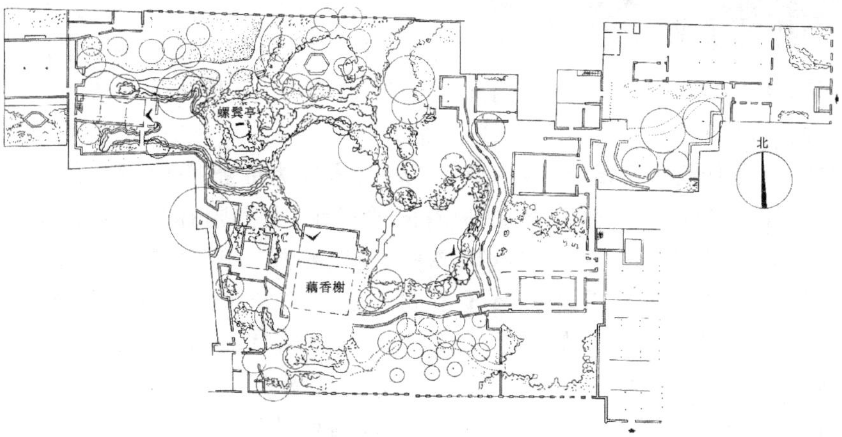

图 2-191　苏州怡园平面图

在视线外向、空间辽阔的情况下，景观体验完全不一样，视线趋于平远或高远，视距趋于增大，远景、中景和近景的距离感发生改变（见图 2-192）。自然景物在空间景观中产生重要的影响和作用，山体、丛林常常构成景观背景的天际轮廓线。这样的景观更适合静态观赏与动态观赏相结合，登山涉水，从远、中、近不同的视距和高低变化的视点欣赏景物，建筑既可作近景、中景，也可作远景，与山水、丛林融为一片。

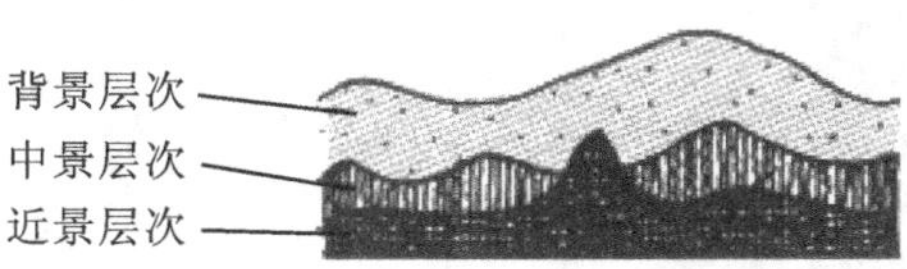

图 2-192　景观空间的层次

4）视域

在外部空间中，主要通过视觉器官感知景物和空间的存在。人眼所看到的景物及空间范围，称视域，人眼视域大约为以眼球为顶点的 60°的圆锥体，若头部转动，可看到更大范围内的景物。在园林的一定视点视域内，可见的景物是有限的。随着视点的移动，所看到的空间和景物也发生变化，从而获得与先前不同的视觉印象。对此，古代造园家一言蔽之——步移景异。

图 2-193 怡园曲廊

视域也可理解为目力所及或“看面”，在景观设计中，具有更多的视觉意义。从静态观赏角度看，视域与视点、视线、视角有关，它们影响到景物和空间的视觉质量及观赏效果。如前所述，在一定视距、视角范围内，可获得景物的最佳视域和最适宜的空间尺度。在动态观赏过程中，随着视点的移动，视域不断发生变化，空间和景物层层展开（见图 2-193）。在布局结构中，研究和运用运动视域可见或不可见的特点，解决好如何“看”与“看什么”，创造各种不同的“看”的条件，有利于更好地组织空间和景物，产生更丰富多变的景观体验。在这些方面，古典园林提供了不少很好的借鉴。

古典园林讲究意蕴含蓄、景境深远，布局上体现为曲折变化、富有层次，最忌平铺直叙。园林中景区和空间的划分造成有限的视域，大型园林的主景区常依据山水地形进行空间分割，阻隔视线，以厅堂、廊庑、园墙构成小型庭院。在园林空间组合中，常运用曲廊、洞门引导，进入一重重不同的庭院，方向变化，视域景象全然不同，令人耳目一新，产生别有洞天的感觉（见图 2-194）。南京瞻园的入口布置十分巧妙：进入幽暗的门屋为一深不盈尺的小天井，迎面的院墙阻挡了视线，墙上辟一八角形洞门，门内立一峰石，透过洞门，依稀可见庭院内婆娑的树影，洞门可望而不可即。循廊向右，几经转折，方见明亮的小庭院内峰石、芭蕉、海棠等景物，穿过敞轩，由洞门折入曲廊，园景豁然开朗，静妙堂、大假山顿入眼底（见图 2-195）。

图 2-194 艺圃浴鸥门

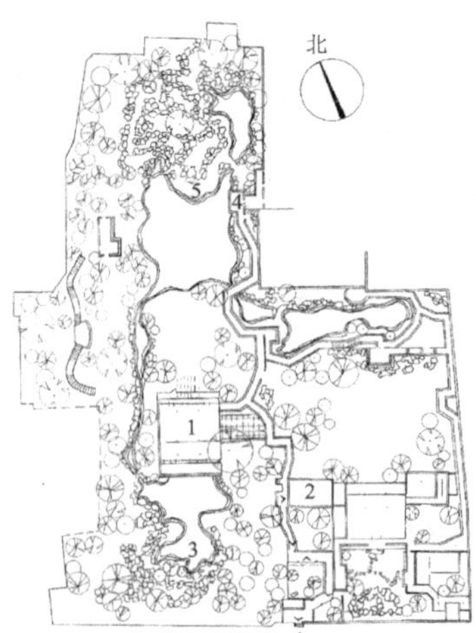

图 2-195 南京瞻园平面图

1—静妙堂；2—花篮厅；3—南假山；4—水榭；5—北假山

在现代景观设计中仍要借鉴古典园林驾驭空间的智慧，在设计中，根据视线需要，精心组织空间与景物，如哪里做实墙，哪里开洞门或漏窗，哪里为开敞的观景建筑等。障显藏漏，均根据视线和景观要求进行安排，使景物时隐时现，视线隔而不断。这种布置手法给空间带来变化和期待感，避免了景观的直白浅露，一眼看穿，而是有控制地逐步显现。

3. 路径、区域、空间序列

路径是运动的通道，也是视线的通道。沿路径移动，可获得所在环境的整体印象。区域是整体环境的一个局部，它具有功能上的含义——有意义的事件发生的场所，也有景观上的属性特征——边界限定，特征鲜明，并具备了心理上和行为上进出的感受。路径呈线性形态，区域呈面状形态。路径和区域都是景观环境的基本构成要素，它们直接影响到景观空间的布局结构和具体形象。

在景观中，路径穿越不同的景区，运动中的视点、视域不断发生改变，区域的景观特征各不相同，空间序列丰富多彩，由此构成一系列不断变化、生动丰富的景观画面，从而获得对于整个景观环境的印象总揽。

1）路径

路径或观赏路线在园林中是具有支配性的构成要素。路径具有连续性和方向性，借助路径可获得整个环境的特征形象；通过主要路径，可获得主要区域的环境形象。路径的设置可分为直线形与曲线形。在现代景观中，办公、生产等功能性景观中设计直线形的路径，能够满足使用要求，在公园、街头绿地等休闲区设置曲线路径，以便延长游览路线，从不同点位和角度观赏景物，获得尽可能丰富的景观印象，达到以小见大的心理和视觉效果。

景观空间的路径由于总是向人们暗示沿着它所延伸的方向走下去，通常具有极强的导向性，人们在其间行走不免怀有某种期待情绪，随着视点移动，景物时隐时现，令人生出好奇、期待、探幽寻胜的心理。在高低起伏的地形条件下尤为显著。如去苏州虎丘风景区游览，远远地可以看到高踞山顶的虎丘塔，进入景区后，随着景物在行进中的不断变化，塔在视线前方忽隐忽现，引导人们顺着山径向上，直到登临山顶塔前，才有到达目标的感觉和居高临下的快意。

2）区域

区域是构成环境形象的主要因素之一，对于环境整体印象的认识离不开对局部区域的认识。景观是城市或地区中具有意义和特征鲜明的区域，它们从局部演绎着城市历史文化的片断和发展变化的进程，完善着对于城市整体环境的印象。当我们将一个个景观设计作为独立个体进行分析时发现，它们的复杂结构同样呈现出明显的区域特征，在不同尺度和层次上构成局部环境形象。

空间设计中的区域与景观设计基地的自然条件和表象特征相关，如颐和园就根据自然地形条件分为东宫门及宫室区，万寿山前山区、后山后湖区和由昆明湖、南湖、西湖组成的湖区。表象特征包括主题、素材、质感、色彩、样式、细节等。以园林内用石为例，在视域范围内，采用同一种石材，强调其“同一性”因素，有利于加强区域感，反之，则显得零乱，抹煞了景观空间的特点。如扬州个园的四季假山用石颇有特色，采用不同的石材和叠石手法，配合植物表现春夏秋冬的山景，尽管材质、体量、形式各不相似，但立意、题材和象征性的表达是相同的。各景点分布于庭园的不同区域，在一定视点视域内只能看见一组石景，因此并不显得凌乱，体现了石景的多样性，突出了环境表现主题的独创性和不同区域山石景观的丰富性。

3）空间序列

空间序列是关系到景观整体结构和布局的问题。有人把中国园林比喻为山水画的长卷，意思是指它具有多空间、多视点和连续性变化等特点。空间序列反映了空间排列的次第关系，两个以上毗邻的空间就存在着序列关系。空间序列感与时间要素及路径和区域密切相关，是在特定时间内通过路径，穿越不同区域所体验到的。因此，空间序列的组织也是整体布局结构的重要内容。

园林的空间组织不仅需要根据功能和自然条件划分空间和景区，运用各种手法丰富空间层次和景深，而且需要从整体上协调处理好各个局部空间之间的关系，以形成主次分明、抑扬顿挫、变化统一的空间序列。好的园林空间序列能使人在动态观游的过程中，获得连续变化的画面感和丰富而不单调的空间趣味。旷与奥可以理解为两种基本类型的景观空间，设计中要强调旷奥空间转换而带来的对比变化的序列感受。

空间的对比是表现空间序列的一个重要手法，着重于空间形态的对比，包括大小、形状、虚实、开合等，也与空间表象，包括材料、质感、色彩等有关联。

（1）空间大小的对比

外部空间一般都有主次空间，主要空间一般尺度都较大，空间的表现力较强，人流量大，空间内容较为丰富，一般体现出景观总的特色、内涵和风格；次要空间一般属于随从空间，空间尺度较小，围绕主要空间展开。主次空间可以形成大小空间的对比，通过对比，体现主要空间的开阔和开朗，深化主题的作用。图 2-196 为颐和园的平面图，从图中可以看出颐和园的主景区为前山前湖的景区，前山以佛香阁为中心，组成巨大的主体建筑群，华丽雄伟、气势磅礴。碧波荡漾的昆明湖平铺在万寿山南麓，约占全园面积的 3/4，万寿山和昆明湖这一山一水成为园林艺术的主题，而颐和园的后湖景区则通过幽深狭长与主景区形成对比。正是这种不同空间的对比，丰富了园林的空间。

（2）空间形状的对比

空间形状的对比通常是纵向空间与横向空间的对比，曲折空间与规整空间的对比。通过空间形状的对比，可以强化空间的感染力。例如，法国南锡斯坦尼斯拉斯广场群由 3 个广场空间组成，广场的北端为长圆形的王室广场，中间是一个狭长的跑马广场，最南头是长方形的路易十五广场，3 个广场形状各不相同，四周的建筑处理差别很大，人们身处其间，能感受到空间的对比和变化，丰富了广场建筑群的空间体验（见图 2-197）。

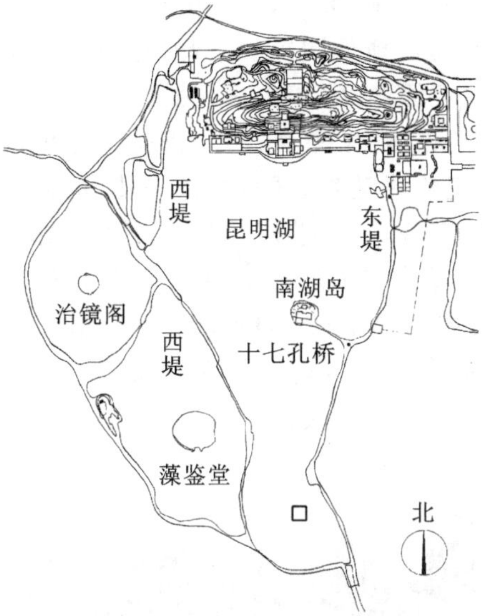

图 2-196 颐和园平面图

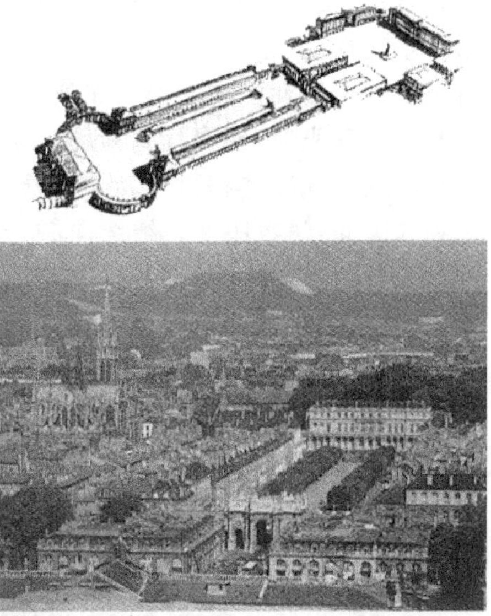

图 2-197 法国南锡斯坦尼斯拉斯广场群

（3）空间虚实的对比

虚与实是相对的，建筑与植物相比，则建筑是实的，植物是虚的；山水相比，则山实水虚；墙和漏窗相比，则墙是实的，漏窗是虚的。景观设计利用虚实的手法，以虚称实，以实破虚，实中有虚，虚中见实，从而达到丰富视觉感受、增强美感形式、加强审美效果的作用。

（4）空间开合的对比

运用对比手法可造成景观空间序列的丰富变化，相邻空间或开敞或封闭，或规整或自然，或纵深或旷朗，或山林苍翠或水光潋滟，或气度恢弘或亲切宜人，通过对比变化，彰显各自的本性，产生相互衬映的效果，达到抑扬开合有度、显隐收放自如，以小见大、以少胜多的视觉效果和空间序列表现。除对比外，造成序列感的手法还有引导、排比、过渡等。空间序列的典型过程可概括为起始—引导—高潮—结束。

小型景观的空间序列较简单，通常在入口处设计一个小空间，作为过渡，逐渐引导至主景空间。视野经历了一个收-放的过程。大型景观空间布局则复杂得多，空间序列体验也比较丰富，表现了布局的充分变化和强烈的序列感。如留园的空间序列处理综合运用了空间对比、渗透、引导等手法，起承转合，高潮迭起，令人充分领略空间变化的艺术魅力。留园的入口部分（见图 2-198）十分

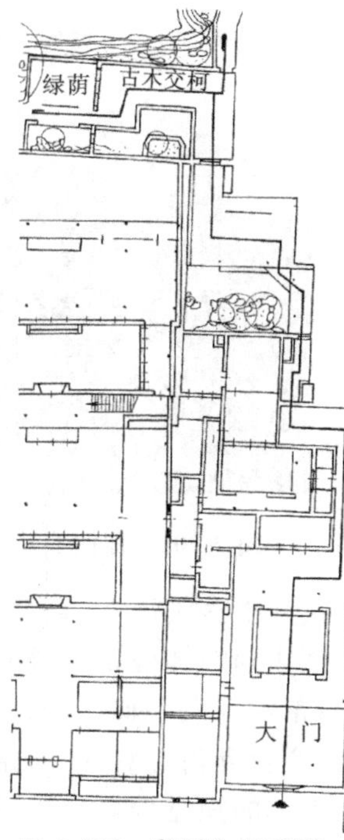

图 2-198 留园入口平面

曲折含蓄，由一系列大小、形状、明暗、方向均不同的折廊、天井、庭院的交替出现，引至古木交柯处(见图 2-199)。在此，透过排列的漏窗可窥见园内的景物，这段入口本身就是整个序列中的一个子序列或序曲。向左转至绿荫、涵碧山房(见图 2-200)，山池林木顿现眼前，明亮而开朗。向右经过曲溪楼、西楼(见图 2-201)，仍是一连串的漏窗阻隔了视线，空间半明半暗，景物若隐若现，至清风池馆，透过挂落坐槛，池泉林木宛如画面，尽收眼底。继续向右，至高大敞亮的五峰仙馆，前庭内峰石花木犹如展开的画卷(见图 2-202)。再向东转入鹤所、石林小屋一带(见图 2-203)，空间尺度骤减，为一系列相互穿插渗透的小庭院，方向层次变化极多，令人目不暇接，方向莫辨。最后由揖峰轩小院进入林泉耆硕之馆和华美敞朗的冠云峰庭院。在体验了一系列反反复复、空间旷奥抑扬的对比、引导、过渡之后，达到序列表现的高潮，充分显示了园林空间序列的丰富性。

图 2-199　留园古木交柯

图 2-200　留园涵碧山房东望

图 2-201　留园曲溪楼一带西望

图 2-202　留园五峰仙馆外望

在很多情况下，景观中的观赏路径并非单向环绕，而是多方向、可选择、随机的，空间序列的体验不那么典型和清晰，因此，对于景观环境的感受也是不定、多变化的，常常因人、因时、因地而异。然而，徜徉其中，可不时体会到空间抑扬开合的节奏，产生柳暗花明、峰回路转、出乎意料的惊喜，令人流连忘返。这些正是序列空间所创造的视觉效果和景观感受，也是园林空间艺术所特有的魅力和令人愉悦的奥妙所在。

图 2-203 留园鹤所的石林小屋

2.4.2 空间组织原则

构成空间形态的种种要素需要一定的秩序，形成一种整体性，而不是杂乱无章的罗列。因此，所谓空间组织的原则，就是要形成一种空间秩序。

秩序是一个设计的整体框架，亦即设计中所暗含的一种视觉结构。从某种意义上说，设计的一个目标就是要为空间赋予一种秩序感。比如，形式和材料的和谐构成将会形成视觉上的秩序。就像前面提到的那样，形式构成能形成一种主题或风格，从而产生一种很强的视觉秩序感。如图 2-204 所示为秩序在平面设计中的实例。

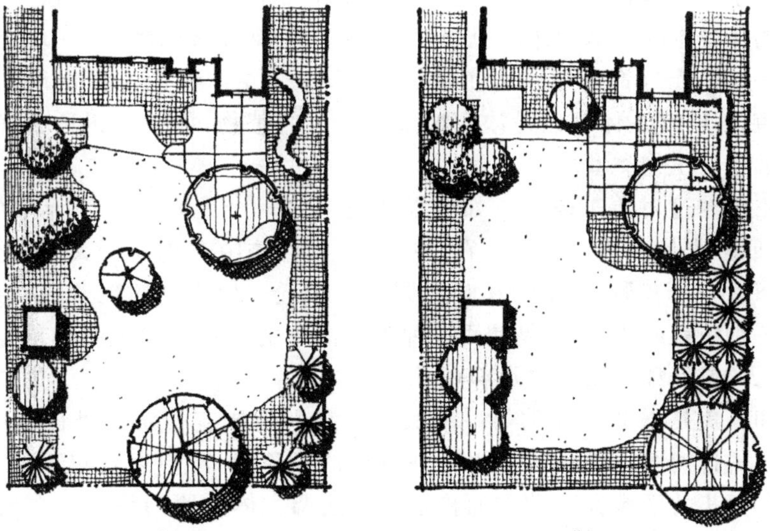

(a) (b)

图 2-204 秩序在平面设计中的实例

(a)缺乏秩序和视觉主题；(b)协调一致的形式建立了秩序和视觉主题

下面将从以下几个方面讨论建立空间秩序的规律。

1. 统一与变化

统一指的是设计构成中各元素之间的和谐关系。秩序建立的是设计的总体组织,而统一令人产生的是整个设计是一体的感觉。统一的原则会影响到每一个设计元素将以什么样的大小、形状、颜色和肌理出现在由其他设计元素组成的环境中。当一个构成达到了统一的时候,所有的设计元素会让人觉得浑然一体。

过于统一易使整体单调乏味、缺乏表情,所以要适度变化以打破乏味的感觉。但变化应该是在统一前提下有秩序的变化。变化是局部的,变化过多则易使整体杂乱无章、无法把握。

景观设计中统一与变化的产生主要建立在强调主体、重复、加强联系、三位一体、变化的趣味性这五个原则协调的基础上。

1）强调主体

在设计构成中将一个元素或一组元素从其他元素中突显出来,就产生了主体。主体的元素是构成中的一个重点或焦点,有限的使用强调主体能使游人消除视觉疲劳并能帮助组织方向。当能很容易地判断出哪一项最重要时,设计将会变得更加令人愉快。这个主体的元素产生了一种统一感,因为构成中的其他元素看起来都服从于它或较低一级。其他元素在视觉上是统一的,因为与主体元素相比,这些次要元素之间的差别看起来很小。

许多不良设计的通病就是缺乏主体空间,没有了主体空间,所有空间的视觉感和功能看起来几乎都相等。一个好的景观设计在空间大小上应该层次分明,并有一个或更多的主导空间。基地中一处漂亮的水景、一座优雅的雕塑、一块突出的石头或晚上的一盏聚光灯都可以作为主体,其中每一个主体都能在景观设计中引人注目。在种植设计中,主体可以是浓荫树或吸引人的植物,如装饰树种、花灌木、鲜花或是其他独特的植物类型。

强调主体通过对比来表现。如可以通过夸张一个元素或一组元素的大小、形状、颜色或肌理来使其成为主体。在一些较小的群体中布置一个大的物体,在无形的背景下布置一个有形的实体,在暗色调之中布置一种明亮的色调,在精细的质地之中布置一种粗糙的质地,或是使用一种类似瀑布的声音。强调主体也能通过使用一种不常见的或是独一无二的元素来表现。

框景和聚焦是强调主体的另一种表现。它们需要有一定的外围景观相配合。当周围元素的排列利于观察者注视某一特定的景象时,可使用聚焦手法。然而,必须注意的是聚焦的区域具有欣赏的价值。当强调主体的原则被应用在线形景观元素或某种图案上时,就会产生韵律。韵律是有规律地重复强调的内容。间断、改变、搏动都能给景观带来令人激动的运动感。

2）重复

设计构成中创造统一感的方法之二就是重复,重复原则就是在整个设计构成中反复使用类似的元素或有相似特征的元素，包括对线条、形体、质地或颜色的重复——当需要将一组相似的元素连接成一个线性排列的整体时，这种方法特别奏效。例如，重复的矩形人行道贯穿于整个空间；流动的水体作为统一的线条穿插于重复堆置的石块之中；把相同种类的植物种植在一起，使之成为界限分明的组团。

图 2-205 中列举了两个极端的例子，一个例子在设计中没有一点重复，而另一个例子将元素完全重复。如图 2-205(a)所示，此构成中所有元素的大小、外形、气氛和肌理均不相同，这个构成过于复杂，因此缺乏统一感；图 2-205(b)所示的构成中所有元素都有着相近的大小、形状、气氛和肌理，因为这些元素有许多共同之处，所以能产生强烈的视觉统一感。若每个元素看起来都是独特的，且与其他元素没有什么联系，则缺乏重复或相似性的构成在视觉上必定是混乱的。在设计中运用重复原则有以下几种方式。

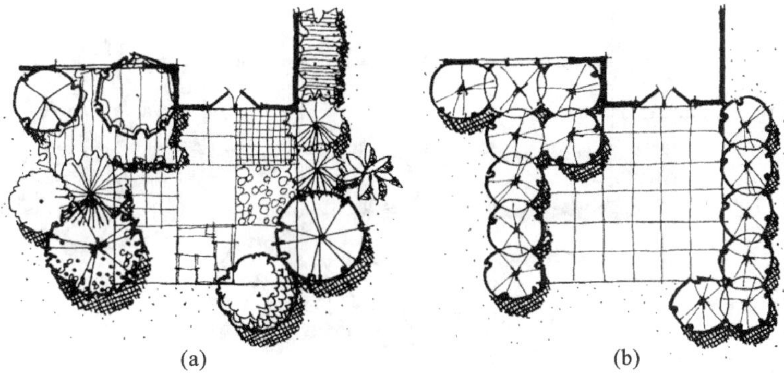

图 2-205 材质在平面中的效果

(a)构成元素都不相同，缺乏统一感；(b)构成元素都相近，产生统一感

第一，在设计的任何一个区域内，不同种类的元素或材料的数目应减到最小。例如，室外空间应该只用一两种铺地材料，因为太多的铺地材料会造成视觉上的割裂感。设计师还应该限制任何一个区域中植物的种类和数目，应该避免像植物园那样包括许多不同种类植物的设计。

第二，在精简设计中所运用的元素和材料之后，下一步就应该熟练地将它们在整个设计中重复。当我们在不同的位置看到同一个元素或材料时，一种视觉上的呼应就产生了。这就是说，两个位置之间形成了联系，于是在意识上将它们连接起来，这样就产生了统一感。应用实例之一就是在建筑的正立面使用一种特定的材料，而后又在景观设计的墙体、栅栏或铺装上重复使用它们(见图 2-206)。

在种植设计中也可以应用类似的原则。尽管在图 2-207 中树和地被植物总共有五种，但它们却交织构成了一个和谐的整体。请注意，为了形成视觉上的呼应，低的常绿灌木材料(植物 A)是如何放在三个不同地方的；同时要注意，并不是每一种植物都重复种植。为了体现多样化和强调重点，有些植物在设计中只出现了一次，这样是试图维持一种重复与多样之间的平衡。

图 2-206　砖块在房子、矮墙和铺地上的重复使用

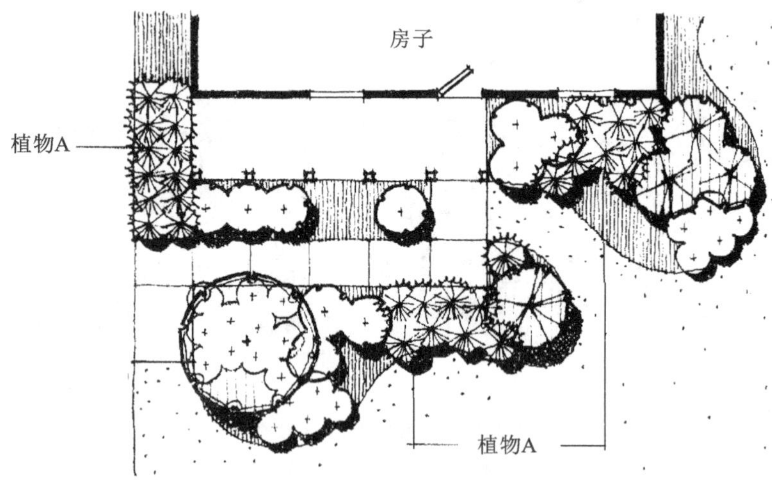

图 2-207　选定的植物应该在设计区域重复出现

3）加强联系

在设计构成中创造统一感的第三种方法是加强联系。加强联系的原则就是要把设计中不同的元素连接到一起。成功运用这条原则之后，视线就能很自然地从一个元素移到另一个元素上面，其间没有任何间断。

在设计中有几种方式可以运用加强联系的原则。如图 2-208(a)所示，设计中的不同区域像碎片一样分开，这个平面缺乏统一感是因为它被分成了多个孤立的部分，并且彼此之间没有或很少有视觉上的联系。而在图 2-208(b)中，同样的设计元素经过修改后将不同的区域连接起来，原先孤立的部分现在移到了一起，并且引入了一个新的元素把各个分离的部分联系起来。修改后的平面有一种连续性，这有助于产生统一感。这对设计来说是一种合适的方法，因为它把整个基地或设计区域当作一个整体来考虑，而不是一种拼贴起来、琐碎的分散空间。

同样的原则还可以用于种植设计中。图 2-209(a)中在一块草坪上加了几片分

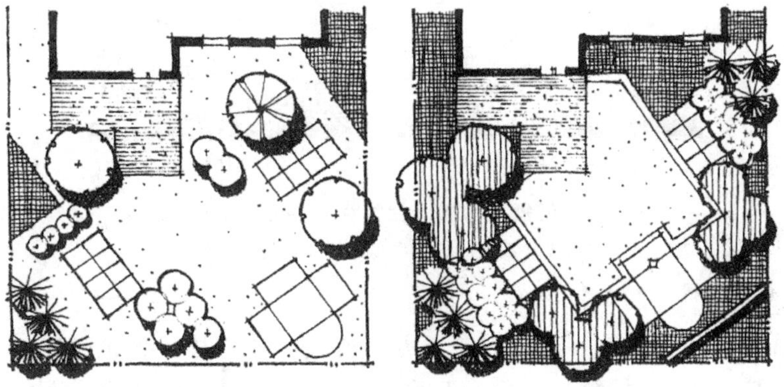

(a) (b)

图 2-208 基地中的不同空间和元素之间应该加强联系

(a)各部分缺乏联系;(b)各部分通过联系而统一

散而独立的植物,这种布局缺乏统一感并且难以维护。当同样的植物以图 2-209(b)中所示方式种在一块公共的地被植物上时,因为地面上地被植物产生的视觉联系从而可以轻易地将不同的植物联系在一起。

(a) (b)

图 2-209 在种植构成中地被植物加强了元素之间的联系

(a)草坪上的植物分散而独立;(b)植物通过公共地被植物产生联系

加强联系的原则还可用于立面设计上,一片灌木、栅栏或墙都可用于联系景观构成中那些分离的元素(见图 2-210、图 2-211)。

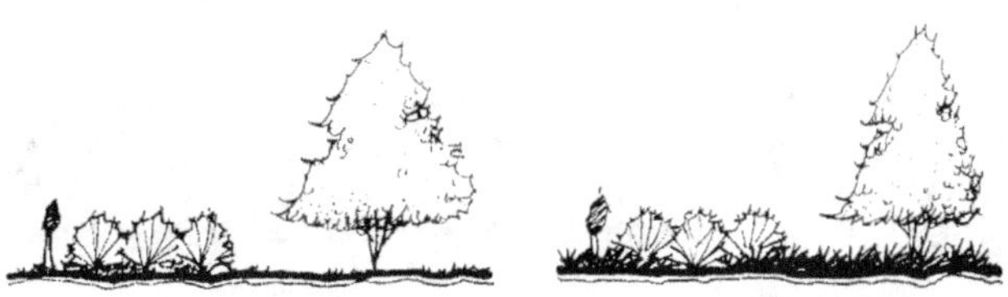

(a) (b)

图 2-210 低矮灌木加强了各元素之间的联系

(a)灌木和乔木之间没有视觉上的联系;(b)连接乔木的低矮灌木形成一个统一的构成

图 2-211 低矮灌木和栅栏加强了各元素之间的联系

(a)无联系；(b)栅栏和低矮灌木建立了联系

4）三位一体

在设计构成中实现统一感的第四个方法就是三位一体。无论何时，只要三个类似的元素形成一组，一种统一感就会自动产生。三个同一种类的元素（而不是两个或四个）能够形成很强的统一感。当眼睛看到由偶数个元素组成的一组，通常倾向于把它们分成两半（见图 2-212），而数字 3 不容易再分，因此仍可以看成一组（见图 2-213）。在一个单一的构成中，使用奇数个元素比使用偶数个元素要好，这是一个基本原则，但它不可不加思考地随便应用。

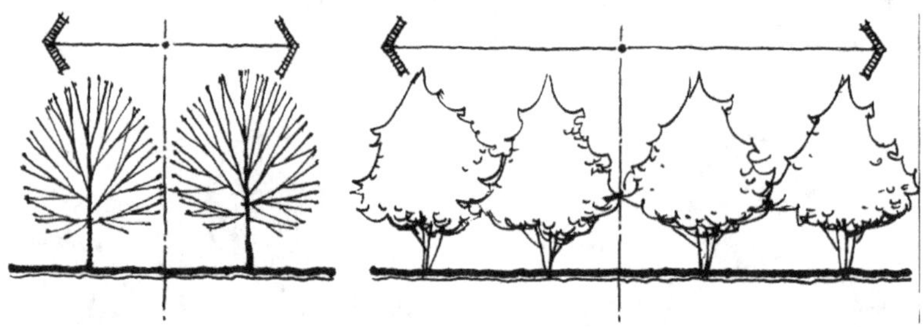

图 2-212 视觉上往往倾向于把由两个或四个同种元素组成的构成分开

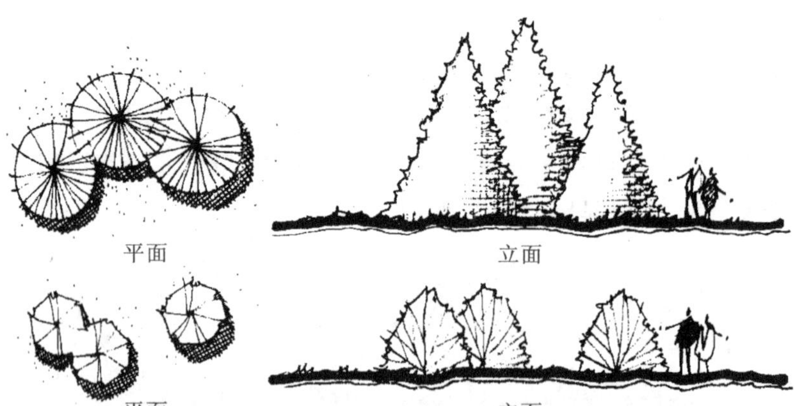

图 2-213 构成中三个相似元素成组设置会产生强烈的视觉统一感

例如，在一个构成中有很多棵植物，比如 6、7、8 棵或更多，这时眼睛可能会将它们视为一群，而不能分辨其为奇数棵还是偶数棵。而如果一个构成中只有 2、3、4、5

棵植物的话，眼睛就会迅速辨别其奇偶。但是，有时在某些场合偶数比奇数要好，特别是在规则、对称的景观设计中。

5）变化的趣味性

统一性使设计整体有序，但常常会导致单调乏味。如果目标缺乏变化的话，眼睛很快就会厌倦。因此，理想的方法就是在设计中重复某些元素以求统一，同时其他元素富有变化，以维持视觉趣味，在多样和重复之间应该取得一种平衡。

在统一的元素中通过变化方向、运动轨迹、声音、光质等手段都可以形成变化，增加趣味性。如图 2-214(a)中的图形缺乏统一性，这种排列削弱了小正方形之间的联系，是无序的；图 2-214(b)是统一的，因为其使用了弯曲的组织形式，但反复使用了一种图形，因而是呆板的统一；图 2-214(c)中的图形是变化的，但单元之间缺乏联系；图 2-214(d)中的小方形统一于"S"形布局之中，所对应的边具有协调的平行关系，不同尺寸的正方形增加了趣味性。

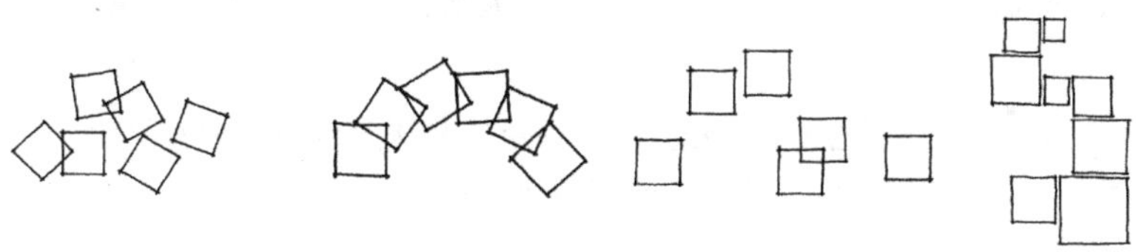

(a) (b) (c) (d)

图 2-214 均衡的各种形式

(a)缺乏统一性，无序；(b)统一但缺乏变化；(c)变化但缺乏联系；(d)统一又具有变化

2. 均衡与组合

1）均衡

均衡就是一种知觉，指设计的不同部分之间有一种平衡感，有对称平衡和不对称平衡两种形式。前者是简单的、静态的；后者则随着构成因素的增多而变得复杂，具有动态感(见图 2-215)。两种方法都可以产生秩序，并能以各自不同的方式在总体上创造一种均衡的感觉。如图 2-216(a)中，缺乏平衡，太多的设计元素被放在了用地线的一侧，使这块区域看起来"沉一些"，基地的另一侧则看起来非常"轻"。而

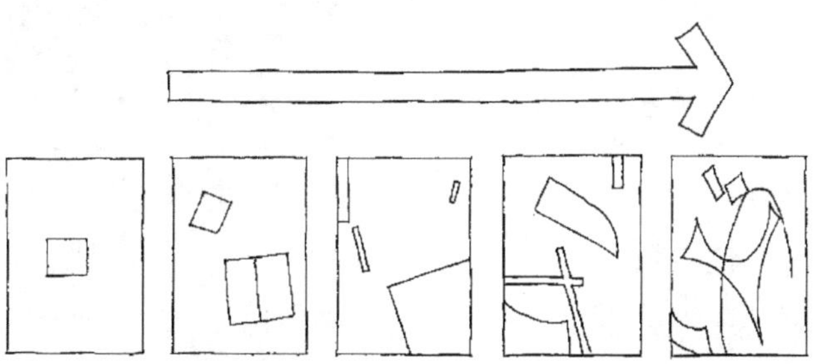

(a) (b)

图 2-215 平衡的形式

(a)简单、静态的平衡；(b)复杂、动态的平衡

图 2-216(b)中,设计元素的设置使得视觉重量均匀地分布,设计中的每一个元素和区域都与其他的元素和区域保持平衡。

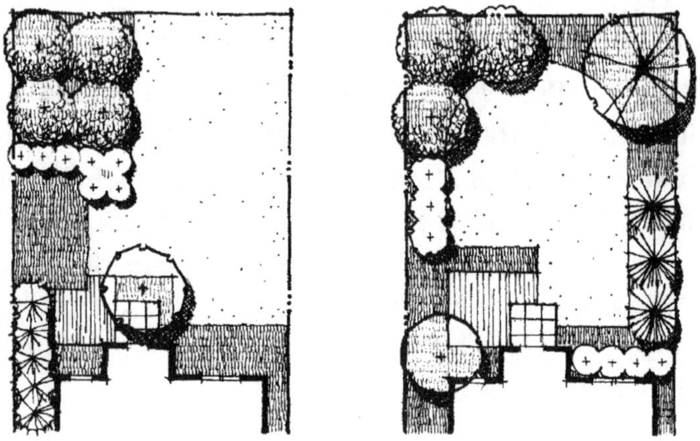

(a) (b)

图 2-216 当设计的视觉质量平均分布时,均衡感就产生了

(a)不平衡;(b)平衡

(1) 对称平衡。

对称平衡是最规整的构成形式,对称是通过将设计元素围绕一个或多个对称轴对等地布置来建立均衡感(见图 2-217)。对称具有规整、庄严、宁静、单纯等特点。但过分强调对称,会产生呆板、压抑、牵强、造作的感觉。对称有三种形式:①以一根轴为对称轴、两侧左右对称的称为轴对称,多用于形体的立面处理上;②以多根轴及其交点为对称的称为中心轴对称;③旋转一定角度后的对称则称为旋转对称,其中旋转 180°的对称为反对称。这些对称形式都是平面构图和设计中常用的基本形式。

图 2-217 对称平衡

在设计中对称可以创造出一种庄重的氛围。对称布局中的任何一条轴线都能够在末端产生一个直接的对景视线，如果运用得当，这种布局能产生一个强有力的设计主题。

(2) 不对称平衡。

设计构成中另一个创造平衡的主要方法是不对称，这种方法更多的是依靠人的感知，而不是像对称那样靠绝对相等来产生平衡。不对称平衡没有明显的对称轴和对称中心，但具有相对稳定的构图重心(见图 2-218)。这种构图中重心的形成，恰似一杆秤，秤盘与秤砣在形态和质量上虽不等同，但它们同样可以形成一种均衡感。不对称平衡形式自由、多样，构图活泼、富于变化，具有动态感。与对称布局相比，不对称的均衡往往令人感到更随意、自然。另外，它不像对称设计那样仅有一个或两个好视点，它可以有很多视点，每一个都有着不同的观赏效果，因此，不对称的设计往往会形成“步移景异”的效果。在中国古典园林中，建筑、山体和植物的布置大多都采用不对称平衡的方式。

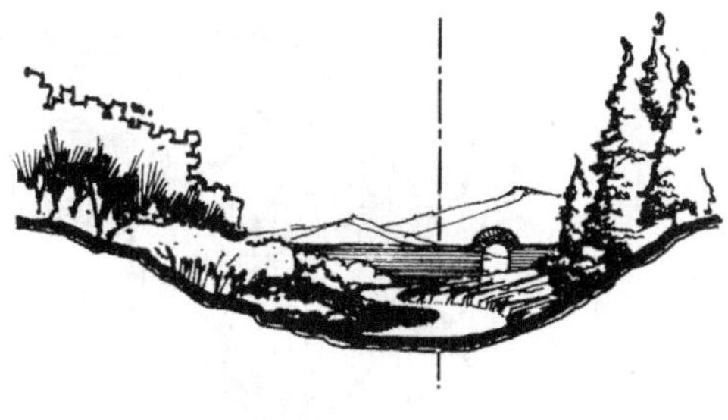

图 2-218　不对称的平衡

2) 成组布置

不管是在对称还是不对称的构图中，都可以运用成组布置作为设计构成中建立秩序的另一种方法，成组布置是一种将相似的元素成组设置放在一起的技巧。每当与设计元素相特定的形式成组聚集在一起时，一种基本的秩序感就产生了。

在基地中所有的设计元素，诸如铺地、墙、栅栏、植物等，都应该成组布置以形成秩序感(见图 2-219)；这些元素不应该分散开，因为这样会使构成产生一种混乱和花

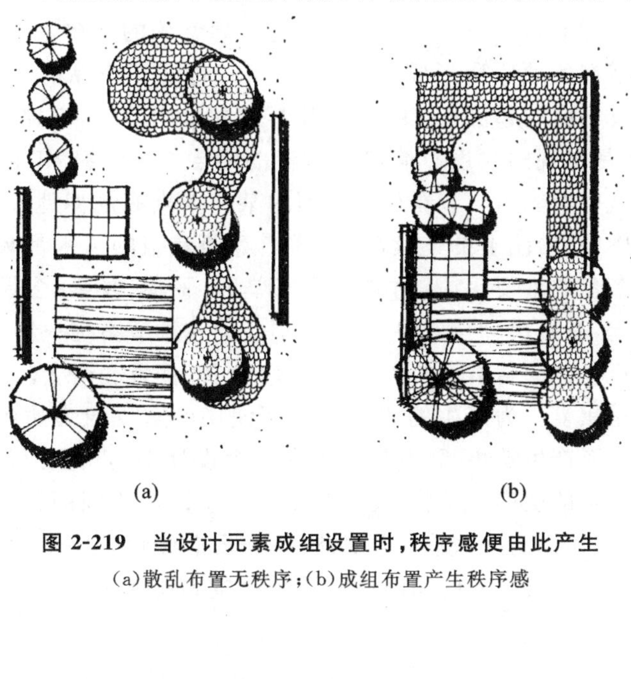

图 2-219　当设计元素成组设置时，秩序感便由此产生

(a)散乱布置无秩序；(b)成组布置产生秩序感

哨的感觉。尽管这条原则适用于所有设计元素，但是就植物的布置而言，它显得尤为重要。种植设计的一个重要原则就是要将植物按组团布置（见图 2-220）。

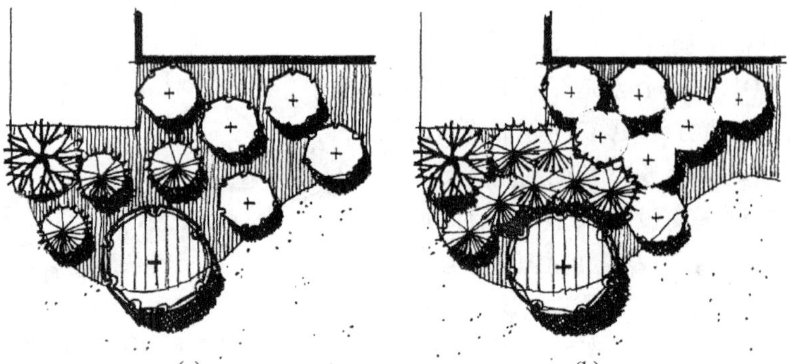

(a)　　(b)

图 2-220　植物应成组设置以形成秩序的效果

(a)植物散布，不够紧凑；(b)植物成组，产生秩序

当设计师开始组织设计的布局时，重点要考虑构成中的秩序（整体结构）应该由什么来填充。建议建立一个主题或风格一致，并应用成组布置，以对称或不对称的形式来实现这种秩序。在设计过程中越早考虑秩序原则，结果就会越好。

3. 韵律与节奏

前面原则所针对的是空间的总体组织以及在此组织中各个元素之间的关系，而韵律针对的却是时间和运动的因素。不管是二维的图形布置还是三维的空间构成，我们体验的都是一段时间，我们不能在瞬间体验一个完整的景观设计。我们倾向于依次浏览构成的每一部分，通常在脑子里将它们形成图案模式，是这些图像模式的时间间隔赋予了设计动态、变幻的特质，仔细想一想音乐的韵律也许会更明白一些。韵律是由音符中潜在的顺序所形成的，它决定了一件音乐作品的动态结构，且能够影响人们体验这首乐曲的起伏与蜿蜒。而节奏通常也叫节拍，它控制着乐曲或运动的间隔、速度和重复出现的频度。韵律与节奏的恰当组合，使得时间与空间的运动富于秩序性。景观中的韵律与节奏是由构图中某些要素有规律地连续重复产生的，如古典园林中的廊柱、粉墙上的连续漏窗、道边等距栽植的树木都具有韵律和节奏感。重复是获得节奏的重要手段，简单的重复单纯、平稳；复杂、多层面的重复中各种节奏交织在一起，有起伏、动感，构图丰富，但应使各种节奏统一于整体节奏之中。

在设计中能产生韵律与节奏的类型有重复、交替、倒置和渐变。

第一种类型是重复。为产生韵律与节奏而使用的重复与为达到统一而使用的重复略有不同。为了产生韵律感，重复原则在一个设计中运用重复的元素或一组元素以创造出显而易见的次序。例如，图 2-221 列举了四个不同的元素线性重复的例子。在这些例子中，人们的视线有节奏地从一个元素移到另一个元素，这种节奏有点像音乐中的节拍。元素之间的间隔决定了韵律的特征和速度。在设计中，这个原则可用于诸如铺地、植物等元素(见图 2-222)。同样地,这些元素之间的间隔对于韵律的速度来说很关键。简单重复使用过多易使整个气氛单调乏味,有时要在简单重复的基础上寻找一些变化,例如我国古典园林中墙面的开窗就是将形状不同、大小相似的空花窗等距排列,或将不同形状的花窗拼成的、形状和大小均相同的漏花窗等距排列。

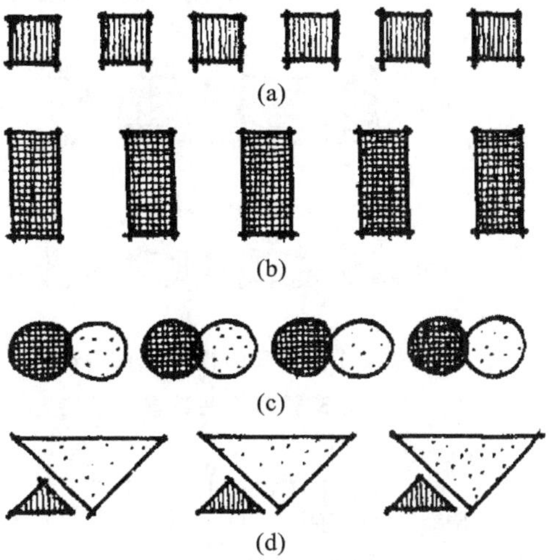

图 2-221 元素的依次重复产生了视觉节奏

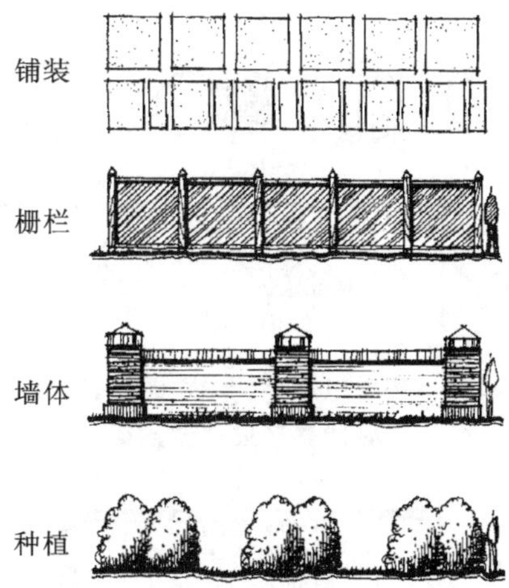

图 2-222 在不同的设计元素中可以运用重复来产生韵律与节奏

第二种类型是交替。要做一个交替图案,最简单的方法就是建立一个基于重复的式样,接着有规律地把序列中的某些元素更换成另一种(见图 2-223)。因此,一个基于交替而产生的韵律式样比基于重复而产生的韵律式样有更多的变化,更有视觉趣味。更换后的元素在序列中能够起到令人惊奇和放松的效果。产生韵律节奏的重复也不能滥用,否则会过于单调,图 2-224 中显示了交替原则是如何应用的。

第三种类型是倒置。倒置是一种特殊类型的交替,不过更改过的元素与序列中原始的元素相比,属性完全相反。换句话说,更改过的元素与其他元素性质完全颠倒。大变小、宽变窄、高变矮,等等。因此,这种类型的序列变化是戏剧化的和引人注目的。倒置原则可以有很多方式与景观设计结合,如图 2-225 所示。

第四种类型是渐变。渐变是通过将序列中重复元素的一个或更多特性逐渐改变而成的。例如,序列中的重复元素尺寸逐渐增大(见图 2-226),或是使色彩、肌理和形式等特征逐渐产生变化。渐变中所发生的变化能够产生视觉刺激,但是不会在构成的各元素之间形成突然和不连贯的关系。

4. 尺度和比例

比例是使得构图中的部分与部分或整体之间产生联系的手段,它贯穿景观设计的始末。在一切造型艺术中,和谐的比例都能够引起人们的美感。哲学家亚里士多德说过,“美是由度量和秩序所组成的。”西方很早就用数学来把人们的审美量化出

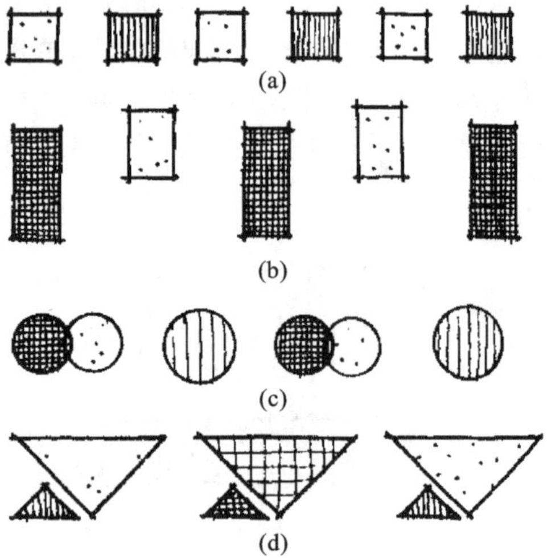

图 2-223 构成中大小、形状、颜色、肌理的交替能够形成视觉韵律

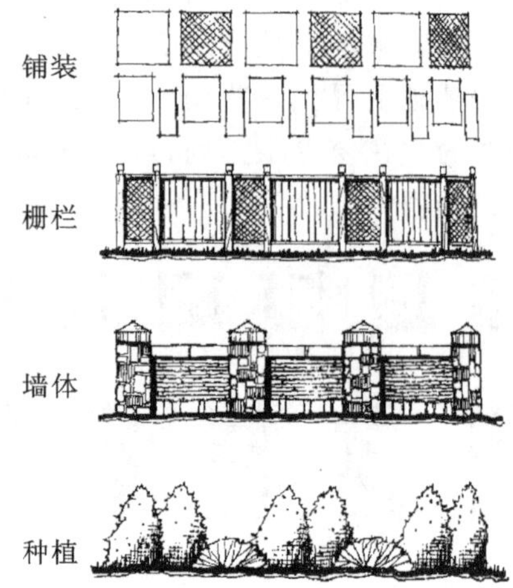

图 2-224 在不同的设计元素中运用交替来产生韵律与节奏

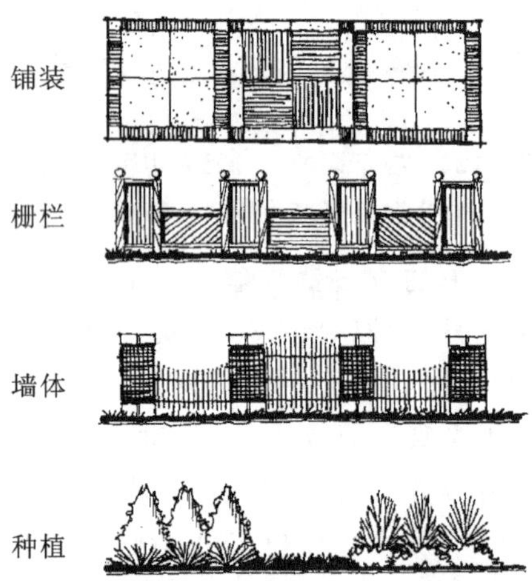

2-225 栅栏高度、墙的框架以及灌木丛均可利用倒置来产生韵律与节奏

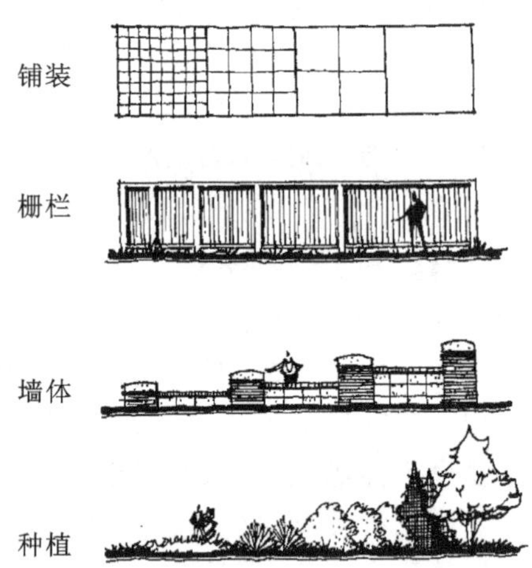

图 2-226 通过依次将设计元素的大小渐变产生韵律与节奏

来，得出了如下一系列的科学数字。

1）黄金分割比

分割线段使两部分之比等于部分与整体之比的分割称为黄金分割，其比值（φ=1.618）称为黄金比。两边之比为黄金比的矩形称为黄金比矩形，它被认为是自古以来最均衡优美的矩形。

2）整数比

线段之间的比例为 2∶3、3∶4、5∶8 等整数比例的比称为整数比。由整数比

2∶3、3∶4和5∶8等构成的矩形具有匀称感和静态感，而由数列组成的比例2∶3∶5∶8∶13等构成的平面具有秩序感、动态感。现代设计注重明快、单纯，因而整数比的应用较广泛。

3）平方根矩形

由包括无理数在内的平方根$\sqrt{n}$（n为正整数）比构成的矩形称为平方根矩形。平方根矩形自古希腊以来一直是设计中重要的比例构成因素。以正方形的对角线作长边可作得$\sqrt{2}$矩形，以$\sqrt{2}$矩形的角线作边长可得到$\sqrt{3}$矩形，依此类推可作得平方根$\sqrt{n}$矩形。

4）勒·柯布西耶模数体系

勒·柯布西耶模数体系是以人体基本尺度为标准建立起来的，它由整数比、黄金比和斐波那契级数组成。柯布西耶进行这一研究的目的就是为了更好地理解人体尺度，为建立有秩序、舒适的设计环境提供一定的理论依据，这对内、外部空间的设计都很有价值。该模数体系将地面到人体脐部高度1 130 mm定为单位A，A的φ值（$A\times\varphi\approx 1\,130\times 1.618$ mm$\approx$1 829 mm）为1 829 mm，而人向上举手指尖到地面的距离为$2A$。将以A为单位形成的倍费波纳齐数列作为红组，由这一数列的倍数形成的数组作为蓝组，这两组数列构成的数字体系可作为设计模数（见图2-227）。

从以上部分可以看出，统一与变化、韵律与节奏、均衡与组合、比例与尺度原则对设计的视觉质量有直接的影响，它们会影响元素在构成中的位置、大小、形式、色彩及肌理。在设计过程中，设计师应该在决定设计外观的关键时候应用这些原则。像设计中的其他辅助手段一样，设计原则仅仅是有用的参考要诀，而并非一劳永逸，应该小心地运用。

2.4.3 空间的构景手法

中国传统的园林艺术在构景手法方面有着独创的成就，它对现代景观设计的发展提供了重要的补充。

1. 借景

将园以外的景象引入并与园内景象叠合的造园手法称为借景。借景是景观设计中最重要的构景手法之一，借景可弥补空间尺度小的不足而且少费财力。由于“借”来之景往往可望而不可及，故反生向往之情而平添意趣。计成的《园冶》认为：“园林巧于因借，精在体宜。”计成精辟地阐明了借景的基本原则。陶渊明的“采菊东篱下，悠然见南山”则将借景的逸趣表现得淋漓尽致。借景的基本手法有：一是堆山叠石，建筑高台楼阁，以抬高视点；二是在可借景的方向预留“视线走廊”，避免遮挡被借之景致；三是设置框景引导游人视线，如画般展现所借之景；四是以水面借倒影或以镜面借镜映景；五是种树莳花或设岸理水，养鱼或招引禽鸟、蜂蝶，借活景；六是栽种有季相特征的花木，借季相景；七是种竹听风声，种芭蕉、荷花听雨声，借声景。借景又可分为远借、邻借、仰借、俯借和应时而借等几种类型。典型的借景佳例如颐

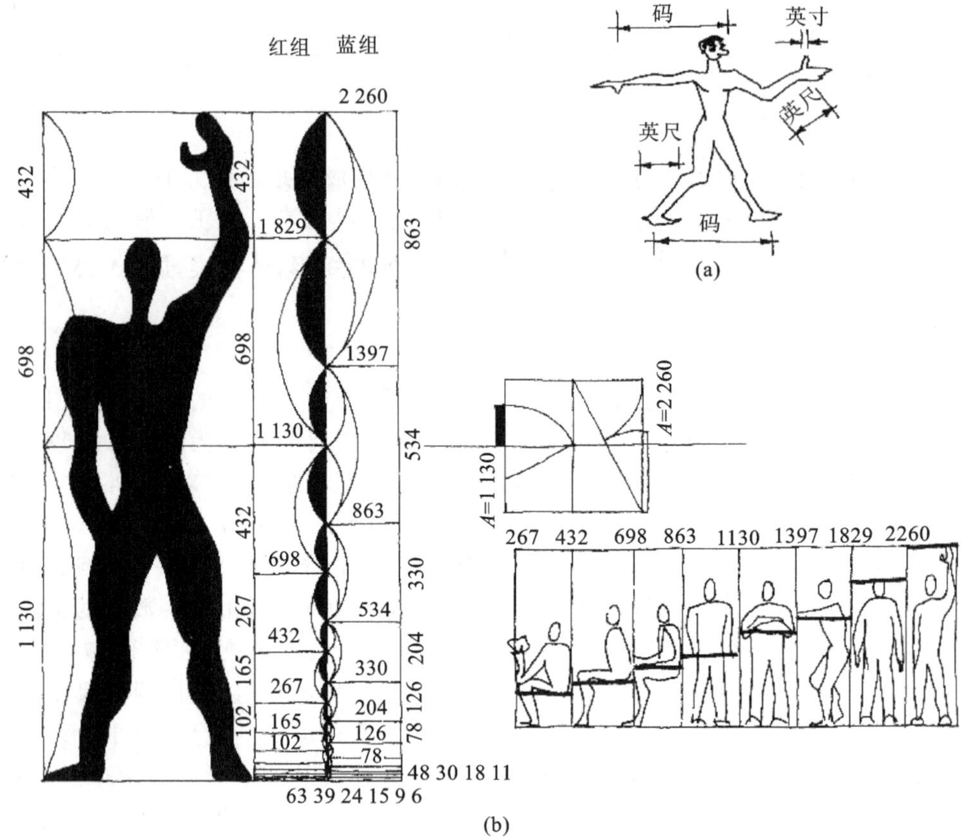

图 2-227　人体模数体系

(a)英制长度与人体尺寸有密切关系;(b)柯布西耶人体模数体系

和园昆明湖远借西山玉泉山(见图 2-228)、拙政园远借北寺塔、沧浪亭邻借葑溪水,等等。

2. 主景与点景

园林中的主要景物或景区(点),称为主景。中国古典园林中多以峰峦或主要建筑为主景,在局部景点中一些景观价值很高的山石、水和花木也可成为主景,如留园以名石冠云峰为主景(见图 2-229)、趵突泉以名泉为主景、潭柘寺以千年银杏古木"帝王树"为主景。主景有控制全局的特点,在布局上往往处于空间序列的高潮部分。主景的成败不仅取决于自身的造型魅力,还取决于所处空间位置以及与环境的契合关系等因素。

点景有点缀和点明环境内涵的双重含义。好的点景犹如画龙点睛,令人称绝。点景可分为题点和景物点两类。一些相对含蓄、有不确定寓意的景致,一经题词点景,则词出而景生,使游人会心而顿悟。园林中亭、塔等小型建筑最易产生装饰点景作用。景物点的要领是"以少取胜",贵在得体,恰到好处的物点还可补点剩余空间,

图 2-228 颐和园昆明湖远借玉泉山

图 2-229 留园以名石冠云峰为主景

以山石、花木和雕刻小品等补点空间，不仅可使空间布局充实、构图完美，还有很强的装饰作用(见图 2-230)。

3. 引景与框景

引景即有意识地引导游人游线和视线的方法。视线引景以静观视线的朝向为标准，引景可分为向心引导与离心引导两种方式。向心引导即从景区外围注视中心某一景观，易于产生吸引与亲切感。离心引导则是从某一景点向四面眺望，易于产生奔放的联想。同为引景，两种视觉效果却大相径庭。游线引景的具体做法有三种：一是游路引导，因路得景，游路引导包括桥梁跨水引、磴道攀引、路径蜿蜒引和游多种形式廊曲折引(见图 2-231)；二是点景引导，因景物提示而引人入胜，点景引导包括建筑引、峰石引和花木引等形式；三是标识引导，即以图形、纹样、声音、光照等指引去向。

图 2-230 古松园石岸上高耸之六角亭点景

图 2-231 水绘园以层层月洞门摄取景象

框景是有意识地设置框洞式结构，并引导观者在特定位置通过框洞赏景的成景手法。框景对于游人有着极大的吸引力，易于产生绘画般赏心悦目的艺术效果。杜甫的“窗含西岭千秋雪，门泊东吴万里船”即是框景效应的最佳写照。园林建筑的门框、窗框最易产生景框效应；廊柱和栏杆构成的框洞，配合适当的景致也可产生框景;拱桥的圆洞和假山的岩洞配景得当,均可构成美丽的框景。框景在设计上应去粗取精,造型选择应合画理,构图应斟酌并精心剪裁(见图 2-232、图 2-233)。

图 2-232　何园片石山房半亭

图 2-233　燕园伫秋簃框景

4. 障景与漏景

障景是在游路或观赏景点上设置山石、照壁和花木等,挡住视线,从而引导游人改变游览方向的造景手法。障景可使园林增添"藏"的韵味,也是造成抑扬掩映效果的重要手段,因此为历代园林所广泛运用。园林门口一般均设障景,使园景不致一览无余而失去"藏"与含蓄;园路上的障景兼有空间引导和增添景致的作用;重要景观前的障景既有空间暗示作用,也有先抑后扬的赏景效果。障景既可用于分景,也可用于空间的象征与过渡。障景还可以用来屏蔽不雅之处,即所谓"俗则屏之"(见图2-234)。

漏景又称泄景。一般指透过虚隔物而看到的景象。虚隔物包括花窗、栅栏和隔扇等。一方面,景物的透漏易于勾起游人寻幽探景的兴致与愿望;另一方面,透漏的景致本身又有着一种迷蒙虚幻之美。利用漏景来促成空间的空灵与渗透是中国古代造园的重要手法之一。

漏景与框景既相似又有所区别。框景为精心而置的特写镜头,漏景则是较随意、看似无心的泄漏;框景必须有景框空洞,漏景则通过虚隔的花窗、隔扇等成景(见图 2-235);框景往往取人正面观赏的角度而成驻足静观的景致,漏景则既可停留静赏,也可于游览中观赏。

5. 对景与夹景

对景指主客体之间通过轴线确定视线关系的造景手法(见图 2-236)。对景由于视线的固定,视觉观赏远不如借景来得自由,因此对景有很强的制约性,易于产生秩序、严肃和崇高的感觉。对景常用于纪念性或大型公共建筑,并与夹景、框景相结

图 2-234 乔园绠汲堂入口处假山障景

图 2-235 严家花园花窗透漏石景

合，形成肃穆、庄严的景观。对景有正对、斜对与互对之分。正对指观者前面有景，而身后无景；互对则指观者位于两景之间。对景之间的地势高差又可形成俯对或仰对等不同形式。

夹景通常与对景结合，在对景的轴线两侧安置成行的景物，以便进一步引导视线趋向所对主景。夹景的造园要素有树木、房屋、墙、崖壁和雕塑等；通过建筑的框形结构观赏对景易于产生框景的效应(见图 2-237)。

图 2-236 曾园邀月亭对景——归耕课读庐

图 2-237 黄龙拍殿前以白玉兰为夹景

6. 分景与隔景

分景是将较大的景区或景园划分成若干较小的景区，使之充实和丰富的造园手法。分景包括功能分区和空间组景两方面的内容。功能分区可满足游人的不同功能要求，空间组景则用于组织空间序列，并营造不同特点的空间形象。

隔景是分景的具体手法，以各种物质手段来实现分景的意图。隔景又有实隔、虚隔之分。实隔以建筑、山石等分景，封闭性较强。以疏林、花墙、空廊等为通透隔断，或以水、路、地面高差、柱表、雕塑等虚拟象征性隔断分景，均为虚隔手法(见图2-238)。虚隔的特点为空间隔而不断，相互渗透。

图 2-238 赵园以九曲石桥虚隔水域

7. 天景、朦景与影景

天景即以气候与天象特色成景，即所谓因时而借的气象景。一年四季自然界呈现不同的季相。一天之中早晨、中午和晚上景观感受也大不相同。天景易于渲染、营造强烈的环境氛围，从而引发人的不同情感。园林中的某些景点正是因为拥有天景优势而独具魅力。杭州西湖的三潭印月、苏州网师园的月到风来亭均为巧借天景的佳例。营造天景不仅要发掘景点的气象美，还要寻找天景与人心境的契合点，再辅之以恰到好处的题词点景，令人神往的意境便渲染而成(见图 2-239)。

朦景是由于雾气、月色和烟雨等气候和环境条件影响而产生的朦胧景观效果。朦景的主要效果就是朦朦胧胧、影影绰绰。朦景易于产生虚无缥缈、如幻似梦的景观，使游人产生美好的意境、联想。由于朦景必须在特定的气候和环境条件下才能形成，因而显得十分珍贵。人们为独具特色的朦胧之美而倾倒，许多园林景点因为朦景特色而名扬天下。著名的园林朦景如杭州西湖三潭印月、苏州网师园月到风宋、瘦西湖四桥烟雨、寒山寺枫桥等。唐代张继描绘苏州寒山寺的诗句，堪称“朦景”绝唱：“月落乌啼霜满天，江枫渔火对愁眠。姑苏城外寒山寺，夜半钟声到客船。”

影景即以光影为成景主要特征的景象。影景的成景方式包括水中倒影、水中光影、地面墙面投影和镜中映像四种。水中倒影易于扩大空间感，形成水天一色的景象；水中光影指水中闪烁的光波，富于动感；墙和地面上的投影，特别是月光下花木的斑驳阴影，极易营造抒情而又浪漫的情调；镜中映像既可扩大空间，又易产生真真假假的空间错觉而平添情趣。总之，影景是渲染气氛、营造意境的重要手法。如拙政园塔影亭、狮子林的暗香疏影楼、小瀛洲的水中倒影(见图 2-240)等均因影景题名成景。

图 2-239 颐和园湖山真意眺望玉泉山落日景观

图 2-240 小瀛洲的水中倒影

8. 色景与声景

色景是以色彩为主要手段的造景方法。园林中的建筑和植物、日光、月光、天光、水石等均为营构色景的要素。园林中由于植物较多，而且季相变化明显，因此植物对园林的整体色调影响最大，同一园林在不同的季节呈不同的色调变化。不同体系、不同地域的园林又具有不同的色景特征。江南私家园林建筑一般以黑、白、灰为主，配以素雅的松、竹、梅，给人以清新、脱俗、典雅的色彩感受。北方皇家园林建筑金碧辉煌、红墙黄瓦、苍松翠柏，在蓝天白云的衬托之下，色景呈浓重、壮丽之美。

声景是以声音为主要特色的景观。声景有天籁与人籁的区别，园林声景以自然的天籁为佳。声音的抽象属性使人更易引发联想，园林中的鸟语、虫鸣、风声、雨声往往成为营造意境的重要因素，因此，声景一直是中国园林最具抒情寓意的造园手法。古往今来，文人雅士借声景渲染意境而抒发情怀的诗篇不胜枚举，“寒蝉凄切，对长亭晚，骤雨初歇”是宋代词人柳永营造的情人离别场景，凄切的蝉声和雨声催人泪下。“窗前谁种芭蕉树，阴满中庭，阴满中庭。叶叶心心舒卷有余情。伤心枕上三更雨，点滴霖霪，点滴霖霪。愁损北人，不惯起来听”宋代女词人李清照的词生动地描绘了深夜雨打芭蕉、牵动愁肠的情境。由此可见，声景最易渲染如诗如画的意境。园林中以天籁声景取胜的佳例很多，如拙政园的听雨轩、听松风处和留听阁等，均是以声景为特色的景点。园林中的人籁之声有器乐声、戏曲演唱声、诗歌吟唱声等。怡园坡仙琴馆、耦园城曲草堂和听橹楼等均为著名的人籁声景。

传统园林这些经典的构景手法是中国现代景观设计长足发展的根本，现代景观设计中也汲取了其中的精华。例如，在高端酒店、屋顶花园景观设计中，通过设计无边际水池远借海景、湖景等，形成水天一色的唯美景观(见图 2-241)；北京红砖美术馆的框景运用(见图 2-242)；某庄园的片墙作为对景(见图 2-243)；皇冠假日酒店的入口景墙作为夹景，突出、引导酒店大门(见图 2-244)，等等，都是传统园林构筑空间手法在现代景观设计中的体现。

图 2-241 借景

图 2-242 框景

图 2-243 对景

图 2-244 夹景

3　地形与铺装设计

3.1　地形设计

景观设计中的地形是指测量学中地形的一部分——地貌，即地表各种起伏形状的地貌。景观用地范围内的峰、峦、谷、湖、潭、溪、瀑等山水地形地貌，是景观的骨架，也是整个景观赖以存在的基础。按照景观设计的要求，综合考虑同造景有关的各种因素，充分利用原有地貌，统筹安排景物设施，对局部地形进行改进，使园内与园外在高程上具有合理的关系，这个过程称为景观地貌创作。

3.1.1　地形的主要形态特征及应用

1. 地形的主要形态特征

1）平坦地貌

此类地形起伏坡度很缓，其地形变化不足以引起视觉上的刺激效果。平坦地貌主要的视觉对象是天空和开放空旷的大地，缺乏安定感和围合感（见图 3-1）。由于地形变化小，所以长时间观看会给人乏味之感，设计者往往需要通过颜色鲜艳、体量巨大、造型夸张的构筑物或雕塑来增加空间的趣味，形成空旷地的视觉焦点（见图 3-2），或通过构筑物强调地平线和天际线水平走向的对比来增加视觉冲击力；也可以通过植物或者沟壑进一步划分空旷的空间。

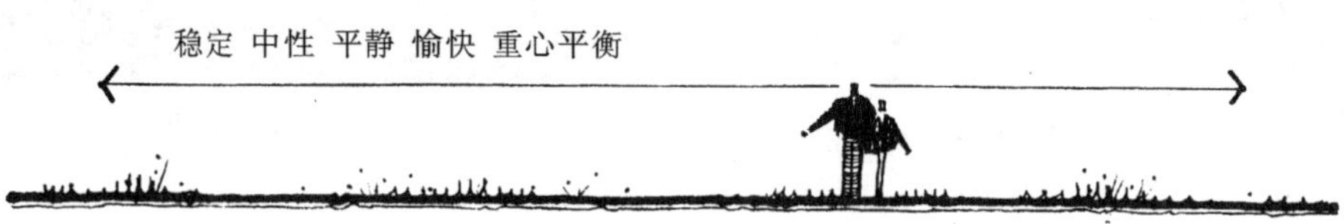

图 3-1　平坦地貌给人的视觉心理

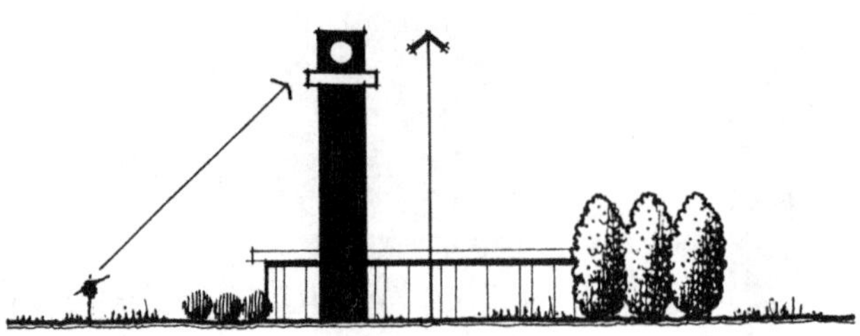

图 3-2　平坦地貌通过建筑增加趣味性

2）凸形地貌

此类地形比周围环境的地形高（见图3-3），例如，山丘和缓坡相对于平坦地貌而言更富有动感和变化，视线开阔，具有延伸性，空间呈发散状。它一方面可被组织成为观景之地，另一方面因地形高处的景物突出，可被组织成为造景之地（见图3-4）。同时，必须注意从四周向高处看时地形的起伏和构筑物之间所形成的构图及关系，还要注意建筑物和构筑物的形态特征要有特色，以便形成这一区域的地标（见图3-5）。

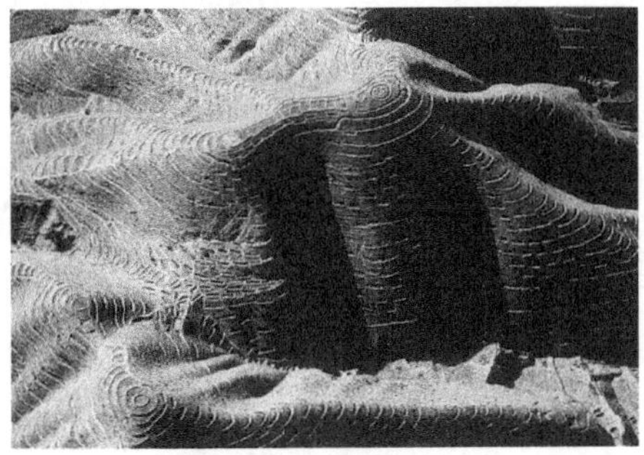

图 3-3　凸形地貌

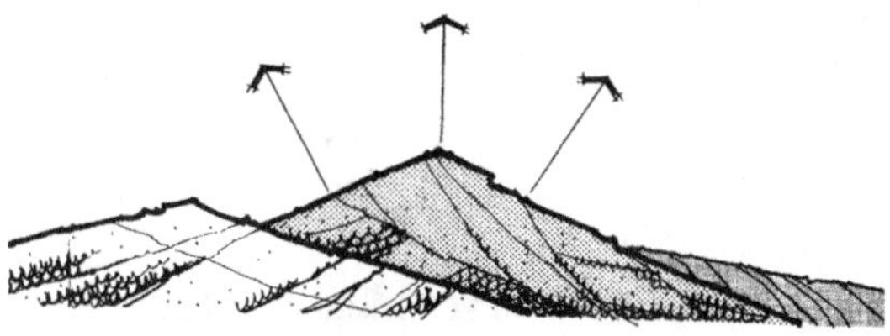

图 3-4　凸形地貌作为景观的焦点

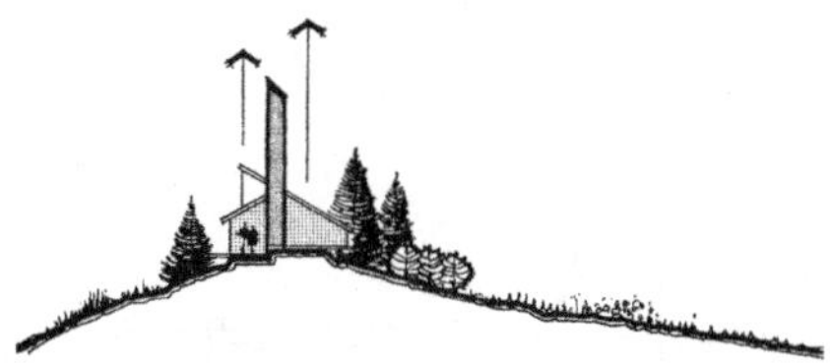

图 3-5　建筑在凸形地貌上标志感加强

3）山脊地貌

此类地形是连续的线性凸起型地形，有明显的方向性和流线（见图3-6）。所以设计游览路线时往往要顺应地形所具有的方向性和流线，如果路线和山脊线相抵或垂直，容易使游览过于疲劳，与人们乐于沿着山脊旅行的习惯相违背（见图3-7）。

图 3-6　山脊地貌

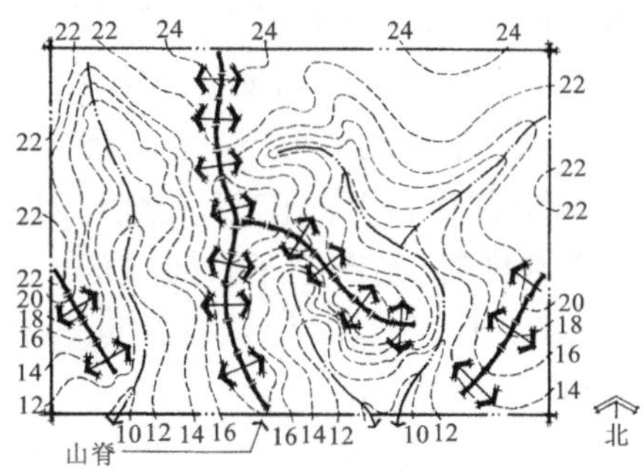

图 3-7　山脊地貌的导向型

4）凹形地貌

此类地形比周围环境的地形低，视线通常较封闭，空间呈积聚性（见图3-8）。因为其具有一定的尺度闭合效应，所以人类最早的聚居区和活动空间就是在凹形地貌中。凹形地貌周围的坡度限定了一个较为封闭的空间，这一空间在一定凹形地貌的低凹处能聚集视线，可精心布置景物。凹形地貌坡面既可观景，也可布置景物（见图3-9）。

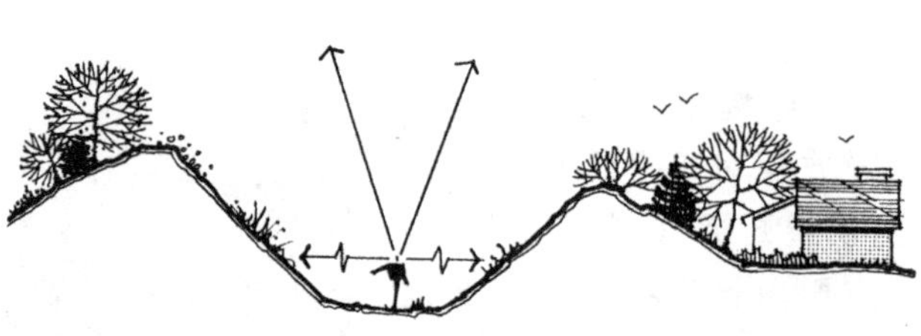

图 3-8 凹形地貌封闭了视线，造成了私密感和孤独感

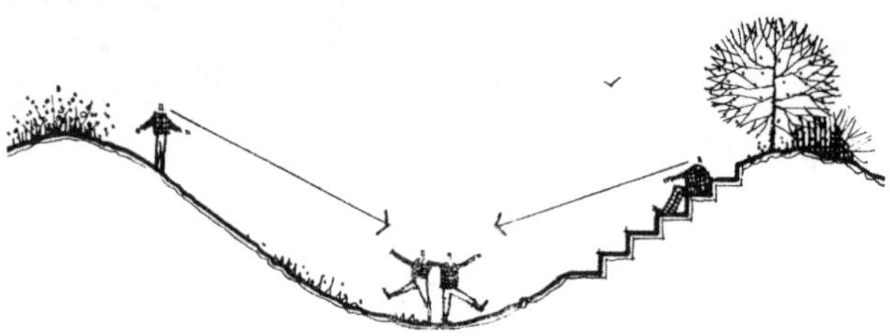

图 3-9 凹形地貌可观景

5）谷地

谷地是一系列连续和线性的凹形地貌，其空间特性和山脊地貌正好相反。

上述五种地形地貌在景观设计中是最常遇到的。在实际的操作过程中，大多数基地都是由两种以上的地貌组合而成的，景观设计师在充分了解了实地的地形地貌特点后，通过改造（如挖掘或填充）来进一步生成和划分空间，以此作为景观设计空间形态的原型。

一般来说，户外空间有几个因素影响了人们的空间感受（见图 3-10）：①空间的地面，指可以供人活动的地面；②水平线和轮廓线，也就是人们常说的天际线；③坡面的坡度，坡面的坡度大小影响了空间限定性的强弱。美国俄亥俄州大学诺曼教授提出了视觉封闭性和视觉圆锥之间的关系。所谓视觉圆锥，指的是人的视觉基本上是呈现一个圆锥的形态，当地面、轮廓线和周边坡度三个因素所占的面积在观察者45°视觉圆锥以上，则产生完全封闭的空间（见图 3-11）。如果三者所占面积处于 30°视觉圆锥时，则产生了封闭空间。最微弱的封闭感是三者所占面积处于 18°视觉圆锥时，低于 18°空间给人的封闭感微乎其微，就不能称之为封闭性空间了，而是开敞空间。

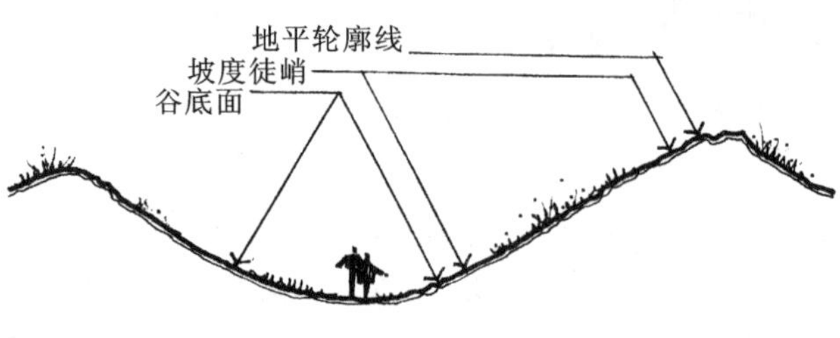

图 3-10 地形的三个可变因素影响着空间感

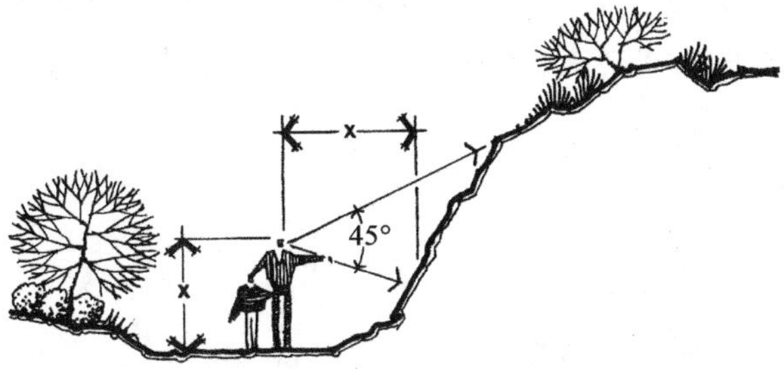

图 3-11 当视觉圆锥为 45°时可达到封闭感

地形是景观的骨架，各种自然与人工构筑物，如山体、河流湖泊、坡地谷地和跌水瀑布、泉水等地貌小品，它们之间的相对位置、高低大小、比例、尺度、外观形塑、坡度的控制和高程关系都要通过地形设计来解决。

2. 地形的应用

根据地形的不同形态特征，地形会表现出不同的性质、不同的应用，如表 3-1 所示。

表 3-1 地形的性质及运用

形态特征	性　质	运　用
平地	开朗、平稳、宁静、多向	广场、大建筑群、运动场、学校、停车场的合适场地
凸地	向上、开阔、崇高、动感	理想的景观焦点和观赏景观的最佳处，建筑与活动场所
凹地	封闭、汇聚、幽静、内向	露天观演、运动场地、水面、绿化休息场所
山脊	延伸、分隔、动感、外向	道路、建筑布置的场地，山脊的端部具有凸地的优点，可供运用
山谷	延伸、动感、内向、幽静	道路、水面、绿化

3.1.2 地形地貌的表达与记录方法

地形的平面表示主要采用图示和标注的方法。等高线法是地形最基本的图示表示方法，在此基础上可获得地形的其他直观表示法。标注法主要用来标注地形上某些特殊点的高程。

1. 等高线法

如图 3-12 所示等高线法是以某个参照水平面为依据，用一系列等距离假想水平面切割地形后所获得的交线的水平正投影（标高投影）图表示地形的方法。两相邻等高线切面 L 之间的垂直距离 h 称为等高距；水平投影图中两相邻等高线之间的垂直距离称为等高线平距，平距与所选位置有关，是个变值。地形等高线图上只有标注比例尺和等高距后才能解释地形。一般的地形图中只用两种等高线，一种是基本等高线，称为首曲线，常用细实线表示；另一种是每隔 4 根首曲线加粗一根并注上高程的等高线，称为计曲线。一般情况下，原地形等高线用虚线表示，设计等高线用实线表示。如果需绘制地形剖面，可以作出高程平行线组，然后按照地形等高线作出等高线和剖切位置线的交点，最后将这些交点延伸至高程平行线组，再将交点绘一平滑曲线，这条平滑曲线就是这一剖断位置的地形轮廓线。在绘制等高线时，需注意以下两点（见图 3-13）。

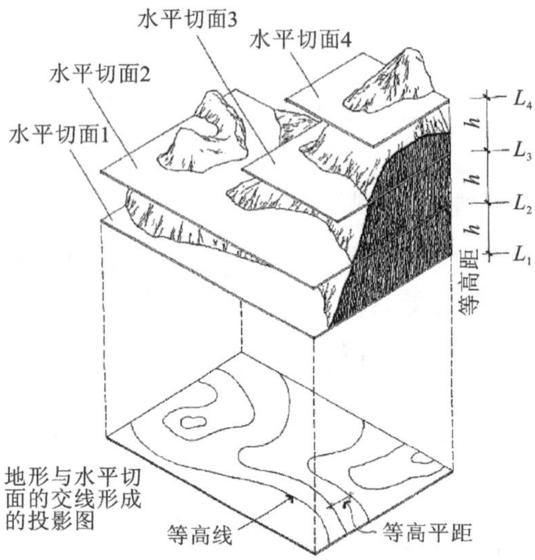

图 3-12 等高线法

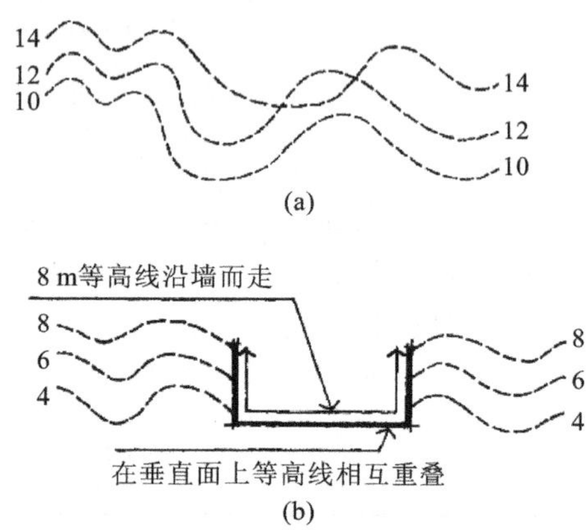

图 3-13 绘制等高线

(a)等高线不能相交；(b)等高线在垂直面上相交

①等高线通常是封闭的，不能相交。例如，地球大陆的海岸线一定会形成封闭曲线。

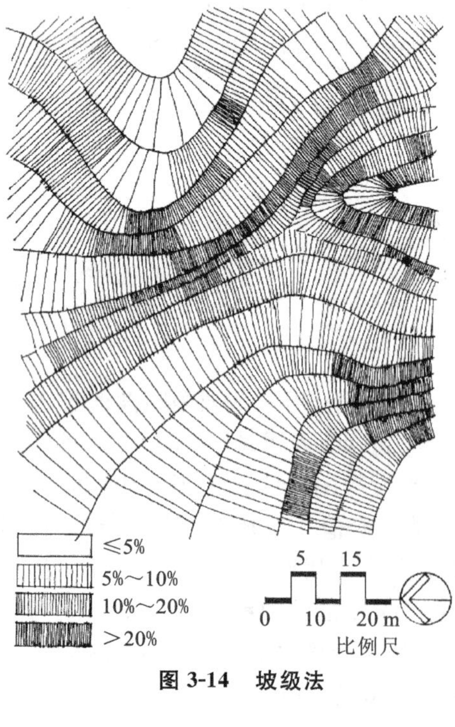

图 3-14 坡级法

②等高线只有当基地中有非常陡峭的垂直面时，才会相交。

2. 坡级法

在地形图上，用坡度等级表示地形的陡缓和分布的方法称作坡级法。这种图示方法较直观，便于了解和分析地形，常用于基地现状和坡度分析图中。坡度等级根据等高距的大小、地形的复杂程度以及各种活动内容对坡度的要求进行划分（见图3-14）。

3. 分布法

分布法是地形的另一种直观表示法，它将整个地形的高程划分成间距相等的几个等级，并用单色加以渲染，各高度等级的色度随着高程从低到高的变化也逐渐由浅变深。地形分布图主要用于表示基地范围内地形变化的程度、地形的分布和走向（见图 3-15）。

4. 高程标注法

当需表示地形图中某些特殊的地形点时，可用“十”字或圆点标记这些点，并在标记旁注上该点到参照面的高程，高程常注写到小数点后第二位，这些点常处于等高线之间，这种地形表示法称为高程标注法(见图 3-16)。高程标注法适用于标注建筑物的转角、墙体和坡面等顶面及底面的高程，以及地形图中最高和最低等特殊点的高程。因此，场地平整、场地规划等施工图中常用高程标注法。

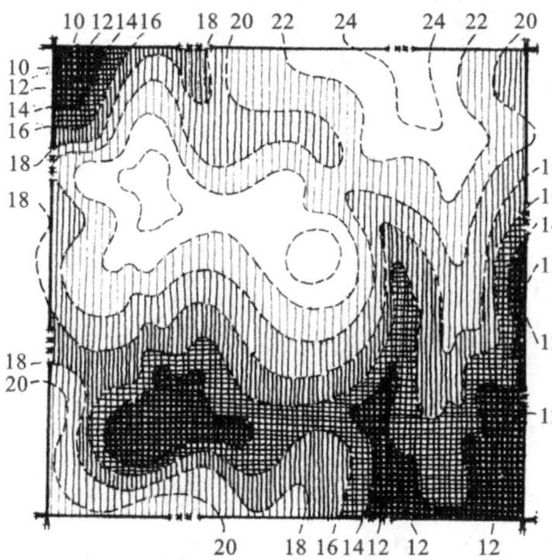

图 3-15 分布法

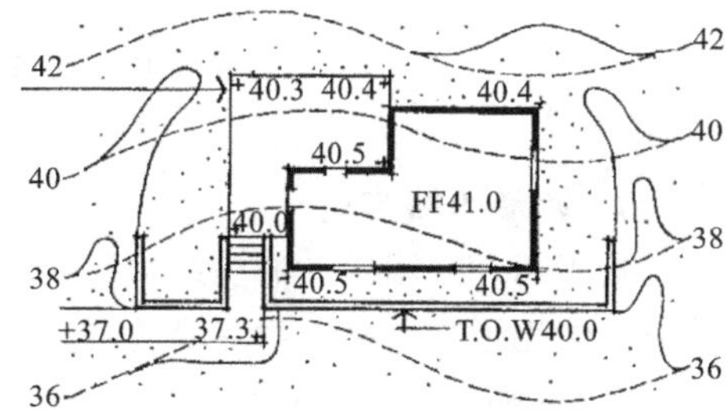

图 3-16 高程标注法

3.1.3 地形在景观营造中的作用

1. 地形的骨架作用

地形是构成景观的基本骨架。建筑、植物、落水等景观常常都以地形作为依托，可使视线在水平和垂直方向上都有变化。整组建筑若随山形高低错落，则能丰富立面构图(见图 3-17)。如北京北海濠濮间一组建筑就是依山而建的，并且曲尺形的爬山使视线在水平和垂直方向上都有变化。若借助于地形的高差建造水瀑或跌水，则

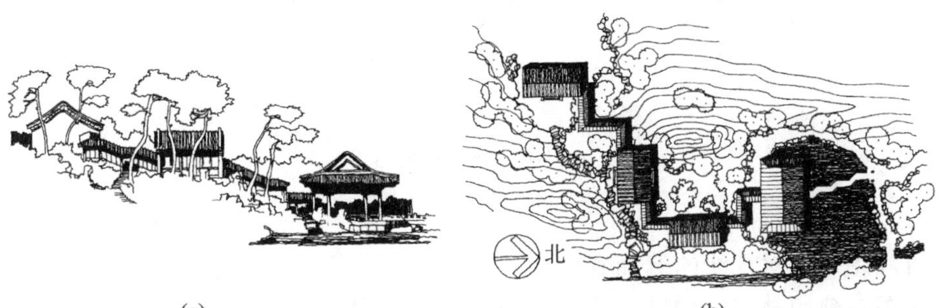

(a) (b)

图 3-17 北海濠濮间依山而建的园林建筑

(a)立面图；(b)平面图

具有自然感。在意大利台地园中，自然起伏的地形十分利于建造动态的水景，朗特庄园的水台阶就是利用自然起伏的地形建造的(见图 3-18)。

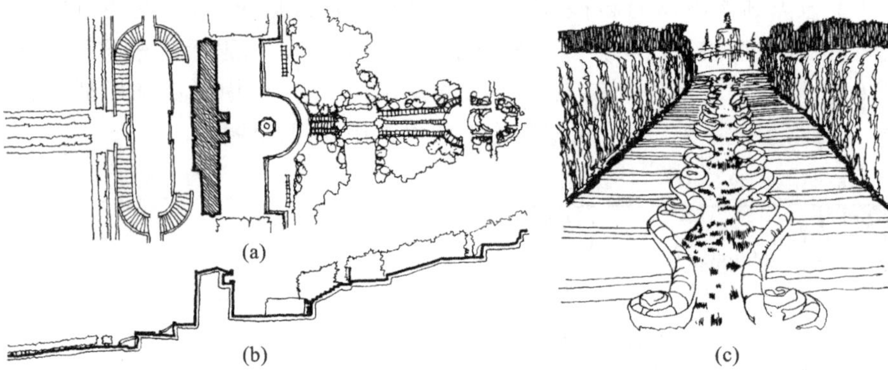

图 3-18 朗特庄园借助地形建造水景

(a)平面图；(b)剖面图；(c)水景示意图

2. 地形的挡与引

地形可用来阻挡人的视线、行为、狂风和噪声等。可以根据景观的需要，在适当的地方运用地形来满足人对环境的需要。例如，在紧邻城市道路公园的一侧可以结合地形的升高，将道路的噪声隔离出去，同时形成视觉的屏障；另外，如果在景观的冬季主导风向上方设计高地，则可以将地形的变化与微气候的设计结合起来(见图3-19)。

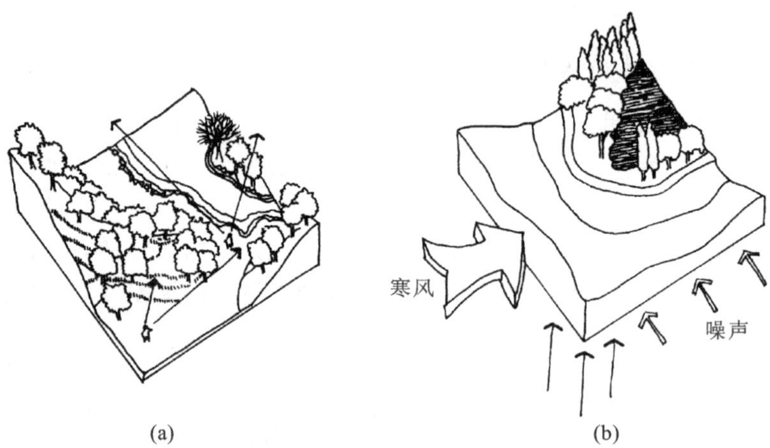

图 3-19 地形的挡与引

(a)视线的挡与引；(b)不佳的景色

可利用地形对视线的遮挡和引导来设计空间。利用地形采用障景和隔景的手法是中国古典园林中常用的空间处理方法。障景往往用于景观入口，自成一景，位于园林景观的序幕，增加景观空间层次，将园中佳景加以隐藏，达到柳暗花明的艺术效果。例如，拙政园入园后一座假山挡住视线，不使一览无余，谓之“障景”，绕过假山到达主体建筑"远香堂",才豁然开朗,一收一放,欲扬先抑,是苏州园林入口常见的处理方式,更为含蓄多趣;而隔景也可以分为实隔和虚隔,采用山石地形隔景为实隔,通过地形的变化,园景虚实变换、丰富多彩、引人入胜。

若地形自身具有一定的高差,也能起到阻挡视线的作用。在设计中,如通过视线的屏蔽安排令人意想不到的景观,就能够达到一定的艺术效果。对于过渡段的地形高差,若结合设计合理安排景物的藏露,就能创造出步移景异的地形空间(见图3-20)。

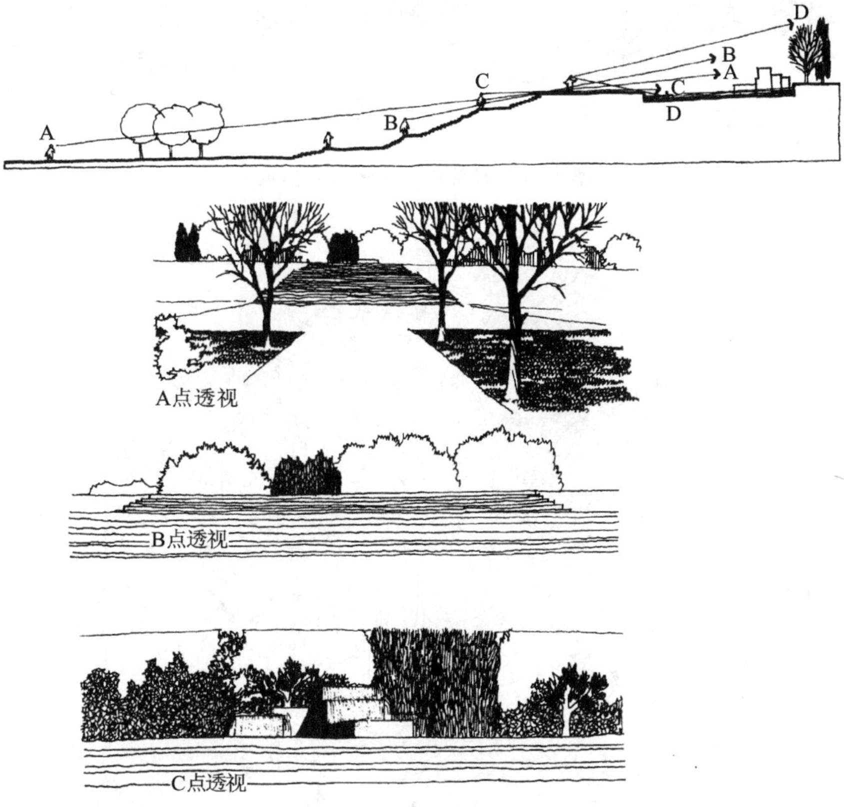

图 3-20 地形高差与视线处理

3. 利用地形分隔空间

利用地形可以有效地、自然地划分空间,使之形成不同功能或景观特点的区域。在此基础上,若再借助植物,则更能增加划分的效果和气势。利用地形划分空间应从功能、地形条件和造景几方面考虑,它不仅是分隔空间的手段,而且还能获得空间大小对比的艺术效果(见图 3-21)。

河北承德避暑山庄(见图 3-22)按照地形地貌特征进行选址和总体设计,完全借助于自然地势,因山就水。避暑山庄按照地形分为宫殿区、湖泊区、平原区和山峦区四大部分。宫殿区位于湖泊南岸,地形平坦,是皇帝处理朝政和生活起居的地方;湖泊区位于宫殿区的北面,由 8 个小岛屿将湖面分割成大小不同的区域,层次分明,富有江南鱼米之乡的特色;平原区位于湖泊区北面的山脚下,地势开阔,有万树园和试

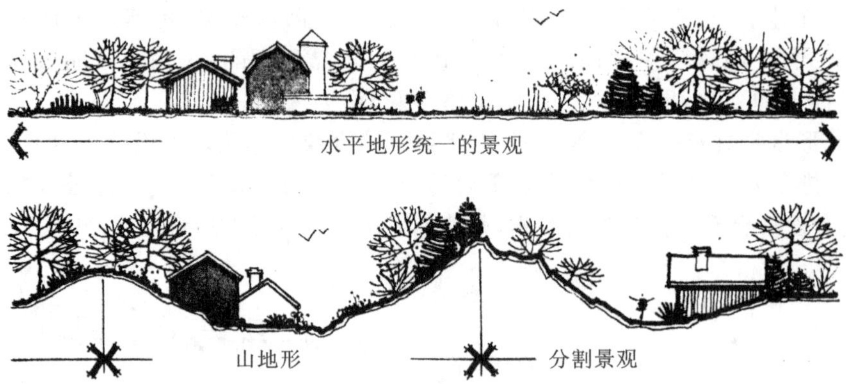

图 3-21　利用自然地形分隔空间

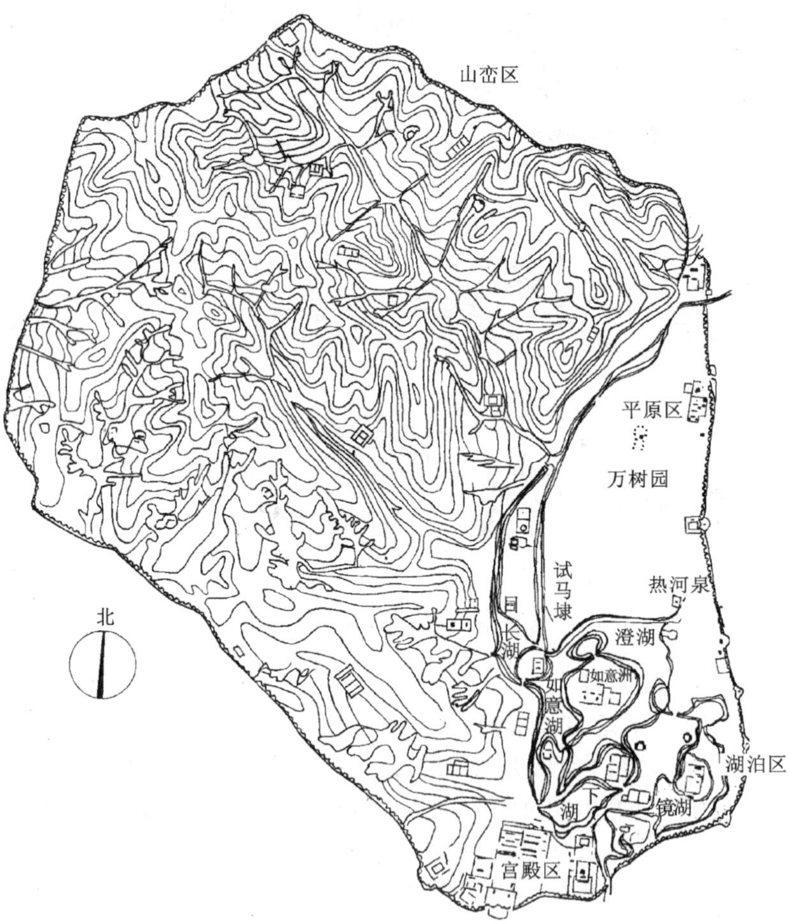

图 3-22　河北承德避暑山庄平面图

马埭，碧草茵茵、林木茂盛，一派茫茫草原风光；山峦区位于避暑山庄的西北部，面积占全园的 4/5，这里山峦起伏、沟壑纵横，众多楼堂殿阁、寺庙点缀其间。整个避暑山庄东南多水，西北多山，是中国自然地貌的缩影。

在现代公园设计中，很多也是根据地形来分割空间和区域的，一般都结合平地做入口开阔空间设计，把人流量大的公园附属设施安排在靠近公园入口的平地，而把内部起伏较大的山水区域结合安静休息功能景区设计，通过山地的起伏形成丰富的地形变化，凹入的地形结合水和植物可形成私密性较强的空间等。

4. 地形的背景作用与地形造景

凸、凹地形的坡面均可作为景物的背景，但应处理好地形与景物和视距之间的关系，尽量通过视距的控制来保证景物和作为背景的地形之间有较好的构图关系（见图 3-23）。

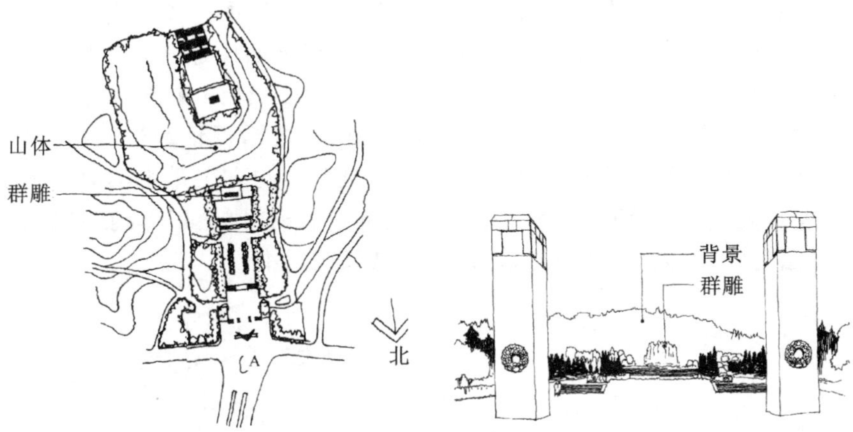

(a) (b)

图 3-23 地形的背景作用——南京雨花台北大门入口景区

(a)平面图；(b)A 点透视

虽然地形始终在造景中起着骨架作用，但是地形本身的造景作用也不可忽视。设计中可强调地形本身的景观作用，如将地形做成圆(棱)台、半圆环体等规则的几何形体或相对自然的曲面体，以此形成别具一格的视觉形象，这些地形体就像抽象雕塑一样，与自然景观产生了鲜明的视觉对比效果(见图 3-24)。

图 3-24 曲面地形与自然景观对比图

3.1.4 地形改造设计原则与处理要点

1. 设计原则

1）地形改造

在地形设计中，首先必须考虑的是对原地形的利用，结合基地调查和分析的结果，合理安排各种坡度要求的内容，使之与基地地形条件相吻合。地形设计的另一个任务就是进行地形改造，使改造后的基地地形条件满足造景的需要，满足各种活动和使用的需要，并形成良好的地表自然排水类型，避免过大的地表径流。

2）地形、排水和坡面稳定

地形可看作是许多复杂的坡面构成的多面体。地表的排水由坡度决定，在地形设计中应考虑地形与水的关系，尤其是地形和排水对坡面稳定性的影响（见图3-25）。地形过平则容易积涝，破坏土壤的稳定，对植物的生长、建筑和道路的基础都不利。因此，应创造一定的地形起伏，合理安排分水线和汇水线，保证地形具有较好的自然排水条件，既可以及时排除雨水，又可以避免修筑过多的人工排水沟渠。但是，若地形起伏过大或坡度不大，而同一坡度的坡面延伸过长时，则会引起地表径流，产生坡面滑坡（见图 3-26）。因此，地形起伏应适度，坡长应适中。

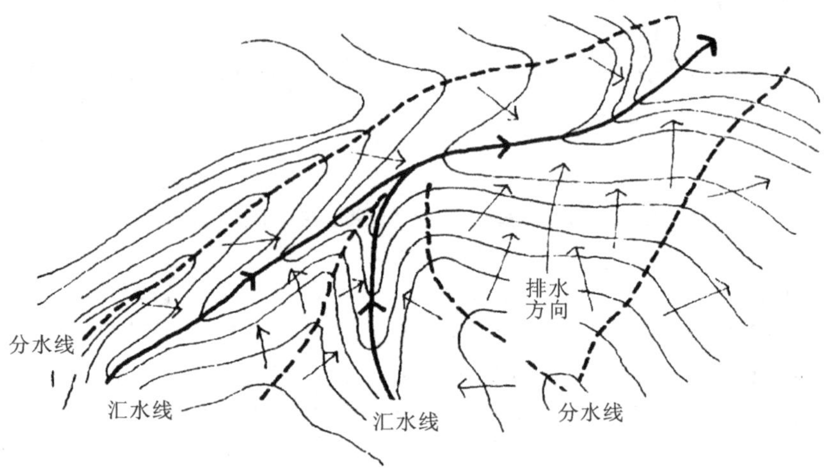

图 3-25 地形与自然排水

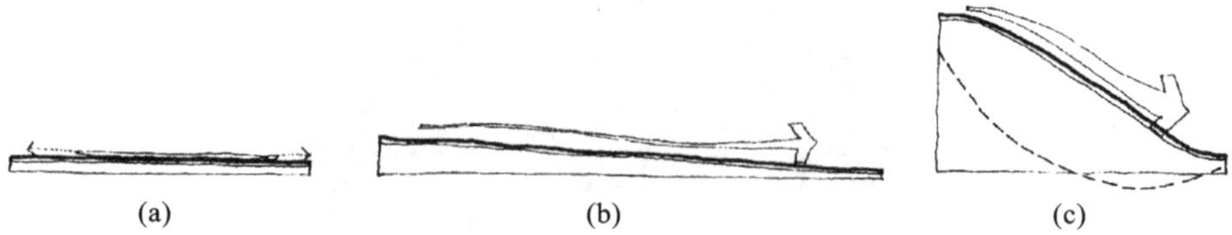

图 3-26 地形坡度对排水的影响

(a)地形过于平坦；(b)有一定坡度利于排水；(c)地形过陡易产生侵蚀，也极易产生滑坡要确定需要处理和改造的坡面，需在踏查和分析原地形的基础上作山地形坡级、地形排水类型图，根据设计要求决定所采用的措施。当地形过陡、空间局促时可设挡土墙；较陡的地形可在坡顶设排水沟，在坡面上种植树木、覆盖地被物，布置一些有一定埋深的石块，若在地形谷线上，石块应交错排列等。在设计中如能将这些措施和造景结合起来考虑效果会更佳(见图 3-27)。例如，在有景可赏的地方可利用坡面设置坐席、观望台和台阶；将坡面平整后可做成主题或图案的模纹花坛或树篱坛，以获得较佳的视角；也可利用挡土墙做成落水或水墙等水景，挡土墙的墙面应充分利用起来，精心设计成与设计主题有关的浮雕、图案，或从视觉角度入手，利用墙面的质感、色彩和光影效果，丰富景观。

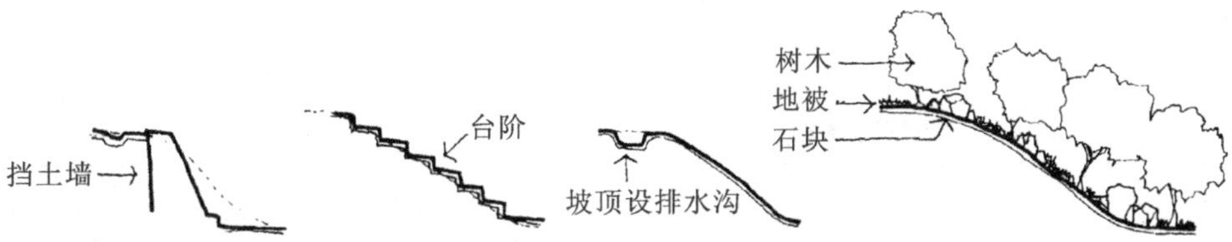

图 3-27 地形设计中采用的各种措施

3）坡度

在地形设计中，地形坡度不仅关系到地表面的排水、坡面的稳定，还关系到人的活动、行走和车辆的行驶。一般来讲，坡度小于 1%的地形易积水，地表面不稳定，不适合安排活动和使用等内容，但若稍加改造即可利用。坡度介于 1%～5%之间的地形排水较理想，适合安排绝大多数的内容，特别是需要大面积平坦地的内容，如停车场、运动场等，不需要改造地形。但是，当同一坡面过长时，显得较单调，易形成地表径流，而且当土壤渗透性较强时，排水仍存在问题。坡度介于 5%～10%之间的地形适合安排用地范围不大的内容，但这类地形的排水条件很好，而且具有起伏感。坡度大于 10%的地形只能局部小范围的加以利用。表 3-2、表 3-3 中列出的数值，供设计人员参考。

表 3-2 极限和常用的坡度范围

内容	极限坡度	常用坡度	内容	极限坡度	常用坡度
主要道路	0.5%～10%	1%～8%	停车场地	0.5%～8%	1%～5%
次要道路	0.5%～20%	1%～12%	运动场地	0.5%～2%	0.5%～1.5%
服务车道	0.5%～15%	1%～10%	游戏场地	1%～5%	2%～3%
边道	0.5%～12%	1%～8%	平台和广场	0.5%～3%	1%～2%
入口	0.5%～8%	1%～4%	铺装明沟	0.25%～100%	1%～50%
步行坡道	≤12%	≤8%	自然排水沟	0.5%～15%	2%～10%

续表

内容	极限坡度	常用坡度	内容	极限坡度	常用坡度
停车坡道	≤20%	≤15%	铺草坡面	≤50%	≤33%
台阶	25%～50%	33%～50%	种植坡面	≤100%	≤50%

注：①铺草与种植坡面的坡度取决于土壤类型；
②需要修理的草地，以25%的坡度为好；
③当表面材料滞水能力较小时，坡度的下限可酌情下降；
④最大坡度还应考虑当地的气候条件，较寒冷的地区和雨雪较多地区，坡度上限应相应地降低；
⑤在使用中还应考虑当地的实际情况和有关标准。

表 3-3 地面坡度分级及使用表

分级	坡度	使用范围
平坡	0～2%	建筑、道路布置不受地形坡度限制，可以随意安排，坡度小于3%时应注意排水组织
较缓坡	2%～5%	建筑宜平行等高线或与之斜交布置，若垂直等高线，其长度不宜超过30～50 m，否则需结合地形做错层、跌落等处理；非机动车尽可能不垂直等高线布置，机动车道则可随意选线，地形起伏可使建筑及环境的景观丰富多彩
缓坡	5%～10%	建筑、道路最好平行等高线布置或与之斜交，若与等高线成大角度斜交，建筑需结合地形设计做跌落、错层处理，机动车道需限制其坡长
中坡	10%～25%	建筑应结合地形设计，道路要平行或与等高线斜交迂回上坡；布置较大面积的平坦场地，填、挖土方量甚大；人行道如与等高线作较大角度斜交布置需做台阶
陡坡	25%～50%	施工不便、建筑必须结合地形个别设计，不宜大规模开发建设；在山地城市用地紧张时仍可使用
急坡	>50%	通常不适于居住区建设

2. 地形设计处理要点

1）广场地形处理要点

广场的竖向设计必须充分了解地形的变化，并注意地形的选择与利用。一般以相交道路中心线交点的标高为广场竖向设计的控制点。广场内应尽量减少大填大挖和来回起伏的现象。力求场内纵、横坡度平缓。场内标高应低于周围建筑物的散水标高，其坡向最好由建筑物的散水标高向外坡向，以利排水和突出建筑物的雄伟。

广场的竖向设计根据广场面积大小、形状、排水流向等，可分别采用一面坡、两面坡、不规则斜坡和扭坡。顺着天然斜坡而修建的广场，可以设计为单一坡向。但应考虑不宜使广场纵坡大于2%。在天然斜坡地形较大时，可分成两极式广场，即在广场中央设置较宽阔的街心花园，使斜坡的影响得到缓和。这种情况宜采用矩形的广场。

①图 3-28 所示广场为矩形或方形时，如地形为凸形，则可设计成具有一条脊线的两面坡形式。坡度走向最好与主干线的中线一致，且正对广场主要建筑物的轴线。若在狭长的矩形广场上，可在短轴方向上再作出一条分水线或汇水线，亦即在长边的中部再设置一条脊线，在两条脊线交点处布置适宜的建筑物，如纪念雕塑、喷水池、花池等，这样可消除空间特别拉长的感觉。

②图 3-29 所示广场为圆形的广场，可根据地形设计成盆(凹)形或覆盆(凸)形。盆形广场的排水可在中央环道的四周布置雨水口解决。覆盆形广场的排水可在广场外圆周的道牙边设雨水口。若道路纵坡坡向广场中心时，可将人行横道线上游的等高线处设置成马鞍形，并在低洼处设置雨水门，避免街道上的雨水流向广场。

图 3-28 日本 Nacion 游戏广场

图 3-29 法国街头下沉广场

2）道路地形处理要点

道路应在路线和景观之间的相互作用下形成，后者影响前者，它们看上去应该是自然的，并是整体环境中的组成部分。

(1) 路线和地形的关系(见图 3-30)

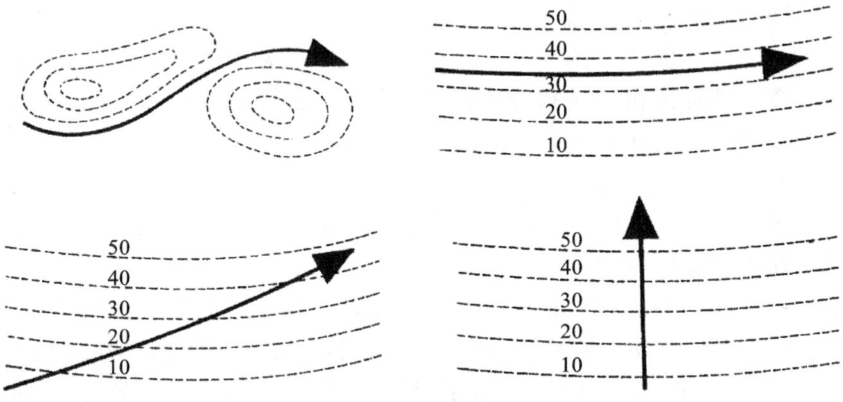

图 3-30 路线与地形的关系

①良好的道路布线应利用自然地形。路线应与原有的地形融合而不是去有意改变它。沿着等高线的路线最容易与景观调和，而且对车辆和行人来说都是最省力的。

当在坡地上一条沿着等高线方向行进的路段在长度方向必须提高或降低其高程时，可在道路线和等高线之间选一个合适的角度，以定出一个合适的坡度。

②当一条路线沿与等高线成直角的方向行进时，其位置应选在挖方填方量最少处。应避免路线有“逆着纹理”穿越的生硬感觉。可以通过选用实际挖、填方量最小的路线和高程，以防止这种情况发生。另一个办法是把路线位置稍稍偏移垂直方向，可能会产生最佳效果。

一条与等高线直角相交的路线在视觉上会产生强烈的影响，因此，同时也必须对侧向坡面的挖、填方处理予以特别注意。这点对于坡度陡且由于处理不合理而造成地形上有深而难看的切口来说尤为关键，相对平缓起伏的地面也应注意。

图 3-31　经过修饰的地面效果

(2) 道路地形横截面处理要点

如果道路处于一个挖方区内时，两侧的地面均需加以修饰，使它们看上去尽可能自然一些(见图 3-31)。经过修饰的地面应与其周围具有相似的特征。位于路堤上的道路或在坡地上沿着等高线方向的道路都应如此。不论挖方式或路堤式，都要避免陡的侧坡以及方正的肩部和底部。

岩石挖方不在上述情况之内，陡峭的表面和生硬的转角对于岩石来说是正常的。挖方和路堤侧坡的截面处理方式，只有在对周围地面结构进行仔细研究之后才能确定。应当把地区内总的地形记录下来，把拟建路段直接邻近的地形记录下来，然后相应地做出土方工程设计。一般情况下应把倒坡尽可能做得平缓。土地表面系由水流冲刷形成，除了岩石露头处外，土地表面将由圆润的形状和面与面之间圆顺的连接点所构成。对于挖方，通过把侧面做成凸圆，就可以获得较佳效果。

3) 建筑坡地地形处理要点

当在坡地上布置房屋、构筑物时，地形的影响是非常明显的。房屋、构筑物及其他城市建设项目的标准设计是按没有坡度的抽象地段编绘的。解决用地与布置在用地上的建设项目之间互相适应的问题是很困难的任务。

(1) 建造人工平台

为解决地形的高差，可以采用在个别建筑物、建筑场地或建筑群上面建造人工水平台或台阶地的方法(见图 3-32)。

相邻两平台的高差值具有非常重要的意义。连接不同高度平台的主要措施有：绿化带，宽 5～10 m，有变化的横坡，适于连接高差 1～2 m 的平台；绿化的斜坡，填方斜坡坡度到 50%～60%，挖方斜坡坡度到 100%(采用专门护坡措施时，坡度还可增大)，高度可达数十米；挡土墙、台阶等。

(2) 坡地建筑处理形式

①阶梯式房屋(见图 3-33)，具有与建筑场地地形坡度相应的阶梯体型。阶梯式

房屋有三种形式:跌落单元式(由高度相同、竖向错动半层或一层的各单元构成),阶梯走廊式(由按通廊或回廊布置的各层做水平移动而成,每层的出入口都设在毗连坡地的一端,每层长度在 30 m 左右,不需要在建筑物内部增设辅助性楼梯),台阶式(在平行坡度方向和垂直坡度方向都由一、两层相互连接成一体的居住组合体拼连而成,并且利用下层单元的屋面作为上层的阳台)。第一种形式的房屋用于坡度7%～17%的坡地上,其余两种用于坡度不小于 25%的坡地上。

图 3-32 小区地形变化使空间得到充分合理的应用

图 3-33 阶梯式房屋

②变层式房屋,长向顺坡或斜交坡向布置,屋面在同一水平面上,房屋各部分的层数则随其长度范围内地形高差的变化而各不相同。这类房屋有组合单元式、通廊组合单元式、回廊组合单元式或综合式多种方案。变层式房屋适合布置在任何有坡度的坡地上。

3.1.5 竖向设计

竖向设计是指在一块场地上进行垂直于水平面方向的布置和处理。在景观设计中,场地的竖向设计就是景观中各个景点、设施及地貌等在高程上如何创造高低变化和协调统一的设计。

在景观设计中,原有基址的地形往往不能满足设计的要求或者部分地段与设计需达到的要求不符,所以在景观设计中需要做竖向设计。竖向设计的任务就是从最大限度地发挥景观场地综合功能出发,统筹安排各个景点设施和地貌景观之间的关系,使地面以上的景观设施和地下设施之间、山水之间、景观场地内部与外部之间在高程上形成合理的关系。

竖向设计的内容是在分析修建地段地形条件的基础上对原地形进行利用和改造,使它符合建筑布置和排水的要求。具体内容为:研究地形的利用与改造,考虑地面排水组织；确定建筑、道路、场地、绿地及其他设施的地面设计标高。

1. 竖向设计的基本原则

1）满足各项用地的使用要求

① 建筑室内地坪高于室外地坪，住宅为 30～60 cm，学校、医院为 45～90 cm。多雨地区宜采用较大值。高层建筑土质较差或填土地段还应考虑建筑沉降。

② 广场、停车场，广场坡度以 0.3%～3%为宜，0.5%～1.5%最佳；儿童游戏场坡度为 0.3%～25%；停车场坡度为 0.2%～0.5%；运动场坡度为 0.2%～0.5%。

③ 草坪、休息绿地，坡度为 0.3%～10%。

2）保证场地良好的排水

力求使设计地形和坡度适合污水雨水的排水组织和坡度要求，避免出现凹地。道路纵坡不小于0.3%。地形条件限制难以达到时应做锯齿形街沟排水；建筑室内地坪标高应保证在沉降后仍高出室外地坪 15～30 cm；室外地坪纵坡不得小于 0.3%，并且不得坡向建筑墙角。

3）计算方法

在场地设计中，竖向排水尤为重要，直接决定雨季的场地积水情况。首先要根据场地原有标高（减少土方量原则）及周围市政管线情况，确定场地的排水方向；然后根据计算公式 $i=h/L$（i 为坡度，一般取值 0.5%～2%；h 为两点的高差值；L 为两点的水平距离）（见图 3-34），设计场地新的标高（见图 3-35）。

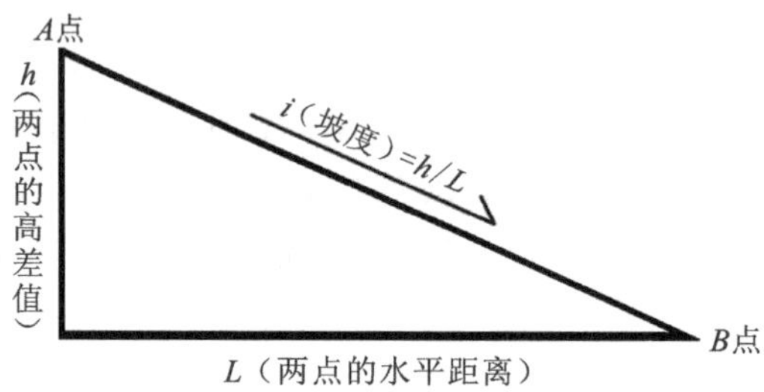

图 3-34　坡度计算公式

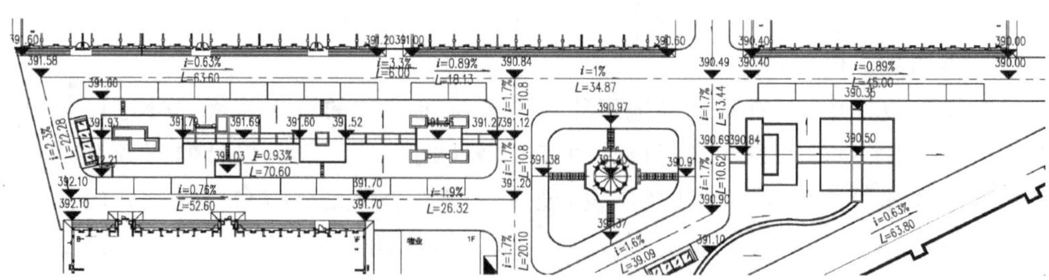

图 3-35　某小区竖向设计图

2. 竖向设计的具体措施

1）路面、广场、桥梁和其他铺装场地的设计

一般在图面上用等高线表示出道路（或广场）的纵横坡和坡向、道桥连接处及桥面标高。在小比例图纸中则用变坡点标高来表示道路的坡度和坡向。在冬季多冰冻和积雪的严寒地区，为了安全，广场的纵坡一般应小于7%，横坡小于2%；停车场最大坡度不大于2.5%；一般景观场地中路面的坡度不宜超过8%，超过则应设置台阶，台阶应集中设置。为了游人的行走安全，要避免设置单级台阶。另外，还要注意为了方便残障人士的游览，在台阶处设置无障碍通道。

2）挡土墙在处理竖向问题时的应用

在城市景观的营建中，一般可通过挖方、堆土、回填、筑堤等来达到改变地形的目的，其中都涉及地形的坡面稳定问题，挡土墙便是解决这一问题的主要手段。挡土墙的主要功能是在较高地面与较低地面之间充当泥土阻挡物，挡土墙允许两个水平高度的地平垂直相邻，它比连接不同标高的缓坡更节省占地。

(1) 挡土墙的主要类型及材料

①重力墙。

重力墙主要依靠自身的体量（即重量和体积）力求保证稳定性。如果不考虑它们的尺寸大小，基础的厚高比是主要设计的内容。一道承受水平荷载的墙，厚高比一般在0.4～0.45 m之间。重力墙常用的材料是混凝土、砖石和用石块或砖块做饰面的混凝土墙。高度在1.5 m以下的重力墙常前后都砌成垂直的，或有一点轻微的倾斜。在这种情况下，基础的最小宽度为0.4 m。不用灰浆砌筑的石砌重力墙称为干砌石墙。当需要阻挡的高度较低（小于3 m）时，常使用这种墙体。石材取材方便，非常适于建造乡土建筑（见图3-36）。

②混凝土砌块墙。

砌块墙主要有以下三种不同的类型。

a. 平砌块，它有一个比较光滑的灰色混凝土表面。

b. 异型砌块，它的砌块是用模具浇筑的，以使其有一个小规则的表面。这个表面可以是几何形状的，也可以是天然图案的。

c. 外露骨料砌块，它由骨料构成，骨料的选择依据是去掉水泥表层后它们的色彩和质地效果。与前两类相比，它的优点在于大部分外表面部是由天然材料构成的（见图3-37）。

③悬臂墙。

a. 钢筋混凝土。悬臂墙由底座和悬臂组成，二者由从底座贯通至悬臂的钢条牢牢地连在一起，钢条从悬臂的侧面贯通穿过，为墙体提供纵向的加固措施。对基础进行回填的重量抵消了阻挡高度的前向压力，并有助于防止墙体的倾覆和滑动。只有当墙体的后部在被挡材料之下建造时，才能实现。大多数情况下，这种墙体可以用路基取代钢筋混凝土。对较长的墙体来说，钢筋混凝土的悬臂墙尤为适用，此结

图 3-36 重力式挡土墙

图 3-37 台湾冬龙河黄龙广场河岸挡土墙

构中对标准金属件的再利用非常经济。可以使用模板来形成一种特殊的效果，并在墙体表面添加装饰图案。通过使用标准的金属扣件，还可以用砖或石块来为墙体做饰面。

b. 加钢筋的砖石和混凝土。对低矮的结构而言，两砖厚的挡土墙最为适用。它既有砖块的外饰面，又有悬臂墙的结构稳定性。建造它不需要任何模具，只用砖和砂浆就可以完成。在距受拉侧（即挡土一侧）约 1 cm 的砖块间插入竖向钢筋，这样，钢筋就可以砌入砂浆并沿高度方向贯通整个墙体。在砌砖时，不应有丁砖伸到砂浆中，而且每隔 20 cm 就应有一层连通。空隙处每次都应用砂浆灌满，随后用灌浆棒捣匀。墙后面的所有接缝都应该用砂浆完全灌满。除了砖块以外，还可以使用实心的混凝土砌块和石块。

c. 加钢筋的混凝土砌块。使用悬臂和砂浆的混凝土砌块挡土墙，不需要任何构架就可以砌筑起来。在距受拉侧（即挡土一侧）砌块内约 1 cm 处布置竖向钢筋，这样钢筋可以砌入砂浆内。筛眼应用砂浆灌满，并在浇筑时彻底捣匀。

④垄格挡土墙。

a. 混凝土。混凝土垄格挡土墙是用预制的钢筋混凝土砌块砌筑的。砌筑墙体时要使顺砖和丁砖连锁排列，以形成竖向的仓穴，这些仓穴还应用碎石或其他颗粒材料填满。对挡土墙而言，需要填充的位置不必挖土，这是最实用的方法。丁砖上的钢筋通常用于把丁砖和顺砖紧密地连在一起。砌块铺设完毕后尽快进行回填，并且垄格的高度不能超出回填部分 1 m 以上。

b. 木材。如果垄格用木材来建造，所有的木材单元都应经过防腐受压处理。在早期的木垄挡土墙中，旧的铁路枕木应用最为普遍。后来，这种材料多被用于建造低矮的墙体。目前应用最广泛的材料是切割成合适尺寸的木材。这种木材应该用含铜的盐或其他不渗色的材料进行过防腐受压处理。

⑤其他类型的墙体。

a. 木墙。若要木质墙体不倾覆，就必须有占它本身高度一半以上的部分埋入装饰地面以下的土壤中。因此，如果要用木材建造高度超过 1.5 m 的挡土墙，是既不经济又不实用的。用来建造水平墙体的木材单元，它的长度可以变化多样，但必须大于 1.5 m。低矮的木墙特别适用于抬高种植基床和种植穴（见图 3-38）。

木墙所阻挡的高度绝不能超过其厚度的8～10倍，并且在普通的土壤中，应至少有占总高度50%的部分埋到矮侧的地面以下，不良土壤中应埋70%以上。例如，一堵15 cm厚的木制挡土墙可以抵挡1.2 m高的纵堤，只要木材的长度超过2 m。

图 3-38 劈开的木条将陡峭的斜坡变成有序的台地

b. 金属条筐。这种挡土墙所使用的材料是标准尺寸的长方形条筐。条筐用锌钢丝或聚氯乙烯(PVC)丝绳编成，其上有六边形的网眼。金属条筐用石块填满后，相互捆在一起构成墙体。每个金属条筐都有一个盖子，并被分成1 m见方的小格。填满石块后，就把盖子盖上，紧紧地系到条筐上边。然后，再将每一个条筐与相邻的条筐连成一体。

因为金属条筐挡土墙具有伸缩性，所以它可以适应土地的变形。它还具有可渗透性，能使水从中流过。这个特点使得它特别适合于建在溪流及河流的沿岸，这些地方水位的高低在雨季和旱季之间经常变化。自生的植物会很快在条筐里长起来，它们使景观建筑的外观变得柔和，并同时提高了耐久性。

(2) 挡土墙设计要点

①挡土结构的基本形式。

挡土结构大致说来可分为刚性结构和柔性结构两类。

a. 刚性结构(见图3-39)。当有美观要求或不允许结构有任何移动时，要使用刚性结构。例如，与建筑物结合使用或用于正式的景观建筑中。通常，刚性结构意味着在重力墙中使用混凝土和砖石，或者是结构上采用加固悬臂墙形式。

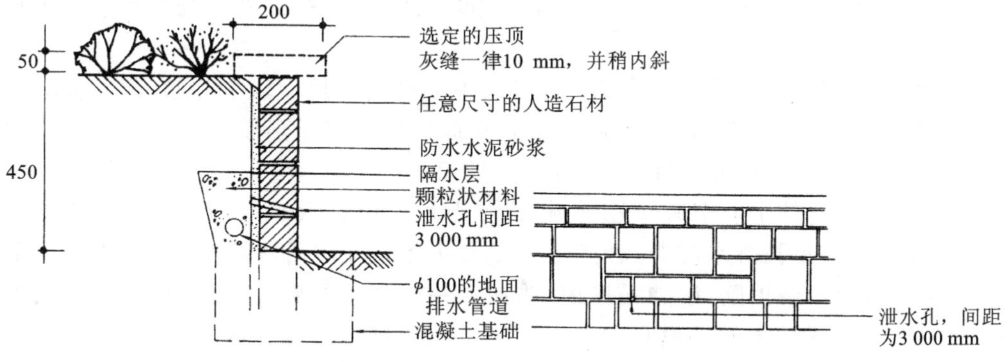

图 3-39 砌块贴面刚性结构挡土墙

b. 柔性结构(见图3-40)。柔性结构包括干砌石墙、垄格挡土墙、金属条筐挡土墙和其余任何非刚性结构的建筑物。通常，柔性结构常使用下沉的砂质地基或压实的颗粒材料地基来提高排水能力，并形成平坦的表面。柔性结构的优点在于它能容

图 3-40　被植物覆盖的木质柔性结构挡土墙

许一定程度上的沉陷，而不会对挡土墙本身产生太显著的影响。

②挡土墙的设计步骤。

a. 估计用来抵抗墙体材料所需的力。

b. 确定挡土墙和基础的剖面形式，目的是使结构稳固，不至于倾覆和滑动。

c. 根据结构的稳定性分析墙体自身受力情况。

d. 检测基础之下所能够承受的最大压力。

e. 设计结构构件。

f. 确定回填处的排水方式。

g. 考虑移动和沉降。

h. 确定墙体的饰面形式（当墙体的高度大于 1 m 时，应向结构专家进行咨询）。

(3) 挡土墙营建技术

挡土墙经常建在庭院中抬高的池塘和花坛的周围。当在坡地上建平台时，挡土墙正好可以大显身手。由于主要的承重压力是向一旁而不是向下，因而要特别注意打好基础以及墙后、墙下及墙前的地基。要考虑土壤的类型，如果墙后的土壤能保持水分，则应加入排水设备，防止因水而增加后方的重量。从墙后延伸出来的墙基"坡脚"使得其上的土壤重量可以将整个结构固定住。典型的挡土墙通过其"坡脚"、扩展的墙基、按一定间距设置的钢筋进行加固。墙基的深度取决于墙前的土壤是否压实、是否保持原状、是否准备栽树。通过加固钢筋与混凝土后墙相连，面对坡地的石块略微后缩，以增加稳定性。墙前的防水涂层和坡形的压顶使得墙不受水的破坏。采取排水措施以防止墙后水的聚集，例如，在墙后放置石块以及在滴水洞下挖掘水道等。

如何处理墙前的空间至关重要。铺平或种草将使得地面较为完整，但是如果挖松表层的疏松土，将会使墙向前倾斜，加深墙基后可以避免出现这种情况。要确保花坛或分界线后挡土墙的基础是在耕作层的下面。

通常情况下，挡土墙中有干性材料，比如石块（见图 3-41）。但除非这些干性材料足够厚并具备自我排水能力，否则最好尽量少用。在庭院中，建挡土墙常用一种材料，或用混凝土做里壁，起加强作用，并加入一些饰面材料。有些墙是垂直的，但有些墙是"内倾"的，也就是说它们向后有轻微的倾斜度。这样降低了围墙的重心，增加了稳定性，其坡度一般是 1∶12。

挡土墙的稳定性也取决于墙后保持干燥的程度，因此，要将水压降至最低，包括在墙后安装开放式的排水材料、在围墙的近基部处铺设水平管道（如滴水洞）及将水引至墙前的排水系统。给墙背抹上防水的水泥、塑料或沥青可以防止水分直接渗过围墙以及因碳酸氢盐或苔藓而损坏墙面，具体操作常因当地天气和实际状况而定。

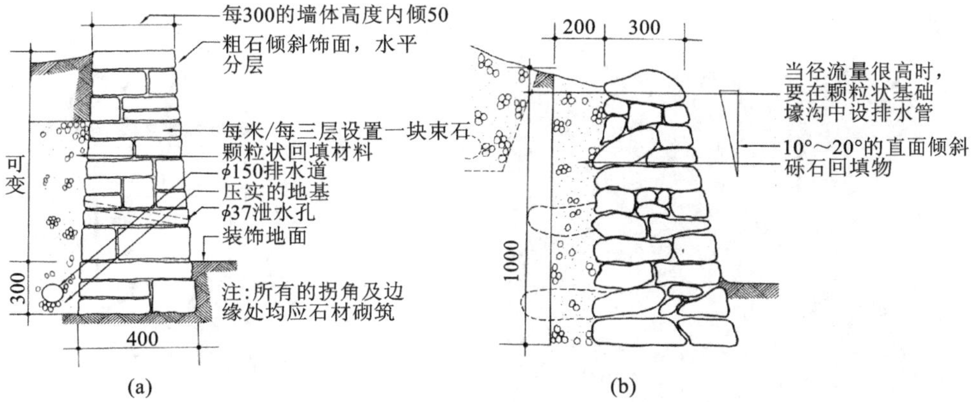

图 3-41　砌石挡土墙

(a)天然石材分层干砌；(b)天然石材不分层干砌

3）台阶和坡道

在景观中，行人常常需要以某种安全、有效的方式从地平面上某一高度迈向另一高度。而台阶和坡道则可以帮助人们完成这种高度变化的运动。

（1）台阶

在景观营建中，对于倾斜度大的地方，以及庭院局部间发生高低差的地方，都要设置阶梯。台阶与坡道相比具有占地少（见图 3-42）、空间利用效果好的优点。当台阶设置于庭院中，其美学价值远超过实用价值，而其美学价值不包括造型。

①台阶的作用。

台阶是房屋与庭院间的主要联系，它可使两景观点间的距离缩短，而免受迂回之苦；台阶可使庭院地面产生立体感，以暗示的方式，引导方向并分隔出空间界限（见图 3-43）；由于阶梯产生动的意味及阴影的效果，而呈现出音乐与色彩的韵律，所以台阶可以在道路的尽头充当焦点景物（见图 3-44）；也能在外部空间中构成醒目的

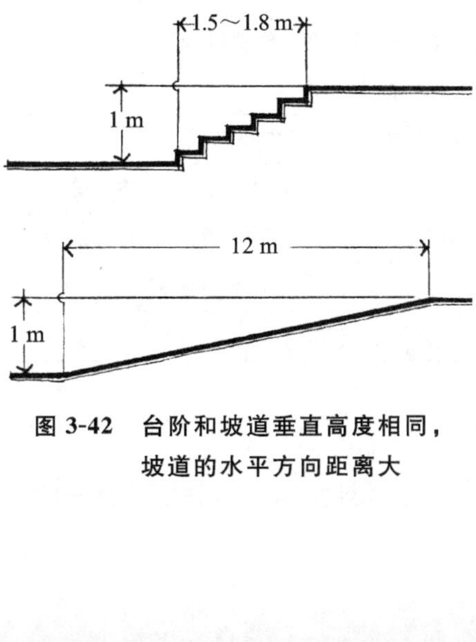

图 3-42　台阶和坡道垂直高度相同，坡道的水平方向距离大

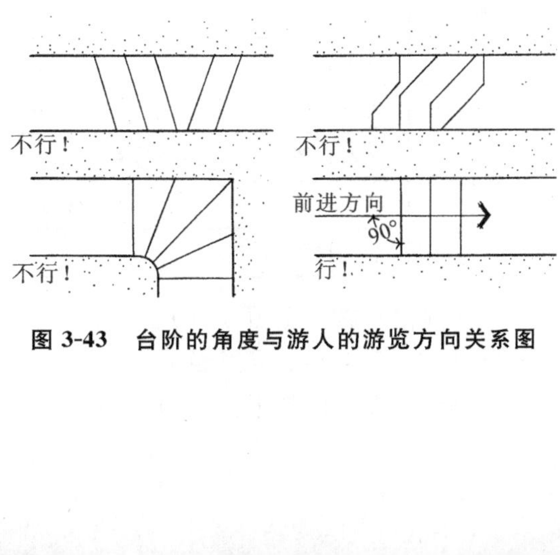

图 3-43　台阶的角度与游人的游览方向关系图

地平线，通过线条的变化产生视觉的魅力（见图 3-45）；台阶还可以作为非正式休息处。

图 3-44　美国圣巴巴拉购物中心台阶

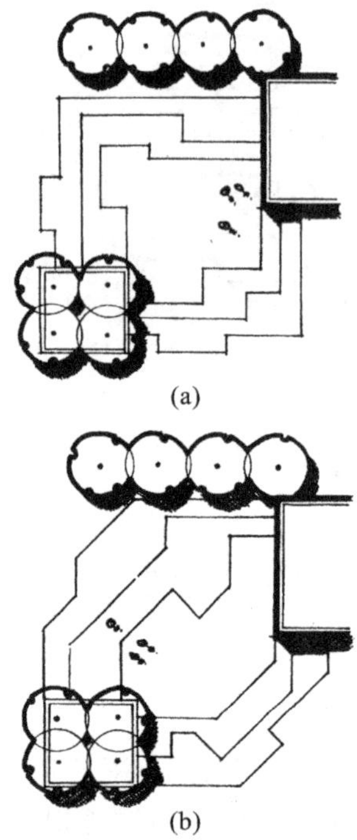

图 3-45　台阶布置的线形图案

(a)曲尺型图案；(b)折线型图案

②台阶的种类。

台阶的种类依外形分为规则式及不规则式，如表 3-4 所示。

表 3-4　台阶的种类

类别		构造
规则式	水泥台阶	用模板按水泥路面方式灌注，其高度、宽度可预先测定
	石板台阶	整齐石板铺砌而成
	砖砌台阶	以红砖按所需阶梯高度、宽度整齐砌成
不规则式	块石台阶	坚硬石块，较平一面为阶面，高度、宽度在同一阶上力求平等
	横木台阶	台阶边缘用横木桩固定，材料以桧木、栗木为佳，阶面以土石铺设
	纵木台阶	台阶边缘用纵木桩固定，其形式与横木台阶同
	草皮台阶	草皮纵叠于台阶边缘

③台阶的构造（见图 3-46）。

a. 基础，可用石块或混凝土。

b. 踏面，即脚踩的平面，表面要防滑，向前有一定倾斜度以利排水，宽度一般为

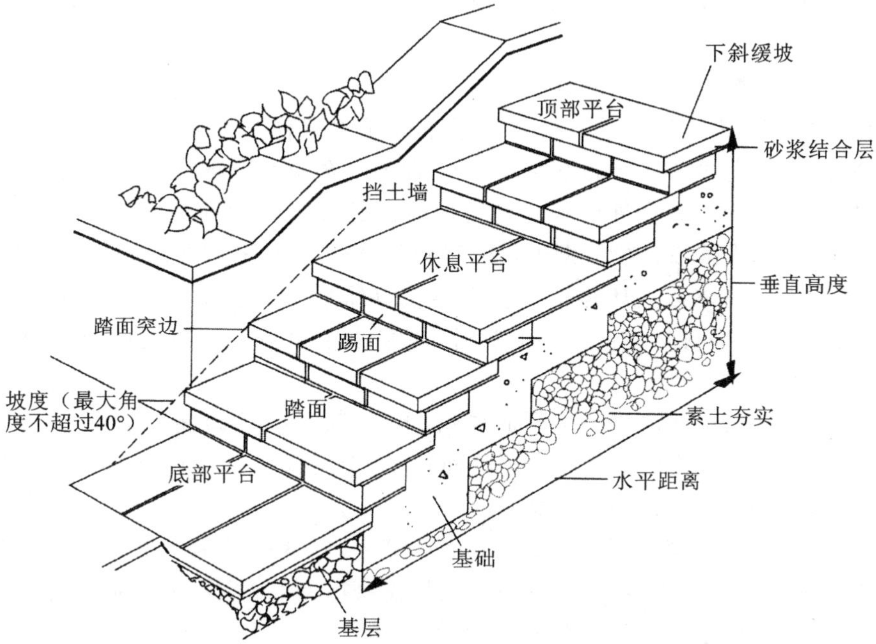

图 3-46　台阶的构造

28～45 cm。

c. 踢面，即台阶的垂直面，一般以 10～15 cm 为宜，最长不超过 17.6 cm。

d. 踏面突边，即踏面的前方边缘，既可建在下层踢面之上，也可进行装饰，从下往上看时台阶显得更加突出。

e. 坡度，即台阶上升的角度，本着安全和舒适的原则，庭院中台阶的坡度不应超过 40°。

f. 顶部平台和底部平台，即台阶的顶部或底部平台，可有效防止草地或土壤的磨损或开裂。

g. 休息平台，按一定的间距设置，用于供人休息。休息平台的深度（从前到后）应该是踏面的倍数。

台阶的高度 R 与宽度 T，在特殊情况下需要变动时可依式 $2R+T=67$ cm 计算。楼梯标准尺寸（屋外）计算公式是：（踢面高×3）＋踏面宽＝70 cm。

但以踏台高 15 cm、踏面宽 30 cm 为最大。庭院中台阶的最佳尺寸是不低于 100 mm，不高于 200 mm。要想获得良好的步伐节奏感，踢面与踏面之间的合理比例至关重要。

④台阶的设计要点。

a. 台阶既可以与坡地平行，也可以与坡地以适当的角度相交，或二者兼而有之；既可与坡地融为一体，也可自成一体。坡顶或坡底可利用的空间常常决定了台阶的位置。如果坡顶的空间有限，就应该将台阶的重心放在坡底；反之，若坡底的空间很小，那么可将台阶建在坡道内，而不超出坡道本身。顶部平台则可“嵌入”坡顶的空间中。

b. 台阶的级数取决于高差以及可利用的水平宽度。一般而言，庭院中台阶的坡度没有室内的大，因为后者空间有限，并有扶手或栏杆作为补充。

c. 踏面在高度和纵宽上必须保持一致，在上下台阶时应有一种节奏感，才会使行人觉得舒适和安全。而这种节奏感是通过踢面的高度与踏面的宽度之间的紧密联系而获得的。如果某段台阶特别长，最好每隔 10～12 个踏面就设置一个休息平台，以便登梯者不论在体力上还是精神上都能获得休息。只要休息平台的宽度是踏面宽度的倍数，就可保持步伐的节奏。另外，休息平台也可减轻过长的台阶对人心理的压迫。

d. 踏面的横宽是随环境的不同而异的，但凭经验，台阶踏面不应小于 35 cm，并且它们不应小于所在道路的宽度。若踏面过窄，会给人一种局促、匆忙的不适之感。踏面越宽，越让人觉得从容不迫、身心放松。

e. 每一个踏步的踏面都应该有 5 mm 的高差，这样做是为了确保不在踏面上积水，因为踏面上的积水很容易引起危险，尤其在寒冷的气候下，所以能选用防滑材料是最好的。踏面板应该垂直于踢面板铺设，并高出 15 mm，这些高差会影响一长段梯段的整体高度。

f. 如果设计施工的台阶主要是为老年人服务的，或者如果台阶踏步一侧的垂直距离超过 60 cm 时，应设计扶手，具体的施工做法应参照相应的建筑设计规范。

(2) 坡道

①行走坡道。

在坡度为 1∶12(8.3%)～1∶4(25%)之间的坡地上一般会使用台阶式的斜坡道，这种坡道的梯段一般有一个恒定的坡度 1∶12(8.3%)，台阶踢面的高度应该各不相同，以便适合具体地形的坡度。为了减少一段长坡道上明显的坡度陡降，经常会使用台阶式的坡道。为了使手推车和轮椅能在坡道上顺利通过，踏步踢面的高度不应该超过 10 cm，而踏步踏面的宽度不应该小于 90 cm，如果能够做到 150 cm 是最好的。台阶踏步前沿的防滑条应该通过颜色或材质的明显变化加以区分和界定。

图 3-47　无障碍坡道

②无障碍坡道。

一般的坡道都有一个最大的坡度，大小为 1∶10，专为轮椅服务的坡道最大坡度应该是 1∶12。这些坡道的表面应使用防滑材料，坡道的表面积水应该顺着坡道流下，最终能排入专门的排水沟中。坡道的坡度最好不超过 10 m，在坡道的间隔处最好适当地设置休息平台，平行于街道的坡道比垂直于街道的坡道要安全得多(见图 3-47)。

4）其他因素在高程布置上的相关要求

建筑和其他景观小品（如纪念碑、雕塑等）应标出其地坪标高及其与环境的高程关系。大比例图纸建筑应标注各点标高。例如，在坡地上的建筑是随形就势还是设台筑屋。在水边上的建筑物或小品，则要标明其与水体的关系。

在规划过程中，基地的原有场地上可能会有一些具有保留价值的老树。其周围的地面如果需要根据设计加以调整（增高或降低），应在图纸上标注出保护老树的范围、地面标高和适当的工程措施。同时，不同植物对地下水的敏感程度不同，要注意种植植物和地下水的关系。水生植物种植中要考虑不同的水生植物对水深的要求不同，如荷花适宜种植在深 0.6～1 m 的水中。

景观场地中的各种管道（如供水、排水、电缆及天然气管道等）的布置，有时会出现交叉，在规划上必须按照一定的原则，统筹安排各种管道交叉处合理的高程关系，包括它们与地面构筑物或者景观植物的关系。

①根据建筑群布置及区内排水组织要求，考虑地形具体的竖向处理方案，可以用设计等高线或者设计标高点来表达设计地形。

②根据地形的竖向设计方案和建筑的使用功能、经济、排水、防洪、美观等要求，确定室内地坪及室外场地的设计标高。

③进行细部处理，包括边坡、挡土墙、台阶、排水明沟等的设计。

竖向设计往往需要反复修改、调整，尤其是地形复杂起伏的基地，测量的地形图往往和实际地形有相当大的出入，需要在设计之前仔细核对，而在施工中需要进行修改竖向设计的情况也是常有的事。

3.2　铺装设计

3.2.1　铺装的功能特性

铺装具有双重功能，既在交通规划、安全管理方面发挥重要作用，又在改善城市外部空间环境领域显示独具魅力的装饰特性。

1. 交通功能

1）人行与车行的支承

铺装首先必须满足对地面结构性能和使用性能上的要求，保证车辆和行人安全、舒适地通行。铺装应满足承受荷载、抵抗自然因素影响等方面的要求；应具备足够的强度和刚度，以抵抗在行车荷载作用下所产生的各种应力和变形，避免出现断裂、沉陷等破坏；应具备良好的稳定性，在受到水分和温度变化影响的不利季节仍能保持足够的强度和稳定；应经久耐用，具备较高的抗疲劳强度以及抗老化和抗变形累积的能力，避免过早出现疲劳破坏、塑性变形累积和表面磨损；应保持一定的平整度和抗滑能力，以提高行车速度，增进行车舒适性与安全性。这些是铺装景观最基本的功能。

2）功能图示

将铺装景观作为一种路面功能图示的用途主要分为以下几类。

（1）划分不同性质的交通区间

城市环境的可辨识性对满足人们安全需求有着重要作用。良好的城市结构不但有助于人们识别城市的方向，松弛人们由于对城市的陌生而产生的紧张感和不安全感，还能引发人们对环境归属感的需求。可辨识性是城市交通安全的重要内容，而铺装可以有目的地运用材料、色彩等表面特征来划分不同性质的交通区间，增强城市道路的可辨识性。人们通过铺装色彩、质感、构形等变化很容易辨别车行道、人行道、停车场、步行十字路口等，在日本、澳大利亚等城市，为了使巴士专用车道更加容易辨认，巴士专用道的路面全部采用红色或黄色的铺装，并将自行车道与人行道设置于同一标高，又通过铺装色彩、质感来划分，既确保了城市道路交通的顺畅，又提高了道路的安全性（见图 3-48）。

（2）警示

铺装交通标志和交通信号的作用是希望能让驾驶人员或行人很快地发现，正确地辨认之后进行准确驾驶，从而达到交通安全的目的。因此，交通标志的设计必须鲜明突出，要有足够的注视性和良好的视认性。

近年来，为了适应现代交通快速行驶的特点，弥补现有交通标志在快速行驶状态中的功能缺陷，根据驾驶人员的视觉特性，尤其是行驶过程中对地面的注视性和对色彩的敏感性，日本、美国及欧洲的一些国家开始在特殊路段运用改变铺装色彩的方法警示司机和行人，来提高交通安全。也有改变铺装材料或在表面安装发光装置的，都获得了非常好的安全效果。例如，在转弯处、分流合流处、隧道入口、交叉口、人行横道、收费站、停车库出入口等特殊路段或场所往往采用彩色地面铺装，通过地面色彩变化有效警示司机和行人（见图 3-49）。

图 3-48　道路转弯处铺装的变化

图 3-49　用铺装划分自行车道与人行道

(3) 引导

在城市形象建立中，路径占主导地位。路径分为大路和小路两种。大路是针对整个城市空间而言的，指人们经常活动的通道，包括主次干道、水路、铁路等都是大路径。它们构成了城市的空间骨架，是城市骨骼系统，通过线形的变化给人以方向感和方位感。因此，大路是人们认知整个城市的基本要素。而小路是针对具体的城市空间而言的，如一条道路空间、一个广场空间等，小路是人们认知这个具体空间的基本要素。与设置路标、指示牌相比，通过地面铺装图案、色彩、质感变化给人的方向感和方位感更为直接和更容易为使用者所接受。铺装可以引导人们的视线，给人以方向感。铺装有时只是形成一种路径感(见图 3-50)，从心理上引导人们轻松愉快地到达目的地，给人以安全舒适的感觉。可以说，铺装是形成这种小路最简单、最有效的措施。

此外，铺装还可以对人们产生某种心理暗示，进而引导人们的行为。例如，只限于步行者使用的区域，为了保证救火车、救护车的进入，入口处不能设置任何障碍，但可以在入口地面上铺上鹅卵石，这对其他司机来说，暗示着禁止入内。而在一些生活性街道，采用块石、小方石等质感粗糙的砌块材料进行铺装，则暗示着步行者的优先权。与设置标示牌相比，这种做法少了命令性和强制性，就像温和的态度总会比粗暴的态度更容易被人接受一样。

(4) 缓解疲劳

在很长一段时间内，人们一直认为笔直的道路好。在高速道路设计中，以为笔直的路段越长，到达目的地的距离就越短。然而，过长的笔直道路不但容易使驾驶人员造成思想麻痹和错觉，而且也会产生视景与操作的单调、乏味感，利用铺装适当改变路面色彩则可以有效吸引驾驶人员的注意力，缓解疲劳，使其保持头脑清醒，减少交通事故的产生。合理设计路面色彩的变化，则直线长些也不会影响安全效果，还会缩短到达目的地的距离，降低工程造价，减少运行时间。

铺装不仅能在汽车行驶状态下缓解人的视觉疲劳，给驾驶人员和乘客以良好的动态视觉连续感受，而且更能给步行状态下的行人创造良好的视觉连续感受。调查表明，对大多数人而言，令人心情愉快的步行距离通常为 400～500 m，色彩柔和、亲切、富于韵律变化的人行道或者步行者专用道路铺装则可以使步行者避免灰色水泥砌块单调、索然无味的非人性感受，并从中得到轻松与愉快。如果间或插入反映当地民风民俗、文化内涵的地饰图案(见图 3-51)，还将使得步行者如同徜徉于户外画廊之中，获得美的享受，使步行活动变成一次愉快的旅游，即使超过 500 m 的距离甚至更长些，也丝毫不会感到疲劳。

(5) 提高亮度

由于人的视力与亮度有关，亮度加大可以增强视力，亮度下降视力就明显衰退，因此，夜间交通事故的发生率要远高于白天的，这就对交通活动中的照明问题提出了非常高的要求。对此，我们除了进行合理的道路照明规划设计外，还可以利用铺

图 3-50 铺装形成路径感

图 3-51 深圳东门步行街铜铸文字地砖铺装

装来增加路面亮度，提高夜间行车的安全性。在日本，已有采用玻璃珠作为填充材料的沥青路面，可以提供良好的光反射效果（见图 3-52）。而英国，则在偏僻地区和街灯不足的道路上广泛铺设太阳能“猫眼石”，这项设施大大减少了交通事故。

(6) 限制车速

一些生活性街道，既是交通空间，又是生活空间，人和车是合流的。采用一些质感粗糙的材料，如卵石、方石等进行地面铺装，可以有效地限制车速，加强人车混行的安全性，实现人与车的和平共处（见图 3-53）。

图 3-52 采用玻璃珠作为填充材料的沥青路面

图 3-53 质感粗糙的铺装能限制车速

2. 环境艺术功能

1) 营造宜人的交往空间

理想的城市外部空间环境要为广大市民，尤其是老年人和儿童提供良好的空间环境，以供其休闲娱乐和进行各种社会性公共活动。铺装景观的环境艺术功能充分满足人们的这种需求，通过铺装色彩、材质、构形、尺度的变化，运用不同形式的标高、边界处理手法，为人们创造优雅、舒适的景观环境，营造功能性质和特色不同的、温馨适宜的交往空间，既满足城市社会性的功能需求，又给不同年龄层次的市民提供公众场所，创造生活情趣，大大提高人们的生活质量，使人们在这种丰富的外部空间活动中实现物质与精神生活的双重满足。

2）建筑物与环境的连接体

在过去的十年里，人们十分注重单体建筑造型的独特与新颖，业主与设计师多试图使自己的建筑成为业绩中的一个商业标记。然而，这些杰出的建筑仅仅是城市环境中的一小部分，一个良性发展的城市还需要有健康的景观环境设施及多样的艺术表现形式。

地面是建筑物与环境之间的连接体，它如同一块巨大的底板，让具有各种颜色与质感的建筑如同模型，陈设于其上。因此，作为背景的底板——地面，也应与建筑物具有同等重要的景观作用。尽管作为“底板”，地面仅具有二维的平面属性，但不同质感、不同色彩、不同纹理、不同构形的地面铺装对三维空间起着迥然不同的装饰、分割、强调、连接和划分的作用，并用它自己的表面特性衬托着立体的建筑与建筑群，使建筑物与周围环境巧妙地结合起来，浑然一体，别具一格（见图 3-54）。

图 3-54 建筑与地面铺装的和谐统一

3）体现城市文化

独具特色的铺装景观可以有效地烘托城市文化环境的气氛，它是构成良好公共空间景观环境的重要组成部分。

在城市公共空间中，良好的地面铺装景观设计可以起到一个很好的“引人注目”和“触景生情”的效果。“引人注目”是人们的心理活动现象之一，视觉具有先行性，由于人视觉范围的特殊性，人们对环境的印象总是由一个个小片断组成的，只有先确定流线才能决定每一个“流线片断”上的画面。通过铺装设计可以很容易引导人们的观察视线，将一个个引人注目的画面组成一道引人注目的风景。“触景生情”是人们审视环境时最常用的潜意识心理活动。铺装设计中运用一些绘有历史事项、人物、地图、特色建筑、自然景观以及动植物等地域特色要素的图案进行细部设计，其目的就是在寻找一种认同感，而“认同感”在一定程度上就是“熟悉感”，使人们不由自主地去回忆和联想，从而产生一种文化共鸣（见图 3-55、图 3-56）。

图 3-55 法国某火车站屋顶广场的铺装

图 3-56 体现传统文化的铺装设计

3.2.2 铺装的设计要素

城市铺装设计必然要具备满足人们一定的使用功能需求和精神方面的需求，而其本身作为一种景观，对它的精神性与艺术美的要求就更加突出。我们将对铺装的设计要素，包括色彩、质感、构形、尺度、高差以及边界的性格特点、视觉规律和对人的心理作用等进行系统研究，以便设计者在遵循设计原则的前提下，合理运用各种设计要素进行精心设计，更好地实现铺装的各项功能，尤其是恰到好处地体现其精神性与艺术美，满足人们对空间环境美的深层次要求。

1. 色彩

1）色彩的作用及要求

色彩是环境主要的造景要素，是心灵表现的一种手段，它能把"情绪"赋予风景，能强烈地诉诸情感，而作用于人的心理。因此，在城市造景中对色彩的运用，越来越引起人们的重视。铺地的色彩更应该和植物、山水、建筑等统一起来，进行综合设计。

铺地的色彩一般是衬托风景的背景，或者说是底色，人和风景才是主体，当然特殊情况除外。铺地的色彩必须是沉着的，色彩的选择应能为大多数人所共同接受。它们应稳重而不沉闷，鲜明而不俗气。色彩必须与环境统一，或宁静、清洁、安定，或热烈、活泼、舒适，或粗糙、野趣、自然。

2）色彩的情调

（1）色彩的感觉

色彩给人的感觉有大小感、进退感、轻重感、冷暖感、软硬感、兴奋沉静感和华丽朴素感等。一般来讲，色彩的明度高者，视之似大；明度低者，视之似小。

通过前面章节对色彩的了解，我们可以认识到：在铺装景观的色彩设计中，兴奋色铺装能够营造喧闹、热烈的气氛；沉静色铺装给人优雅、娴静之感（见图 3-57）；浅色调铺装轻松、活泼；深色调铺装庄严、肃穆；寒冷地区铺装可多用红色系，以给人温暖感（见图 3-58）；炎热地区铺装多用蓝色系，以给人清爽感；运动场地的铺装要选用

图 3-57 沉静色铺装

图 3-58 红色系铺装

纯度低的色彩，以给人柔软、舒适、安全的感觉，等等。

(2) 色彩的表情、联想与象征

每一种色彩都有自己的表情，会对人产生不同的心理作用，联想和象征是色彩心理效应中最显著的特点，设计师可以利用这一特点来设计铺装。

不同的色彩会引起不同的心理反应，一般认为暖色调表现热烈、兴奋的情绪，冷色调表现幽雅、宁静、开朗、明快，给人以清新愉快感，灰暗色调表现忧郁、沉闷。因此在铺地设计中，有意识地利用色彩的变化，可以丰富和加强空间的气氛(见表 3-5)。

表 3-5 色彩的情调

色彩	情　　调
红	温暖、强烈、华丽、锐利、沉重、有品格、愉快、扩大
橙	温暖、扩大、华丽、柔和、强烈
黄	温暖、扩大、轻巧、华丽、干燥、锐利、强烈、愉快
绿	湿润
蓝绿	凉爽、湿润、有品格、愉快
蓝	凉爽、湿润、锐利、坚固、收缩、沉重、有品格、愉快
蓝紫	凉爽、坚固、收缩、沉重
紫	迟钝、柔和、软弱

此外，色彩之间的搭配也是非常重要的，不同的色彩搭配会产生不同的效果。例如，黄白搭配欢快、明亮，红黑搭配稳重、深沉，蓝绿搭配雅致、宁静等。总而言之，色彩是一门复杂的艺术，因此在铺装设计中，必须深入了解色彩的个性、表情、视觉规律以及其对人的心理作用等，注意色彩之间的搭配，根据铺装的性质、功能，所处的气候条件、自然环境和周围建筑环境以及建筑材料特点等进行整体设计，才能获得令人赏心悦目的铺装作品。

3) 色彩调和的方法

(1) 按同一色调配色

如公园的铺装，有混凝土铺装、块石铺装、碎石和卵石铺装等，各式各样的东西，如果同时存在，忽视色调的调和，将会大大地破坏园林的统一感。如在同一色调内，利用明度和色度的变化来达到调和，则容易得到沉静的个性和气氛。如果环境色调令人感到单调乏味，则地面铺装可以在同一色系中通过纹理的变化丰富空间环境。如图 3-59 所示，人行道连锁砖通过不同的铺设纹样，形成色彩的变化。

(2) 按近似色调配色

在配色时要注意两点：一是要在近似色调之间决定主色调和从属色调，两者不能同等对待；二是如果使用的色调增加了，则应减少造型要素的数量。

(3) 按对比色调配色

对比色调的配色是由互补色组成的。对比色的运用给环境增加活泼欢快的情调，往往用于景观设计中的焦点位置。如图 3-60 所示，蓝色的泳池底与红色的周边及台阶园路的铺设，在色彩上对比鲜明又和谐大方。但是，由于互相排斥或互相吸引都会产生强烈的紧张感，因此对比色调在设计时应谨慎运用。

图 3-59　人行道连锁砖

图 3-60　游泳池的铺设

2. 质感

所谓质感，是由于感触到素材的结构而有的材质感。质感是景观中的另一活跃因素，不同的质感可以营造不同的气氛，给人以不同的感受。举一个利用质感有效烘托环境气氛的例子：南京大屠杀纪念馆的构思是以“生”与“死”为主题的，在墓地的地面设计中采用了铺 4 cm 大小的卵石，成为整个墓地的基调，给人一种干枯、没有生气的感受，强烈的死亡气氛因此得到充分的渲染（见图 3-61）。而沿边缘处的常青树、石砌小径、卵石铺地和片片青草，则使人感到生气和生命，一种“野火烧不尽”的无限生命力和顽强不屈的斗争精神紧紧地扣住了“生”与“死”的主题。

可见，铺装材料的表面质感具有强烈的心理诱发作用。一般来说，质地细密、光滑的材料给人以优美雅致、富丽堂皇之感，但同时也常有冷漠、傲然的感觉；质感粗糙、疏松、无光泽的材料给人以粗犷豪放、朴实亲切之感，但同时也常有草率、野蛮的感觉。此外，表面光泽、质地细密坚硬的材料给人感觉重，而表面质感较柔软的材料则给人感觉轻。因此在铺装景观设计中，对于商业广场、步行商业街的铺装，为突出其优雅华贵，可采用质地细密、光滑的材料，但这些场所人流密集，要注意防滑问题；对于休闲娱乐广场、居住区道路的铺装，为突出其亲切宜人，可采用质感粗糙的材料；对于运动场地的铺装，可采用质感柔软的材料，给人以舒适安全之感；对于风景林区道路的铺装，可采用具有自然质感的材料，如天然石材、卵石、木砌块等，以体现整体环境的和谐统一。

另外，在铺装景观设计中，还应该充分考虑到质感与距离的关系。要充分了解从什么距离如何可以看清材料，才能选择适于各个不同距离的材料，这样有利于提高外部空间质量。对于广场和人行道上的人们，可以很清楚地看到铺装材料的材质，即称之为材料的第一质感。而对于车上的乘客，由于所处距离较远，以至于看不清铺装材料的纹理，为了吸引这些人的注意，满足他们的视觉要求，就要对铺装砌缝以及铺装构图进行精心设计，这些就形成了材料的第二质感。可见，如何让路用者无论是远景视还是近景视都能获得良好的质感美效果是设计者必须要关注的问题。

1）质感的表现

质感的表现，必须尽量发挥材料本身所固有的美。如设计中应体现花岗岩的粗犷、鹅卵石的圆润、青石板的大方等不同铺地材料的美感。同时也利用不同质感材料之间的对比形成材料变化的韵律感（见图 3-62）。

图 3-61 南京大屠杀纪念馆卵石铺设

图 3-62 石片地坪铺设景观

2）质感与环境的关系

质感与环境有着密切的关系。铺装的好坏不只是看材料的好坏，还取决于它是否与环境相协调。在材料的选择上，要特别注意与建筑物的调和。

3）质感调和的方法

质感调和的方法，要考虑统一调和、相似调和及对比调和。统一调和要注重图案或色彩的变化，避免单调（见图 3-63），对比调和则要注重减少色彩的变化（见图3-64）。

图 3-63 石片镶嵌地坪

图 3-64 不同铺材形成强烈的质感对比

4）铺地的拼缝

铺地的拼缝，在质感上要粗糙、刚健，以产生一种强的力感。否则，如果接缝过于细弱，则显得设计意图含糊不清。而砌缝明显，则易产生漂亮、整洁的质感，使人感到雅致而愉快。如图 3-65 所示，砖与露骨料地面通过在砖拼缝的质感对比，打破单调的氛围。

5）质感变化

质感变化要与色彩变化均衡相称。如果色彩变化多，则质感变化要少一些。如果色彩、纹样均十分丰富，则材料的质感要比较简单。

3. 构形设计

美是人们追求的理想境界，在铺装设计中要有理智地寻求美，有意识地体现美，对铺装构形的研究是不容忽视的，在构形的设计中要体现形式美原则。

1）构形的基本要素

点、线、面作为构形要素在铺装上的应用具体如下。

（1）点

点在构形中一般被认为是只具有位置而没有大小的视觉单位。在人行道的铺装构形中，常采用序列的点给人以方向感；在园路的铺装处理中，点的排列打破了路面的单调感，充满动感与情趣（见图 3-66）。

图 3-65 砖与露骨料地面

图 3-66 点的排列

（2）线

在几何学定义里，线只具有单位、长度而不具有宽度和厚度，它是点进行移动的轨迹，并且是一切面与面边缘的交界。铺装中用线性的铺装设计打破大面积铺装的单调（见图 3-67），或采用重复的形式用铺装材料铺设富有韵律的地面（见图 3-68）。从线的方向来说，不同方向的线，会反映出不同的感情性格，可以根据不同的需要加

图 3-67 广场地面的线形变化

图 3-68 富有韵律感的铺装

以灵活运用。水平线能够显示出永久、和平、安全、静止的感觉；垂直线具有庄严、崇敬、庄重、高尚、权威等感情心理的特点；斜线是直线的一种形态，它介于垂直线和水平线之间，相对这两种直线而言，斜线给人一种不安全、缺乏重心平衡的感觉，但它有飞跃、向上冲刺或前进的感觉（见图 3-69）。曲线与直线相比，则会产生丰满、优雅、柔软、欢快、律动、和谐等审美上的特点，它是女性美的象征。曲线又可以分为自由曲线和几何曲线。自由曲线是富有变化的一种形式，它主要表现出自然的伸展，并且圆润而有弹性，它追求自然的节奏、韵律性，较几何曲线更富有人情味。几何曲线，由于它的比例性、精确性、规整性和单纯中的和谐性，其形态更有符合现代感的审美意味，在设计中加以组织，常会取得较好的效果（见图 3-70）。

图 3-69 斜线铺装

图 3-70 曲线铺装

（3）面

面，其几何学中的含义是：线移动的轨迹，或者是点密集所形成的面。

外轮廓线决定面的外形，可分为几何直线形、几何曲线形、自由曲线形、偶然形。几何直线形具有简洁、明了、安定、信赖、井然有序之感，如四边形、三角形等。几何曲线形，比直线更具柔性、理性、秩序感，具有明了、自由、易理解、高贵之感（见图 3-71）。自由曲线形不具有几何秩序曲线形，因此它较几何曲线形更加自由、富有个性，它是女性的代表，在心理上可产生优雅、柔软之感（见图 3-72）。偶然形一般是设计者采用特殊技法所产生的面，和前几种面相比较更加自然、生动、富有人情味。不

图 3-71 几何曲线形铺装

图 3-72 自由曲线形铺装

同曲线形的面组合形成的铺装极具现代感，可使人感到空间的流动与跳跃（见图3-73）。但这要求设计者必须具有高度的创意设计能力，否则就会出现影响视觉从而扰乱步行节奏等问题。

2）构形的基本形式

（1）重复形式

构形中的同一要素连续、反复、有规律地排列谓之重复，它的特征就是形象的连接。重复构形能产生形象的秩序化、整齐化，画面统一，富有节奏美感。同时，由于重复的构形使形象反复出现，具有加强对此形象的记忆作用。例如，形状、大小相同的三角形反复出现的图案具有极强的指向作用（见图3-74），而形状、大小相同的四边形反复出现的图案会因有条理而给人安定感（见图3-75），深浅两种颜色相间的四边形方格图案则给人整齐而富有韵律感（见图3-76）。

图3-73　曲线组合铺装

图3-74　重复三角形铺地

图3-75　重复四边形铺地

图3-76　深浅交错的四边形铺地

重复构形的一个基本条件是必须有重复的基本形、重复的骨骼。重复的基本形就是构成图形的基本单位。重复的骨骼就是构形的骨骼空间划分的形状、大小相等。重复的骨骼为基本形在方向和位置方面的交换提供了有利条件，从而可以进行多方面的变化。基本形的绝对重复排列即同一基本形按一定的方向连续地并置排列，这是重复构形最基本的表现形式。基本形的正、负交替排列即同一基本形在左、右和上、下位置上，正、负交替变化。基本形的方向、位置变换排列即同一基本形在方向上进行横竖或上下变换位置。重复基本形的单元反复排列即将基本形在方向上，按照一定的秩序形成一个单元反复排列。

(2) 渐变形式

渐变是基本形或骨骼逐渐地、有规律地按顺序变动，它能给人以富有节奏、韵律的自然性美感，呈现出一种阶段性的调和秩序。一切构形要素都可以取得渐变的效果。如基本形的大小渐变、方向渐变、形状渐变(见图 3-77)、色彩渐变(见图 3-78)等，通过这些渐变产生美的韵味。

图 3-77 形状渐变

图 3-78 色彩渐变

大小渐变是基本形以起始点至终点，按前大后小的空间透视原理编排的渐次由大到小或由小到大的变化，这种变化可以形成空间深远之感。对基本形进行排列方向的渐变，可以加强画面的变化和动态感。在构形中，为了增强人们的欣赏情趣，可采用一种形象逐渐过渡到另一种形象的手法，这种手法称为形状渐变。只要消除双方的个性，取其共性，造成一个中立的过渡区，取其渐变过程便可得到形状渐变。

(3) 发射形式

发射是特殊的重复和渐变，其基本形或骨骼线环绕一个共同的中心构成发射状的图形。特点是由中心向外扩张，由外向中心收缩，所以其具有一种渐变的形式，视觉效果强烈、令人注目，具有强烈的指向作用，具有一定的节奏、韵律等美感。

所有的发射骨骼均由中心和方向构成。发射形式有离心式发射、向心式发射、同心式发射、移心式发射、多心式发射。所谓离心式发射，是一种发射点在中心部位，其发射线向外发射的构形形式，它是发射骨骼中应用较多的一种主要形式(见图 3-79)。在离心式发射构形中，由于发射骨骼线不同，又可分为直线发射和曲线发射等不同形式。直线发射使人感到强而有力，曲线发射使人感到柔和而变化多样。向心式发射是与离心式发射相反方向的发射骨骼，其中心点在外部，从四周向中心发射。同心式发射的发射点是从一点开始逐渐扩展的，以同心圆或类似方形的渐变扩展所形成的重复形。移心式发射的发射点可以根据图形的需要，按照一定的动态秩序渐次移动位置，形成有规律的变化，这种发射构形能够表现出较强的空间感(见图 3-80)。多心式发射构形即以数个点进行发射构成，其中有的发射线相互衔接，组成了单纯性的发射构形。这种构形效果具有明显的起伏状，层次感也很强。

除了以上的基本形外，发射构形还可以多种形式结合应用，采用多种不同的手

图 3-79 离心式发射铺装

图 3-80 移心式发射铺装

法交错表现，以此来丰富作品的表现力。发射构成的图形具有很强的视觉效果，形式感强，富有吸引力，引人注目。

(4) 整体形式

图 3-81 日本栃木县儿童科学馆广场

在铺装设计中，尤其是广场的铺装设计，有时还会把广场作为一个整体来进行整体性图案设计。如图 3-81 所示，日本栃木县儿童科学馆广场上所铺设的地图草坪，精确地反映了国家的地理地貌及行政区划。在广场中，将铺装设计成一个大的整体图案，可取得较佳的艺术效果，并便于统一广场的各要素，烘托广场的主题，充分体现其个性特点，成为城市中一处亮丽的景观，给人们留下深刻印象。

3) 图案纹样

在景观营建中，铺装的地面以它多种多样的形态、纹样来衬托和美化环境，增加园林的景色。纹样起着装饰地面的作用，而铺地纹样因场所的不同又各有变化。一些用砖铺成直线或平行线的路面，可达到增强地面设计的效果。但在使用时必须小心仔细。通常，与视线相垂直的直线可以增强空间的方向感，而那些横向通过视线的直线则会增强空间的开阔感。另外，一些基于平行的形式(如住宅楼板)和一些成一条直线铺装的砖或瓷砖，会使地面产生伸长或缩短的透视效果(见图 3-82、图 3-83)。

其他的一些形式会产生更强的静态感，如正方形、圆形和六边形等规则、对称的形状都不会引起运动感，而会形成宁静的氛围，在铺装一些休闲区域时使用效果很好。同心圆的图案通常是以一些砖头、鹅卵石等小而规则的铺装材料组成，把这些材料布置在地面或广场中央会产生强烈的视觉效果(见图 3-84)。

铺装的基本纹样大致有平砌、错砌、平错混合、人字形组砌、席纹组砌、变化的席纹图案、扇形图案、河石、同心圆等(见图 3-85)。表现纹样的方法，可以采用块料拼

图 3-82 地砖所形成的回纹路图案

图 3-83 不同宽度的条状片石形成变化的地坪纹样

图 3-84 瓷砖所形成的同心圆纹样

花、镶嵌，划成线痕、滚花，用刷子刷，做成凹线等。

4）构形的个性化设计

运用隐喻、象征的手法来表现某种文化传统和乡土气息，引发人们视觉、心理上的联想和回忆，使其产生认同感和亲切感，这是铺装构形设计中创造个性特色常用的手法。最具代表性的作品是美国新奥尔良意大利广场的铺地。而我国近年来设计的广场铺地中也有一些比较成功的例子。例如，济南泉城广场（见图 3-86）位于历史文化名城济南市中心的趵突泉及解放阁之间的环城公园南岸，广场的地面铺装构图独具匠心，象征着涌泉流水的 72 名泉，强化了广场要体现的“山、泉、湖、城、河”的泉城特色的主题。西安钟鼓楼广场（见图 3-87）位于西安市中心国家重点文物保护单位钟楼、鼓楼之间，广场的地面设计注重把握历史文脉，绿地和铺装构图采用了方格网的形式，隐喻城市的棋盘路网格局，简洁大方，立意高巧。这个广场成为市民休闲、娱乐的场所和展示钟楼、鼓楼完整形象的舞台，是西安市城市规划、古城保护的杰作。

在铺装的构形设计中还经常运用文字、符号、图案等焦点性创意进行细部设计，以突出空间的个性特色。在日本，设计者就经常把彩绘地砖、金属浮雕、石浮雕、石料镶嵌图案、地砖镶嵌图案等嵌入铺装面中，或利用表面涂敷技术在铺装面中形成

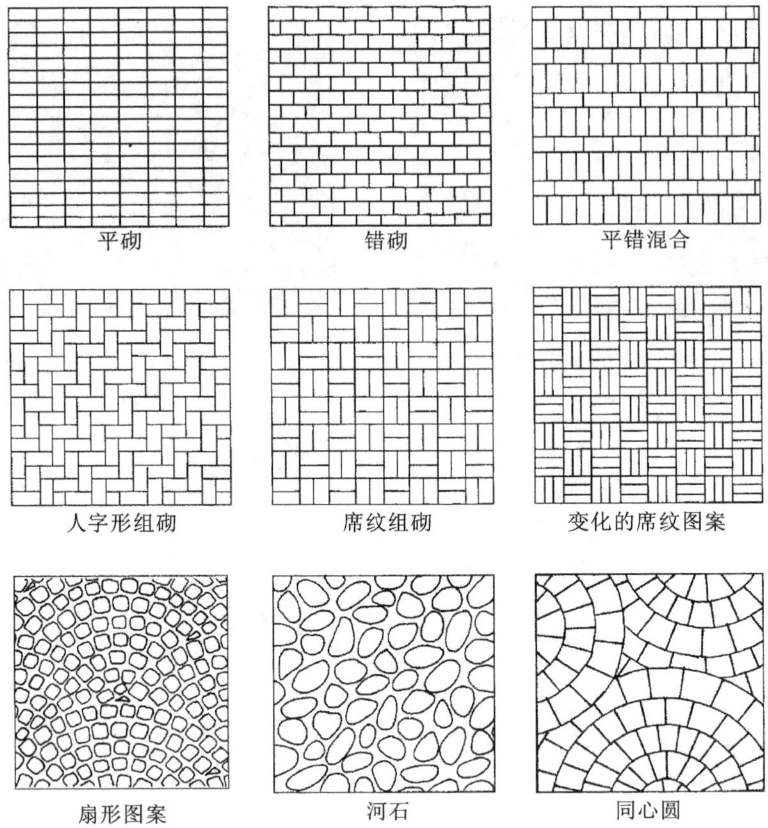

图 3-85　地坪铺装的基本纹样

图 3-86　济南泉城广场

图 3-87　西安钟鼓楼广场

各种图案。这些带有文字、符号、图案的焦点性铺装部分具有很强的装饰性和趣味性，有的充满地方色彩，有的表现地图内容，有的具有指向、标示作用，也有的等距排列用作路标。它们有效地吸引了人们的目光，赋予了空间环境文化内涵，增强了环境的可读性与可观赏性，非常有助于树立街区的形象（见图 3-88）。

4. 尺度

尺度的处理是否得当，是城市铺装设计成败的关键因素之一。尺度对人的感情、行为等都有巨大的影响。所谓尺度，是空间或物体的大小与人体大小的相对关系，是设计中的一种度量方法。城市设计所提及的尺度可狭义地定义在人类可感知的范围内的尺度上。一般将尺度分为三类：一是人体尺度，是以人为度量单位并注重人的心理反应的尺度，是评价空间的基本标准；二是小尺度，很容易度量和体会，是可容少数人或团体活动的空间，如小公园、小绿地等，给人的体会通常是亲切、舒适、安全等；三是大尺度，是一种纪念性尺度，其尺度远远超出人对它的判断，如纪念性广场、大草坪等，给人的体会通常是雄伟、庄严、高贵等（见图 3-89）。

图 3-88 反映历史文化的铺装图案

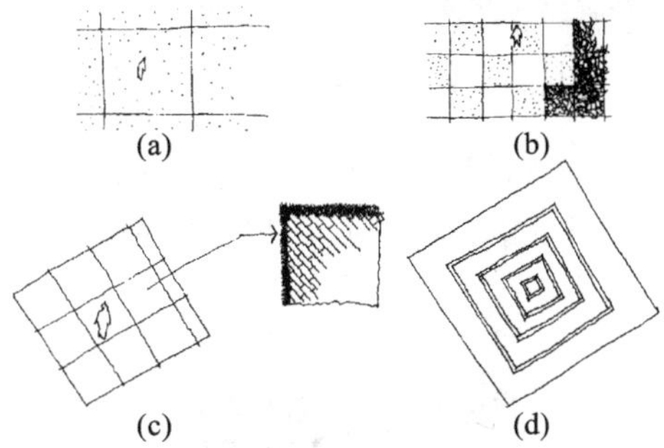

图 3-89 铺装的不同尺度

(a)过大的尺度；(b)较亲切的尺度；

(c)小尺寸的材料铺装；(d)不同视高的效果

在设计中要合理把握这三种尺度，考虑砌块的大小、拼缝的设计、色彩和质感等，如在大尺度空间中设计小尺寸的铺装会使空间显得更加空旷，在小尺度空间中设计小尺寸铺装则会使空间显得凌乱不堪。所以在大场地的铺装设计中尽量避免采用一种铺装材料，注意地面分割的尺度，铺装的质地可粗些，纹样不宜过细。而小场地则质感不宜过粗，纹样也可以细些。如图 3-90 所示，连锁砖铺设的广场通过线条的变化体现出一种较大尺度空间的感觉。

5. 上升和下沉

在铺装设计中还要注意对地面高差的处理。因为人们对自己所处的位置极为敏感，对不同的标高有不同的反应。任何场所都有一个隐形的基准线，人可以位于这个基准线的表面，也可以高于或低于该基准线。高于这个基准线会产生一种权威与优越感，低于此线则会产生一种亲切感与保护感。有效利用地面高差会获得非常好的效果。地面上升和下沉都能起到限定空间的作用，可以从实际上和心理上摆脱外界干扰，给其中活动的人们以安全感和归属感。例如，要从广场的流动空间中分割出一处休息空间，改变铺装的色彩、质感、构形当然可行，但是采用上升与下沉的手法更能使人获得强烈的地段感，同时丰富的空间层次使空间布局更加活泼，充满趣味性，更能吸引人们的注意和逗留（见图 3-91）。

尽管地面上升和下沉都能起到限定空间的作用，但是给人的感觉却是不同的。一般来说，高处平面使人产生兴奋、高大、超然、开阔、眩晕等感觉（见图 3-92），低处平面使人产生温暖、安全、围合、幽闭、和谐等感觉（见图 3-93）；上升意味着向上进入

图 3-90　连锁砖铺设的广场

图 3-91　空间的丰富层次吸引人们逗留

某个未知场所(见图 3-94),下沉则意味着向下进入某个已知场所(见图 3-95)。根据人的这种心理效应,可以更好地实现铺装的功能,满足人们对空间环境的不同要求。

图 3-92　高处平面

图 3-93　低处平面

图 3-94　上升平面给人未知感

图 3-95　下沉平面给人已知感

6. 边界

边界是指一个空间得以界定、区别于另一空间的视觉形态要素,也可以理解为两个空间之间的形态联结要素。边界的走向与形态由周围环境决定,因为环境千变万化,所以边界形式也是多姿多彩的。边界处理同样是铺装景观设计中不容忽视的问题,构思巧妙的边界形式可为整个铺装增添情趣与魅力特色。

根据所强调的内容不同,边界可分为确定性边界和模糊性边界两类。确定性边界也叫刚性边界,在各类景观空间中为了限定某一空间或强调其等级,都会通过基面也就是铺装的材料差异，形成界限清晰的边界而划分出不同功能和特质的场所（见图 3-96）。模糊性边界也叫柔性边界，是对空间边界本身的弱化与柔和处理。柔性边界处理的主要方式如下。

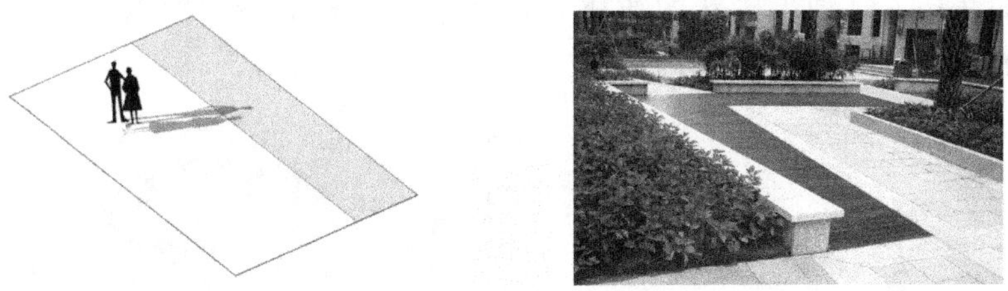

图 3-96　刚性边界

1）线段划分

对于过长的边界区域，打破其机械平淡的直线最简单的方式是将其划分为几段线段，这样还可以产生内凹空间，可以作为休憩空间或放置创意元素。如果进一步改变线段之间的角度，会形成更具灵活性的空间组合（见图 3-97）。

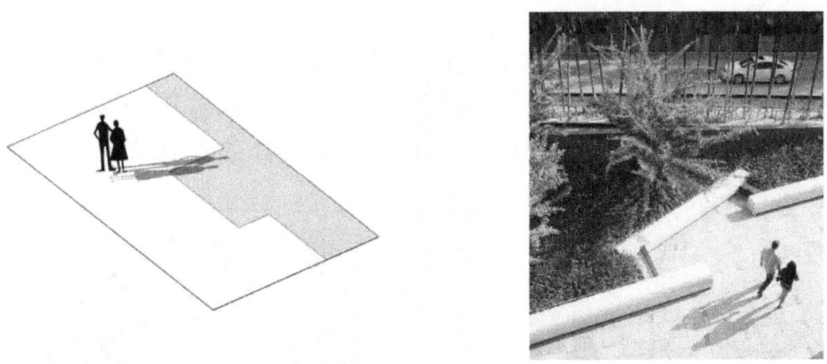

图 3-97　线段划分

2）梳状渗透

用梳状修长的形式处理硬质与软质的边缘，一方面可以起到两种元素的柔和过渡，另一方面还能通过改变材料和间隙宽度变化而产生多种可能性，梳状渗透如图 3-98 所示。

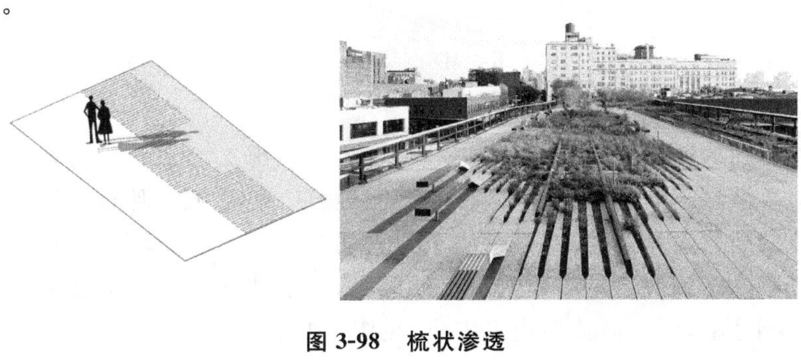

图 3-98　梳状渗透

3）连续齿轮

相比前两种保持完整线条感的方式，齿轮状变化的方式则是通过破坏这种完整性而得到细节的丰富变化。虽然从整体空间尺度来看还是具有某种轮廓感，但已经是模糊了的线条。这种齿轮状的质感和尺寸一般是根据所用材料的尺寸及其组合模数形成的，其具体宽窄组合则根据空间的尺度而定（见图 3-99）。

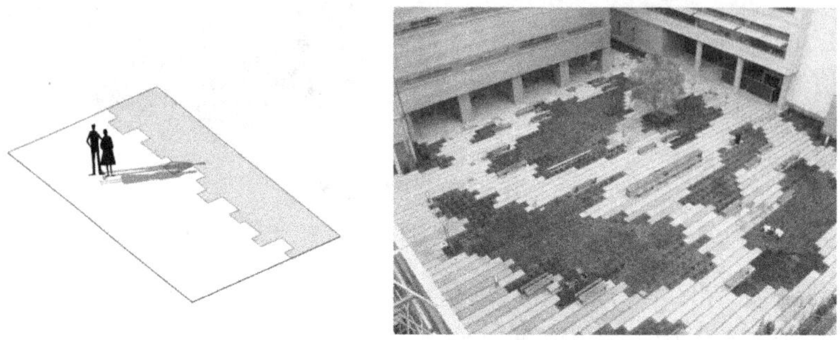

图 3-99　连续齿轮

4）锯齿边沿

与齿轮状相似，锯齿状方式也不强调整体线条的力度感和组合，相比齿轮状强调线条的垂直水平组合，锯齿状边缘的线段更短、更自由，甚至产生碎裂感。由于其分裂得足够细，因此不会产生像丹尼尔·里伯斯金设计的柏林犹太博物馆那种裂缝式的撕裂感与不安感（见图 3-100）。

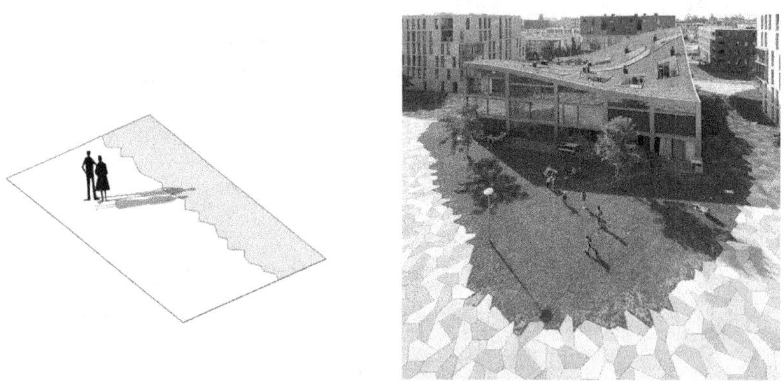

图 3-100　锯齿边沿

5）一体化造型

如果说强烈的边界是建立一条划分明显的界线，那么想弱化它最彻底的方法就是把这条边界擦除。而实际上只要存在两种材料或元素，就必然产生边界。所以想做到最大化的弱化边界，就需要模糊两个元素的独立性，比如地面逐渐变化为立面，使用者会判断这是铺装还是墙面或座凳的问题，从而使人的注意力转移到水平面与垂直面的模糊性上，而不再关注边界本身（见图 3-101）。

图 3-101 一体化造型

6）细分重叠

想象一下用力拨响吉他的某一根弦，弦从静止的状态变为波动的状态，由原来一条明显的线变成了具有重影的模糊的线。而相同的逻辑运用在边界处理上就可以产生一组接近重叠的线，从而达到柔化边界的效果（见图 3-102）。

图 3-102 细分重叠

7）微差排列

用相同材质或相近质感的材料以不同的方式排列拼砌，可以达到有差异又保持统一感的细部效果。除了排列方式，还可以通过不同尺寸和比例进行重新组合而产生多种可能性。这种微差的方式能产生自然、柔和、轻松的感受（见图 3-103）。

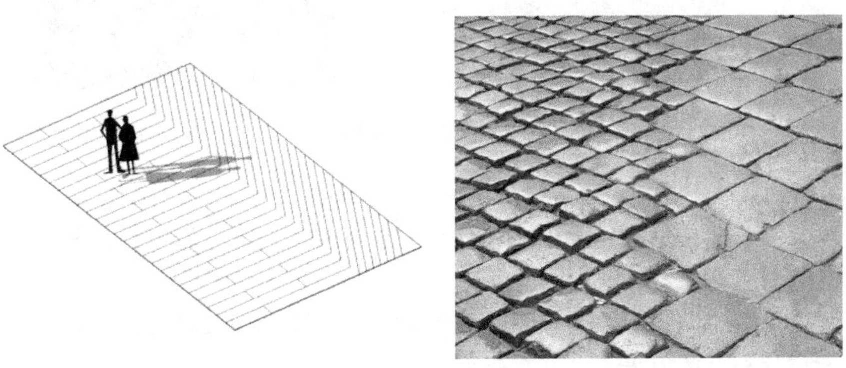

图 3-103 微差排列

8）元素渐变

这种方式能达到相互渗透的效果，经常运用在硬质铺装中的局部区域暗示，或硬质软质之间的过渡，这种渐变往往通过两个材料密度的变化和尺寸大小的改变来实现。设计时充分考虑材料的模数关系、切割方式和组合逻辑，会大大提高其可实施性(见图 3-104)。

图 3-104　元素渐变

9）图案散布

把一组逻辑清晰的图案投射到边界两侧并进行删减互切，产生穿插跳跃的边界区域。这种方式有两点非常重要：一是图案轮廓要清晰、简洁，否则会显得浮夸；二是组合方式和分布应有机地排列于边界附近，并以边界为基准(见图 3-105)。

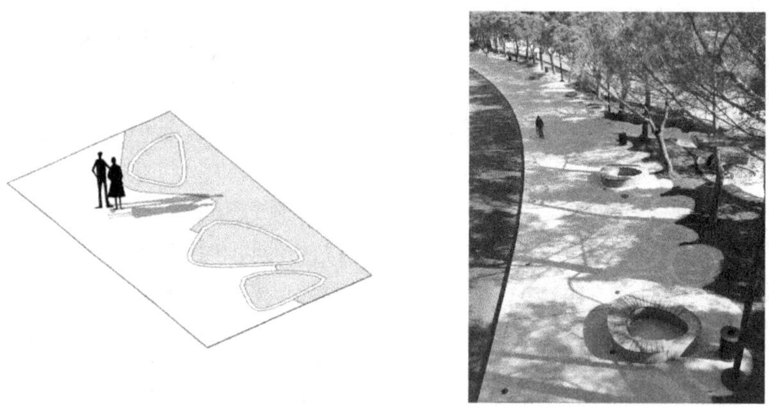

图 3-105　图案散布

10）植物软化

边界柔化最终极的万能武器是植物(见图 3-106)。植物能很好地扮演硬质材料之间过渡的角色。

由此可见，在铺装设计中，灵活地进行边界处理是非常必要的，它往往会为整个铺装带来意想不到的效果。

图 3-106　植物软化

3.2.3　铺装材料、构造和施工工艺

1. 地面铺装的结构

城市地面铺装一般由面层、结合层、基层、地基等工程组成（见图 3-107）。设计人员首先要掌握铺装结构在力学性能、工艺特性和表面功能方面的基本技术要求，才能正确选择乃至设计开发合理适用的铺装材料。

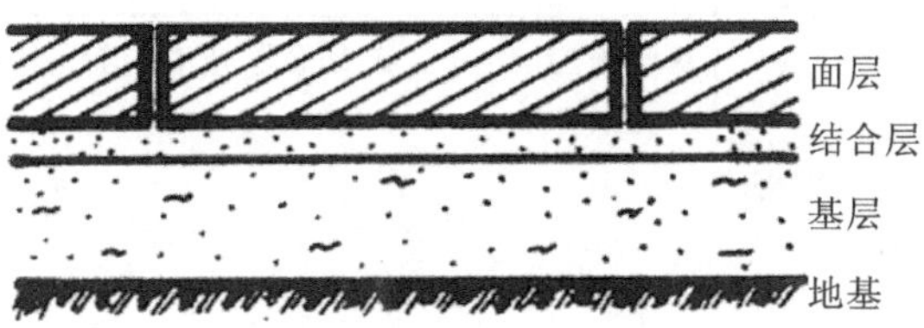

图 3-107　铺装结构示意图

1）面层的构造

面层是铺装最上面的一层，它直接承受人流和车辆的压力与磨损，承受着各种大气因素的影响和破坏。如果面层选择得不好，就会给游人带来行走或视觉等方面的不良影响。因此，从工程上来讲，面层设计要坚固、平稳、耐磨耗、具有一定的粗糙度、少尘并便于清扫。

2）结合层的构造

结合层是在采用块料铺筑面层时，在路面与基层之间，为了结合和找平而设置的一层。结合层一般选用 3～5 cm 厚的粗砂或 25 号水泥石灰混合灰浆，或 1∶3 石灰砂浆。

3）基层的构造

基层一般在地基之上，起承重作用。基层一方面支承由面层传下来的荷载，另一方面把此荷载传给地基。基层不直接接受车辆和气候因素的作用，对材料的要求比面层低。基层一般选用坚硬的（砾）石、灰土或各种工业废渣等筑成。

4）垫层的构造

垫层是介于地基与基层之间的结构层，在地基排水不良，或有冻胀、翻浆的地段上，出于排水、隔温、防冻的需要，在基层下用煤渣土、石灰土等筑成垫层。在园林铺地中也可以采用加强基层的办法，而不另设垫层。

5）地基的构造

地基是地面面层的基础，它不仅为地面铺装提供一个平整的基面，承受地面传下来的荷载，还是保证地面强度和稳定性的重要条件之一，因此对保证铺地的使用寿命具有重大的意义。经验认为，一般黏土或砂性土，开挖后用蛙式跳夯夯实三遍，如无特殊要求，就可以直接作为地基。对于未压实的下层填土，经过雨季被水浸润后，能以其自身沉陷稳定，当其容重为 180 g/m^2 时，可以用于地基。在严寒地区，严重的过湿冻胀土或湿软呈橡皮状土，宜采用 1∶9 或 2∶8 灰土加固，其厚度一般为 15 cm。

2. 地面铺装基本工艺流程及技术

1）地面铺装施工流程图（见图 3-108）

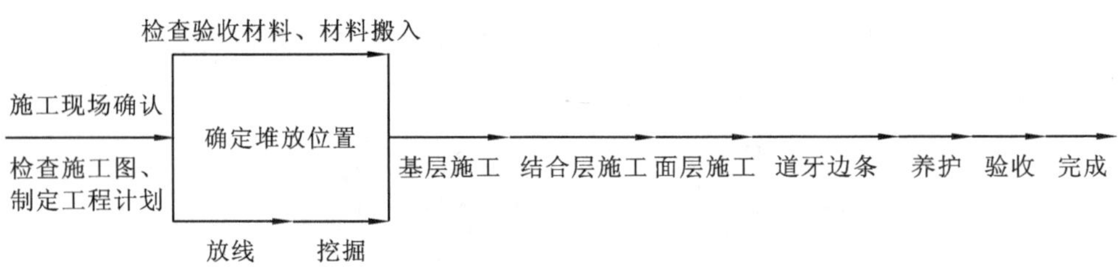

图 3-108　地面铺装施工流程图

2）基层材料及施工

（1）干结碎石

干结碎石基层是指在施工过程中不洒水或少洒水，依靠充分压实及用嵌缝料充分嵌挤，使石料间紧密锁结所构成的具有一定强度的结构，一般厚度为 8～16 cm，适用于园路中的主路等。

（2）天然级配砂砾

天然级配砂砾基层是用天然的低塑性砂料，经摊铺整型并适当洒水碾压后形成的具有一定密实度和强度的基层结构。它的一般厚度为 10～20 cm，若厚度超过 20 cm，应分层铺筑。它适用于园林中各级路面，尤其是有荷载要求的嵌草路面，如草坪停车场等。

（3）石灰土

在粉碎的土中，掺入适量的石灰，按照一定的技术要求，把土、灰、水三者拌和均匀，在最佳含水量的条件下压实成型的这种结构称为石灰土基层。石灰土力学强度高，有较好的整体性、水稳性和抗冻性。它的后期强度也高，适用于各种铺装的基层、底基层和垫层。

为达到要求的压实度，石灰土基层一般应用不小于 12 t 的压路机或其他压实工具进行碾压。每层的压实厚度最小不应小于 8 cm，最大不应大于 20 cm。如超过 20 cm，应分层铺筑。

(4) 煤渣石灰土

煤渣石灰土基层也称二渣土基层，是以煤渣、石灰（或电石渣、石灰下脚）和土三种材料，在一定的配比下，经拌和压实而形成强度较高的一种基层结构。

煤渣石灰土具有石灰土的全部优点，同时还因为它有粗粒料做骨架，所以强度、稳定性和耐磨性均比石灰土好。另外，它的早期强度高，有利于雨季施工。煤渣石灰土对材料要求不太严，允许范围较大。一般最小压实厚度应不小于 10 cm，但不宜超过 20 cm，大于 20 cm 时应分层铺筑。

(5) 二灰土

二灰土基层是以石灰、粉煤灰与土按一定的配比混合，加水拌匀碾压而成的一种基层结构。它的强度比石灰土的还高，有一定的板体性和较好的水稳性。二灰土对材料要求不高，一般石灰下脚和就地土都可利用，在产粉煤灰的地区均有推广的价值。这种结构施工简便，既可以机械化施工，又可以人工施工。

由于二灰土都是由细料组成的，对水敏感性强，初期强度低，在潮湿寒冷季节硬结很慢，因此冬季或雨季施工较为困难。为了达到要求的压实度，二灰土每层实厚度最小不宜小于 8 cm，最大不超过 20 cm，大于 20 cm 时应分层铺筑。

3) 结合层材料与施工

一般用 M7.5 号水泥、白灰、混合砂浆或 1∶3 白灰砂浆。砂浆摊铺宽度应大于铺装面 5～10 cm，已拌好的砂浆应当日用完。也可用 3～5 cm 的粗砂均匀摊铺而成。特殊的石材铺地，如整齐石块和条石块，结合层采用 M10 号水泥砂浆。

4) 面层材料与施工

在完成铺装基层后，重新定点、放线，每 10 m 为一施工段落，根据设计标高、宽度定放边桩、中桩，打好边线、中线。设置整体现浇地面边线处的施工挡板，确定砌块铺装的砌块列数及拼装方式。面层材料运入现场开始施工。

根据面层材料不同可分为整体铺装、板块铺装、砌块铺装。整体铺装是指彩色沥青地面和沥青地面表面处理后的铺装。板块铺装是指水泥混凝土地面和特殊处理后的水泥混凝土铺装，其最小边尺寸通常大于 1 m。砌块铺装包含多种类型，最小边尺寸通常为 10～40 cm，形状以矩形为主。

下面介绍几种面层材料的施工工艺。

(1) 水泥混凝土铺装施工

①普通抹灰与纹样处理。用普通灰色水泥配制成 1∶2 或 1∶2.5 水泥砂浆，在混凝土面层浇注后尚未硬化时进行抹面处理，抹面厚度为 1～1.5 cm。当抹面初步

收水，表面稍干时，再用下面的方法进行路面纹样处理。

a.滚动。用钢丝网做成的滚筒，或者用模纹橡胶裹在 30 cm 直径铁管外做成的滚筒，在经过抹面处理的混凝土面板上滚压出各种细密纹理。滚筒长度在 1 m 以上较好。

b.压纹。利用一块边缘有许多整齐凸点或凹槽的木板或木条，在混凝土抹面层上挨着压下，一面压一面移动，就可以将路面压出纹样，起到装饰作用。用这种方法时要求抹面层的水泥砂浆含砂量较高，水泥与砂的配合比可为 1∶3。

c.锯纹。在新浇的混凝土表面，用一根木条如同锯割一般来回动作，一面锯一面前移，既能够在面层锯出平行的直纹，有利于地面防滑，又有一定的地面装饰作用。

d.刷纹。最好使用弹性钢丝做成刷纹工具。刷子宽 45 cm，刷毛钢丝长 10 cm 左右，木把长 1.2～1.5 m。用这种钢丝刷在未硬的混凝土面层上可以刷出直纹、波浪纹或其他形状的纹理。

图 3-109　彩色混凝土地坪

②彩色水泥抹面装饰。水泥铺装的抹面层所用水泥砂浆，可通过添加颜料而调制成彩色水泥砂浆，用这种材料可做出彩色水泥铺装。彩色水泥调制中使用的颜料，需选用耐光、耐碱、不溶于水的无机矿物颜料，如红色的氧化铁红、黄色的柠檬铬黄、绿色的氧化铬绿、蓝色的钴蓝和黑色的炭黑，等等。如图 3-109 所示，彩色混凝土地坪通过不同形式色块的组合，在视觉上强调出延伸的效果。不同颜色的彩色水泥及其所用颜料如表 3-6 所示。

表 3-6　彩色水泥的配制

调制水泥色	水泥及其用量/g	原料及其用量/g
红色、紫砂色水泥	普通水泥 500	铁红 20～40
咖啡色水泥	普通水泥 500	铁红 15、铬黄 20
橙黄色水泥	白色水泥 500	铁红 25、铬黄 20
黄色水泥	白色水泥 500	铁红 10、铬黄 25
苹果绿色水泥	普通水泥 500	铬绿 150、铬蓝 50
青色水泥	普通水泥 500	铬绿 0.25
	白色水泥 500	铬蓝 0.1
灰黑色水泥	普通水泥 500	炭黑适量

③彩色水磨石地面铺装。用彩色水泥石子浆罩面，再经过磨光处理而成的装饰性铺装。按照设计，在平整粗糙，已基本硬化的混凝土铺装面层上弹线分格，用玻璃

条、铝合金条(或铜条)作为格条。然后在地面上刷上一道素水泥浆,再以 1∶1.25～1∶1.50 彩色水泥细石子浆铺面,厚 0.8～1.5 cm。铺好后拍平,表面滚筒压实,待出浆后再用抹子抹平。如果用各种颜色的大理石碎屑,再与不同颜色的彩色水泥配制一起,就可做成不同颜色的水磨石地面。水磨石的开磨时间应以石子不松动为准,磨后将泥浆冲洗干净。待稍干时,用同色水泥浆涂擦一遍,将砂眼和脱落的石子补好。第二遍用 100～150 号金刚石打磨,第三遍用 180～200 号金刚石打磨,方法同前。打磨完成后洗掉泥浆,再用 1∶29 的草酸水溶液清洗,最后用清水冲洗干净。

④露骨料饰面铺装(见图 3-110)。采用这种饰面方式的混凝土铺装和混凝土铺砌板,其混凝土应用粒径较小的卵石配制。混凝土露骨料主要是采用刷洗的方法,在混凝土浇好后 2～6 h 内就应进行处理,最迟不得超过浇好后的 16～18 h。刷洗工具一般采用硬毛刷子和钢丝刷子。刷洗应当从混凝土板块的周边开始,要同时用充足的水把刷掉的泥砂洗去,把每一粒暴露出来的骨料表面都洗干净。刷洗后 3～7 d 内,再用 10%的盐酸水洗一遍,使暴露在外的石子表面色泽更明净,最后还要用清水把残留盐酸完全冲洗掉。

图 3-110　露骨料砖块地坪

(2) 片块状材料的地面铺筑施工

片块状材料做面层,在面层与基层之间需做结合层,其做法有两种:一种是用湿性的水泥砂浆、石灰砂浆或是混合砂浆作为材料,称为湿法铺筑(也称刚性铺地);另一种是用干性的细砂、石灰粉、灰土(石灰和细土)、水泥粉砂等作为结合材料或垫层材料,称为干法铺筑(也称柔性铺地)。

①湿法铺筑。用厚度为 1.5～2.5 cm 的湿性结合材料,如用 1∶2.5 或 1∶3 水泥砂浆、1∶3石灰砂浆、M2.5 混合砂浆或 1∶2 灰泥浆等,垫在面层混凝土板上面或路面基层上面作为结合层,然后在其上砌筑片状或块状贴面层。砌块之间的结合以及表面抹缝也用这些结合材料,以花岗石、釉面砖、陶瓷广场砖、碎拼石片、马赛克等片状材料贴面铺地,都要采用湿法铺砌。用预制混凝土方砖、砌块或黏土砖铺地,也可以用这种铺筑方法(见图3-111、图 3-112)。

②干法铺筑。以干性粉砂状材料,做面层砌块的垫层和结合层。这类材料常见的有干砂、细砂土、1∶3 水泥干砂、1∶3 石灰干砂、3∶7 细灰土等。铺砌时,先将粉砂材料在基层上平铺一层(用干砂、细土做垫层,厚 3～5 cm,用水泥砂、石灰砂、灰土做结合层,厚 2.5～3.5 cm),铺好后抹平。然后按照设计的砌块、砖块拼装图案,在垫层上拼砌成铺装面层。每拼装好一小段,就用平直的木板垫在顶面,以铁锤在多处振击,使所有砌块的顶面都保持在一个平面上,这样可使地面铺装得十分平整。

图 3-111　人字纹湿法铺筑

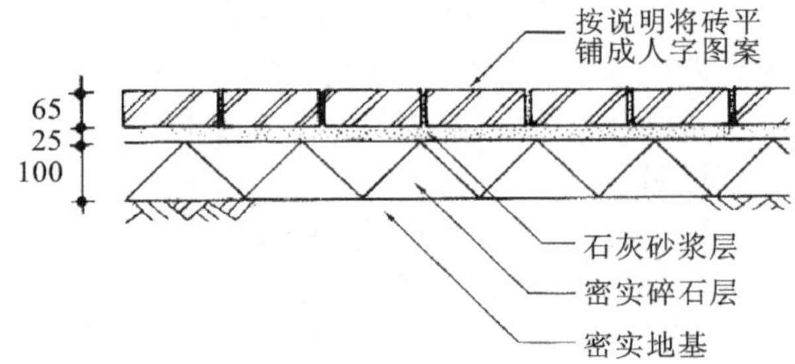

图 3-112　湿法铺筑地面结构图

地面铺好后，再用干燥的细砂、水泥粉、细石灰等撒在路面上并扫入砌块缝隙中，使缝隙填满，最后将多余的灰砂清扫干净。然后，砌块下面的垫层材料会慢慢硬化，使面层砌块和下面的基层紧密地结合在一起。适宜采用这种干法铺砌的路面材料主要有石板、整形石块、混凝土路板、预制混凝土方砖和砌块等。传统古建筑庭院中的青砖铺地、金砖墁地等地面工程，也常采用干法铺筑（见图 3-113 至图 3-115）。

图 3-113　人字纹干法铺砖

图 3-114　混凝土拼铺铺装

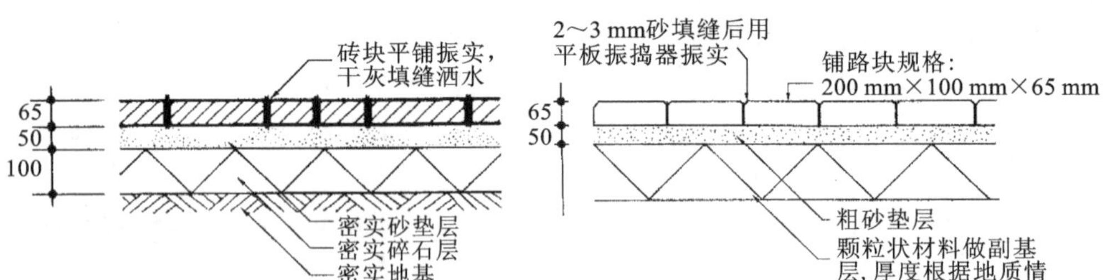

(a)　　(b)

图 3-115　干法铺筑地面结构图

(a)砖块；(b)混凝土砌块

(3) 地面石子镶嵌与拼花施工

地面石子镶嵌与拼花是中国传统地面铺装中常用的一种方法(见图 3-116)。施工前,要根据设计的图样,准备镶嵌地面用的砖石材料,设计有精细图形的,先要在细密质地青砖上放好大样,再精心雕刻,做好雕刻花砖,施工中可嵌入铺地图案中。要精心挑选铺地用石子,挑选出的石子应按照不同颜色、不同大小、不同形状分类堆放,以利于铺地拼花时方便使用。

施工时,先在已做好的基层上,铺垫一层结合材料,厚度一般可为 4～7 cm。垫层结合材料主要用 1∶3 石灰砂、3∶7 细灰土、1∶3 水泥砂浆等,用干法铺筑或湿法铺筑都可以,但干法铺筑施工更为方便一些。在铺平的松软垫层上,按照预定的图样开始镶嵌拼花。一般用立砖或小青瓦瓦片来拉出线条、纹样和图形图案,再用各色卵石、砾石镶嵌做花,或者拼成不同颜色的色块,以填充图形大面。然后经过进一步修饰和完善图案纹样,并尽量整平铺地后,即可定形。定形后的铺地地面仍要用水泥干砂、石灰干砂撒布于其上,并扫入砖石缝隙中填实。最后,用大水冲击或使路面有水流淌。完成后,养护 7～10 d。

(4) 嵌草地面的铺装施工

嵌草铺装有两种类型:一种为在块料铺装时,在块料之间留出空隙,其间种草(见图 3-117),如冰裂纹嵌草地面、空心砖纹嵌草地面、人字纹嵌草地面等;另一种是制作成可以嵌草的各种纹样的混凝土铺地砖(见图 3-118)。

图 3-116 用卵石铺筑的地面景观

图 3-117 块料之间空隙种草

施工时,先在整平压实的路基上铺垫一层栽培壤土做垫层。壤土要求比较肥沃,不含粗粒物,铺垫厚度为 10～15 cm。然后在垫层上铺砌混凝土空心砌块或实心砌块,砌块缝中半填壤土,并播种草籽或贴上草块踩实。

实心砌块的尺寸较大,草皮嵌种在砌块之间的预留缝中,草缝设计宽度可在 2～5 cm 之间,缝中填土达砌块的 2/3 高。砌块下面如上所述用壤土做垫层并起找平作用,砌块要铺得尽量平整。

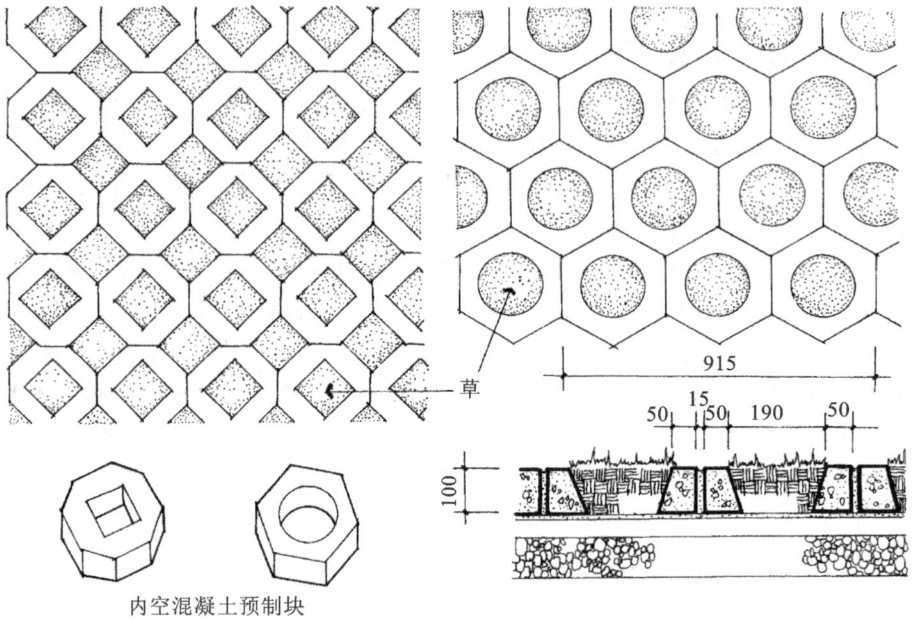

图 3-118　混凝土嵌草砖

空心砌块的尺寸较小，草皮嵌种在砌块中心预留的孔中。砌块与砌块之间不留草缝，常用水泥砂浆黏结。砌块中心孔填土为砌块的 2/3 高；砌块下面仍用壤土做垫层找平。嵌草铺装保持平整。要注意的是，空心砌块的设计制作，一定要保证砌块的结实坚固和不易损坏，因此，其预留孔径不能太大，孔径最好不超过砌块直径的1/3长。

采用砌块嵌草铺装的地面，砌块和嵌草铺装的结构面层，其下面只能有一个壤土垫层，在结构上没有基层，只有这样的铺装结构才有利于草皮的存活与生长。

3. 常用地面面层材料、特点及使用场合(见表 3-7)

表 3-7　常用地面材料使用场合

类别	名　称	规 格 要 求	特征及使用场合
天然材料	石板	规格大小不一，但角块不宜小于 200～300，厚度不宜小于 50	破碎或成一定形状的砌板，粗犷、自然，可拼嵌成各种图案，适于自然式小路或重要的活动场地，不宜通行重车
	乱石	石块大小不一，面层应尽量平整，以利于行走，有突出路面的棱角必须凿除，边石要大些方能牢固	自然、富野趣、粗犷，多用于山间林地，风景区僻野小路，长时间在此路面行走易疲劳
	块(条)石	大石块面大于 200，厚 100～150；小石块面 80～100，厚 200	坚固、古朴、整齐的块石铺地肃静，庄重，适于古建筑的纪念性建筑物附近，但造价较高

续表

类别	名　称	规 格 要 求	特征及使用场合
	碎大理石	规格不一	质地富丽、华贵、装饰性强，适于露天、室内园林铺地，由于表面光滑，坡地不宜使用
	卵石	根据需要规格不一	细腻圆润、耐磨、色彩丰富、装饰性强，排水性好，适于各种甬道、庭院铺装，但易松动脱落，施工时要注意长扁拼配，表面平整，以便清扫
人工材料	混凝土砖	机砖 400 mm×400 mm×75 mm、400 mm×400 mm×100 mm，标号 200＃～250＃，小方砖 250 mm×250 mm×250 mm，标号 250＃	坚固、耐用、平整、反光率大，路面要保持适当的粗糙感。可做成各种彩色路面，适应于广场、庭院、公园干道，各种形状的花砖适应于各种环境
	水磨石	根据需要规格不一	装饰性好，粗糙度小，可与其他材料混合使用
	斩假石	—	粗犷、仿花岗石，质感强，浅入浅出
	沥青混凝土	—	拼块铺地可塑性强，操作方便，耐磨，平整、面光，养护管理简便，但当气温高时，沥青有软化现象，彩色沥青混凝地铺地具有强烈的反差
	青砖大方砖	机砖 240 mm×115 mm×53 mm，标号 150＃以上，500 mm×500 mm×100 mm	端庄雅朴、耐磨性差，在冰冻不严重和排水良好之处使用较宜，古建筑附近尤为适宜，但不宜用于坡度较陡和阴湿地段，易生青苔跌滑

3.2.4 园路铺装

园路铺装在铺装景观应用中较为广泛，也是设计中最常用的，所以本节着重从园路的功能、分类、设计、铺装技术等方面来讲解园路铺装。

1. 园路的功能

不同于城市主干公路，园路是设在城市绿地内外的交通道路，除了便利实用外，更应顾及景观的区划布置。因为园路是庭园的一部分，是庭园的骨干，可形成园景轴线，故园路的设计必须配合庭园，方能使之成为一个整体。设计者应按庭园设施区划，以及园内交通的方向、流量等，规划园路路线，使庭园各局部均能相互联系，便于引导游客观赏及游园，以构成整体园路线网系统。

总的来说，园路具有联系景观各部分和划分景观空间的两种功能。

2. 园路的分类

在园林建设中主道、副道宽度不一，区分明显。其中，公园中连接都市广场街道宽度为 11～18 m；行车车道宽度为 2.4～6 m，可供车辆行驶；人行道宽度为 1.5～3 m，供行人步行往来。园路宽度可根据所需要的最小人体宽度决定，如 n 人，路宽 $=(60\times n)-20$（单位为 cm）；宽度 0.8～1.5 m 或以下者，仅供单人或两人并肩行走。常用园路宽度如表 3-8 所示。

表 3-8 园路宽度

种　类	公　园	庭　园
车道	6.0 m	2.4～3.0 m
步行道	1.5 m	主道：1 m 副道：0.6～0.75 m

3. 园路的设计

1）设计要求

园路与普通道路略有不同，通行时要求园路具有高度的舒适性，而不必拘泥于两个目的地之间的最短距离为直线的原则。选定路线与设计时应注意：

① 选定路线时要注意沿线设施上的利用效果、风景的变化以及顺应地形上的要求；

② 对原有树木、风景的保护应加以考虑，对树木或景物宜绕行设置；

③ 选定能使园内景物产生最佳效果的路线。

2）路形设计

园路的形状，一般有直线与曲线两种。

（1）曲线

曲线道路较易显现自然美，富于浪漫性与装饰性（见图 3-119）。设计时应注意：

①自然式庭园，地形变化较大之处常用曲线园路；

②通至假山、水边、树林或幽邃之处，常用曲线，以示幽雅；

图 3-119 曲线园路在草坪的衬托下舒缓地伸向远方

③短距离的尖锐波浪曲线应避免，若有这种情况，应在与园路的交点处配植树木；

④曲线分歧时，当分在弯曲部的外方，以利安全；

⑤园路与建筑相连接，通常采用外弧线连接，并且在接近建筑的一面，应局部加宽。

在有大量游人的建筑物前，应设置广场。这样既能取得较好的艺术效果，又有利于游人的集散和休憩等。一般来讲，主环路不能横穿建筑物，不使园路与建筑斜交叉或走死胡同。

(2) 直线

直线道路有简单端正、严肃的美感，直线在视觉上有延长的作用。设计时应注意：

①直线道路一般用于车道或规则式庭园主要入口处，平坦或小面积庭园亦多用；

②通至主要建筑物或雕像、纪念碑、纪念堂等地，常用直线大道，以示雄壮宏伟；

③直线园路太长时，可在路中设雕像、喷水，路边设座椅、花坛等，以免单调乏趣。

3) 倾斜度

一般园路应有 0.3%～8%的纵坡和 1.5%～3.5%的横坡，以保证地面水的排除。各种类型路面对坡度的要求不同，如表 3-9 所示。

表 3-9 各种类型路面的纵、横坡度表

路面类型	纵坡/(%)				横坡/(%)	
	最小	最大		特殊	最小	最大
		游览大道	园路			
水泥混凝土路面	3	60	70	100	1.5	2.5
沥青混凝土路面	3	50	60	100	1.5	2.5
块石、碎砖路面	4	60	80	110	2	3
拳石、卵石路面	5	70	80	70	3	4
粒料路面	5	60	80	80	2.5	3.5
改善土路路面	5	60	60	80	2.5	4
游步小道	3	—	80	—	1.5	3
自行车道	—	30	—	—	1.5	2
广场、停车场	3	60	70	100	1.5	2.5

4) 注意路面的排水处理

路面两旁宜有排水装置(除特别狭窄的园路外)，普通排水可分为明沟排水及暗沟排水两种。

4. 园路铺装技术

1) 园路铺装形式

前面已经学习了铺装的材料和构造，园路的构造大致相同，分为两大类。一类是柔性铺地，它是各层材料完全压实在一起而形成的，会将交通荷载传递给下面的土层。这些材料利用它们天然的弹性在荷载作用下轻微移动，因此在设计中应该考虑限制道路边缘的方法，防止道路结构的松散和变形。主要面层材料有砾石、沥青、嵌草混凝土、砖等，所有这些柔性材料都具备适当的弹性，车辆经过时会将其压陷。但等车辆过后它又会恢复原样。要做的准备工作包括将最底层的素土充分压实，然后在其上铺一层碎砖石块。通常还应该加上一层防水层。另一类是刚性铺地，它是指现浇混凝土及预制构件所铺成的道路，有着相同的几何路面，通常要在混凝土地基上铺一层砂浆，以形成一个坚固的平台，尤其是对那些细长的或易碎的铺地材料。不管是天然石块还是人造石块，松脆材料和几何铺装材料的配置及加固都依赖于这个稳固的基础。主要面层材料有人造石及混凝土铺地、砖及瓷砖、混凝土面层、天然石头等。

2）路缘及道路牙石铺设

（1）路缘及道路牙石铺设的作用

路缘的作用体现在以下几个方面：

①保护路面边缘和维持各铺砌层；

②标志和保护边界；

③标志不同路面材料之间的拼接；

④形成结构缝以及起集水和控制车流作用；

图 3-120　道牙石的艺术铺设

⑤具有装饰方面的作用，就这点来说，设计者应经常以积极的方式使用它，并不单纯看作是为了满足特定的工程方面要求而不得不使用它（见图 3-120）。

道牙石的用途有：标志行车道、防止道路向横向伸展、作为用以控制路面排水的阻挡物，以及保护行人和地产。对每一个给定的道牙设计任务，应当结合以上这些功能要求来考虑。

（2）铺装道牙及路缘石设计要点

在铺装道牙及路缘石选择修饰材料和细部处理时，切不可不假思索地采用现场解决方法，应尽一切可能设计出与其周围环境以及邻近区特征相配的细部处理。通过形式、纹理和色彩使边缘修饰大大地提高室外空间的美感。路缘石与地坪之间的相对高度很重要，需稍稍高出于总的地坪高度（见图 3-121），可以是起制止作用的表面或起警告作用的横卧在路面上的混凝土长

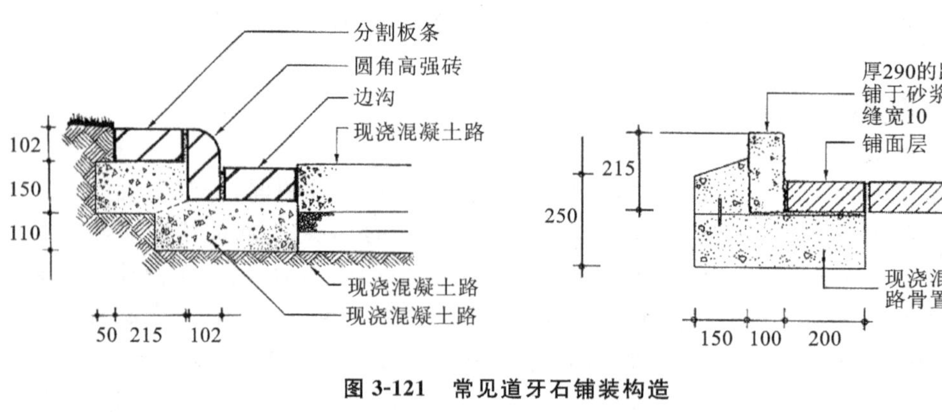

图 3-121　常见道牙石铺装构造

条等；也可以是高出地坪很多的矮柱；又可以是与地面平嵌的诸如成排的铺路砖，或标志停车区或行人区的小砌块；也可以是下凹形成排水沟的砌块。竖立的道牙得用花岗石、暗色岩、砂岩、再生石、预制混凝土或砖制成。与地面齐平或低于地面的边缘处理可以利用上述材料，也可用卵石、小方形砌块、现浇混凝土、沥青和松散材料（包括砾石、较大石块和松散的卵石）等埋入混凝土。

选择边缘处理材料时，应当把它的初始造价与耐用度及维护费用等联系考虑。如果做到了这点，那么使用较贵的材料是值得的，它同时可以提高环境的质量。

（3）施工要点

道牙基础宜与地床同时填挖碾压，以保证有整体的均匀密实度。结合层用 1∶3 的白灰砂浆 2 cm。安装道牙要平稳牢固，后用 M10 水泥砂浆勾缝，道牙背后要用灰土夯实，其宽度为 50 cm，厚度为 15 cm，密实度为 90%以上。

图 3-122 仿年轮纹的路缘石

路缘石一般用于较轻的荷载处，且尺寸较小，一般宽 5 cm、高 15～20 cm，特别适用于步行道、草地或铺砌场地的边界（见图 3-122、图 3-123）。施工时应减轻它作为垂直阻拦物的效果，增加它对地基的密封深度。边条铺砌的深度相对于地面应尽可能低些。如广场铺地，边条铺砌可与铺地地面相平。槽块分为凹槽槽块和空心槽块，一般紧靠道牙设置，以利于地面排水，路面应稍高于槽块。

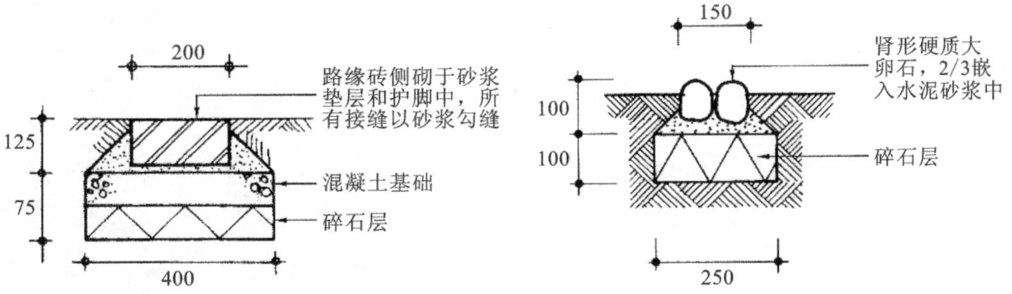

图 3-123 常见路缘石铺砌

3）园路铺装排水沟设置

（1）作用及设置要点

建筑前场地或者园路表面（无论是斜面还是平面）的排水沟需要使用排水边沟。排水边沟的宽度必须与水沟的栅板宽度相对应。排水沟同样可以用于普通道路和车行道旁，为园路设计提供一个富有趣味性的设计点（见图 3-124），并能为铺装建立自己的性格。这种设计方法在许多受保护的老建筑区域内可以看到。排水边沟应当为路面铺设模式中的组成部分之一。当水在路面流动时，它可以作为路的边缘装饰，在压路机不能碾压到边缘的路面上尤其有用。

图 3-124　排水边沟

(2) 类型及材料

排水沟可采用盘形剖面或平底剖面(见图 3-125),并可采用多种材料,如现浇混凝土、预制混凝土、花岗岩、普通石材或砖。砂岩很少被使用,花岗岩铺路板和卵石的混合使用使路面有了质感的变化。卵石由于其粗糙的表面会使水流的速度减缓,这一点的运用在某些环境中会显得十分重要。

排水沟的形式必须与周围建筑和环境的风格保持一致(见图 3-126)。在有新老风格衔接的区域,由于经济原因,这一点一般很难做到,特别是在与古文化保持地区相邻的一些地区。盘形边沟多为预制混凝土或石材,石材造价相对来说较高。平底边沟应具有压模成型的表面以承受流经排水边沟的雨水或污水的荷载。

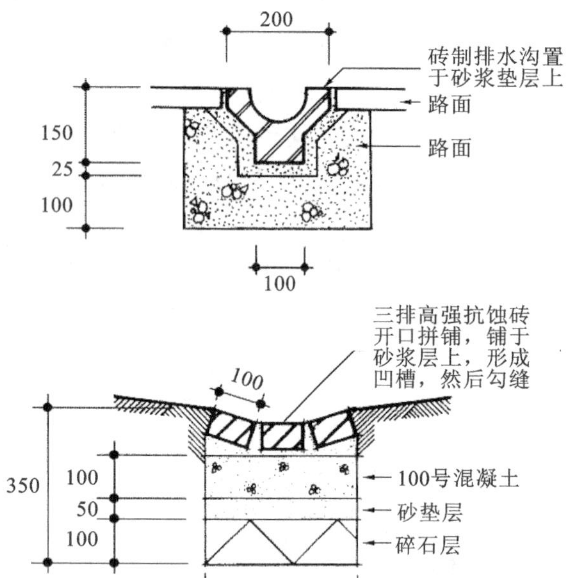

图 3-125　排水沟常见构造

图 3-126　公园内的敞开式排水道

4 植物设计

绿色植物是园林中最基本的生态要素，植物装扮着城市景观。植物的季相变化，使园林的色彩春季山花烂漫，夏季浓荫葱郁，秋天红叶层叠，冬天枝丫凝雪。植物在环境中是最能体现时间、生命和自然变化的要素。植物在园林设计中是必不可少的因素之一，园林设计中植物的应用成功与否在于能否将植物的非视觉功能和视觉功能统一起来。

4.1 植物的功能

4.1.1 空间构筑功能

1. 空间的类型及植物的选择

根据人们视线的通透程度可将植物构筑的空间分为以下几类(见图 4-1)。

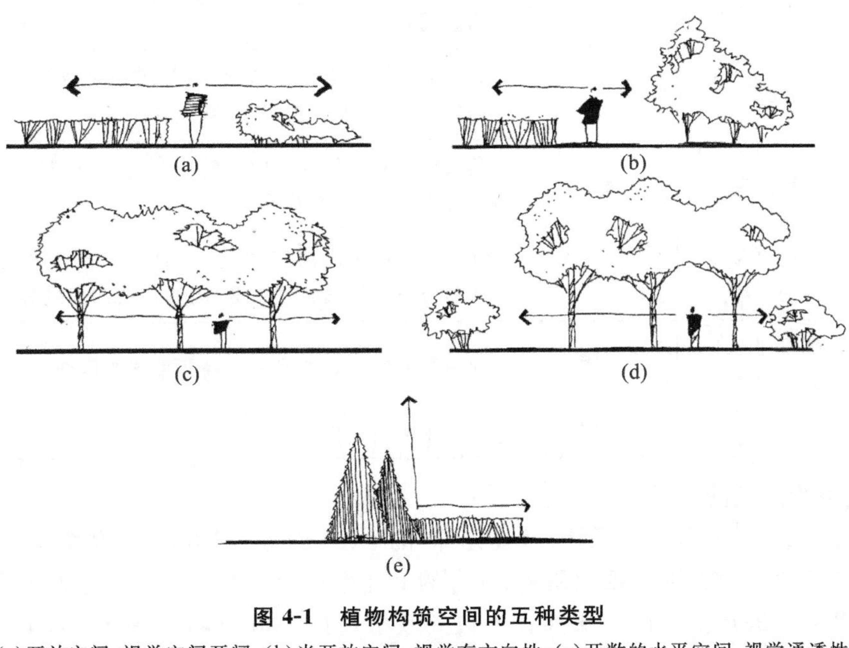

(a)　(b)　(c)　(d)　(e)

图 4-1　植物构筑空间的五种类型

(a)开放空间，视觉空间开阔；(b)半开放空间，视觉有方向性；(c)开敞的水平空间，视觉通透性；(d)封闭的水平空间，对空间加以限定；(e)垂直空间，视线空间上升态势

1）开放空间

利用低矮的灌木和地被植物作为空间界定因素，形成流动、开放、外向的空间。

选用的植物有低矮的灌木、地被植物、花卉、草坪。

2）半开放空间

在开放空间一侧利用较高的植物造成单向的封闭，这种空间有明显的方向性和延伸性，用以突出主要的景观方向。选用的植物有高大乔木、中等灌木。

3）开敞的水平空间

利用成片高大乔木的树冠形成一片顶面，和地面形成四面相对开敞的水平空间。

4）封闭的水平空间

在水平空间的基础上以低矮的灌木在四周加以限定，特性是和周围环境的相对隔离。选用的植物有高灌木、分枝点低的乔木。

5）垂直空间

将树木的树冠修剪成锥形，形成垂直和向上的空间态势。

2. 植物的空间构筑功能

与建筑材料构成室内空间一样，户外植物往往充当地面、天花板、围墙、门窗等作用，其建筑功能主要表现在空间界定、围护等方面，如表 4-1 所示。

表 4-1　植物的空间构筑功能

<table>
<tr><th colspan="2">植物类型</th><th>空间元素</th><th>空间类型</th></tr>
<tr><td rowspan="3">乔木</td><td>树冠茂密</td><td>屋顶</td><td>利用茂密的树冠构成顶面覆盖，树冠越茂密，顶面的封闭感越强</td></tr>
<tr><td>分枝点高</td><td>栏杆</td><td>利用树干形成立面上的围合，但此空间是通透的或半通透的空间，树木栽植越密，则围合感越强</td></tr>
<tr><td>分枝点低</td><td>墙体</td><td>利用植物冠丛形成立面上的围合，空间的封闭程度与植物种类、栽植密度有关</td></tr>
<tr><td rowspan="2">灌木</td><td>高度没有超过人的视线</td><td>矮墙</td><td>利用低矮灌木形成空间边界，但由于视线仍然通透，相邻两个空间仍然相互连通，无法形成封闭的效果</td></tr>
<tr><td>高度超过人的视线</td><td>墙体</td><td>利用高大灌木或者修剪的高篱形成封闭的空间</td></tr>
<tr><td colspan="2">草坪地被</td><td>地面</td><td>利用质地的变化暗示空间范围</td></tr>
</table>

3. 植物的空间拓展功能

在景观设计中，经常会采用“欲扬先抑”的手法，创造“柳暗花明”的效果，最常用的方法是借助植物创造一系列明暗、开合的对比空间，利用人的视觉错觉，使得开敞空间比实际空间还要开阔。比如在入口处栽植密集的植物，形成围合空间，紧接着一个相对开敞的空间，会显得这一空间更加开阔，令人产生豁然开朗的感觉。

另外，在室内外空间分界处，利用植物构筑过渡空间，也可以拓展建筑空间，如在建筑旁栽植高大乔木，利用植物构筑的“屋顶”使建筑室内空间得以延续和拓展。

4.1.2 美学观赏功能

植物的美学观赏功能也就是植物美学特性的具体展示和应用，其主要表现为利用植物美化环境，从而构成主要景观或利用植物遮挡、引导视线，还可以植物的枝叶为景框创造景观等。

1. 焦点景致

植物在景观中本身就是一道风景，尤其是一些形状奇特、色彩丰富的植物更会引起人们的注意，在空地中一株高大乔木自然会成为人们关注的对象、视觉的焦点。但是并非只有高大乔木才具有这种功能，应该说，每一种植物都拥有这样的潜质，问题是设计师是否能够发现并加以合理利用。比如，在草坪中，一株花满枝头的紫薇就会成为视觉焦点；在瑞雪过后，一株红瑞木会让人眼前一亮；在阴暗角落，几株玉簪会令人赏心悦目，等等。

2. 遮挡与引导

中国古典园林讲究“山穷水尽、柳暗花明”，通过植物遮挡，使得视线无法通达，利用人的好奇心，引导游人继续前行，探究屏障之后的景物。其实遮挡的同时就起到了引导视线的作用。如图 4-2 所示，道路转弯处栽植一株花灌木，一方面遮挡了路人的视线，使其无法通视；另一方面这株花灌木也成为视觉的焦点，达到了引导视线的作用。

图 4-2 植物的遮挡与引导功能

在景观创造的过程中，面对不同的状况，所选植物也会有所不同。比如在视线所及之处景观效果不佳，或者有不希望游人看到的物体，在这个方向上栽植的植物主要承担遮挡的作用，而这个“景”一般是“引”不得的，所以应该选择枝叶茂密、阻隔作用较好的植物，并且最好是“拒人于千里之外”的，一些常绿针叶植物应该是最佳的选择，如云杉、桧柏、侧柏等就比较适合（见图 4-3）。

与此相反，某些景观隐匿于园林深处，此时引导的作用就要更重要些了，而遮挡

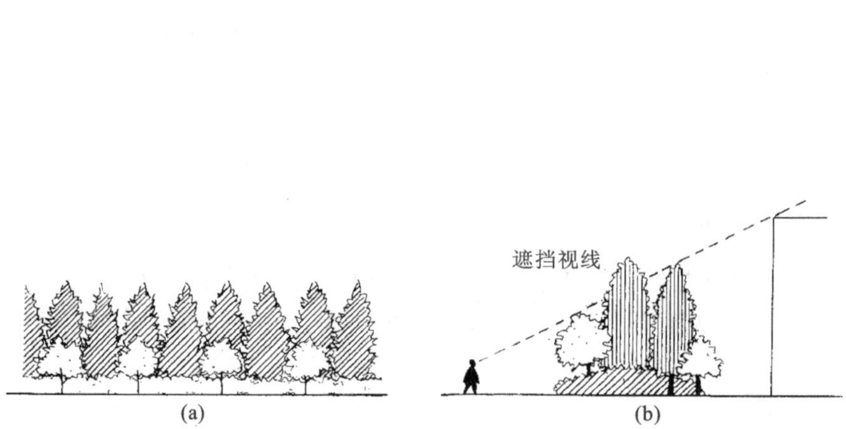

图 4-3　植物的遮挡作用

(a)植物栽植的层次与遮挡效果；(b)绿化带越宽遮挡视线效果越好

也是必要的，但是不能挡得太死，要有一种“犹抱琵琶半遮面”的感觉，此时应该选择枝叶相对稀疏、观赏价值较高的植物，如油松、银杏等。

将优美的自然景色通过植物加以限定，如同画框与图画的关系，如图 4-4 所示，高大的乔木构成一个视窗，通过“窗口”可以看到远处优美的景致。所以利用植物框景也常常与透景组合，如图 4-5 所示，两侧的植物构成“框”，将人的视线引向远方，这条视线则称为“透景线”。

图 4-4　利用植物构成“框”来造景的效果

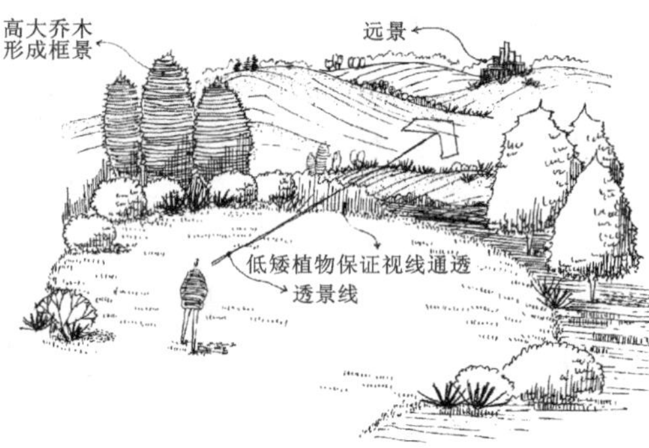

图 4-5　植物形成的“框”和“透”

作为景框的植物应该选用高大、挺拔、形状规整的植物，如桧柏、侧柏、油松等。而位于透景线上的植物则要求比较低矮，不能阻挡视线，并具有较高的观赏价值，如草坪、地被植物、低矮的花灌木等。

除了上述美学观赏功能外，植物还具有统一景观元素、强调标志景物、柔化周边景观的功能。

3. 统一景观元素

景观中的植物，尤其是同一种植物，能够使得两个无关联的元素在视觉上联系起来，形成统一的效果。如图 4-6 所示，临街的两栋建筑之间缺少联系，而在两者之间栽植植物之后，两栋建筑物之间似乎构成联系，整个景观的完整性得到加强。其实要想使独立的两个部分(如植物组团、建筑物或者构筑物等)产生视觉上的联系，只要在两者之间加入相同的元素，并且最好呈水平延展状态，比如扁球形植物或者匍匐生长的植物(如铺地柏、地被植物等),从而产生“你中有我,我中有你”的感觉,就可以保证景观的视觉连续性,获得统一的效果,如图 4-7 所示。

图 4-6　利用植物加强建筑物间的联系

图 4-7　利用地被植物形成统一效果

4. 强调标志景物

某些植物具有特殊的外形、色彩、质地,能够成为众人瞩目的对象,同时也会使其周围的景物被关注,这一点就是植物强调和标示的功能。在一些公共场所的出入口、道路交叉点、庭院大门、建筑入口等需要强调或指示的位置,合理配植植物能够引起人们的注意。例如,居住区中由于建筑物外观、布局和周围环境都比较相似,环境的可识别性较差,为了提高环境的可识别性,除了利用指示标牌之外,还可以在不同的组团中配植不同的植物,既丰富了景观,又可以成为独特的标示(见图 4-8)。

5. 柔化边界景观

园林中地形的高低起伏,可使空间发生变化,也易使人产生新奇感。利用植物材料能够强调地形的高低起伏,在地势较高处种植高大、挺拔的乔木,可以使地形起伏变化更加明显;与此相反,如果在地形凹处栽植植物,或者在山顶栽植低矮、平展的植物,可以使地势趋于平缓。在园林景观营造中可以应用植物的这种功能,形成或突兀起伏或平缓的地形景观,与大规模的地形改造相比,可以说是事半功倍。

植物景观被称为软质景观,主要是因为植物造型柔和、较少棱角,颜色多为绿色,令人放松。因此,在建筑物前、道路边沿、水体驳岸等处种植植物,可以起到柔化的作用。如图 4-9 所示,建筑物墙基处栽植的灌木、常绿植物软化了僵硬的墙基线,而建筑之前栽植的阔叶乔木也起到同样的作用,图中表现的是冬季景观,尽管落叶之后,剩下光秃秃的树干,但是在冬季阳光的照射下,枝干在地面上和墙面上形成斑驳的落影,树与影、虚与实形成对比,也使得整个环境变得温馨、柔和。但需要注意的是,建筑物前面不要选择曲枝类植物,如龙爪桑、龙爪柳等,因为这些植物的枝干在墙面上投下的影子会很奇异,令人感觉不舒服。

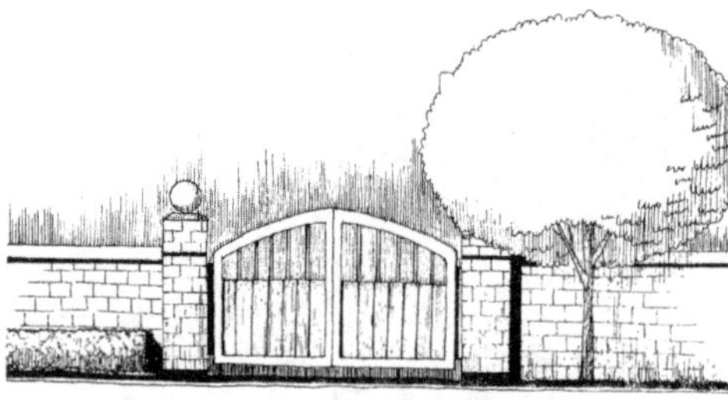

图 4-8 植物的强调、标示功能

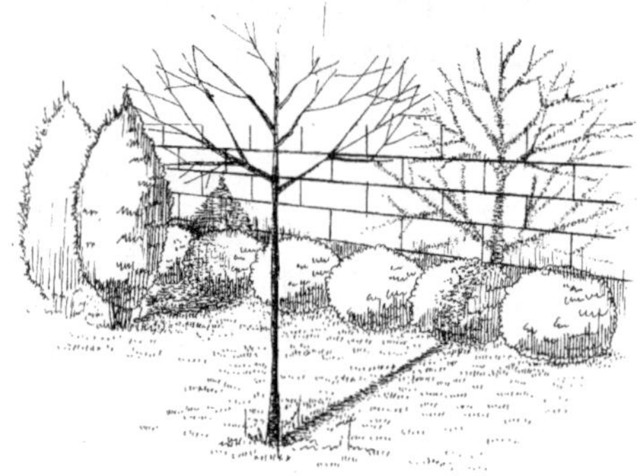

图 4-9 植物的柔化功能

4.2 植物的分类

植物是构成景观的基础材料，它占地比例最大，是影响外环境和面貌的主要因素之一。我国幅员辽阔、气候温和，植物品种繁多，特别是长江以南的地区具有全国最丰富的植物资源，这就为植物的设计提供了良好的自然条件。我国主要的植物类型如下。

4.2.1 乔木

乔木具有体型高大、主干明显、分枝点高、寿命长等特点，是公园绿地中数量最多、作用最大的一类植物。乔木是公园植物的主体，对绿地环境和空间构图影响很大。乔木按高度分为大乔木(20 m 以上)、中乔木(8～20 m)和小乔木(8 m 以下)。大、中型乔木在公园中可作为主景树，也可以树丛、树林的形式出现。小乔木多用于分隔、限制空间。

按生态习性乔木分为针叶树、常绿阔叶树、落叶阔叶树、竹类几种。

1. 针叶树

针叶树一般指松柏类树木，也有落叶树。常绿针叶树色彩偏灰绿色的多，带有沉着、庄重、严肃的视觉感受。针叶乔木类，树姿挺拔、高耸，具有雄壮、高尚之气势。因此，针叶树一般适合在庄严肃静的场合下配植。如政府办公楼周围的庭院、学校校园、有历史意义的博物馆、纪念馆、寺院等环境。它营造出的气氛是一种独特的宁静、怀念、永久、深沉。针叶树的一般特性为耐干燥、病虫害少，群栽可抗风沙、防噪声，可形成绿色墙壁，如雪松、黑松、桧柏等。

2. 常绿阔叶树

常绿乔木种类很多，在绿化环境中起到重要作用。常绿树作为街树可以减少落叶，减轻清扫工人的工作量。常绿乔木树姿很丰富，花、果、叶都具有一定的欣赏价值。常见的观花的树有广玉兰、桂花、金合欢、山茶等，观果的树有冬青火棘、珊瑚、杨梅等。常绿树的花果十分美丽，具有很高的观赏性；常绿树的叶色也十分丰富。植物造景要获得成功就必须要充分了解各类树种的习性，尤其是要了解常用的树木，每个地区都有其适合的树木，了解了树木的特性之后，我们才能更好地加以利用，发挥其特长和优势，为人类造福。

3. 落叶阔叶树

落叶乔木之美，美在一年四季富有变化，可以说它是季节的传讯大使。春天树枝新芽吐露，嫩绿的色彩为人们带来一种明亮、清新、舒展、美丽的气氛。夏天，枝繁叶茂，极富有观赏魅力。初秋更是落叶树的色彩世界，橙、黄、红、紫的暖色系列带给人们热烈、兴奋、温暖的情调，冬天是欣赏落叶树的树姿、树干、树皮的时侯。一般落叶树要比常绿树具备较多的观赏价值。与常绿树相比，落叶树显得柔软、轻盈、美丽，具有丰富多彩的姿色，是比较理想的景观植物。但落叶树因落叶会给清扫带来麻烦。有的景观需要落叶的气氛和感觉，有的地方却不需要落叶，这需根据具体情况而定。例如，游泳池旁、喷泉边就不适合栽植落叶树。

4. 竹类

竹类为禾本科植物，树干有节、中空、叶形美观，是公园中常见的植物类型。常用竹类有毛竹、紫竹、淡竹、刚竹、佛肚竹、凤尾竹等。

4.2.2　灌木

灌木也称为低木，有常绿树也有落叶树。灌木的品种非常多，树姿、花形、花色丰富多彩。灌木没有明显主干，呈丛生状态，或分枝高度较低，公园绿地中常以绿篱、绿墙、丛植、片植的形式出现。依其高度，可分为大灌木（2 m以上）、中灌木（1～2 m）和小灌木（0.3～1 m）。它能增添栽植的层次感，用作绿篱的灌木可以起到空间划分、分隔植物带的作用，不能成为用材树，但因其树形低矮，生长速度慢，高低尺寸接近人的尺度，围绕在人们的身边，能给人一种触于自然的亲和感而被人们广泛使用。

灌木的配植可以填补高木树下单调缺乏层次的不足，落叶灌木中有一类树枝长而柔软，枝条下垂十分优美，花色多种多样，如迎春花、雪柳、金雀花、双夹槐、连翘等。许多常绿灌木的萌芽力较强，耐修剪，如黄杨、山茶、海桐、冬青、枸骨等。

4.2.3　藤本植物

藤本植物不能直立，需攀援于山石、墙面、篱栅、棚架之上。藤本植物有常绿与落叶之分，常见的藤本植物有紫藤、爬山虎、常春藤、五叶地锦、木香、野蔷薇等。

4.2.4　花卉

园林花卉主要指草本花卉。花卉按其形态特征及生长寿命可分为以下三类。

①一二年生花卉，即当年春季或秋季播种，于当年或第二年开花的植物，如鸡冠

花、千日红、一串红、百日菊、万寿菊等。

②宿根花卉，即多年生草本植物，大多为当年开花后地上茎叶枯萎，其根部越冬。翌年春季继续生长。有的地上茎叶冬季不枯死，但停止生长。这一类植物有玉簪、麦冬、万年青、蜀葵等。

③球根花卉，也是多年生草本植物，地下茎或根肥大呈球状或块状，如唐菖蒲、郁金香、水仙、百合等。

4.2.5 地被植物

地被植物能固定土壤，蕴养水分；减少暴雨冲刷后的地表径流；大片的地被植物还能对洁净空气起到一定的作用。茂盛的大草坪像毛绒绒的地毯，给人们一种舒适、明快的感觉。强健而不怕践踏的草坪备受人们欢迎，它们几乎是无人不爱的理想休闲地。因此，草坪在景观园林设计中占有重要的位置，在居住密集的城市中更显现草坪的重要。大草坪的视觉心理特征是开阔、畅快、舒爽(见图 4-10)。

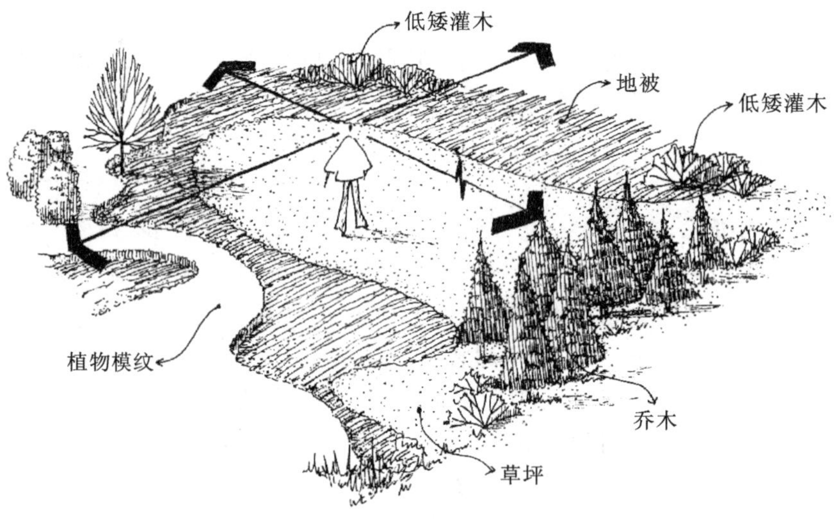

图 4-10 地被植物与灌木、乔木的作用有所不同

地被，一般指低矮的草本植物和矮小灌木，包括匍匐的爬藤植物。以草坪为代表的地被种类很多，有四季常青的草类，也有随着季节变换的巴根草类。匍匐的爬藤植物以柔软风格见长，花色品种也较丰富，如常春藤、黄金葛、大吊竹草等。

4.2.6 水生植物

植物生长在水中，按其习性可分为以下五类。

①浮生植物。漂浮在水面上生长，如浮萍、水浮莲、凤眼莲等。

②沼生植物。这类植物多生长在岸边沼泽地带，如千屈菜、西洋菜等。

③浅水植物。多生长在 10～20 cm 深的水中，如茭白、水生鸢尾等。

④中水植物。多生长在 20～50 cm 深的水中，如荷花、睡莲等。

⑤深水植物。水深在 120 cm 以上，如菱等。在水面上多以种植荷花、睡莲为主。

4.3　植物的美学特征

4.3.1　植物的姿态

1. 植物的大小

园林植物种类繁多，姿态各异，每一种植物都有着自己独特的形态特征（见图 4-11），经过合理的搭配，就会产生与众不同的艺术效果。在开阔空间中，多以大乔木作为主体景观，构成空间的框架，中小型乔木常作为大乔木的背景，所以在植物配植时需要首先确定大乔木的位置，然后再确定中小乔木、灌木的种植位置。灌木无明显主干，枝叶密集，当灌木的高度高于视线，就可以构成视觉屏障，所以一些较高的灌木常密植或被修剪成树墙、绿篱，替代僵硬的围墙、栏杆，进行空间围合，后一种方法在意大利、法国古典园林中是很常见的。低矮的灌木尽管可以构成空间的界定，但更多的时候是被修剪成植物模纹，广泛地运用于现代城市绿化中。由于灌木给人的感觉并不像乔木那样“突出”，而是一副“甘居人后”的样子，所以在植物配植中灌木往往作为背景，灌木作为主题雕塑的背景，起到衬托的作用，当然灌木并非就不能作为主景，一些灌木由于有着美丽的花色、优美的姿态，在景观中也会成为瞩目的对象。

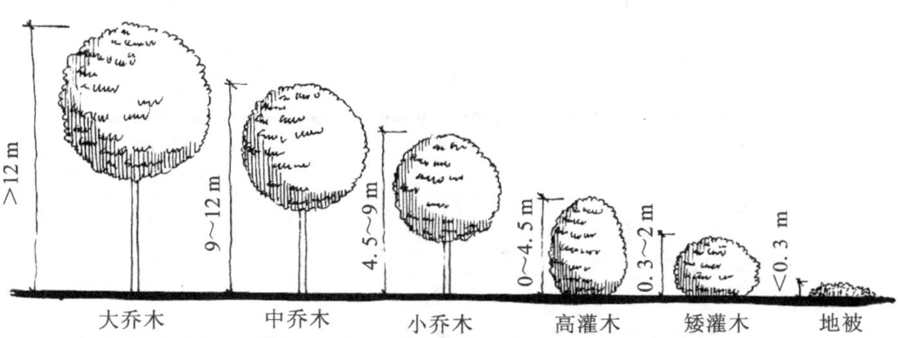

图 4-11　植物的大小

2. 植物的外形

植物的外形指的是单株植物的外部轮廓。自然生长状态下，植物外形的常见类型有圆柱形、尖塔形、圆锥形、伞形、圆球形、半圆形、卵形、倒卵形、广卵形、匍匐形等，特殊的有垂枝形、拱枝形、棕榈形等，如图 4-12、表 4-2 所示。

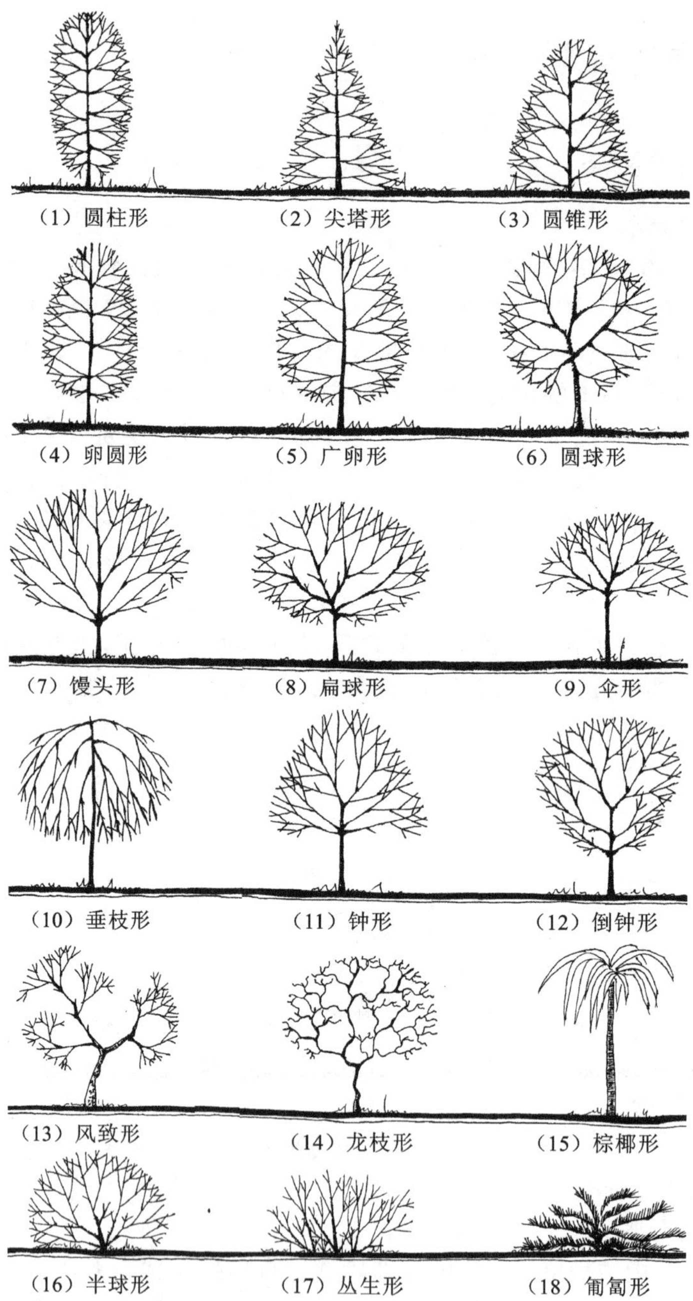

图 4-12　植物常见外形分类

表 4-2 植物的外观形态

序号	类型	代表植物	观赏效果
1	圆柱形	杜松、塔柏、新疆杨、黑杨、钻天杨等	高耸、静谧,构成垂直向上的线条
2	尖塔形	雪松、冷杉、沈阳桧、南洋杉、水杉等	庄重、肃穆,宜与尖塔形建筑物或山体搭配
3	圆锥形	圆柏、云杉、幼年期落羽杉、金钱松等	庄重、肃穆,宜与尖塔形建筑物或山体搭配
4	卵圆形	球柏、加拿大杨、毛白杨等	柔和,易于调和
5	广卵形	侧柏、紫杉、刺槐等	柔和,易于调和
6	圆球形	万峰桧、丁香、五角枫、黄刺玫等	柔和,无方向感,易于调和
7	馒头形	馒头柳、千头椿等	柔和,易于调和
8	扁球形	板栗、青皮槭、榆叶梅等	水平延展
9	伞形	老年期的油松、老年期落羽杉、合欢等	水平延展
10	垂枝形	垂柳、龙爪槐、垂榆等	优雅、平和,将视线引向地面
11	钟形	欧洲山毛榉等	柔和,易于调和,有向上的趋势
12	倒钟形	槐等	柔和,易于调和
13	风致形	老年的油松	奇特、怪异
14	龙枝形	龙爪桑、龙爪柳、龙爪槐等	扭曲、怪异,创造奇异的效果
15	棕椰形	棕榈树、椰子树等	构成热带风光
16	半球形	金缕梅等	柔和,易于调和
17	丛生形	玫瑰、连翘等	自然
18	匍匐形	铺地柏、迎春、地锦等	伸展,用于地面覆盖

不同的外形特征给人的视觉感受是不同的,如圆柱形、圆锥形、尖塔形等植物是向上的符号,能够通过引导视线向上,给人以高耸挺拔的感觉,在设计中这种植物如同“惊叹号”,成为瞩目的对象(见图 4-13)。而与此相反,垂枝形的植物因其下垂的枝条而将人们的视线引向地面,最常见的方式就是将其种植在水边,以配合波光粼粼的水面。扁球形的植物具有水平延展的外形,它会使景物在水平方向形成视觉上的联系,整个景观表现为扩展性和外延感,在构图上也与挺拔高大的乔木形成对比(见图 4-14)。

图 4-13 高大挺拔的水杉如同一个“惊叹号”

需要注意的是,植物的形状应该彼此调和,方能达到和谐、均衡的目的。要想获得整体形状的和谐,形状上应有一些重复。富于节奏感的重复赋予植栽设计韵律,把整个设计整合起来,可以成为中性的背

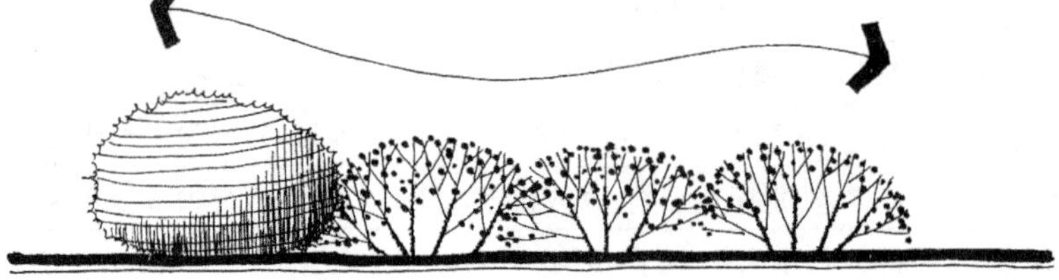

图 4-14 扁球形植物的景观效果

景，更好地补充建筑等景观主体。穿插以强烈对比的其他植物形状，则可以起到活跃气氛、调节设计焦点的作用。

4.3.2 植物的质感

植物的质感是指植物直观的光滑或粗糙程度，它受到植物叶片的大小和形状、枝条的长短和疏密，以及干皮的纹理等因素的影响（见图 4-15）。植物质感的分类如表 4-3 所示。

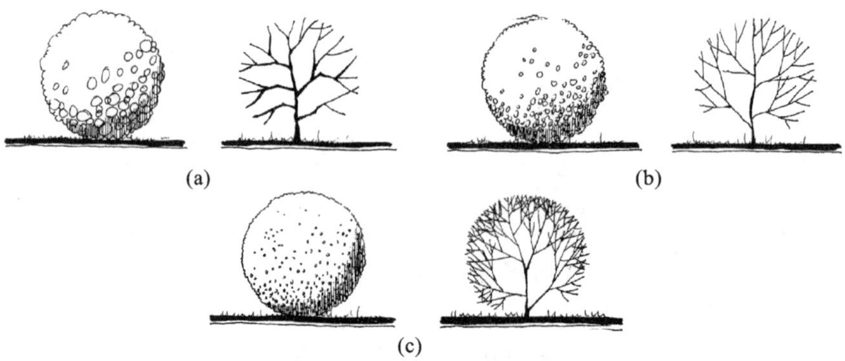

图 4-15 植物质感的类型

(a)粗质感；(b)中等质感；(c)细质感

表 4-3 植物质感的分类

质感类型	代表植物
粗质感	向日葵、木槿、岩白菜、蓝刺头、玉簪、梓树、梧桐、悬铃木、泡桐、广玉兰、天女木兰、新疆大叶榆、新疆杨、响叶杨、龟背竹、印度橡皮树、荷花、五叶地锦、草场等
中等质感	美国薄荷、金光菊、丁香、景天属、大戟属、芍药属、月见草属、羽扇豆属等
细质感	落新妇、耧斗菜、老鹳草、石竹、唐松草、乌头、金鸡菊、小叶女贞、蓍草、丝石竹、合欢、含羞草、小叶黄杨、锦熟黄杨、瓜子黄杨、大部分绣线菊属、柳属、大多数针叶树种、白三叶、经修剪的草坪等

1. 叶形

植物的叶片大小、形状直接影响到植物的质地，常绿树种多为针叶、鳞叶，叶片小，质地细；豆科植物、柳属植物、大多数绣线菊属植物叶片小，外观纤细柔和；而响叶杨、梓树、泡桐、梧桐、悬铃木等植物叶片较大，给人感觉粗犷、疏松；热带植被大多具有巨大的叶片，如董棕、鱼尾葵、巴西棕、高山蒲葵、油棕等。

2. 干皮的纹理

树皮纹理的形式较多，并且随着树龄的增长也会发生变化，多数树种树皮呈纵裂状，也有些植物树皮纹理比较特殊。

①光滑：幼龄胡桃、胡桃楸、柠檬桉等。

②横纹：山桃、桃、樱花等。

③片裂：白皮松、悬铃木、木瓜、榔榆等。

④丝裂：幼龄柏类。

⑤长方形裂纹：柿、君迁子等。

⑥粗糙（树皮不规则脱落）：云杉、硕桦等。

⑦疣突：热带地区的老龄树木常见这种情况。

质感比较粗糙的植物具有较强的视觉冲击性，往往可以成为景观中的视觉焦点，在空间上会有一种靠近观赏者的趋向性，而质感细腻的植物则相反。所以，在重要的景观节点应选用质感粗糙的植物，而背景则可选择质感细腻的植物，中等质感的植物可以作为两者的过渡；如果空间狭小，为了避免过于局促，则尽量不选用质感粗糙的植物，而应选用质感细腻的植物。

近景的植物肌理由叶子的大小、形状以及叶子与枝干的距离决定。通常，叶子较大，枝干露出较多，叶子具有三叉、五叉等特异形状的植物肌理较为粗糙，如杨树、毛泡桐和栎叶绣球。而叶子细小、形状简单、整体密实紧凑的植物肌理较为细腻，如鸡爪槭、黄杨和蕨类植物。

中景的植物肌理主要受叶子表皮特色和叶柄长度的影响。叶子光滑，反射阳光，肌理就显得亮泽细腻；反之则吸收阳光，整体沉暗，肌理显得粗糙。叶子的叶柄长度也能影响肌理。叶柄很长，就会使叶子在风中翻转，反射光线，使整棵植物显得富有变化，肌理粗糙。例如，杨树就由于叶柄长、叶子背面色彩浅而在中景中显示出粗糙的质感。

远景的植物肌理主要表现在光与影的变化上。

在近景中，肌理为植栽设计增添变化、增加趣味。在漫长的夏天，许多植物过了花期只余叶子时，肌理的变化与和谐对设计尤为重要。在中景和远景中，植物的线条和较微妙的色彩变化都不可识别，唯有肌理可增添景观的层次和明暗的对比，植物肌理是非常重要的设计因素。

此外，植物的质感也会随着季节的变化而变化。例如，落叶植物，当冬季落叶后仅剩下枝条，植物的质感就表现得比较粗糙了。如果植物组团全部为落叶植物，则冬季植物景观效果就会显得单调、散乱。所以在进行植物配植时，设计师应根据所需景观效果，综合考虑植物质感的季节变化，按照一定的比例合理搭配针叶常绿植物和落叶植物。

4.3.3 植物的色彩

树木植物在一年中有其自身的生长规律——萌芽、展叶、孕蕾、开花、结果，其生长过程为我们提供了欣赏植物季节美的机会。植物主要从干皮颜色、叶色、花色、果色这四方面来展现色彩变化，季节像魔棒一样让落叶植物悄悄地变装，不同植物季相的配植正是植物所具有的独特魅力。景观植物设计正是抓住植物这一特有的美感，把握景观植物风景的四季色彩。

1. 干皮颜色

当秋叶落尽，深冬季节，枝干的形态、颜色更加醒目，成为冬季主要的观赏景象。多数植物的干皮颜色为灰褐色，但是也有例外，如表 4-4 所示。

表 4-4 植物的干皮颜色

颜　　色	代表植物
紫红色或红褐色	红瑞木、青藏悬钩子、紫竹、马尾松、杉木、山桃、华中樱、樱花、西洋山梅花、稠李、金钱松、柳杉、日本柳杉等
黄色	金竹、黄桦、金镶玉竹、连翘等
绿色	棣棠、竹、梧桐、国槐、迎春、幼龄青杨、河北杨、新疆杨等
白色或灰色	白桦、胡桃、毛白杨、银白杨、朴、山茶、柠檬桉、白桉、粉枝柳、考氏悬钩子、老龄新疆杨、漆树等
斑驳	黄金镶碧玉竹、木瓜、白皮松、榔榆、悬铃木等

2. 叶色

自然界中大多数植物的叶色为绿色，但绿色在自然界中也有着深浅明暗不同的种类，多数常绿树种以及山茶、女贞、桂花、榕、毛白杨等落叶植物的叶色为深绿色，而水杉、落羽杉、落叶松、金钱松、玉兰等的叶色为浅绿色。即使是同一绿色植物，其叶片颜色也会随着植物的生长、季节的变化而变化。例如，垂柳初发叶时为黄绿，后逐渐变为淡绿，夏秋季为浓绿；春季银杏和乌桕的叶子为绿色，到了秋季银杏叶为黄色，乌桕叶为红色；鸡爪槭叶片在春季先红后绿，到秋季又变成红色。凡是植物叶色随着季节的变化出现明显改变，或是植物终年具备似花非花的彩叶，这些植物都被统称为色叶植物或彩叶植物。

植物的叶色除了取决于自身生理特性之外，还会由于生长条件、自身营养状况等因素的影响而发生改变。例如，金叶女贞春季萌发的新叶色彩鲜艳夺目，随着植株的生长，中下部叶片逐渐复绿。对这类彩叶植物来说，多次修剪对其呈色十分有利。另外，光照也是一个重要的影响因素。例如，金叶女贞、紫叶小檗，光照越强，叶片色彩越鲜艳；而一些室内观叶植物，如彩虹竹芋、孔雀竹芋等，只有在较弱的散射光下才呈现斑斓的色彩，强光反而会使彩斑严重褪色。

掌握植物叶色对景观设计非常重要，植物叶色分类如表 4-5 所示。

表 4-5　植物色叶分类

<table>
<tr><th>分类</th><th colspan="3">子　　目</th><th>代表植物</th></tr>
<tr><td rowspan="4">季相色叶植物</td><td rowspan="2">秋色叶</td><td colspan="2">红色/紫红色</td><td>黄栌、乌桕、漆树、卫矛、连香木、黄连木、地锦、五叶地锦、小檗、樱花、盐肤木、野漆、南天竹、花楸、百华花楸、山楂及槭树类植物等</td></tr>
<tr><td colspan="2">金黄色/黄褐色</td><td>银杏、白蜡、鹅掌楸、加拿大杨、柳、梧桐、榆、槐、白桦、复叶槭、紫荆、栓皮栎、悬铃木、胡桃、木杉、落叶松、楸树、紫薇、榔榆、酸枣、猕猴桃、七叶树、水榆花楸、蜡梅、石榴、黄槐、金缕梅、无患子、金合欢等</td></tr>
<tr><td rowspan="2">春色叶</td><td>春叶</td><td>红色/紫红色</td><td>臭椿、五角枫、红叶石楠、黄花柳、卫矛、黄连木、枫香、漆树、鸡爪槭、茶条槭、南蛇藤、红栎、乌桕、火炬树、盐肤木、花楸、南天竺、山楂、枫杨、小檗、爬山虎等</td></tr>
<tr><td colspan="2">新叶特殊色彩</td><td>云杉、铁力木、红叶石楠等</td></tr>
<tr><td rowspan="10">常色叶植物</td><td rowspan="2">彩缘</td><td colspan="2">银边</td><td>银边八仙花、镶边锦江球兰、高加索常春藤、银边常春藤等</td></tr>
<tr><td colspan="2">红边</td><td>红边朱蕉、紫鹅绒等</td></tr>
<tr><td rowspan="4">彩脉</td><td colspan="2">白色/银色</td><td>银脉虾蟆草、银脉凤尾蕨、银脉爵床、白网纹草、喜阴花等</td></tr>
<tr><td colspan="2">黄色</td><td>金脉爵床、黑叶美叶芋等</td></tr>
<tr><td colspan="2">多种颜色</td><td>彩纹秋海棠等</td></tr>
<tr><td colspan="2">白色或红色叶片、绿色叶脉</td><td>花叶芋、枪刀药等</td></tr>
<tr><td rowspan="4">斑叶</td><td colspan="2">点状</td><td>洒金一叶兰、细叶变叶木、黄道星点木、洒金常春藤、白点常春藤等</td></tr>
<tr><td colspan="2">线状</td><td>斑马小凤梨、斑马鸭趾草、条斑一叶兰、虎皮兰、虎纹小凤梨、金心吊兰等</td></tr>
<tr><td colspan="2">块状</td><td>黄金八角金盘、金心常春藤、锦叶白粉藤、虎耳秋海棠、变叶木、冷水花等</td></tr>
<tr><td colspan="2">彩斑</td><td>三色虎耳草、彩叶草、七彩朱蕉等</td></tr>
</table>

续表

分类	子目		代表植物
常色叶植物	彩色	红色/紫红色	美国红栌、红叶小檗、红叶景天等
		紫色	紫叶小檗、紫叶李、紫叶桃、紫叶欧洲槲、紫叶矮樱、紫叶黄栌、紫叶榛、紫叶梓树等
		黄色/金黄色	金叶女贞、金叶雪松、金叶鸡爪槭、金叶圆柏、金叶连翘、金山绣线菊、金焰绣线菊、金叶接骨木、金叶皂荚、金叶刺槐、金叶六道木、金钱松、金叶风箱果等
		银色	银叶菊、银边翠(高山积雪)、银叶百里香等
		叶两面颜色不同	银白杨、胡颓子、栓皮栎、青紫木等
		多种叶色品种	叶子花有紫色、红色、白色或红白两色等多个品种

3. 花色

花色是植物观赏特性中最为重要的一方面，给人的美感最直接、最强烈。充分发挥这一观赏特性，不仅要掌握植物的花色，还应该明确植物的花期，同时以色彩理论作为基础，合理搭配花色和花期(见表 4-6)。需要注意的是，自然界中某些植物的花色并不是一成不变的，有些植物的花色会随着时间的变化而变化。例如，金银花一般都是一蒂双花，刚开花时花色为象牙白色，两三天后变为金黄色，这样新旧相参，黄白互映，所以得名金银花。在变色花中，最奇妙的要数木芙蓉，一般的木芙蓉，刚开放的花朵为白色或淡红色，后来渐渐变为深红色，三醉木芙蓉的花可一日三变，清晨刚绽放时为白色，中午变成淡红色，而到了傍晚却又变成了深红色。

此外，还有些植物的花色会随着环境的变化而改变。例如，八仙花的花色是随土壤的 pH 值不同而变化的，生长在酸性土壤中的八仙花为粉红色，生长在碱性土壤中的八仙花为蓝色，所以八仙花不仅可用于观赏，还可以指示土壤的 pH 值。

表 4-6　植物花色、花期的配植

	白色系	红色系	黄色系	紫色系	蓝色系
春	白玉兰、广玉兰、白鹃梅、笑靥花、珍珠绣线菊、梨、山桃、山杏、白花碧桃、白丁香、山茶(白色品种，如水晶白、玉牡丹、白芙蓉等)、含笑、白花杜鹃、珍珠梅、流苏树、络石、石楠、文冠果、火棘、厚朴、油桐、鸡麻、欧李、麦李、接骨木、山樱桃、毛樱桃、稠李等	榆叶梅、山桃、山杏、碧桃、海棠、垂丝海棠、贴梗海棠、樱花、山茶、杜鹃、刺桐、木棉、红千层、牡丹、芍药、瑞香、锦带花、郁李等	迎春、连翘、东北连翘、蜡梅、金钟花、黄刺玫、棣棠、相思树、黄素馨、黄兰、天人菊、芒果、结香、南洋楹等	紫荆、紫丁香、紫玉兰、九重葛、羊踯甲、巨紫荆、黄山紫荆、映山红、山茶(紫红莲)、紫藤、泡桐、瑞香、珙桐(苞片白色)等	风信子、鸢尾、蓝花楹、矢车菊等

续表

	白色系	红色系	黄色系	紫色系	蓝色系
夏	广玉兰、山楂、玫瑰、茉莉、七叶树、花楸、水榆花楸、木绣球、天目琼花、木槿、太平花、白兰花、银薇、栀子花、刺槐、槐、白花紫藤、木香、糯米条、日本厚朴等	楸树、合欢、蔷薇、玫瑰、石榴、紫薇(红色种)、凌霄、崖豆藤、凤凰木、楼斗菜、枸杞、美人蕉、一串红、扶桑、千日红、红王子锦带、香花槐、金山绣线菊、金焰绣线菊等	锦鸡儿、云实、鹅掌楸、黄槐、鸡蛋花、黄花夹竹桃、银桦等	木槿、紫薇、油麻藤、千日红、牵牛花等	三色堇、鸢尾、蓝花楹、矢车菊、八仙花、婆婆纳等
秋	油茶、银薇、木槿、糯米条、金盘、胡颓子、九里香等	紫薇(红色种)、木芙蓉、大丽花、扶桑、千日红、红王子锦带、香花槐、金山绣线菊、金焰绣线菊等	桂花、菊花、金合欢、黄花夹竹桃等	木槿、紫薇、紫羊蹄甲、九重葛、千日红、紫花藿香蓟、翠菊等	风铃草、藿香蓟等
冬	梅、鹅掌柴	一品红、山茶(吉祥红、秋牡丹、大红牡丹、早春大红球)、梅等	蜡梅		

4. 果色

"一年好景君须记,正是橙黄橘绿时",自古以来,观果植物在园林中就被广泛地使用。例如,苏州拙政园的"待霜亭",亭名取自唐朝诗人韦应物"洞庭须待满林霜"的诗意,因洞庭产橘,待霜降后方红,此处原种植洞庭橘十余株,故此得名。很多植物的果实色彩鲜艳,甚至经冬不落,在百物凋零的冬季也是一道难得的风景,表 4-7 列举了一些植物果实的颜色。

表 4-7 植物果实的颜色

颜色	代表植物
紫蓝色/黑色	紫珠、葡萄、女贞、白檀、十大功劳、八角金盘、海州常山、刺楸、水腊、西洋常春藤、接骨木、无患子、灯台树、稠李、东京樱花等
红色/橘红色	天目琼花、冬青、红果冬青、小果冬青、南天竺、忍冬、卫矛、山楂、海棠、枸骨、枸杞、石楠、火棘、铁冬青、九里香、石榴、木香、花椒、樱桃、欧洲花楸、欧李、麦李、郁李沙棘、风箱果等

续表

颜色	代表植物
白色	珠兰、红瑞木、玉果南天竺、雪里果等
黄色/橙色	银杏、木瓜、柿、柑橘、乳茄、金橘、金枣等

4.3.4 植物的味道

1. 芳香植物及其类型

凡是兼有药用植物和香料植物共有属性的植物类群被称为芳香植物，因此芳香植物是集观赏、药用、食用价值于一身的特殊植物类型。芳香植物包括香草、香花、香果、香蔬、芳香乔木、芳香灌木、芳香藤本、香味作物等八大类，如表 4-8 所示。

表 4-8 芳香植物的分类

分类名称	代表植物	备注
香草	香水草、香罗兰、香客来、香囊草、香附草、香斗草、晚香玉、鼠尾草、薰衣草、神香草、排香草、灵香草、碰碰香、留兰香、迷迭香、六香草、七里香等	芳香植物具有四大主要成分：芳香成分、药用成分、营养成分和色素成分；大部分芳香植物还含有抗氧化物质和抗菌成分； 按照香味浓烈程度分为山幽香、暗香、沉香、淡香、清香、醇香、醉香、芳香
香花	茉莉花、紫茉莉、栀子花、米兰、香珠兰、香雪兰、香豌豆、香玫瑰、香芍药、香茶花、香含笑、香矢车菊、香万寿菊、香型花毛茛、香型大岩桐、野百合、香雪球、香福禄考、香味天竺葵、豆蔻天竺葵、五色梅、番红花、桂竹香、香玉簪、欧洲洋水仙等	
香果	香桃、香杏、香梨、香李、香苹果、香核桃、香葡萄(桂花香、玫瑰香 2 种)等	
香蔬	香芥、香芹、香水芹、根芹菜、孜然芹、香芋、香荆芥、香薄荷、胡椒、薄荷等	
芳香乔木	美国红荚蒾、美国红叶石楠、苏格兰金链树、腊杨梅、美国香桃、美国香柏、美国香松、日本紫藤、黄金香柳、金缕梅、干枝梅、结香、韩国香杨、欧洲丁香、欧洲小叶椴、七叶树、天师栗、银鹊树、观光木、白玉兰、紫玉兰、望春木兰、红花木莲、醉香含笑、深山含笑、黄心夜合、玉铃花、暴马丁香等	
芳香灌木	白花醉鱼草、紫花醉鱼草、山刺玫、多花蔷薇、光叶蔷薇、鸡树条荚蒾、紫丁香等	
芳香藤本	香扶芳藤、中国紫藤、藤蔓月季、芳香凌霄、芳香金银花等	
香味作物	香稻、香谷、香玉米(黑香糯、彩香糯)、香花生(红珍珠、黑玛瑙)、香大豆等	

2. 常用芳香植物及其特点

尽管植物的味道不会直接刺激人的视觉神经，但是淡淡幽香会令人愉悦、神清气爽，同样也会产生美感。因而芳香植物在园林中的应用非常广泛，如网师园中的“小山丛桂轩”，桂花开时，异香袭人，意境高雅。

天然的香气分为水果香型、花香型、松柏香型、辛香型、木材香型、薄荷香型、蜜香型、茴香型、薰衣草香型、苔藓香型等几种。据研究，香味对人体的刺激所起到的作用是各不相同的，所以应该根据环境以及服务对象选择适宜的芳香植物(见表4-9)。

表4-9 芳香植物的气味及其作用

植物名称	气 味	作 用
茉莉	清幽	增强机体抵抗力、令人身心放松
栀子花	清淡	杀菌、消毒、令人愉悦
白玉兰	清淡	提神养性、杀菌、净化空气
桂花	香甜	消除疲劳、宁心静脑、理气平喘、温通经络
木香	浓烈	振奋精神、增进食欲
薰衣草	芳香	去除紧张、平肝息火、治疗失眠
米兰	淡雅	提神健脾、净化空气
玫瑰花	甜香	消毒空气、抗菌，使人身心爽朗、愉快
荷花	清淡	清心凉爽、安神静心
菊花	辛香	降血压、安神、使思维清晰
百里香	浓郁	食用调料、温中散寒、健脾消食
香叶天竺葵	苹果香	消除疲劳、宁神安眠、促进新陈代谢
薄荷	清凉	收敛和杀菌作用、消除疲劳、清脑提神、增强记忆力，并有利于儿童智力的发育
丁香	辛而甜	使人沉静、轻松，具有疗养的功效
迷迭香	浓郁	抗菌、可疗病养生、增进消化机能
辛夷	辛香	开窍通鼻、治疗头痛头晕
细辛	辛香	疗病养生
藿香	清香	清醒神志、理气宽胸、增进食欲
橙	香甜	提高工作效率、消除紧张不安的情绪
罗勒	混合香	净化空气、提神理气、驱蚊
紫罗兰	清雅	神清气爽
艾叶	清香	杀菌、消毒、净化空气
七里香	辛而甜	驱蚊蝇和香化环境
姜	辛辣	消除疲劳、增强毅力

续表

植物名称	气　味	作　用
芳香鼠尾草	芳香而略苦	兴奋、祛风、镇痉
肉桂	浓烈	可理气开窍、增进食欲，但儿童和孕妇不宜闻此香味

3. 芳香植物的使用禁忌

芳香植物的运用拓展了园林景观的功能，现在园林中甚至出现了以芳香植物为主的专类园，并用以治疗疾病，即所谓“芳香疗法”。但应该注意的是，有些芳香植物对人体是有害的。例如，夹竹桃的茎、叶、花都有毒，其气味如闻得过久，会使人昏昏欲睡、智力下降；夜来香在夜间停止光合作用后会排出大量废气，这种废气闻起来很香，但对人体健康不利，如果长期把它放在室内，会使人头昏、咳嗽，甚至气喘、失眠。可见，芳香植物也并非全都有益，设计师应该在准确掌握植物生理特性的基础上加以合理利用。

4.3.5　植物的声音

一般认为，植物是不会“发声”的，但通过设计师的科学布局、合理配植，植物也能够欢笑、歌唱、低语、呐喊……

1. 借助外力“发声”

一种声音源自于植物的叶片——在风、雨、雪等的作用下发出声音，比如响叶杨——因其在风的吹动下叶片发出的清脆声响而得名。针叶树种最易发声，当风吹过树林，便会听到阵阵涛声，有时如万马奔腾，有时似潺潺流水，所以会有“松涛”“万壑松风”等景点题名。还有一些叶片较大的植物也会产生音响效果，如拙政园的留听阁，因唐代诗人李商隐《宿骆氏亭寄怀崔雍崔衮》诗“秋阴不散霜飞晚，留得枯荷听雨声”而得名，此诗对荷叶产生的音响效果进行了形象的描述。

2. 林中动物“代言”

另一种声音源自于林中的动物，正所谓“蝉噪林逾静，鸟鸣山更幽”。植物为动物提供了生活的空间，而这些动物又成为植物的“代言人”。要想创造这种效果，就不能单纯地只研究植物的生态习性，还应了解植物与动物之间的关系，利用合理的植物配植为动物营造一个适宜的生存空间。

总之，在植物景观设计过程中，不能只考虑某一个观赏因子，而应在全面掌握植物观赏特性的基础上，根据景观的需要合理配植植物，创造优美的植物景观。

4.3.6　植物的意蕴

中国古代的文学、绘画对于植物配植产生了深远的影响，其中绘画中的“三境界”观——生境、画境、意境，对植物造景的影响最大。在古典园林中，植物不仅为了绿化，还力求能入画，要具有画意，正如明代文人兼画家茅元仪所述：“园者，画之见诸行事也。”如江南私家园林中经常以白墙为纸，竹、松、石为画，在狭小的空间中创造淡雅的国画效果。

植物成片栽植时讲究“两株一丛要一俯一仰，三株一丛要分主宾，四株一丛则株距要有差异”。这些同样源自画理，如此搭配自然会主从鲜明、层次分明。如拙政园岛上的植物配植讲究高低错落、层次分明，植物种植以春梅、秋菊为主景，樟、朴遮阴为辅，常绿松柏构成冬景。为了增加景观的层次感，植物的高度各有不同，栽植的位置也有所差异，樟、朴居于岛的中部、上层空间，槭、合欢等位于中层空间，梅、菊等比较低矮的植物位于林缘、林下空间，无论隔岸远观，还是置身其中，都仿佛画中游一般。

此外，中国古人还赋予了植物拟人的品格，如梅花象征冰清玉洁、谦虚的品格，给人以立志奋发的激励；竹象征坚贞、高风亮节、虚心向上；松象征意志坚强，也是长寿的象征；兰花象征高洁、清雅的品格；牡丹兼有色、香、韵三者之美，象征繁荣昌盛、幸福和平。在造景时，“借植物言志”也是比较常见的。例如，扬州的个园，个园是清嘉庆年间两淮盐总黄至筠的私园，是在明代寿芝园旧址基础上重建而成的。因园主“性爱竹”，所以园中“植竹千竿”，清袁枚有“月映竹成千个字”之句，故名“个园”，在这成丛翠竹、优美景致之间，园主人也借竹表达了自己“挺直不弯，虚心向上”的处世态度。可见，植物不仅仅是为了创造优美的景致，其中还蕴含着丰富的哲理和深刻的内涵，正所谓“景有尽而意无尽”。

植物的意蕴在今天的景观设计中也是很重要的因素，选用适宜在基地上生长的植物，使植物茂盛、健康地成长，完成自身的生态功能，是植栽设计的第一重境界——生境。当作品完成时，从一个角度或多个角度看成为可以入画的场景，给人审美的愉悦，是植栽设计的第二重境界——画境。通过象征意义激发观者内心的共鸣，将人的审美情趣升华到更高层次，达到天人合一的境界，这就是植栽设计的第三重境界——意境。当观赏者注意到设计者的审美意图，产生文学、哲学等方面的联想，体验到会心的愉悦时，植栽设计也就超越了种植的范畴，从而成为触动人心的艺术作品了。

4.4 植物的配植原则

4.4.1 根据植物的习性科学配植

植物是有生命的活物体。不同的植物有不同的功能、习性和对立地条件的要求，包括土壤、温度、气候、移栽季节、光照、耐干湿性以及生长速度，等等。不了解这些，盲目种植必然导致失败。

顺应植物的生长规律，科学地按照植物的性能来设计配植方案，是设计中应该首先考虑的问题。例如，以群植为主的植物要考虑到植物栽植的间距，要想到树木成长后的发展空间，否则有碍于植物的正常生长；植物之间有生长快和慢的差别，在两种植物前后布局时，如果没有掌握好所用植物的生长特性，把生长快的植物栽植于前列，生长慢的植物栽植于后面，随着时间的变化其结果必然会出现前高后低，破坏整体视觉美感。

在植物设计中考虑美观的同时，对于植物的生长习性更要重视，表4-10是根据植物生长习性所作的分类。

表4-10 根据植物生长习性的分类表

分类名称	代表植物
阳性植物	马尾松、油松、纤松、黑松、落叶松、金钱松、水松、水杉、落羽杉、银杏、麻栎、小叶栎、白杨、刺槐、桦木、漆树、黄连木、白蜡树、泡桐、合欢、旱柳、刺楸、无患子、悬铃木、紫薇、木芙蓉、核桃楸、臭椿、桉树、蜡梅、桃树、杏树、海棠、相思树、紫藤、连翘、凌霄、黄刺玫等
耐阴性植物	罗汉松、冷杉、紫杉、云杉、铁杉、竹柏、山茶、紫楠、红楠、大叶楠、栲树、青冈栎、珊瑚树、厚皮香、椤木石楠、棕榈、桂花、海桐、枸骨、黄杨、蚊母树、桃叶珊瑚、南天竹、马醉木、朱砂根、丝兰、络石、接骨木、地锦、杜鹃、栀子花、天目琼花、八角金盘、玉簪、十大功劳、常春藤、六月雪等
中性植物	柳杉、杉木、圆柏、刺柏、日本五针松、柏木、连香树、朴树、榉树、七叶树、五角枫、元宝枫、枫杨、珍珠梅、木荷、香樟、樱花、核桃、糙叶树、槐树、女贞、桂花、杜鹃、万年青、葱兰、紫羊茅等
耐旱植物	马尾松、油松、雪松、黑松、侧柏、红松、刺柏、白皮松、圆柏、龙柏、落叶松、黄檀、臭椿、榔榆、小檗、杞柳、麻栎、枫香、山胡椒、棠梨、黄连木、石楠、火棘、合欢、槐树、刺槐、朴树、榉树、白榆、紫藤、石榴、紫薇、糙叶树、木槿、胡颓子、赤杨、白蜡树、楸树、蜡梅、山楂、泡桐、桃树、三角枫、白桦、山杨、雪柳、枸杞、海桐、六月雪、十大功劳、柳道木、夹竹桃、柿树、结缕草、百喜草等
耐湿植物	水杉、水松、湿地松、落羽松、池柏、圆柏、罗汉松、河柳、垂柳、旱柳、枫杨、雪柳、夹竹桃、重阳木、乌柏、女贞、蚊母树、喜树、白蜡树、桑树、栀子、青桐、龙爪槐、桉树、榔榆、垂丝海棠、合欢、水杨梅、亦杨、紫薇、连香柯、黄栌、枫香、木芙蓉、绣球花、棣棠、南天竹、紫藤、丝兰、棕榈、白桦、朴树、广玉兰、蜡瓣花、虎耳草、细叶苔等
耐瘠植物	黑松、红松、罗汉松、侧柏、圆柏、黄檀、臭椿、胡颓子、麻栎、山楂、构树、刺槐、化香、黄连木、山槐、枣树、山杨、石楠、枫香、火棘、三角枫、银白杨、旱柳、紫薇、白蜡树、苦楝、白桦、蜡梅、黄荆、卫矛、小檗、朴树、柳树、女贞、白榆、枸骨、硬羊茅、结缕草等

续表

分类名称	代表植物
耐碱性植物	黑松、池杉、侧柏、刺柏、罗汉柏、罗汉松、悬铃木、青桐、枫杨、臭椿、刺槐、银杏、白蜡树、苦楝、皂荚、旱柳、花楸、黄连木、合欢、丁香、泡桐、紫荆、槐树、海桐、夹竹桃、卫矛、月桂、海棠、无花果、棕榈、钝叶草等
喜酸性植物	红松、马尾松、湿地松、金钱松、罗汉松、红豆杉、杉木、池杉、樟树、桉树、杨梅、冬青、槐树、红楠、茶树、九里香、马醉木、杜鹃、吊钟花、茉莉、白兰花、石楠、含笑、油桐、柑橘、棕榈、苏铁等
抗二氧化硫植物	黑松、龙柏、夹竹桃、樟树、构树、广玉兰、糙叶树、枫杨、臭椿、楝树、合欢、丝棉木、乌桕、旱柳、垂柳、泡桐、蚊母树、刺槐、桑树、无花果、大叶黄杨、石榴、女贞等

4.4.2 根据设计中空间构筑的需要配植

任何设计都是有目的的。植物本身是一个三维空间的实体，具有构成空间的功能。植物作为景观要素之一来说，具有构造空间的功能。例如，树木排列栽植成绿篱，与空间垂直的树木自然起到了分隔空间的作用，像建筑砌墙一样有明显的空间包围感。

树木的形态、枝叶的疏密、种植的密度可以将构成空间的三个平面，以不同的方式组合交织成各种不同的空间效果，这也体现了植物的建筑功能。除此以外，植物的不同栽植法可以体现出不同的实用功能。如膝高(0.3～0.6 m)的植物列植成排，则产生导向作用；腰高(1 m 左右)的植物列植可作为交通的分隔带；胸高(1.2 m 左右)的植物列植则有明显的分隔空间作用；高于眼部视觉(1.5 m 左右)的植物列植则有被包围的私密空间感。由于视觉经验给我们带来了植物的功能效应，充分地体现了植物配植的实用功能，因此，植物配植适合于实用目的的设计更加受欢迎(见图 4-16)。

生长的植物具有动态美。如果在设计中从一年四季需要遮阴的角度考虑，自然是首选常绿阔叶树去配植环境；如果在朝南向的建筑物窗前栽植树木，一般要考虑夏天遮阴、冬天可以采光的问题，那么首选一定是落叶树。窗前栽植落叶树可以观赏到树木在一年四季中的多彩变化，同时为室内生活的人在视觉上增添自然、动态的亲和之美。

利用植物在城市街道中作交通分隔带的功能大家都很熟悉，但是，如果植物的大小配植不当，也会给交通带来不便，甚至造成交通事故。例如，在转弯路口上栽植密不通风的植物，遮挡了视线，驾驶员与路人相互看不见，埋下了交通隐患，很容易发生交通事故(见图 4-17)。

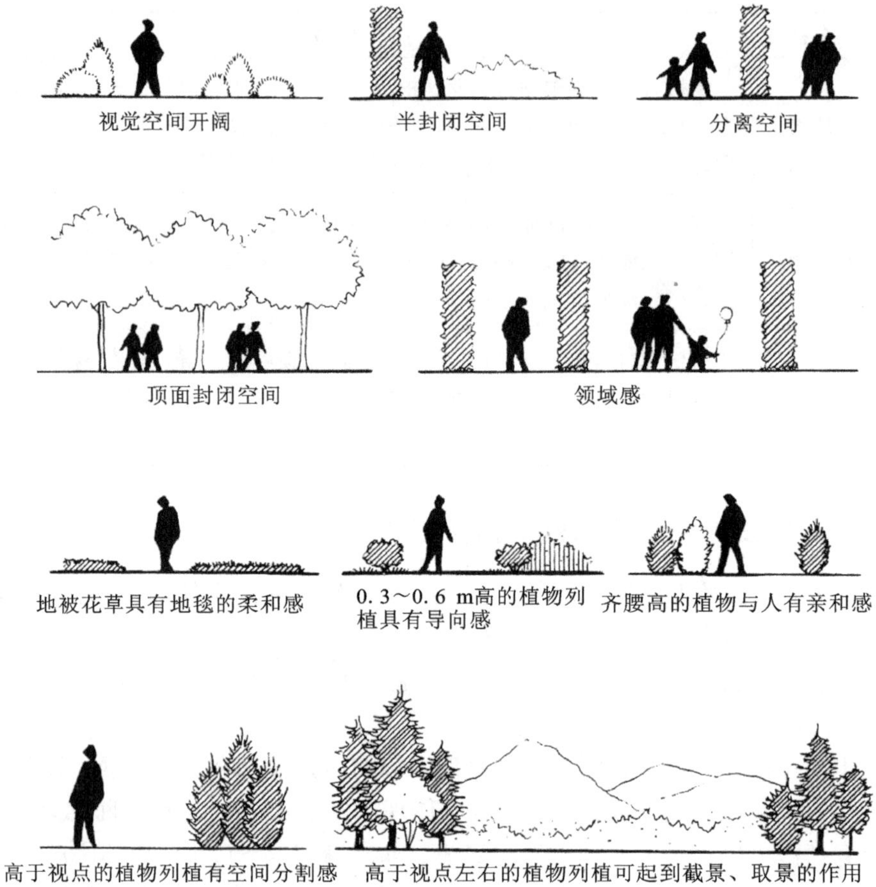

图 4-16　植物构筑空间

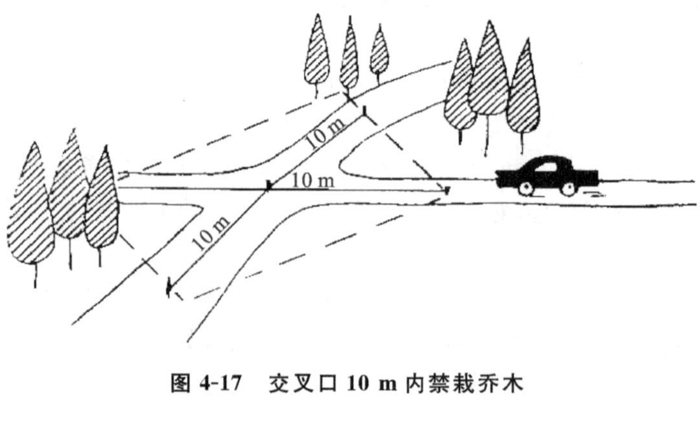

图 4-17　交叉口 10 m 内禁栽乔木

4.4.3 根据植物的个性特色配植

多少年来，植物的配植大都按照传统的方式——绿化的原则去栽种，并没有从艺术的角度考虑如何利用植物造型、色彩的基本元素去构造风景景观。简单而盲目地植树绿化，造成的结果是大同小异，到处是一样的面孔。特别是城市的街景，若没有明显的建筑或商业门面特征，往往会给人们带来辨认的迷惑和困扰，分不清街道和方向。这种状况是因为没有很好地运用构造景观的基本元素，没有充分发挥植物的树姿与色彩个性，从而使城市绿化景观陷于一种单调的状况。

整体而富有变化的配植可给人们留下较强烈的印象。植物的个性化配植，塑造了街道的个性化风貌，这不仅为人们辨识街道及其方向带来方便，而且为市容增添了无数条色彩丰富的风光带。树木个性化街景，如雪松的街景、杉树的街景、梧桐树的街景、银杏树的街景、樱花树的街景、枫树的街景等，每一种树木在统一的排列下形成了带有个性的美丽色带，这种带有强烈特征的重复列植，形成了翠绿色带、中绿色带、中黄色带、粉红色带、橘红色带等，乔木的色带下还可以配上相宜的色叶灌木群，最大限度地发挥植物的个性色彩，极大地丰富了城市街景景观，既方便了人们对街道方向的辨识和记忆，又为人们观赏植物的个性美、享受街景风光及优雅环境提供了最好的设计。这不仅体现了植物的个性美，同时又丰富美化了景观环境。植物个性特色分类如表 4-11 所示。

表 4-11 植物个性特色分类表

植物个性	植物名称
深绿色植物	雪松、罗汉松、黑松、刺柏、杨梅、珊瑚树、桂花树、栎树、冬青、石楠、樟树、月桂树、柳杉、臭椿、枸骨等
明亮绿色植物	水杉、落羽松、龙柏、侧柏、金合欢、悬铃木、榉树、泡桐、紫薇、槐树、黄铲、连香树、垂柳、蜡梅、桃树、梨树、棣棠、枫杨、紫荆、桃叶珊瑚等
红黄色植物	枫树、枫香、三角枫、鸡爪槭、榉树、悬铃木、小檗、石楠、黄栌、十大功劳、南天竹、紫叶李、雪柳、樱花、金叶女贞等
芳香植物	木香、桂花、丁香、含笑、米兰、蜡梅、栀子花、白兰花、玫瑰、金银花、水仙、茉莉花、香樟、月桂、菊花、百合、浓香探春、结香、瑞香等
观花植物	木绣球、紫薇、紫荆、樱花、桃花、梨花、蜡梅、石榴、紫玉兰、白玉兰、泡桐、桂花、梅花、琼花、木香、木槿、连翘、杜鹃、棣棠、六月雪、栀子、月季、海棠、迎春花、金丝桃等
观果植物	火棘、珊瑚树、栾树、南天竹、秤锤树、柑橘、石榴、梧桐、银杏、石楠、枸骨、枫杨、青桐、柿树、荚蒾等

4.5 植物造景的美学法则

植物配植的形式美感基于植物的形态、色彩、观赏价值等之上。掌握形式美的构成法则，如统一与变化法则、时空法则、数的法则等，将其运用到植物的配植上，这就是艺术配植的主要方法。

4.5.1 统一与变化法则

统一与变化法则是最基本的美学法则，在园林植物景观设计中，设计师必须将景观作为一个有机的整体加以考虑，统筹安排。统一与变化法则是以完形理论为基础，通过发掘设计中各个元素相互之间内在和外在的联系，运用调和与对比、过渡与呼应、主景与配景以及节奏与韵律等手法，使植物景观在形、色、质地等方面产生统一而又富于变化的效果。

1. 调和与对比

调和是利用景观元素的近似性或一致性，使人们在视觉上、心理上产生协调感。如果其中某一部分发生改变就会产生差异和对比，这种变化越大，这一部分与其他元素的反差越大，对比也就越强烈，越容易引起人们注意。最典型的例子就是“万绿丛中一点红”，“万绿”是调和，“一点红”是对比。

在植物景观设计过程中，主要从外形、质地、色彩等方面实现调和与对比，从而达到统一的效果。

1）外形的调和与对比

利用外形相同或者相近的植物可以达到植物组团外观上的调和，比如球形、扁球形的植物最容易调和，形成统一的效果。如图 4-18 所示，杭州花港观鱼公园某园路两侧的绿地，以球形、半球形植物构成了一处和谐的景致。

图 4-18 杭州花港观鱼公园局部景观效果

但完全相同会显得平淡、乏味，如图 4-19(a)所示，栽植的植物高度相同，又都是形态相似的球形或扁球形，景观效果平淡而缺乏特色；而图 4-19(b)中，利用圆锥形的植物形成外形的差异，在垂直方向与水平方向形成对比，景观效果一下子就活跃起来了。

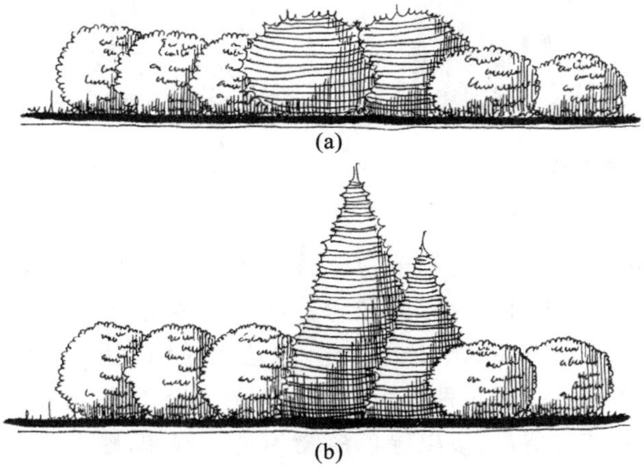

图 4-19 植物外形的调和与对比

(a)完全的调和使植物景观过于平淡；(b)在调和基础上的对比使植物景观富有动感

对于配植花卉来说，用外形大小对比来创造景观变化也是一种有效的设计方法，如图 4-20 所示，在统一的黄色花卉中，通过花朵大小不同来增加层次感。

2）质感的调和与对比

植物的质感会随着观赏距离的增加而变得模糊，所以质感的调和与对比往往针对某一局部的景观。细质感的植物由于具有清晰的轮廓、密实的枝叶、规整的形状，常被用作景观的背景。例如，多数绿地都以草坪作为基底，其中一个重要原因就是经过修剪的草坪平整细腻，不会过多地吸引人的注意。配植时应该首先选择一些细质感的植物，如珍珠绣线菊、小叶黄杨或针叶树种等，与草坪形成和谐的效果，在此基础上，根据实际情况选择粗质感的植物加以点缀，形成对比，如图 4-21 所示。而在一些自然、充满野趣的环境中，常常使用未经修剪的草场，这种基底的质感比较粗糙，可以选用粗质感的植物与其搭配，但要注意植物的种类不要选择太多，否则会显得杂乱无章。

3）色彩的调和与对比

色彩中同一色系比较容易调和，并且色环上两种颜色的夹角越小越容易调和，如黄色和橙黄色、红色和橙红色等；随着夹角的增大，颜色的对比也逐渐增强，色环上相对的两种颜色，即互补色，对比是最强烈的，如红和绿、黄和紫等。

对于植物的群体效果，首先应该根据当地的气候条件、环境色彩、风俗习惯等因素确定一个基本色调，选择一种或几种相同颜色的植物进行大面积的栽植，构成景

图 4-20　同类色不同大小花卉的对比配置

图 4-21　植物质感的调和与对比

观的基调、背景，也就是常说的基调植物。通常基调植物多选用绿色植物，因绿色令人放松、舒适，而且绿色在植物色彩中最为普遍。虽然由于季节、光线、品种等原因，植物的绿色也会有深浅、明暗、浓淡的变化，但这仅是明度和色相上的微差，当绿色作为一个整体出现时，会呈现一种因为微差的存在而形成的调和之美。因此植物景观，尤其是大面积的植物造量，多以绿色植物为主。例如，颐和园以松柏类作为基调植物，杭州花港观鱼公园以绿草坪作为基底配以成片的雪松形成雪松草坪景观，色调统一协调。当然绿色也并非绝对的主调，布置花坛时，需要根据实际情况选择主色调，并尽量选用与主色调同一色系的颜色作为搭配，以避免颜色过多而显得杂乱。

在总体调和的基础上，可以适当地点缀其他颜色，构成色彩上的对比。例如，大面积的紫叶小檗模纹中配以由金叶女贞或者金叶绣线菊构成的图案，紫色与黄色形成强烈的对比，图案醒目。如图 4-22 所示，由桧柏构成整个景观的基调和背景，配植京桃、红瑞木，京桃粉白相间的花朵、古铜色的枝干与深绿色桧柏形成柔和的对比，而红瑞木鲜红的枝条与深绿色桧柏形成强烈的对比。

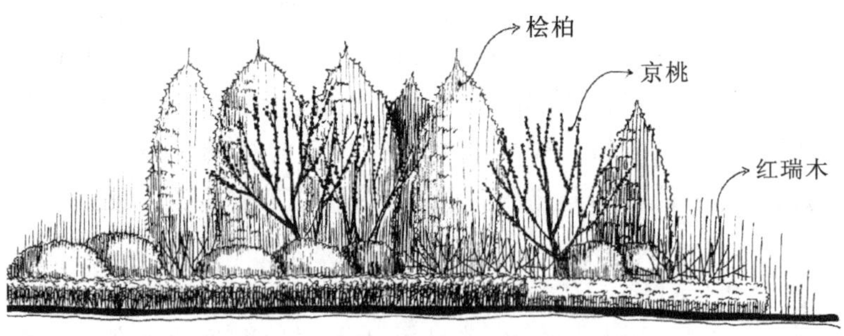

图 4-22　植物色彩搭配示例

2. 过渡与呼应

当景物的色彩、外观、大小等方面相差太大，对比过于强烈时，在人的心里会产生排斥感和离散感，景观的完整性就会被破坏。利用过渡和呼应的方法，可以加强景观内部的联系，消除或者减弱景物之间的对立，达到统一的效果。

如配植植物时两种植物的颜色对比过于强烈，可以通过调和色或者无彩色（如白色、灰色等）形成过渡（见图 4-23(a)）。如果说"过渡"是连续的，则"呼应"就是跳跃的，它主要是利用人的视觉印象，使分离的两个部分在视觉上形成联系。例如，水体两岸的植物无法通过其他实体景物产生联系，但可以栽植色彩、形状相同或相似的植物形成两岸的呼应，在视觉上将两者统一起来。对于具体的植物景观，常常利用"对称和均衡"的方法形成景物的相互呼应。例如，对称布置的两株一模一样的植物，在视觉上相互呼应，形成"笔断意连"的完整界面。如图 4-23(b)左侧斜展的油松与右侧倾伏的龙柏，一左一右、一前一后、一仰一伏，交相呼应，构成非对称的均衡。

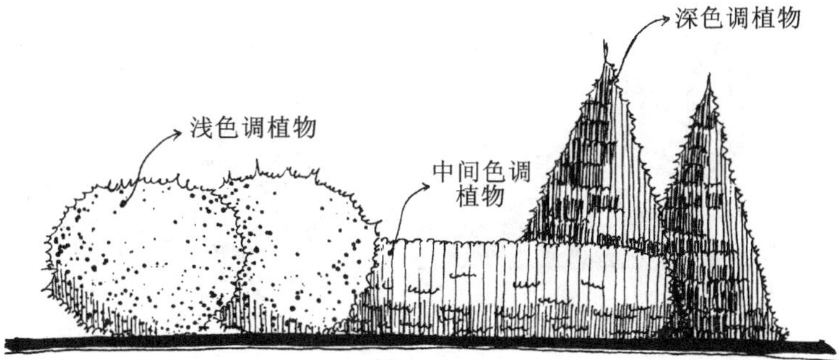

(a)

(b)

图 4-23 植物的过渡与呼应

(a)植物色彩的过渡；(b)非对称均衡形成景物之间的呼应

3. 主景与配景

一部戏剧，必须区分主角与配角，才能形成完整、清晰的剧情。植物的主景与配景也是一样，只有明确主从关系，才能够达到统一的效果。按照植物在景观中的作用分为主调植物、配调植物和基调植物，它们在植物景观的主导位置依次降低，但数量却依次增加。也就是说，基调植物数量最多，就如同群众演员一样，同配调植物一道，围绕着主调植物展开。

在植物配植时，首先确定一两种植物作为基调植物，使之广泛分布于整个园景中；同时，还应根据分区情况，选择各分区的主调树种，以形成各分区的风景主体。如杭州花港观鱼公园，按景色分为五个景区，在树种选择时，牡丹园景区以牡丹为主调植物，鱼池景区以海棠、樱花为主调树种，大草坪景区以合欢、雪松为主调树种，花港景区以紫薇、红枫为主调树种，而全园又广泛分布着广玉兰为基调树种，这样，全园景观因各景区不同的主调树种而丰富多彩，又因一致的基调树种而协调统一。

在处理具体的植物景观时，应选择造型特殊、颜色醒目、形体高大的植物作为主景，如油松、灯台树、枫杨、稠李、合欢、凤凰木等，并将其栽植在视觉焦点或者高地上，通过与背景的对比，突出其主景的位置，如图 4-24 所示，在低矮灌木的“簇拥”下，乔木成为视觉的焦点，自然就成为景观的主体了。

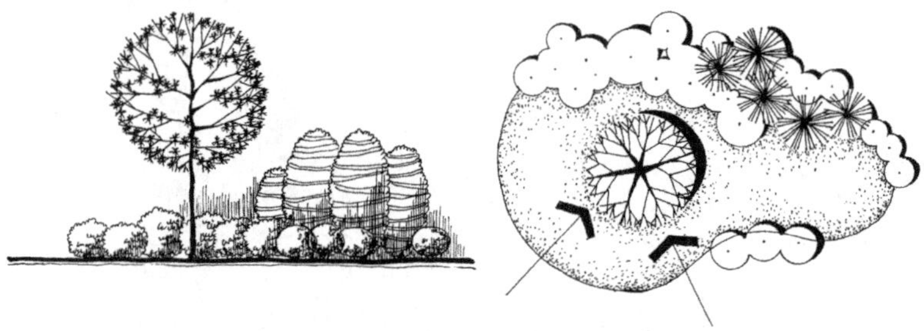

图 4-24　植物配置中的主从关系

4. 节奏与韵律

引入这两个源自音乐的概念的目的仍在于求得统一和变化，节奏是规律性的重复，韵律是规律性的变化。当形状、色彩有规律地重复就产生了节奏感，如果按照规律变化就形成了韵律感。比如，由一种植物按照相同间距栽植的行道树就构成一种节奏感，但多少有点单调，而如图 4-25 所示，乔木、灌木按照相同间距间隔栽植就具有了韵律感。

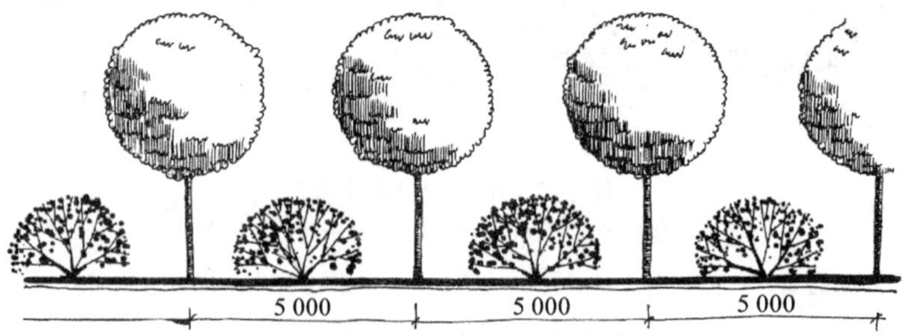

图 4-25　有规律的变化形成韵律感

4.5.2　时空法则

园林植物景观是一种时空的艺术，这一点已被越来越多的人所认同。时空法则要求将造景要素根据人的心理感觉、视觉认知，针对景观的功能进行适当的配植，使景观产生自然流畅的时间和空间转换。

植物是具有生命力的构成要素，随着时间的变化，植物的形态、色彩、质感等也会发生改变，从而引起园林景观的季相变化。在设计植物景观时，通常采用分区或分段配植植物的方法，在同一区段中突出表现某一季节的植物景观，如春季山花烂漫，夏季荷花映日，秋季硕果满园，冬季蜡梅飘香。为了避免一季过后景色单调或无景可赏的尴尬，在每一季相景观中，还应考虑配植其他季节的观赏植物，或增加常绿植物，做到"四季有景"。比如，杭州花港观鱼公园春天有海棠、碧桃、樱花、梅花、杜鹃、牡丹、芍药等，夏日有广玉兰、紫薇、荷花等，秋季有桂花、槭树等，寒冬有蜡梅、山茶、南天竺等，各种花木达 200 余种共计 1 万余株，通过合理的植物配植做到了"四季有花，终年有景"。

另外，中国古典园林还讲究"步移景异"，即随着空间的变化，景观也随之改变，这种空间的转化与时间的变迁是紧密联系的。比如，扬州个园利用不同季节的观赏植物，配以假山，构成具有季相变化的时空序列，在扬州个园中，春梅翠竹，配以笋石寓意春景；夏种国槐、广玉兰，配以太湖石构成夏景；秋栽枫树、梧桐，配以黄石构成秋景；冬植蜡梅、南天竺，配以雪石和冰纹铺地构成冬景。四个景点选择了具有明显季相特点的植物，与四种不同的山石组合，演绎了一年中四个不同的季节，四个"季节"的景观又被巧妙地布置于游览路线的四个角落，从而在尺咫庭院中，随着空间的转换，也演绎着一年四季时间的变迁。

4.5.3　数的法则

数的法则源自于西方，古希腊数学家普洛克拉斯指出："哪里有数，哪里就有美。"西方人认为，凡是符合数的关系的物体就是美的。比如，三原形（正方形、等边三角形、圆形）受到一定数值关系的制约因而具有了美感，因此，这三种图形成为设计中的基本图形。树丛的平面构图，以表现树种的个体美和树丛的群体美为主。因此，在树种的选择上，应选用遮阴性强、树姿、叶色、花果等具有较高观赏价值的树种；在树丛的配植上，要求从不同的角度观看，都有不雷同的景观。因此，不等边三角形是树丛构图的基本形式，由此可演变出 4、5、6、7、8、9 等株数的组合。

1）2 株树

2 株树的树丛，株数少，对比不宜太强。最好采用同一树种，但在动势、大小上可有区别，这样树丛就生动活泼起来了。2 株树之间的栽植距离要小于小树的冠径，使其尽量靠近；在动势上要有俯仰、顾盼的呼应。

2）3 株树

3 株树最好为同一树种或冠形类似的树种。树木的大小应有大、中、小三种类型。配植时，一般最大的和景小的一株较靠近，中等大小的一株要远离一些，形成有呼应关系的两个小组，平面构图上为不等边三角形（见图 4-26）。

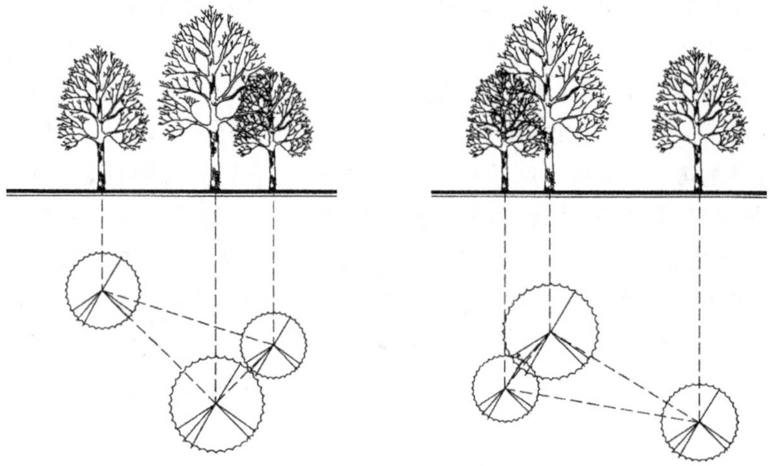

图 4-26　3 株丛植

3）4 株树

4 株树采用同一树种或两个不同的树种，以不等边三角形的形式构图，扩大为不等边四边形。采用同一树种时，应在体量、大小、姿态上有所区别。两种树种配置时，应有一种树种在数量上占明显优势，形成 3∶1 的构图(见图 4-27)。

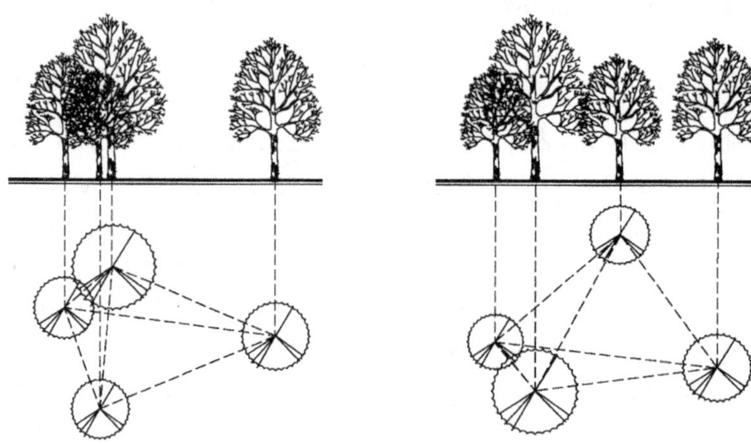

图 4-27　4 株丛植

4）5 株树

从 5 株树开始，树丛的组合因素增加，树种可以增至 2 种，常绿或落叶，乔木或灌木。树木的分组形式，以 3∶2 为理想，4∶1 的分组也可利用，但难度较大。5 株树丛是在 3 株、4 株树丛的基础上演变出来的，只要掌握了前面各组树丛组合的规律性，就可灵活运用了。以 3∶2 分组，可采用不等边五边形或四边形的形式，第 2 种树种应分别位于两组中,以造成呼应关系。以 4∶1 分组,可采用不等边四边形的形式,忌 3 株树在同一条直线上(见图 4-28)。

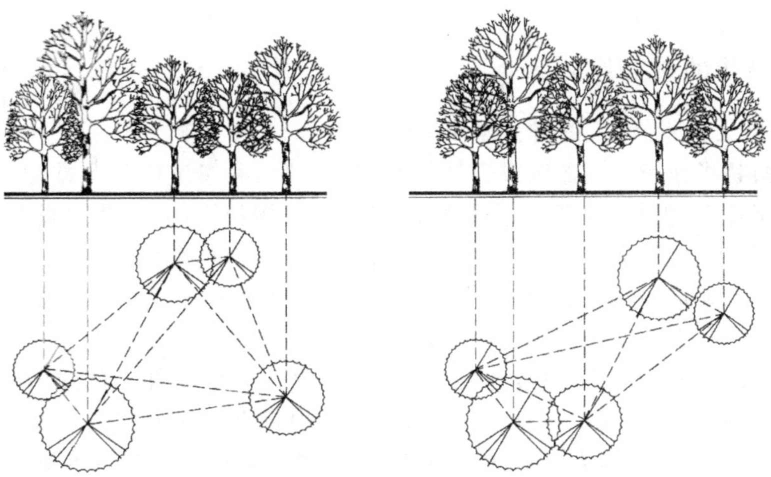

图 4-28 5 株丛植

5)6～9 株树

6 株树丛,理想分组为 4∶2,如果体量相差较大,也可采用 3∶3 的分组形式,树种最好不要超过 3 种。7 株树丛,理想分组为 5∶2 和 4∶3,树种不超过 3 种。8 株树丛,理想分组为 5∶3 和 2∶6,树种不超过 4 种。9 株树丛,理想分组为 3∶6、5∶4 和 2∶7,树种不超过 4 种(见图 4-29)。

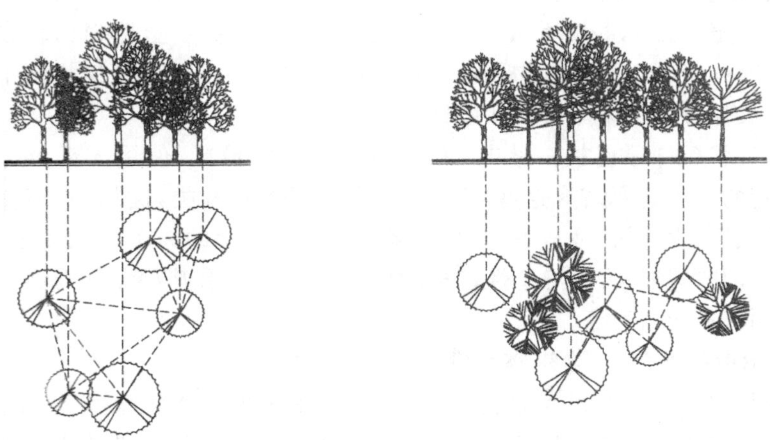

图 4-29 5 株以上丛植

4.6 植物造景的设计方法

4.6.1 植物的选择原则

1. 以乡土植物为主，适当引种外来植物

乡土植物指原产于本地区或通过长期引种、栽培和繁殖已经非常适应本地区的气候和生态环境，生长良好的一类植物。与其他植物相比，乡土植物具有实用性强、适应性强、代表性强、文化性强等优点。此外，乡土植物具有繁殖容易、生长快、应用范围广、安全、廉价、养护成本低等特点，具有较高的推广意义和实际应用价值。因此，在设计中，乡土植物的使用比例应该不小于70%。

在植物品种的选择中，以乡土植物为主，可以适当引入外来的或者新的植物品种，丰富当地的植物景观。例如，我国北方高寒地带有着极其丰富的早春抗寒野生花卉种植资源。据统计，大、小兴安岭林区有1 300多种耐寒、观赏价值高的植物，如冰凉花（又称冰里花、侧金盏花）在哈尔滨3月中旬开花，遇雪更加艳丽，毫无冻害。

应该注意的是，在引种过程中，不能盲目跟风，应该以不违背自然规律为前提。另外，应该注意慎重引种，避免将一些入侵植物引入当地，危害当地植物的生存。

2. 以基地条件为依据，选择适合的园林绿化植物

北魏贾思勰在《齐民要术》曾阐述："地势有良薄，山、泽有异宜。顺天时，量地利，则用力少而成功多，任情返道，劳而无获。"这说明植物的选择应以基地条件为依据，即"适地适树"原则，这是选择园林植物的一项基本原则。要做到这一点，必须从两方面入手：其一是对当地的立地条件进行深入细致的调查分析，包括当地的温度、湿度、水文、地质、植被、土壤等；其二是对植物的生物学、生态学特性进行深入的调查研究，确定植物正常生长所需的环境因子。一般来讲，乡土植物比较容易适应当地的立地条件，但对于引种植物则不然，所以，引种植物在大面积应用之前一定要做引种试验，确保万无一失才可以加以推广。

另外，现状条件还包括一些非自然条件，如人工设施、使用人群、绿地性质等。在选择植物的时候还要结合这些具体的要求选择植物种类，例如，行道树应选择分枝点高、易成活、生长快、适应城市环境、耐修剪、耐烟尘的树种。除此之外，还应该满足行人遮阴的需要；再如纪念性园林的植物应选择具有某种象征意义的树种或者与纪念主题有关的树种等。

3. 以落叶乔木为主，合理搭配常绿植物和灌木

在我国，大部分地区都有酷热漫长的夏季，冬季虽然比较寒冷，但阳光较充足，因此，我国的园林绿化树种应该在夏季能够遮阴降温，在冬季要透光增温。落叶乔木必然是首选，加之落叶乔木还兼有绿量大、寿命长、生态效益高等优点，在城市绿化树种规划中，落叶乔木往往占有较大的比例。比如，沈阳市现有的园林树木中落叶乔木占40%以上，不仅季相变化明显，而且生态效益也非常显著。

当然，为了创造多彩的园林景观，除了落叶乔木之外，还应适当地选择一定数量的常绿乔木和灌木，尤其对于冬季景观常绿植物的作用更为重要，但是常绿乔木所占比例应控制在20%以下，否则不利于绿化功能和效益的发挥。

4. 以速生树种为主，慢生、长寿树种相结合

速生树种短期内就可以成形、见绿，甚至开花结果，对于追求高效的现代园林来说无疑是不错的选择，但是速生树种也存在着一些不足，如寿命短、衰减快等。而与之相反，慢生树种寿命较长，但生长缓慢，短期内不能形成绿化效果。两者正好形成"优势互补"，所以在不同的园林绿地中，因地制宜地选择不同类型的树种是非常必要的。若希望行道树能够快速形成遮阴效果，则行道树应选择速生、耐修剪、易移植的树种；而在游园、公园、庭院的绿地中，可以适当地选择长寿慢生树种。

4.6.2 植物设计方法

植物的配置总体上分为自然式、规则式、混合式三种方法。自然式的植物配植，多选用外形美观、自然的植物品种，以不相等的株行距进行配置；规则式的植物配植往往选用形状规整的植物，栽植效果整齐统一，但有时会显单调；混合式的植物配植是两种方式的结合。这三种方法都各有优点，自然式栽植随意，空间变化丰富，景观层次鲜明（见图4-30）；规则式栽植整齐，空间界定明确，景观效果统一（见图4-31）；混合式栽植变化中有秩序（见图4-32）。

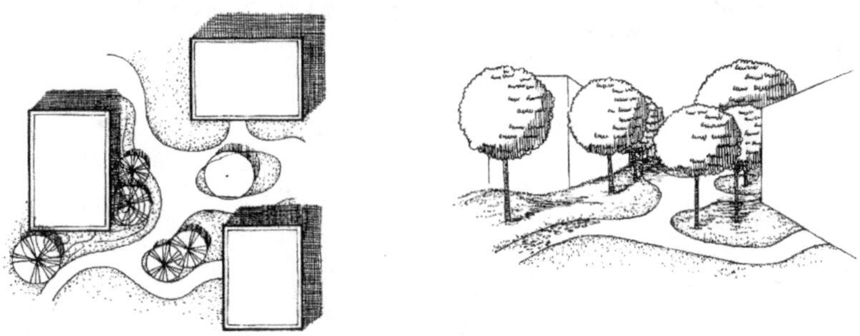

图4-30 自然式植物配置

1. 树木的配植方法

1）孤植（单株/丛）

孤植在景观中起到画龙点睛的作用，因此，孤植树往往选择体形高大、枝叶茂密、姿态优美的乔木，如银杏、槐、榕、樟、悬铃木、柠檬桉、朴、白桦、无患子、枫杨、柳、青冈栎、七叶树、麻栋、雪松、云杉、桧柏、南洋杉、苏铁、罗汉松、黄山松、柏木等。如图4-33所示，刺槐枝叶浓密，树冠巨大，可孤植于草坪中。另外，孤植树应该具有较高的观赏价值，如白皮松、白桦等具有斑驳的树干；枫香、元宝枫、鸡爪槭、乌桕等具有鲜艳的秋叶；凤凰木、樱花、紫薇、梅、广玉兰、柿、柑橘等拥有鲜亮的花和果……总之，孤植树作为景观主体、视觉焦点，一定要具有与众不同的观赏效果。

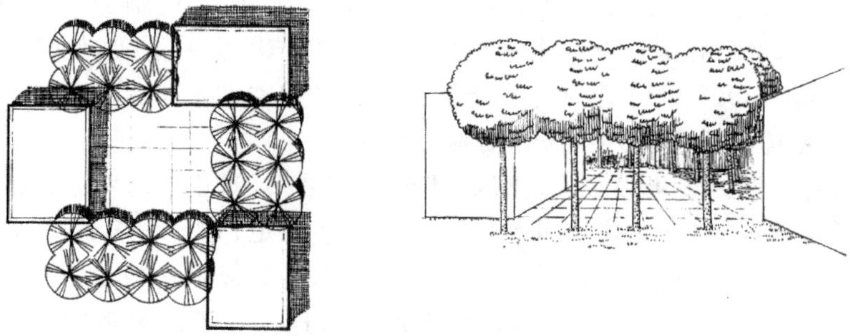

图 4-31 规则式植物配置

图 4-32 混合式植物配置

图 4-33 刺槐孤植效果

孤植树造景时需要注意以下几点。

①必须注意孤植树的形体、高矮、姿态等都要与空间大小相协调。开阔空间应选择高大的乔木作为孤植树，而狭小空间则应选择小乔木或者灌木等作为主景。在

自然式景观中，应避免孤植树处在场地的正中央，稍稍偏移一侧，以形成富于动感的景观效果。

②在空地、草坪、山岗上配植孤植树时，必须留有适当的观赏视距，如图 4-34 所示，并以蓝天、水面、草地等单一的色彩为背景加以衬托。

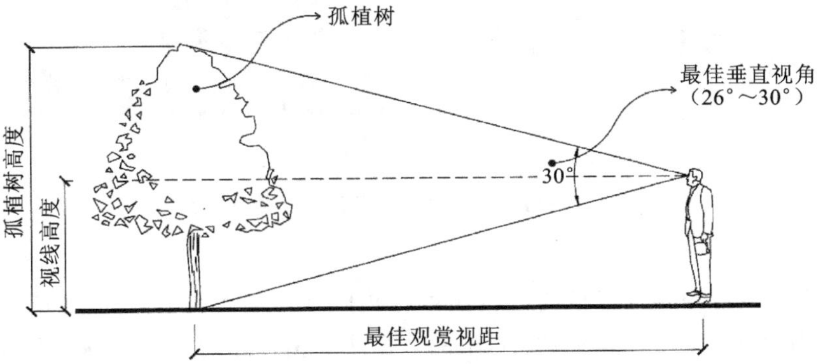

图 4-34　孤植树观赏距离的确定

③孤植树也可配植在花坛、休息广场、道路交叉口、建筑的前庭等规则式绿地中，如图 4-35 所示，也可以将它修剪成规则的几何形状，则更能引人注目。

图 4-35　某宾馆庭院白皮松孤植效果

④选择孤植树除了要考虑造型美观、奇特之外，还应该注意植物的生态习性，不同地区可供选择的植物有所不同。

2）对植（2 株或 2 丛）

对植多用于公园、建筑的出入口两旁或纪念物、蹬道台阶、桥头、园林小品两侧，可以烘托主景，也可以形成配景、夹景。对植往往选择外形整齐、美观的植物，如桧柏、云杉、侧柏、南洋杉、银杏、龙爪槐等。按照构图形式，对植可分为对称式和非对称式两种方式。

(1) 对称式对植

以主体景观的轴线为对称轴，对称种植 2 株或 2 丛品种、大小、高度一致的植物，如图 4-36 所示，2 株植物种植点的连线应被中轴线垂直平分。

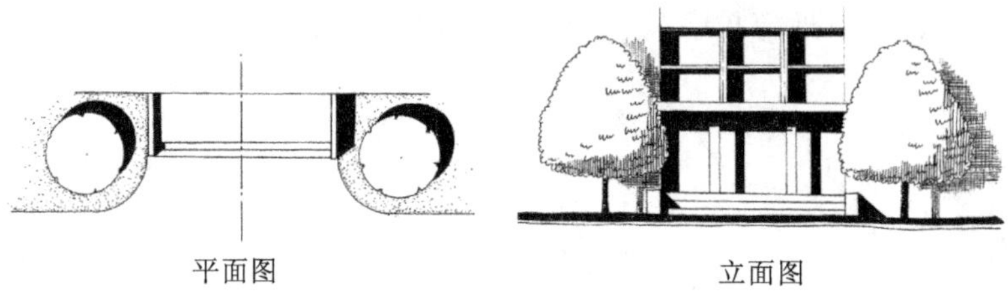

图 4-36 对称式对植平面及立面图

(2) 非对称式对植

2 株或 2 丛植物在主轴线两侧按照中心构图法或者均衡法进行配植，形成动态的平衡。需要注意的是，非对称式对植的 2 株或 2 丛植物的动势要向着轴线方向，形成左右均衡、相互呼应的状态，如图 4-37 所示。与对称式对植相比，非对称式对植要灵活许多。

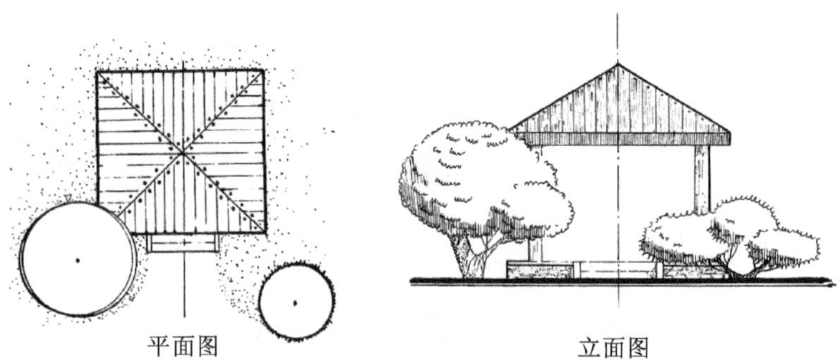

图 4-37 非对称式对植平面及立面图

3) 丛植

丛植多用于自然式园林中，构成树丛的株数 3～10 株不等，几株植物按照不等株行距疏疏密密地散植在绿地中，形成若干组团。自然式丛植的植物品种可以相同，也可以不同，植物的规格、大小、高度尽量要有所差异，按照美学构图原则进行植物的组合搭配。一方面，对于树木的大小、姿态、色彩等都要认真选配；另一方面，还应该注意植物的株行距设置，既要尽快达到观赏要求，又要满足植物生长的需要。也就是说，树丛内部的株距以达到郁闭效果但又不致影响植物的生长发育为宜。在设计植物丛植景观时，需要注意以下配植原则。

①由同一树种组成的树丛，植物在外形和姿态方面应有所差异，既要有主次之分，又要相互呼应，三株丛植应该按照“不等边”三角形布局，“三株一丛，第一株为主树，第二、第三株为客树”，或称之为“主、次、配”的构图关系，“二株宜近，一株宜远……近者曲而俯，远者宜直而仰……”。

②配植植物讲究植物的组合搭配效果，基本原则是“草本花卉配灌木，灌木配乔木，浅色配深色……”通过合理搭配形成优美的群体景观，如图 4-38 所示，灌木围绕着乔木栽植，可使整个树丛变得紧凑，如果四周再用草花相衬托，就会显得更加自然。多种植物组成的树丛常用高大的针叶树与阔叶乔木相结合，四周配以花灌木，使它们在形状和色调上形成对比，图 4-39 是杭州花港观鱼牡丹园的一个树丛组合平面图。

图 4-38 乔木与灌木组成的树丛

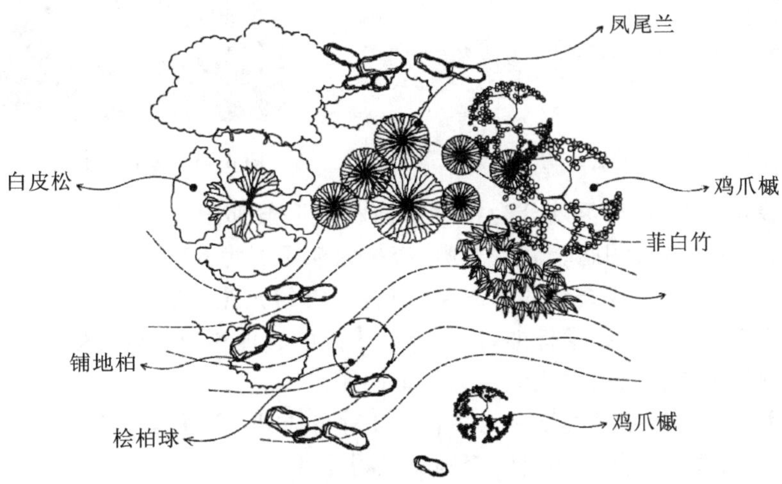

图 4-39 杭州花港观鱼牡丹园多树种树丛平面

③树丛前要留出树高 3～4 倍的观赏视距，在主要观赏面要留出 10 倍以上树高的观赏视距。

④丛可作为主景，也可作为背景或配景。作为主景时的要求和配植方式同孤植树，只是以“丛”为单位，如图 4-40 中坡地上的一片红枫树丛，因其鲜亮的颜色，显得分外醒目；如果树丛作为背景或者配景则应选择花色、叶色等不鲜明的植物，避免吸引太多的注意。

⑤丛植应根据景观的需要选择植物的规格和树丛体量。在开阔的绿地上，如果想创造亲近、温馨的感觉，可布置高大的树丛；如果想增加景深，则可以布置矮小的树丛。

4）群植

群植常用于自然式绿地中，一种或多种树木按不等距方式栽植在较大的草坪中，形成“树林”的效果。群植所用植物的数量较多，一般在 10 株以上，具体的数量还要取决于空间大小、观赏效果等因素。树群可作主景或背景，如果两组树群分列两侧，还可以起到透景、框景的作用。

按照组成品种数量，树群分为纯林和混交林。纯林由一种植物组成，因此整体性强，壮观、大气，如图 4-41 中成片栽植的京桃，开花时节，远观花海，效果极佳。需要注意的是，对于纯林一定要选择抗病虫害的树种，防止病虫害的传播。混交林由两种以上的树种成片栽植而成，与纯林相比，混交林的景观效果较为丰富，并且可以避免病虫害的传播。

图 4-40　山坡上的红枫树丛成为主景

图 4-41　采用纯林形成的京桃花海

按照栽植密度，树群可划分为密林和疏林。一般郁闭度在 90%以上称为密林，遮阴效果好，林内环境阴暗、潮湿、凉爽；疏林的郁闭度为 60%～70%，光线能够穿过林冠缝隙，在地面上形成斑驳的树影，林内有一定的光照。实际上，在园林景观中密林和疏林没有太严格的技术标准，往往取决于人的心理感受和观赏效果。

在设计群植植物景观时应该注意以下问题。

①品种数量。树木种类不宜太多，1～2 种骨干树种，并有一定数量的乔木和灌木作为陪衬，种类不宜超过 10 种，否则会显得零乱。

②植物的选择和搭配。树群应选择高大、外形美观的乔木构成整个树群的骨架，以枝叶密集的植物作为陪衬，选择枝条平展的植物作为过渡或者边缘栽植，以求获得连续、流畅的林冠线和林缘线。图 4-42 是北京陶然亭标本园群植配植，以高耸挺拔的塔柏作为组团的中心，配以枝条开展的河北杨、栾树、朝鲜槐等落叶乔木，外围栽植低矮的花灌木黄刺玫、蔷薇等，整个组团高低错落、层次分明，在考虑植物造型搭配的同时，也兼顾了景观的季相变化。另外，设计群植景观时还应该根据生态学原理，模拟自然群落的垂直分层现象配植植物，以求获得相对稳定的植物群落。如图4-43所示，以阳性落叶乔木为第一层，耐半阴的常绿树种为第二层，耐阴的灌木、地被为第三层。

③布置方法。群植多用于自然式园林中，植株栽植应有疏有密，不宜成行成列或等距栽植，应做到“疏可走马，密不容针”。林冠线、林缘线要有高低起伏和婉转迂回的变化，林中可铺设草坪，开设“天窗”，以利光线进入，增加游人的游览兴趣。群

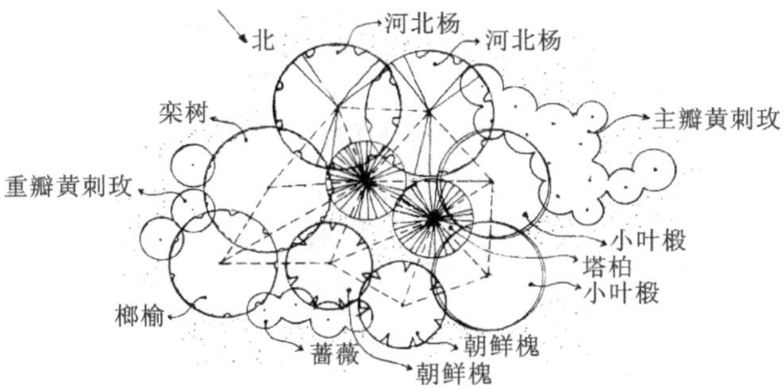

图 4-42 北京陶然亭标本园群植实例

图 4-43 群植的垂直分层结构

植景观既要有观赏中心的主体乔木，又要有衬托主体的添景和配景。如图 4-44 所示，主体前面的第二株为对比树，第三株为添景树，并通过低矮的灌木或地被形成视觉上的联系和过渡。

5）行植

行植多数出现在规则式园林中，植物按等距沿直线栽植，这种内在的规律性会产生很强的韵律感，形成整齐连续的界面，因此行植常用于街道绿化，如中央隔离带、分车带以及道路两侧的行道树一般采用的都是行植的形式，形成统一、完整、连续的街道立面。行植还常用于构筑“视觉通道”，形成夹景空间。如图 4-45 所示为美国景观设计大师丹·克雷设计的米勒花园中的刺槐行植效果，道路两侧的刺槐将人们的视线引向道路尽头的雕塑。

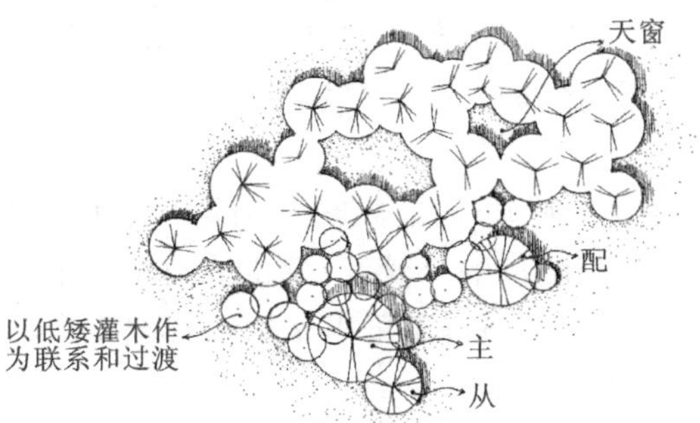

图 4-44 群植植物的配置方法

图 4-45 米勒花园中的行植植物

行植的植物可以是一种植物，也可以由多种植物组成，前者景观效果统一完整，后者灵活多变、富于韵律。如图 4-46 所示的“树阵”就是利用规格相同的同一种植物按照相等的株行距栽植而成的，如果使用的是分枝点较高的乔木，可以与规则式铺装相结合，形成规整的林下活动空间和休息空间。但如果栽植面积较大，同种植物的行植有时会因缺少变化，显得单调、呆板，而适当增加植物品种可以保证统一中有所变化。如图 4-47 是杭州白堤的种植平面图，采用垂柳和碧桃呈“品”字形栽种，“桃红柳绿”的传统搭配也成为此处一道风景。在高速公路中央隔离带和两侧防护林带设计中采用多种植物行植方式效果尤佳，不仅可以形成丰富的沿途景观，更重要的是通过植物品种的变化，缓解驾驶员和乘车者的视觉疲劳，提高旅途的舒适度。

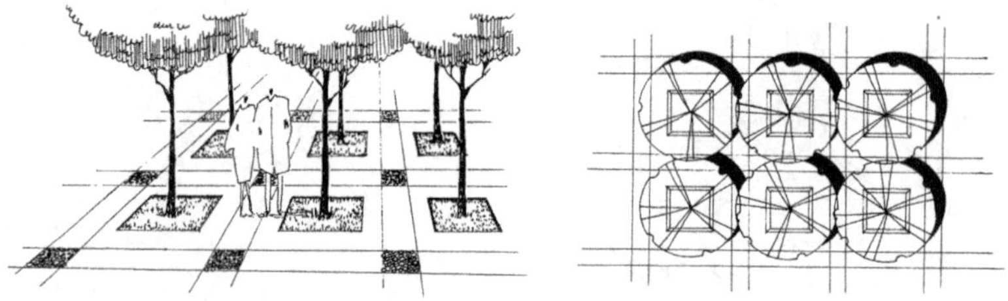

图 4-46　落叶乔木形成的树阵效果

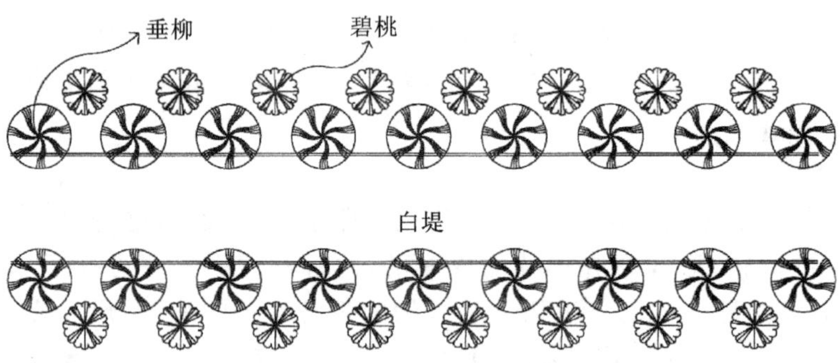

图 4-47　杭州白堤植物种植平面图

6）带植

带植的长度应大于宽度，并应具有一定的高度和厚度。按照品种构成，带植可分为单一植物带植和多种植物带植。前者利用相似的植物颜色和规格形成类似“绿墙”的效果，统一规整，而后者变化更为丰富。

带植可以是规则式的，也可以是自然式的，设计师需要根据具体的环境和要求加以选择。例如，防护林带多采用规则式带植，其防护效果较好；游步道两侧多采用自然式种植方式，以达到“步移景异”的效果（见图 4-48）；也可以采用混合式布局方式，既有规则式的统一整齐，又有自然式的随意洒脱（见图 4-49）。

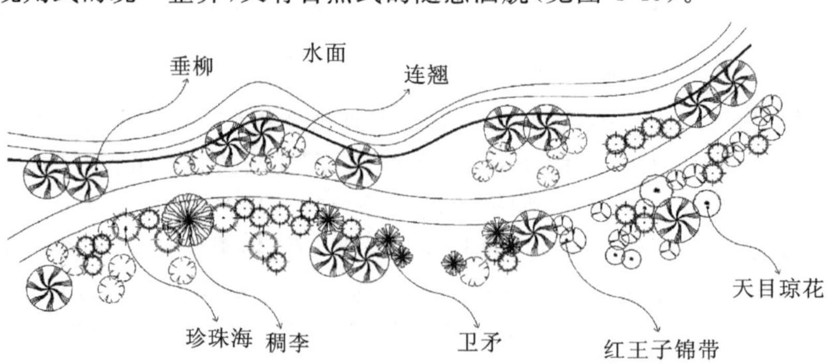

图 4-48　道路两侧自然式带植

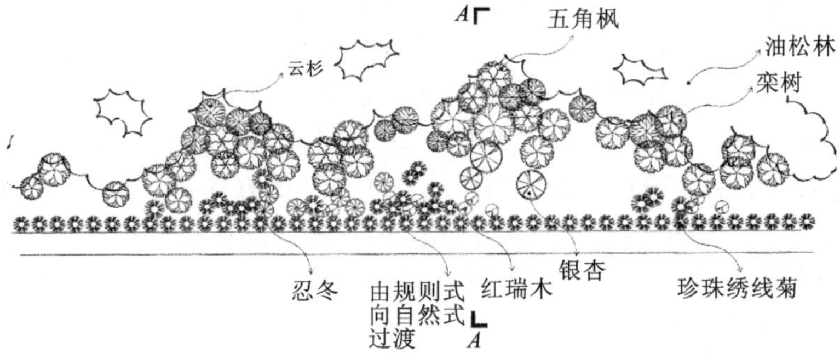

(a)

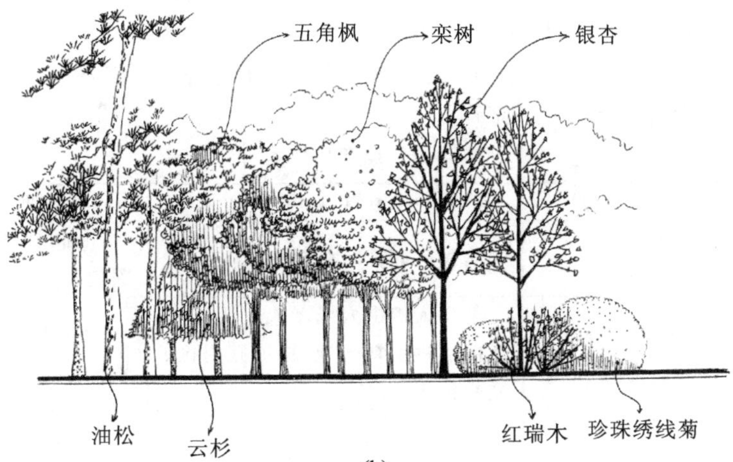

(b)

图 4-49 混合式带植

(a)混合式带植平面图;(b)A—A 剖面

设计林带时需要注意以下问题。

①景观层次。林带应该分为背景、前景和中景三个层次,在进行景观设计时应利用植物高度和色彩的差异,以及栽植疏密的变化增强林带的层次感。通常林带从前景到背景,植物的高度由低到高,色彩由浅到深,密度由疏到密。对于自然式林带而言,还应该注意各层次之间要形成自然的过渡。由图 4-49 可见种植带共分为三个层次,第一层珍珠绣线菊球沿道路栽植,作为前景,叶色黄绿,花色洁白,秋叶红褐;第二层则以栾树、银杏、五角枫、云杉等高大乔木构成中景,两者之间通过红瑞木、忍冬以及珍珠绣线菊组成的灌丛过渡;第三层油松林,油松色调最深,高度最高,作为背景,中景与背景之间通过云杉过渡。

②植物品种。作为背景的植物,其形状、颜色应该统一,其高度应该超过主景层次,最好选择常绿、分枝点低、枝叶密集、花色不明显、颜色较深或能够与主景形成对比的植物;中景植物应该具有较高的观赏性,如银杏、凤凰木、黄栌、海棠、樱花、京桃等;而前景植物应选择低矮的灌木或者花卉。

③栽植密度。如果作为防护林带，植物的栽植密度需要根据具体的防护要求而定，比如防风林最佳郁闭度为50%。如果林带以观赏为主，植物的栽植密度因其位置功能的不同而有所差异，背景植物株行距在满足植物生长需要的前提下可以稍小些，或者呈“品”字形栽植，以便形成密实完整的“绿面”，中景或前景植物的栽植密度应根据景观观赏的需要进行配植。如果是自然式种植方式，则应按照不等株行距自然分布，在靠近背景植物的地方可以适当加密，以便于形成自然的过渡，如图4-49所示；如果是规则式栽植，植物的栽植距离相等，株行距可以大于背景植物。

2. 草坪地被的配植方法

1）草坪

（1）草坪的分类

按照所使用的材料，草坪可以分为纯一草坪、混合草坪以及缀花草坪。如果按照功能进行分类，可以分为游憩草坪、观赏草坪、运动场草坪、交通安全草坪以及护坡草坪等，具体内容如表4-12所示。

表4-12　草坪的分类

类　型	功　能	设置位置	草种选择
游憩草坪	休息、散步、游戏	居住区、公园、校园等	叶细，韧性较大，较耐踩踏
观赏草坪	以观赏为主，用于美化环境	禁止人们进入或者人们无法进入的仅供观赏的地段，如匝道区、立交区等	颜色碧绿均一，绿期较长，耐热，抗寒
运动场草坪	开展体育活动	体育场、公园、高尔夫球场等	根据开展的运动项目进行选择
交通安全草坪	吸滞尘埃、装饰美化	陆路交通沿线，尤其是高速公路两旁、飞机场的停机坪等	耐寒，耐旱，耐瘠薄，抗污染，抗粉尘
护坡草坪	防止水土流失、防止扬尘	高速公路边坡、河堤驳岸、山坡等	生长迅速，根系发达或具有匍匐性

（2）草坪景观的设计

如图4-50所示，草坪能形成开阔的视野，增加景深和景观层次，并能充分表现地形美，一般铺植在建筑物周围、广场、运动场、林间空地等，供观赏、游憩或作为运动场地之用。在现代城市中，草坪还常用于由于环境限制无法栽植高大树木的地方，如道路沿线、飞机场、强电力网线下方、地下设施上面土层较薄的地方等。

设计草坪景观时，需要综合考虑景观观赏、实用功能、环境条件等多方面的因素。

①面积。尽管草坪景观视野开阔、气势宏大，但由于养护成本相对昂贵，物种构成单一，所以不提倡大面积使用，在满足功能、景观等需要的前提下，尽量减少草坪的面积。

②空间。从空间构成角度考虑，草坪景观不应一味地开阔，要与周围的建筑、树丛、地形等结合，形成一定的空间感和领地感，即达到“高”“阔”“深”“整”的效果。如

图 4-51 所示，杭州柳浪闻莺大草坪的面积为 35 000 m^2，草坪的宽度为 130 m，以柳浪闻莺馆为主景，结合起伏的地坪配植有高大的枫杨林，树丛与草坪的高宽比为 1∶10，空间视野开阔，但不失空间感。

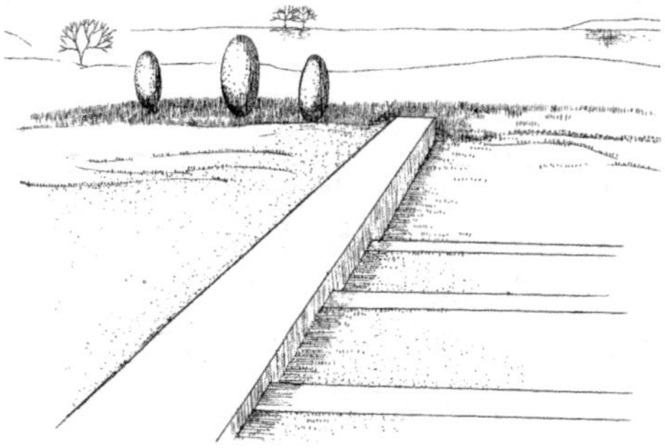

图 4-50 草坪景观效果

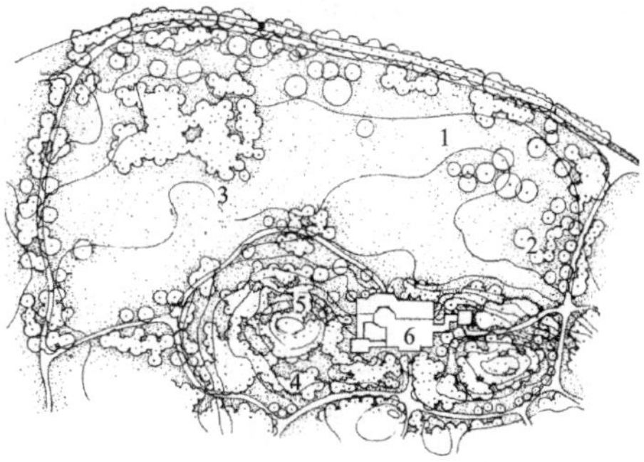

图 4-51 杭州柳浪闻莺大草坪平面图

1—垂柳；2—香樟；3—枫杨；
4—柳、桂花；5—紫叶李；6—闻莺馆

③形状。为了获得自然的景观效果，方便草坪的修剪，草坪的边界应该尽量简单而圆滑，避免复杂的尖角（见图 4-52）。在建筑物的拐角、规则式铺装的转角处，可以栽植地被、灌木等植物，以消除尖角产生的不利影响。

④技术要求。通常草坪栽植需要一系列的自然条件：种植土厚度 30 cm；pH 6～7；土壤疏松、透气；在不采取任何辅助措施时，坡度应满足排水以及土壤自然安息角的要求（见表 4-13）。

图 4-52 草坪区的边界最好是简单而圆滑的曲线

表 4-13 草坪的设计坡度

应用类型	坡度要求
规则式草坪	≤5%
自然式草坪	5%～15%
一般设计坡度	5%～10%
最大坡度	不能超过土壤的自然安息角（30%左右）

现代园林绿化中常用草坪类型有结缕草、野牛草、狗牙根草、地毯草、假俭草、黑麦草、早熟禾、蒴股颖等。尽管可供选择的草坪品种较多，但从观赏效果和养护成本等方面考虑，在设计草坪景观时还应该首选抗旱、抗病虫害的优良草种，如结缕草，或者使用抗旱的地被植物作为“替代品”。

2）地被植物

地被植物具有品种多、抗性强、管理粗放等优点，并能够调节气候、组织空间、美化环境、吸引昆虫等。因此，地被植物在园林中的应用越来越广泛。

(1) 地被植物的分类

园林意义上的地被植物除了众多矮生草本植物外，还包括许多茎叶密集、生长低矮或匍匐型的矮生灌木、竹类及具有蔓生特性的藤本植物等，具体内容如表4-14所示。

表4-14 地被植物的分类

类 型	特 点	应 用	植物品种
草花和阳性观叶植物	生长迅速，蔓延性佳，色彩艳丽，精巧、雅致，但不耐践踏	装点主要景点	松叶牡丹、香雪球、二月兰、美女樱、裂叶美女樱、非洲凤仙花、四季秋海棠、萱草、宿根福禄考、丛生福禄考、半枝莲、旱金莲、三色堇等
原生阔叶草	多年生双子叶草本植物，繁殖容易，病虫害少，管理粗放	公共绿地、自然野生环境等	马蹄金、酢浆草(紫花)、白三叶、车前草、金腰箭等
藤本	多数枝叶贴地生长，少数茎节处易发不定根，可附地着生，水土保持功能极佳	应用于斜坡地、驳岸、护坡等	蔓长春花、五叶地锦、南美蟛蜞菊、薜荔、牵牛花等
阴性观叶植物	耐阴，适应阴湿的环境，叶片较大，具有较高的观赏价值	栽植在遮阴处，起到装饰美化的作用	冷水花、常春藤、沿阶草、玉簪、粗肋草、八角金盘、洒金珊瑚、十大功劳、葱兰、石蒜等
矮生灌木	多生长在向阳处，茎枝粗硬	用以阻隔、界定空间	小叶黄杨、六月雪、栀子花、小檗、南天竹、火棘、金山绣线菊、金焰绣线菊等
矮生竹	叶形优美、典雅，多数耐阴湿，抗性强，适应能力强	林下、广场、小区、公园等，可与自然置石搭配	菲白竹、凤尾竹、翠竹等
蕨类及苔藓植物	种类较多，适应阴湿的环境	阴湿处，与自然水体和山石搭配	肾蕨、巢蕨、槲蕨、崖姜蕨、鹿角蕨、蓝草等
耐盐碱类植物	能够适应盐碱化较高的地段	盐碱地中	二色补血草、马蔺、枸杞、紫花苜蓿等

(2) 地被植物的适用范围

①需要保持视野开阔的非活动场地。

②阻止游人进入的场地。

③可能会出现水土流失，并且很少有人使用的坡面，如高速公路边坡等。

④栽培条件较差的场地，如沙石地、林下、风口、建筑北侧等。

⑤管理不方便，如水源不足、剪草机难进入、大树分枝点低的地方。

⑥杂草猖獗、无法生长草坪的场地。

⑦有需要绿色基底衬托的景观，希望获得自然野化的效果，如某些郊野公园、湿地公园、风景区、自然保护区等。

(3)地被植物的选择

①根据环境条件选择地被植物。利用地被植物造景时，必须了解栽植地的环境因子，如光照、温度、湿度、土壤酸碱度等，然后选择能够与之相适应的地被植物，并注意与乔、灌、草合理搭配，构成稳定的植物群落。比如，在岸边、林下等阴湿处不宜选用草花或者阳性地被，而蕨类与阴性观叶植物比较适宜，如八角金盘、洒金珊瑚、十大功劳、肾蕨、巢蕨、槲蕨、葱兰、石蒜、玉簪等。

②根据使用功能选择地被植物。地被植物应根据该地段的使用功能加以选择，如果人们使用频率较高，经常被踩踏，就需选择耐践踏的种类；如果仅是为了观赏，为了形成开阔的视野，则应选择开花、叶大、观赏价值高的地被植物；如果需要阻止人进入，则应该选择不宜践踏的带刺的植物，如铺地柏等。

③根据景观效果选择地被植物。地被植物的选择还应该考虑所需的景观效果，如果仅用作背景衬托，最好选择绿色、枝叶细小的地被植物，如白三叶、酢浆草、铺地柏等；如果作为观赏主体，则应该选择花叶美丽、观赏价值高的地被植物，如玉簪、非洲凤仙花、四季秋海棠、冷水花等，以突出色彩的变化。

另外，还应注意地被植物的选择应该与空间尺度以及其他造景元素(园内的建筑、大树、道路等)相协调。比如，小尺度空间应尽量使用质地细腻、色彩较浅的地被植物，利用人的视错觉，使空间扩大，反之，可以选用质地粗糙、色彩较深的地被植物；如果大片栽种或被用作空间界定、引导交通，可选质地粗糙、颜色鲜亮的地被植物。

④地被植物的配植方法。首先明确需要铺地被植物的地段，在图纸上圈定种植地被的范围，根据地被植物选择的原则选择地被植物。利用地被植物造景与草坪造景相同，目的是为了获得统一的景观效果，所以在一定的区域内，应有统一的基调，避免应用太多的品种。基于统一的风格，可利用不同深浅的绿色地被取得同色系的协调，也可配以具斑点或条纹的种类，或植以花色鲜艳的草花和叶色美丽的观叶地被，如紫花地丁、白三叶、黄花蒲公英等。

3. 植物景观设计要点

1) 林缘线设计

树丛、花丛在地面上的垂直投影轮廓即林缘线。林缘线往往是虚、实空间(树丛为实，草坪为虚)的分界线，也是绿地中明、暗空间的分界线。林缘线直接影响空间、视线及景深，对于自然式植物组团，林缘线应做到曲折流畅——曲折的林缘线能够形成丰富的层次和变化的景深，流畅的林缘线给人开阔、大气的感觉。

自然式植物景观的林缘线有半封闭和全封闭两种，图 4-53(a)为半封闭的林缘线，树丛在面向道路一侧开敞，一片开阔的草坪成为树丛的展示舞台，在点 A 处有足够的观赏视距去欣赏这一景观，而站在草坪中央（点 B 位置），则三面封闭、一面开敞，形成一个半封闭的空间；图 4-53(b)为封闭林缘线，树丛围合出一个封闭空间，如果栽植的是分枝点较低的常绿植物或高灌木，空间封闭性强，通达性弱；如果栽植的是分枝点较高的植物，会产生较好的光影效果，也可以保证一定的通达性。

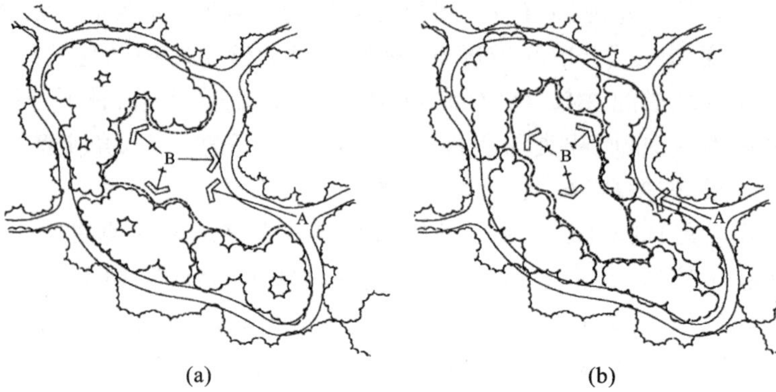

图 4-53　半封闭与封闭林缘线

(a)半封闭林缘线；(b)封闭林缘线

2）林冠线设计

林冠线是指树林或者树丛立面的轮廓线，林冠线主要影响到景观的立面效果和景观的空间感。不同高度的植物组合会形成高低起伏、富于变化的林冠线，如图4-54所示，利用圆柱形植物形成这一序列的高潮，利用低矮、平展的植物形成过渡和连接。由相同高度的植物构成的林冠线平直简单，通常会显得单调，此时最好在视线所及范围内栽植一两株高大乔木，就可以打破这一“单调”，如图 4-55 所示是杭州灵隐寺大草坪的立面图，草坪中两株高 25 m 的枫香树好似“鹤立鸡群”般，平淡的林冠线被突然打破，同时它们也占据了整个空间的主导地位，起到标示和引导的作用。

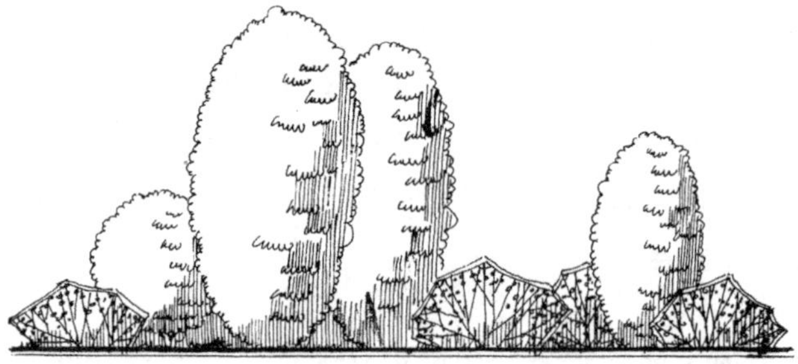

图 4-54　不同高度的植物形成富于韵律的林冠线

通常园林景观中的建筑、地形也会影响到林冠线，此时不仅要考虑植物之间的组合搭配，还应考虑植物与建筑、地形的组合效果。如图 4-56 是杭州太子湾公园中小教堂周围景观效果，高大的树丛作为背景，与小教堂的尖顶相互映衬；图 4-57 是植物与地形的结合，利用高大乔木强化了地形，而起伏的地形也丰富了林冠线。

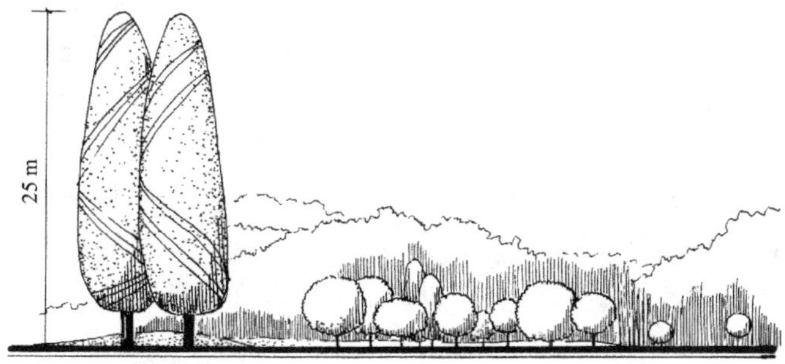

图 4-55 高大的孤植树形成突出的林冠线

图 4-56 林冠线与建筑园林小品的关系

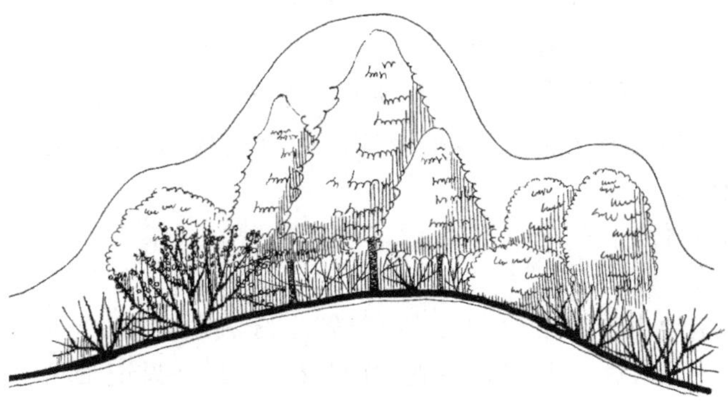

图 4-57 林冠线与地形的关系

3）季相

植物的季相变化是植物景观构成的重要方面，通过合理的植物配植，我们可以创造出独特的植物季相景观。植物季相的表现手法常常是以足够数量或体量的一种或者几种花木成片栽植，在某一季节呈现出特殊的叶色或者花色的变化，即突出某一季节的景观效果。比如，杭州西泠印社的杏林草坪突出的是春季景观，杭州西湖花港观鱼的柳林草坪突出的是夏季景观，杭州孤山的麻栎草坪及北京的香山红叶突出的是秋季景观，杭州西湖花港观鱼的雪松草坪以及杭州孤山冬梅景观突出的是冬季景观。季相景观的形成一方面在于植物的选择，另一方面还在于植物的配植，其基本原则是：既要具有明显的季相变化，又要避免“偏枯偏荣”，即实现“春花、夏荫、秋实、冬青”。

以上所讲的三个要点涉及景观构成的三个主要方面，即林缘线对应平面、林冠线对应立面、植物季相对应时间。植物景观涉及的是一个四维空间，需要综合考虑时间和空间，只有这样才能够创造一处可游、可赏的植物景观。

4.7 植物景观设计程序

在利用植物进行设计时，有着特定的步骤、方法及原理，应在设计程序中尽早考虑植物的选用和布局，以确保它们能从发挥功能和观赏作用方面适合设计要求。如果确定了其他自然因素的功能、位置和结构之后，才将植物作为装饰物，如同“糕点上的奶油”，在设计程序的尾声才加以研究和使用，是极其错误的。种植设计要与场地规划同时进行。

第 3 章已经讲解了景观设计的程序方法，在其基础上本节补充一些在总的景观设计规划设计过程中如何考虑植物的设计。

4.7.1 调查阶段

1. 明确绿地性质

在场地调研的阶段要明确绿地的性质，确定功能、作用、布局、风格、种植，是整个设计程序的关键。要绘制现状树木分布位置图，图中包含现有树木的位置、品种、规格、生长状况和观赏价值等内容，以及现有的古树名木情况、需要保留植物的状况等；再而，要获取基地的其他信息，包括该地段的自然状况，如水文、地质、地形、地下管线等方面的资料。

2. 了解气象条件

1）小气候

小气候是指基地中特有的气候条件，即较小区域内温度、光照、水分、风力等的综合。如图 4-58 所示，对一个住宅基地进行分析，分析结果记录在表 4-15 中。

表 4-15 基地中的小气候

位置	光照	温度	水分	风	条件优劣	适宜的植物
住宅的东面	上午阳光直射	温和	较为湿润	避开盛行风和冷风	较好	耐半阴植物
住宅的南面	最多	最暖和(冬)	较干燥	避开冷风	最佳	阳性植物
住宅的西面	午后阳光直射	最炎热(夏)	干燥	最多风的地段	差	阳性、耐旱植物
住宅的北面	最少	最寒冷(冬) 最凉爽(夏)	湿润	冬季寒风	差	耐阴、耐寒植物

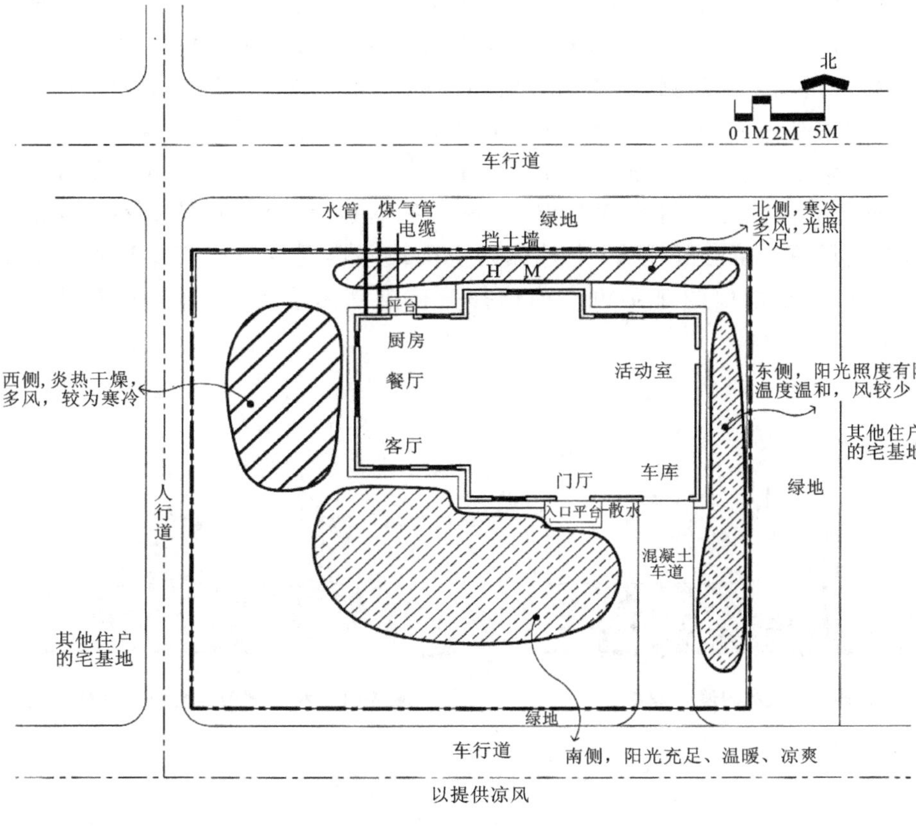

图 4-58 基地小气候分析图

2）光照

光照是影响植物生长的一个非常重要的因子，根据太阳高度角、方位角的变化规律，可以确定建筑物、构筑物投下的阴影范围，从而确定出基地中的日照分区（见图 4-59）为全阴区（永久无日照）、半阴区（某些时段有日照）和全阳区（永久有日照）。

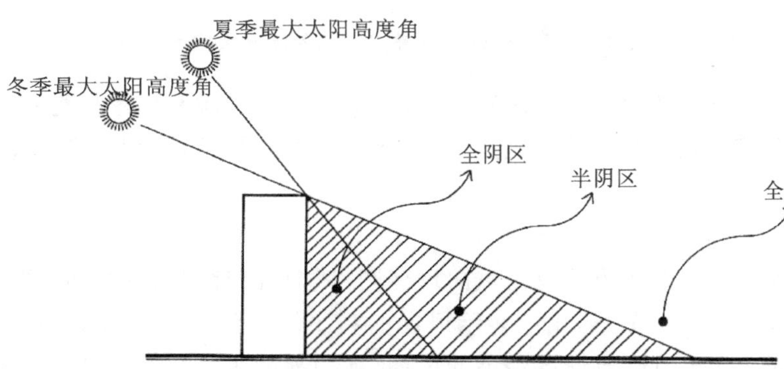

图 4-59 根据日照条件分区

通过对基地光照条件的分析，可以看出住宅的南面光照最充足、日照时间最长，适宜开展活动和设置休息空间，但夏季的中午和午后温度较高，需要遮阴。根据太阳高度角和方位角测算，遮阴效果最好的位置应该在建筑物的西南面或者南面，可以利用遮阴树（见图 4-60），也可以使用棚架结合攀援植物（见图 4-61）进行遮阴，并应该尽量靠近需要遮阴的地段（建筑物或者休息、活动空间），但要注意地下管线的分布以及防火等技术要求。另外，冬季寒冷，为了延长室外空间的使用时间，提高居住环境的舒适度，室外休闲空间或室内居住空间都应该保证充足的光照，因此，住宅南面的遮阴树应该选择分枝点高的落叶乔木，避免栽植常绿植物，如图 4-62 所示。

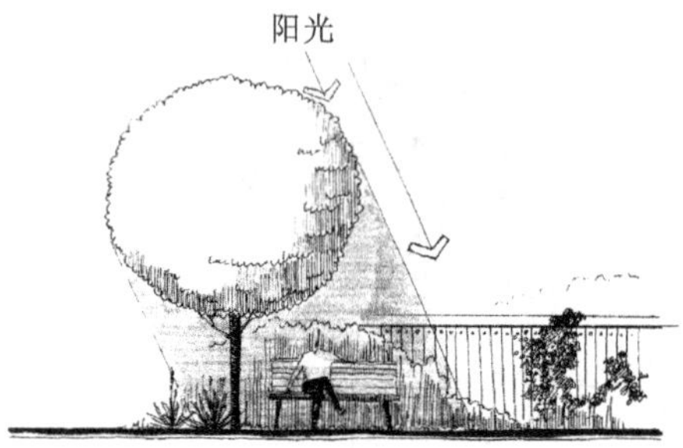

图 4-60　树木的遮阴效果

图 4-61　利用棚架结合攀援植物遮阴

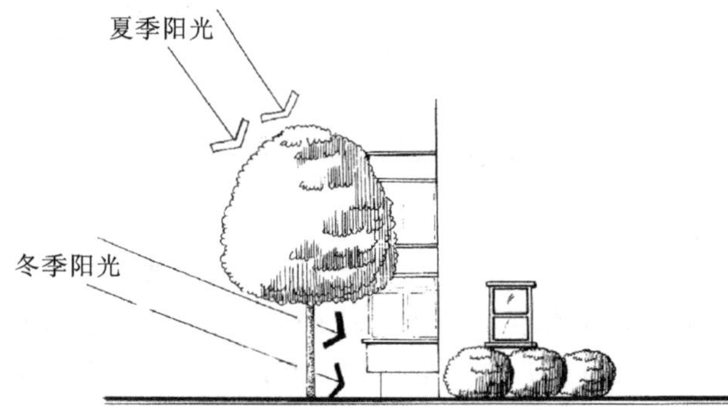

图 4-62　住宅南面应该选用分枝点高的落叶乔木作为遮阴树

住宅的东面或者东南面太阳高度角较低，所以可以考虑利用攀援植物或者灌木进行遮阴。住宅的西面光照较为充足，可以栽植阳性植物，而北面光照不足，只能栽植耐阴植物。

3）风

关于风最直观的表示方法就是风向玫瑰图，风向玫瑰图是根据某地风向观测资料绘制出形似玫瑰花的图形，用以表示风向的频率。如图 4-63 所示，风向玫瑰图中最长边表示的就是当地出现频率最高的风向，即当地的主导风向。通常基地小环境中的风向与这一地区的风向基本相同，但如果基地中有某些大型建筑、地形或者大的水面、林地等，基地中的风向也可能会发生改变。

根据现场的调查，基地中的风向有以下规律：一年中住宅的南面、西南面、西面、西北面、北面风较多，而东面则风较少，其中夏季以南风、西南风为主，而寒冷冬季则以西北风和北风为主。因此，在住宅的西北面和北面应该设置由常绿植物组成的防风屏障，在住宅的南面和西南面则应铺设低矮的地被和草坪，或者种植分枝点较高的乔木，形成开阔界面，结合水面、绿地等构筑顺畅的通风渠道，如图 4-64 所示。

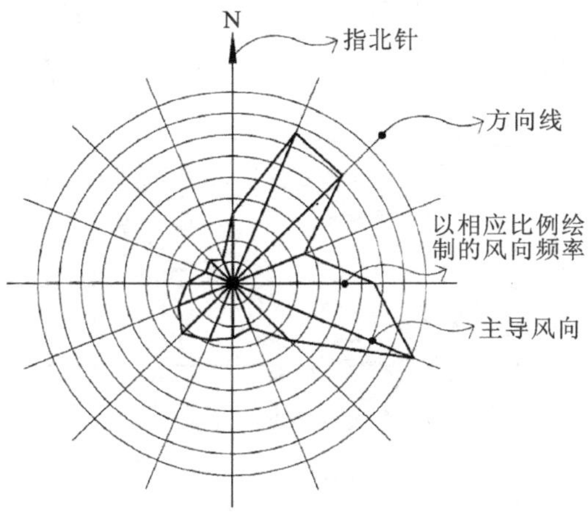

图 4-63 风向玫瑰图示例

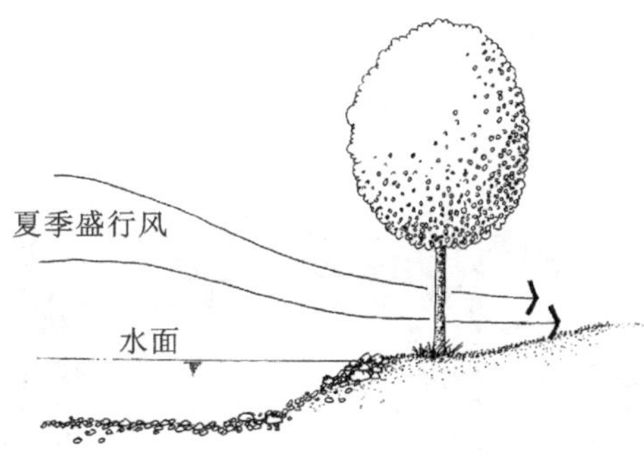

图 4-64 利用高分枝点的乔木构筑顺畅的风道

3. 现状分析

如第 3 章讲解，现状分析主要就是将收集到的资料以及在现场调查中得到的资料利用特殊的符号标注在基地底图上，并对其进行综合分析和评价。如图 4-65 中包括了主导风向、光照、水分、主要设施、噪声、视线质量以及外围环境等分析内容，通过图纸可以全面了解基地的现状。

现状分析的目的是为了更好地指导设计，所以不仅要有分析的内容，还要有分析的结论。如图 4-66 就是在图 4-65 的基础上，对基地条件进行评价，得出基地中对于植物栽植和景观创造有利和不利的条件，并提出解决的方法。

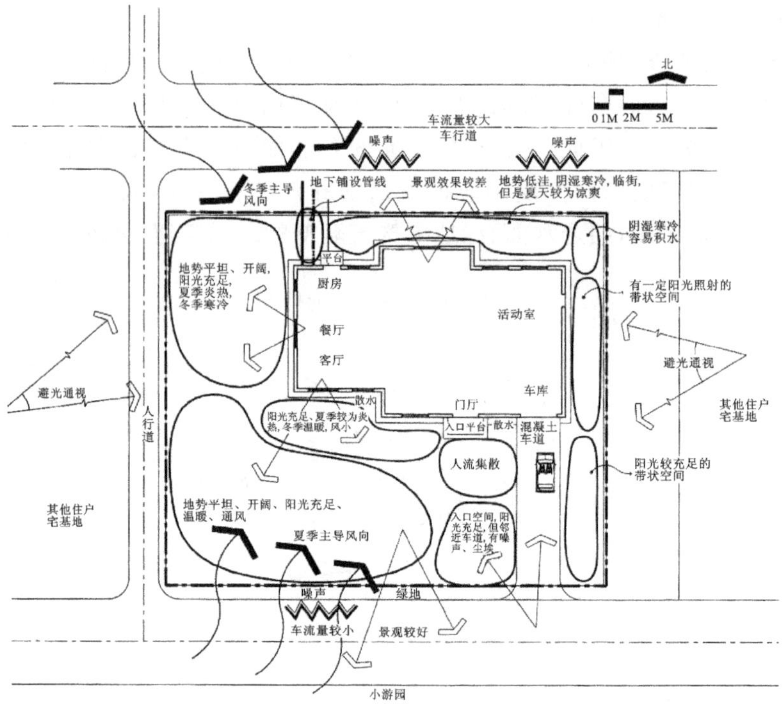

图 4-65　某庭院现状分析图(一)

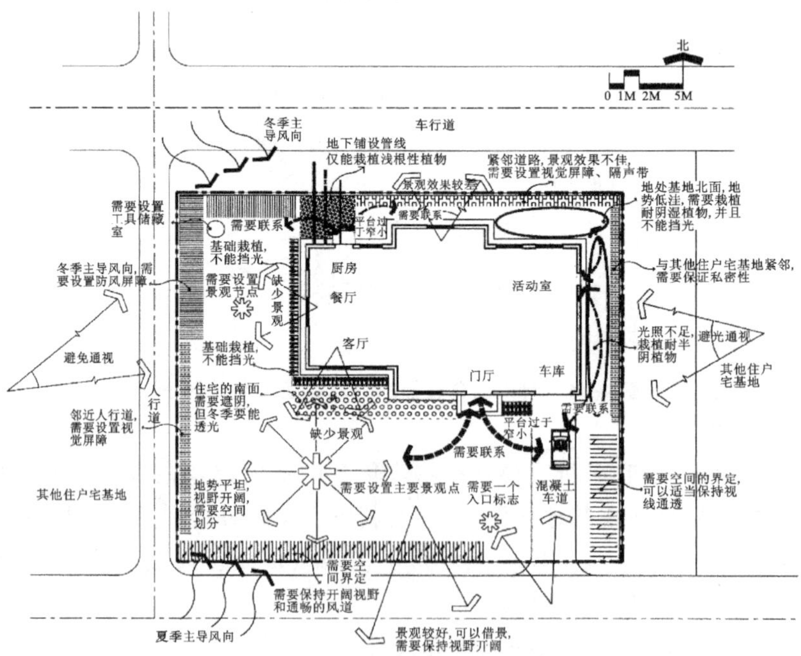

图 4-66　某庭院现状分析图(二)

4.7.2 初步构思阶段

植物设计要在整体景观设计的基础上进行，所以要先对整体设计进行分区，再结合植物进行设计。

1. 绘制功能分区草图

设计师根据现状分析以及设计意向书，确定基地的功能区域，将基地划分为若干功能区，在此过程中需要明确以下问题。

①场地中需要设置何种功能，每一种功能所需的面积如何。

②各个功能区之间的关系如何，哪些必须联系在一起，哪些必须分隔开。

③各个功能区服务对象都有哪些，需要何种空间类型，如是私密的还是开敞的等。

通常设计师利用圆圈或其他抽象的符号表示功能分区，即泡泡图，图中应标示出分区的位置、大致范围，各分区之间的联系等。如图 4-67 所示，该庭院划分为入口区、集散区、活动区、休闲区、工作区等。入口区是出入庭院的通道，应该视野开阔，具有可识别性和标志性；集散区位于住宅大门与车道之间，作为室内外过渡空间用于主人日常交通或迎送客人；活动区主要开展一些小型的活动或者举行家庭聚会，以开阔的草坪为主；休闲区主要为主人及其家庭成员提供一个休息、放松、交流的空

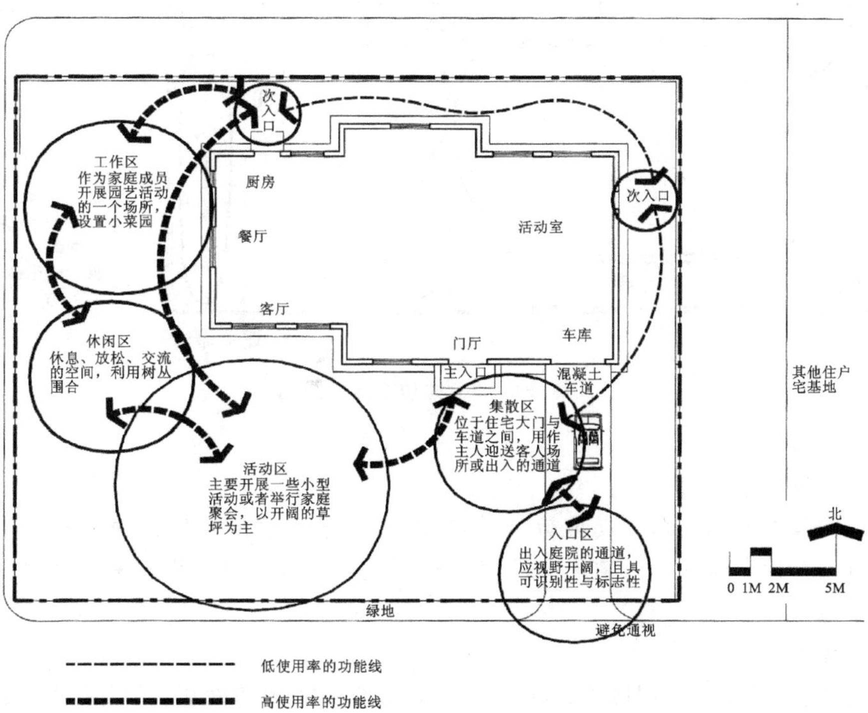

图 4-67 功能分区示意图(泡泡图)

间，利用树丛围合；工作区作为家庭成员开展园艺活动的一个场所，设计一个小菜园。这一过程应该绘制多个方案，并深入研究和比照，从中选择一个最佳的分区设置组合方案。

在功能分区示意图的基础上，根据植物的功能，确定植物功能分区，即根据各分区的功能确定植物主要配植方式。如图 4-68 所示，在五个主要功能分区的基础上，植物分为防风屏障，视觉、隔声屏障，开阔草坪，蔬菜种植地等。

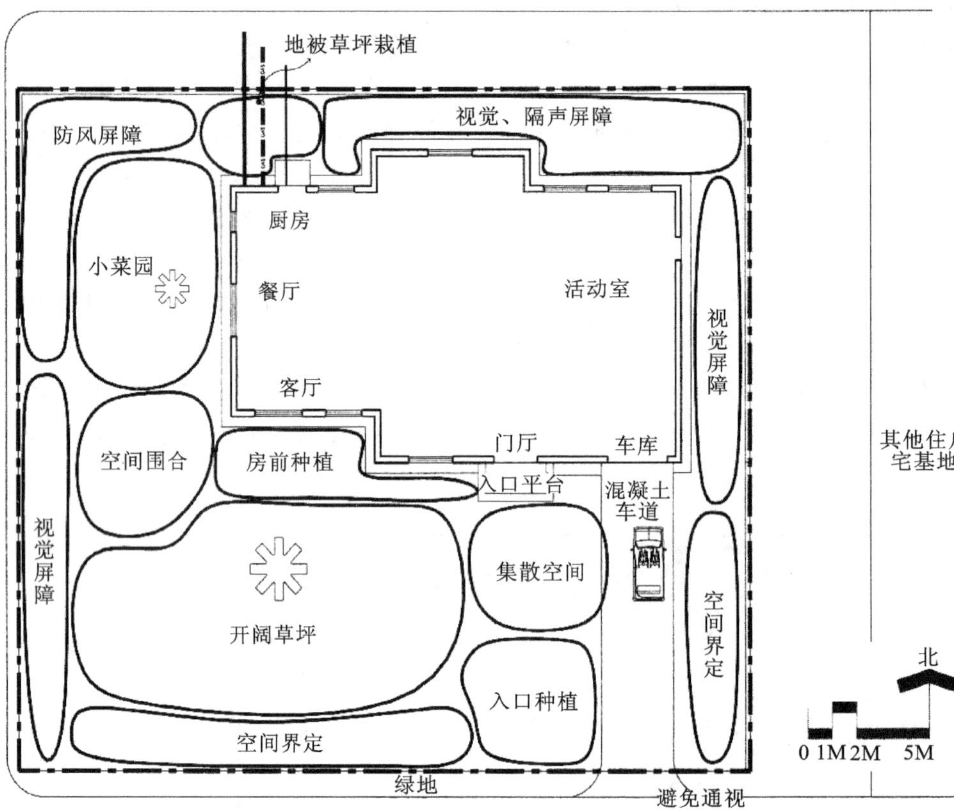

图 4-68　植物功能分区图

2. 功能分区细化

1）程序和方法

结合现状分析，在植物功能分区的基础上，将各个功能分区继续分解为若干不同的区段，并确定各区段内植物的种植形式、类型、大小、高度、形态等内容，如图4-69所示。

2）具体步骤

①确定种植范围。用图线标示出各种植物种植区域和面积，并注意各个区域之间的联系和过渡。

②确定植物的类型。根据植物种植分区规划图选择植物类型，只要确定是常绿

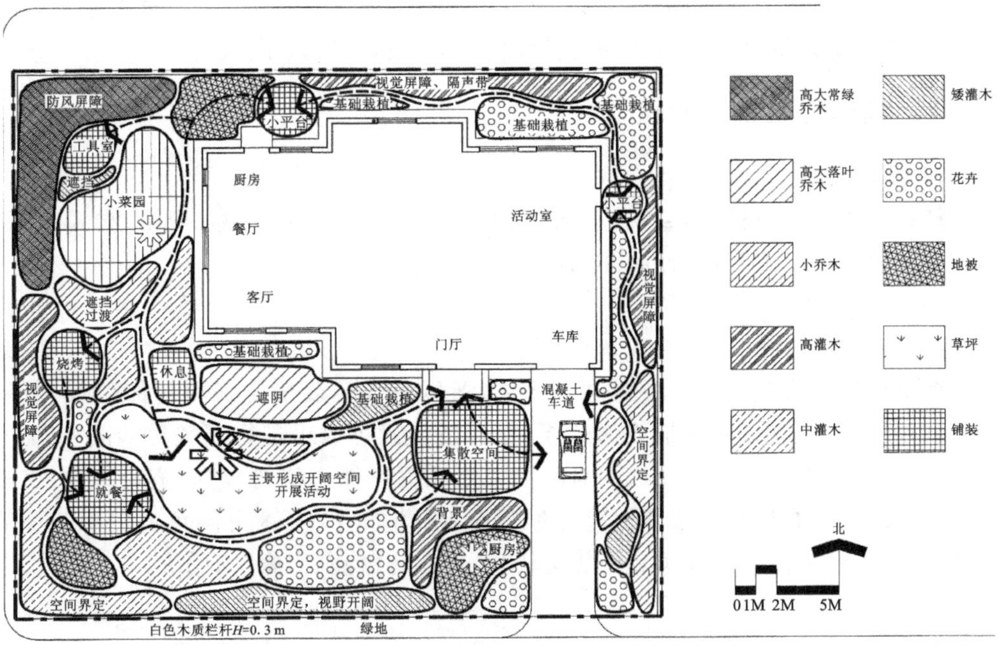

图 4-69　植物种类分区规划图

的还是落叶的，是乔木、灌木、地被、花卉、草坪中的哪一类即可，并不用确定具体的植物名称。

③分析植物组合效果。主要是明确植物的规格，最好的方法是绘制效果立面分析图，如图 4-70 所示。

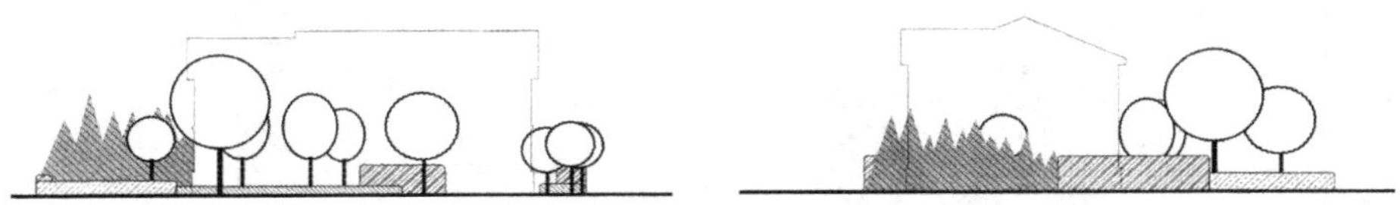

(a)　　(b)

图 4-70　效果立面分析图

(a)南立面；(b)西立面

设计师通过立面图分析植物高度组合，一方面可以判定这种组合是否能够形成优美、流畅的林冠线；另一方面也可以判断这种组合是否能够满足功能需要，如私密性、防风等。

④选择植物的颜色和质地。在分析植物组合效果的时候，可以适当考虑一下植物的颜色和质地的搭配，以便在下一环节能够选择适宜的植物。

以上这两个环节都没有涉及具体的某一株植物，完全从宏观入手确定植物的分布情况。就如同绘画一样，首先需要建立一个整体的轮廓，而并非具体的某一细节，只有这样才能保证设计中各部分紧密联系，形成一个统一的整体。另外，在自然界中植物的生长也并非孤立的，而是以植物群落的方式存在的，这样的植物景观效果最佳、生态效益最好，因此，植物种植设计应该首先从总体入手。

4.7.3 植物种植设计阶段

1. 设计程序

植物种植设计以植物种植分区规划为基础，确定植物的名称、规格、种植方式、栽植位置等，常分为初步设计和详细设计两个过程。

1）初步设计

（1）确定孤植树

孤植树是构成整个景观的骨架和主体，所以首先需要确定孤植树的位置、名称规格和外观形态，这也并非最终的结果，在详细阶段可以再进行调整。如图 4-71 所示，住宅建筑的南面与客厅窗户相对的位置上设置一株孤植树，它应该是高大、美观的，本方案选择的是国槐，国槐树冠球形紧密，绿荫如盖，7—8 月间黄白色小花还能散发出阵阵幽香，国槐在我国栽植历史较长，古人有“槐荫当庭”的说法。

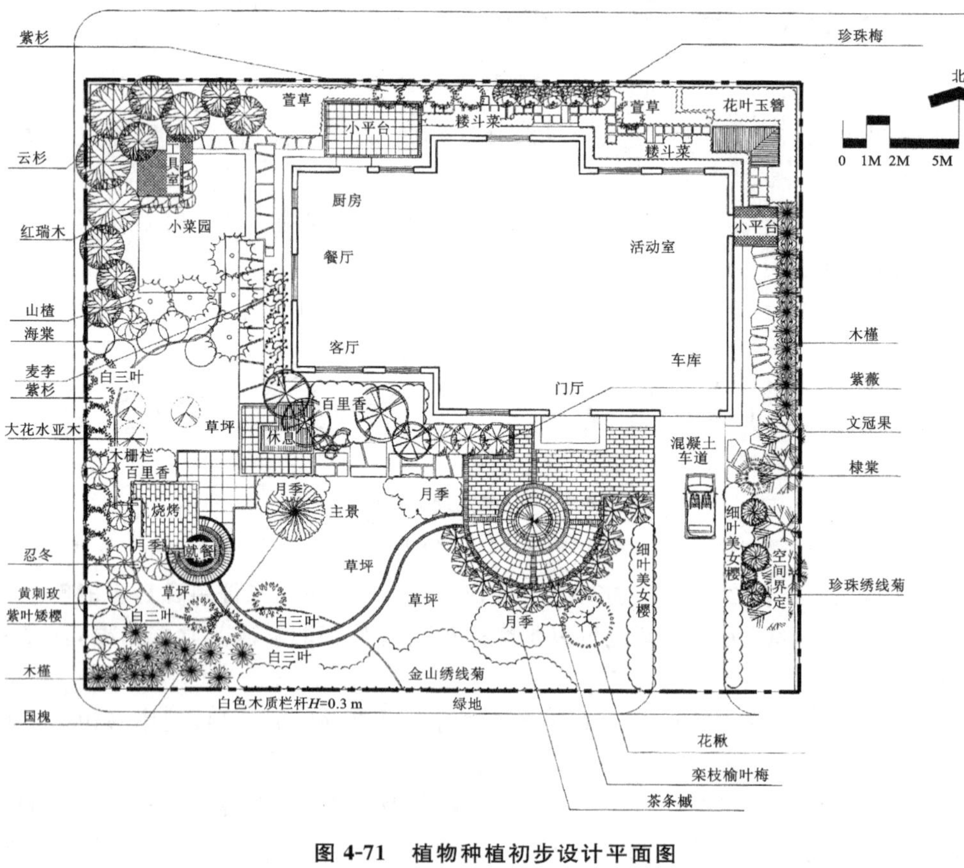

图 4-71 植物种植初步设计平面图

入口处是重要景观节点，此处选择花楸，花楸的抗性强，并且观赏价值极高，夏季满树银花，秋叶黄色或红色，特别是冬果鲜红，白雪相衬，更为优美。

(2) 确定配景植物

主景一经确定，就可以考虑其他配景植物了。如南窗前栽植银杏，银杏可以保证夏季遮阴、冬季透光，优美的姿态也可与国槐交相呼应；在建筑西南侧栽植几株山楂，白花红果，与西侧窗户形成对景；入口平台中央栽植栾枝榆叶梅，形成视觉焦点和空间标示。

(3) 选择其他植物

接下来根据现状分析按照基地分区以及植物的功能要求来选择配植其他植物(见表 4-16)。如图 4-71 所示，入口平台外围栽植茶条槭，形成围合空间；车行道两侧配植细叶美女樱组成的自然花境；基地的东南侧栽植文冠果，形成空间的界定，通过珍珠绣线菊、棣棠形成空间过渡；基地的东侧栽植木槿，兼顾观赏和屏障功能；基地的北面寒冷，光照不足，所以以耐寒、耐阴植物为主，选择花叶玉簪、萱草、耧斗菜以及紫杉、珍珠梅等植物；基地西北侧利用云杉构成防风屏障，并配植麦李、山楂、海棠、红瑞木等观花或者观枝植物，与基地的西侧形成联系；基地的西南侧，与人行道相邻的区域，栽植枝叶茂密、观赏价值高的植物，如忍冬、黄刺玫、木槿、紫叶矮樱等，形成优美的景观，同时起到视觉屏障的作用；基地的南面则选择低矮的植被，如金山绣线菊、白三叶、草坪等，形成开阔的视线和顺畅的风道。

表 4-16 私人宅院种植初步设计植物选择列表

常绿乔木	云杉、紫杉
阔叶乔木	银杏、国槐、花楸、文冠果、山楂、紫叶矮樱
灌木	珍珠梅、海棠、忍冬、棣棠、珍珠绣线菊、木槿、大花水亚木、红瑞木、黄刺玫、紫薇、茶条槭
花卉	花叶玉簪、萱草、耧斗菜、月季
地被	白三叶、百里香、金山绣线菊

(4) 在图纸中标识植物的具体情况

在设计图纸中利用具体的图例标识出植物的类型、规格、种植位置等(见图 4-71)。

2) 详细设计

对照设计意向书，结合现状分析、功能分区、初步设计阶段的工作成果，进行设计方案的修改和调整。详细设计阶段应该从植物的形状、色彩、质感、季相变化、生长速度、生长习性等多个方面进行综合分析，以满足设计方案中的各种要求。

首先，核对每一区域的现状条件与所选植物的生态特性是否匹配，是否做到了"适地适树"。对于本例而言，由于空间较小，加之住宅建筑的影响，会形成一个特殊的小环境，所以在以乡土植物为主的前提下，可以结合甲方的要求引入一些适应小环境生长的植物，如某些月季品种、棣棠等。

其次，从平面构图角度分析植物种植方式是否适合。例如，就餐空间的形状为圆形，如果要突出和强化这一构图形式，植物最好采用环植的方式。

然后，从景观构成角度分析所选植物是否满足观赏的需要，植物与其他构景元素是否协调，这些方面最好结合立面图或者效果图来分析。如图 4-72 所示是主景植物国槐的立面图，图 4-73 是屋前木质平台植物景观效果图，由图中可以看出银杏、麦李、百里香等植物的配植效果以及建筑、木质平台与植物的组合效果。通过分析还发现了一些问题，比如，房屋东侧和南侧植物种类过于单一，景观效果缺少变化，所以应该在初步设计的基础上适当增加植物品种，形成更为丰富的植物景观；此外，房屋的西侧植物栽植有些杂乱，需要调整。

图 4-72　孤植树——国槐立面图

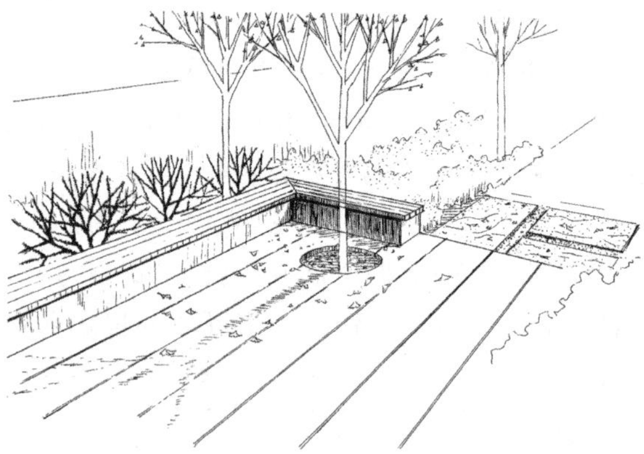

图 4-73　屋前木质平台植物景观效果图

最后，进行图面的修改和调整，完成植物种植设计详图(见图 4-74)，并填写植物表，编写设计说明。

2. 设计方法

1) 植物品种选择

首先，要根据基地自然状况，如光照、水分、土壤等，选择适宜的植物，即植物的生态习性与生境应该对应，这一点在前面的章节中已经反复强调过了，这里不再赘述了。

其次，植物的选择应该兼顾观赏和功能的需要，两者不可偏废。比如，根据植物功能分区，建筑物的西北侧栽植云杉形成防风屏障；建筑物的西南面栽植银杏，满足夏季遮阴、冬季采光的需要；建筑物的南面铺植草坪、地被，形成顺畅的通风环境。园中种植的百里香香气四溢，可以用于调味；月季不仅花色秀美、香气袭人，而且还可以作切花，满足女主人的要求。每一处植物景观都是观赏与实用并重，只有这样才能够最大限度地发挥植物景观的效益。

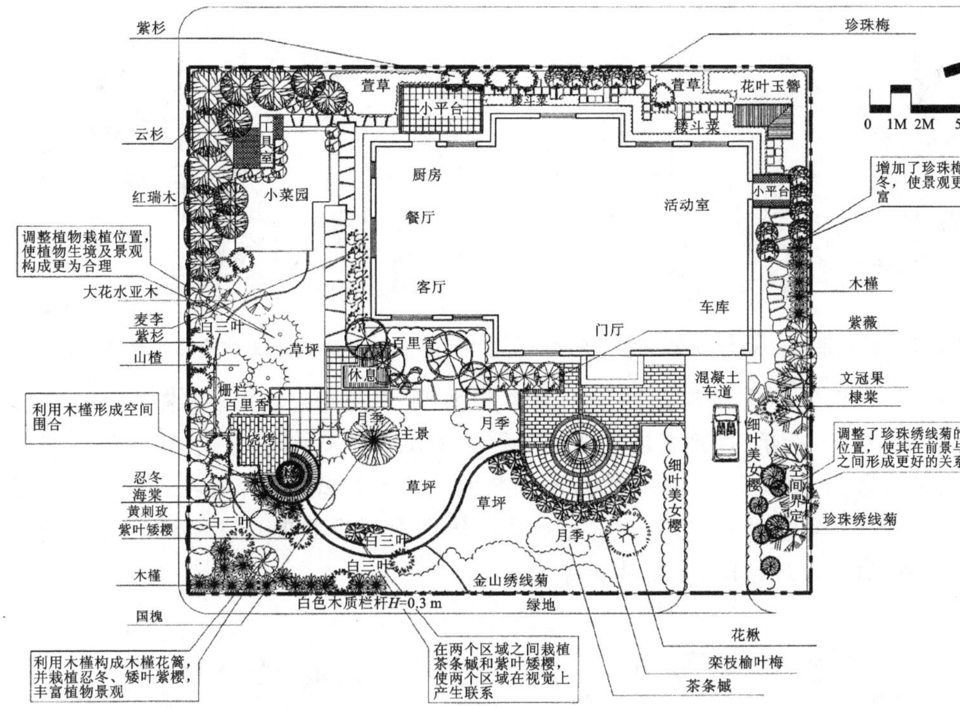

图 4-74 植物种植设计详图

最后，植物的选择还要与设计主题和环境相吻合，如庄重、肃穆的环境应选择绿色或者深色调植物，轻松活泼的环境应该选择色彩鲜亮的植物，如儿童空间应该选择花色丰富、无刺无毒的小型低矮植物（见图 4-75），私人庭院应该选择观赏性高的开花植物或者芳香植物，少用常绿植物。

总之，在选择植物时，应该综合考虑各种因素，如基地自然条件与植物的生态习性（光照、水分、温度、土壤、风等）、植物的观赏特性和使用功能、当地的民俗习惯、人们的喜好、设计主题和环境特点、项目造价、苗源、后期养护管理等。

2）植物的规格

植物的规格与植物的年龄密切相关，如果没有特别的要求，施工时栽植幼苗，以保证植物的成活率和降低工程成本。但在详细设计中，却不能按照幼苗规格配植，而应该按照成龄植物（成熟度 75%～100%）的规格加以考虑，图纸中的植物图例也要按照成龄苗木的规格绘制，如果栽植规格与图中绘制规格不符，应在图纸中标注说明。

3）植物布局形式

植物布局形式取决于园林景观的风格，如规则式、自然式（见图 4-76）、中式、日式、英式、法式等多种园林风格，它们在植物配植形式上风格迥异、各有千秋，具体内容可参见第 2 章，这里不再赘述。

图 4-75　儿童活动空间植物景观构成示例

图 4-76　自然式园林的植物景观效果

植物的布局形式应该与其他构景要素相协调，如建筑、地形、铺装、道路、水体等。如图 4-77(a)所示，规则式的铺装周围植物采用自然式布局方式，铺装的形状没有被凸显出来；而图 4-77(b)中植物按照铺装的形式行列式栽植，铺装的轮廓得到了强化。当然这一点也并非绝对，在确定植物具体的布局方式时还需要综合考虑周围环境、园林风格、设计意向、使用功能等内容。

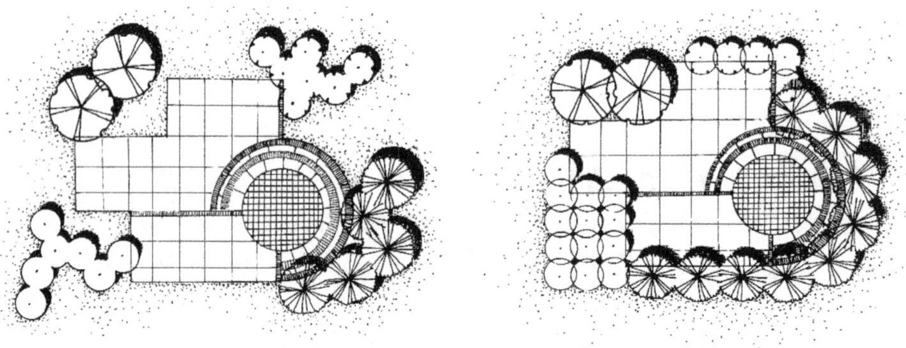

(a)　　(b)

图 4-77　植物布局形式应该与铺装形式协调

(a)植物种植与铺装没有很好协调；(b)植物种植与铺装协调，强化了铺装的轮廓

需要注意的是，在图中一定要标注清楚植物种植点的位置，因为项目实施过程中，需要根据图中种植点的位置栽植植物，如果植物种植点的位置出现偏差，就可能会影响到整个景观效果，尤其是孤植树种植点的位置更为重要。

4）植物栽植密度

植物栽植密度就是植物种植间距的大小。要想获得理想的植物景观效果，应该在满足植物正常生长的前提下，保证植物成熟后相互搭接，形成植物组团。如图4-78(a)所示，植物种植间距过大，以单体形式孤立存在，显得杂乱无章，缺少统一性；而图4-78(b)中，植物相互搭接，以一个群体的状态存在，在视觉上形成统一的效果。因此，作为设计师不仅要知道植物幼苗的大小，还应该清楚植物成熟后的规格。

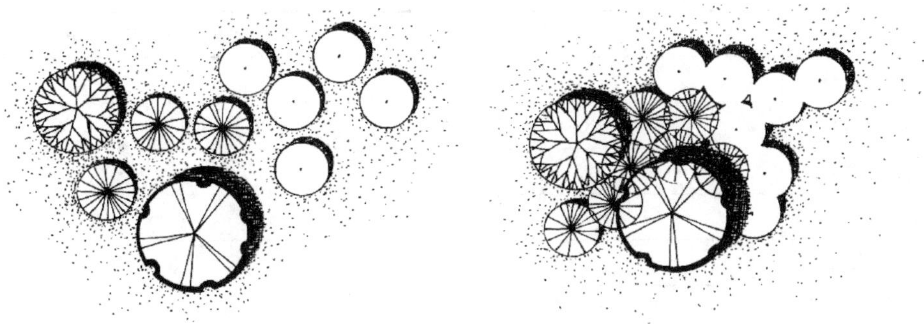

(a) (b)

图 4-78 植物栽植密度的确定

(a)植物种植间距较大，缺乏完整性；(b)植物之间重叠，整体性较强

另外，植物的栽植密度还取决于所选植物的生长速度。对于速生树种，间距可以稍微大些，因为它们很快会长大，填满整个空间；相反的，对于慢生树种，间距要适当减小，以保证其在尽量短的时间内形成效果。所以说，植物种植最好是速生树种和慢生树种组合搭配。

如果栽植的是幼苗，而甲方又要求短期内获得景观效果，那就需要采取密植的方式，也就是说增加种植数量，减小栽植间距，当植物生长到一定时期后再进行适当的间伐，以满足观赏和植物生长的需要。对于这一情况，在种植设计图中要用虚线表示后期需要间伐的植物，如图 4-79 所示。植物栽植间距可参考表 4-17 进行设置。

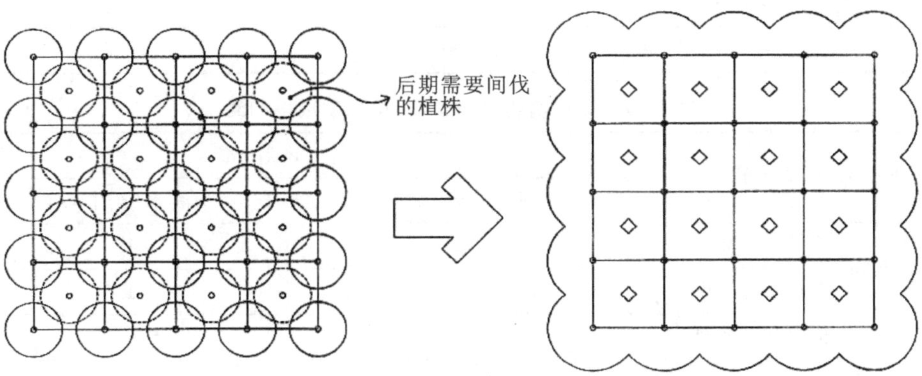

(a) (b)

图 4-79 初期密植和后期间伐

(a)初期密植；(b)间伐后

表 4-17 绿化植物栽植间距

名称		下限(中—中)/m	上限(中—中)/m
一行行道树		4.0	6.0
双行行道树		3.0	5.0
乔木群植		2.0	—
乔木与灌木混植		0.5	—
灌木群植	大灌木	1.0	3.0
	中灌木	0.75	2.0
	小灌木	0.3	0.5

5）满足技术要求

在确定具体种植点位置的时候还应该注意符合相关设计规范、技术规范的要求。

①植物种植点位置与管线、建筑的距离，具体内容如表 4-18、表 4-19 所示。

表 4-18 绿化植物与管线的最小间距

管线名称	最小间距/m	
	乔木(至中心)	灌木(至中心)
给水管	1.5	不限
污水管、雨水管、探井	1.0	不限
煤气管、探井、热力管	1.5	1.5
力电缆、电信电缆	1.5	1.0
地上杆柱(中心)	2.0	不限
消防龙头	2.0	1.2

表 4-19 绿化植物与建筑物、构筑物最小间距

建筑物、构筑物的名称		最小间距/m	
		乔木(至中心)	灌木(至中心)
建筑物	有窗	3.0～5.0	1.5
	无窗	2.0	1.5
挡土墙顶内和墙角外		2.0	0.5
围墙		2.0	1.0
铁路中心线		5.0	3.5
道路(人行道)路面边缘		0.75	0.5
排水沟边缘		1.0	0.5
体育用场地		3.0	3.0

②道路交叉口处种植树木时，必须留出非植树区，以保证行车安全视距，即在该

视野范围内不应栽植高于 1 m 的植物，而且不得妨碍交叉口路灯的照明，具体要求参见表 4-20。

植物种植设计涉及自然环境、人为因素、美学艺术、历史文化、技术规范等多个方面，在设计中需要综合考虑。

表 4-20 绿化植物与建筑物、构筑物最小间距

交叉道口类型	非植树区最小尺度/m
行车速度不大于 40 km/h	30
行车速度不大于 25 km/h	14
机动车道与非机动车道交叉口	10
机动车道与铁路交叉口	50

5 水 景 设 计

水是造园的重要元素，古人常把水比作园林的血脉。“水，活物也”，水性阴柔，可静可动，使园林增添无穷景致；水无色，却在光照环境影响下异彩纷呈；水无形，却又能随形池岸而仪态万千。

5.1 园林景观理水的概述

5.1.1 水景设计类型

1. 静态与动态

水景设计按水体状态和功能分类，可分为静态和动态两大类水景。

静态水景包含了大型水面、中小型园林水面和景观泳池三大类。其中大型水面可分为天然湖泊、人工湖两类，如杭州西湖（见图 5-1）；中小型园林水面可分为公园主体水景和小水面两类，如颐和园昆明湖、退思园水面及水庭；景观泳池可分为人造沙滩式和规则泳池式两类（见图 5-2）。

图 5-1 杭州西湖水面局部景观

图 5-2 人造沙滩和浅水滩

动态水景分为流水、落水、喷水三大类。其中，流水分为大型河川、中小型河渠及溪流；落水分为水帘瀑布、跌水和滚槛（指水流越过下面阻碍的横石翻滚而下的水景）；喷水分为单喷（指由下而上弹孔喷射的喷泉）、组合喷水（指由多个单喷组成一定的图形）及复合喷水（指采用多层次、多方位和多种水态组成的综合体复合喷泉）。

2. 规则式、自然式与混合式

依据水形及风格，又可将水景设计分为规则式、自然式及混合式三大类。

规则式水体（见图 5-3）讲究对称严整，岸线轮廓均为几何形，水景类型以整形水池、壁泉、整形瀑布及运河为主。规则式水体富于秩序感，易于成为视觉中心，但处理不当容易显得呆板，所以规则式水体常设喷泉、壁泉等，使水体更加生动。

图 5-3 规则式水体

自然式水体（见图 5-4）指岸形曲折、富于自然变化的水体。它的形态更加不拘一格，灵活多变，景观设计中水体多模仿自然界水体成景。自然式水体类型以湖泊、池塘、河流、溪涧和自然式瀑布为主。

混合式水体（见图 5-5）顾名思义就是前两者的结合，选用规则式水体的岸形，局部用自然式水体打破人工的线条。

图 5-4 自然式水体

图 5-5 混合式水体

5.1.2 水景的意境

水象征着智慧与圣洁，园林中对水的处理也充满着哲意。伊斯兰式庭园按照《古兰经》所述的天堂的梦境布置，由四条十字交汇的水渠幻化成“天园”中水、乳、酒、蜜四条河流，营造出庄严、圣洁的气氛，是虔诚的穆斯林和主对话的地方，对西式园林理水有一定影响。中国园林自古具有寄情山水的审美理想，形态布局模仿自然山水，吸引观者在诗情画意的美景中揣摩深层的哲理。在中国古典园林中，水可以说是最具有灵气的元素，一切景观因水而富有活力。

图 5-6 沈阳建筑大学中央水系

水的灵性是人情感作用的结果。在设计水景时，要注意从人的角度出发，激发观赏者触景生情，在享受艺术美景的同时陶冶自我。如沈阳建筑大学中央水系上利用一叶孤舟，为规则的水面平添了几分深远的意境（见图 5-6）。

不同状态下的水体呈现出不同的景观。水能反射和透射光线，因而在不同的景致当中、不同的光线之下，水体能映射出绚烂的色彩，呈现多变的色调，产生丰富的光影变化。此外，自然水体中水主要有固、液两态。水结冰时呈现固态，外表纹理奇特、晶莹无瑕，使观者产生圣洁之感；液态水或是在微风吹拂下产生美丽的涟漪，或是在奔腾不息中泛起洁白的浪花，观者的心情也因景变得安宁或激荡。

5.2 理水的手法和水景的作用

5.2.1 理水的手法

1. 聚散——水的比例和尺度

水面的大小与周围环境景观的比例关系是水景设计中需要慎重考虑的内容，过大的水面散漫、不紧凑，而过小的水面局促、难以形成气氛。把握设计中水的尺度需要仔细地推敲所采用的水景设计形式、表现主题、周围的环境景观。

景观理水的布局可分为聚集式与分散式两种形式。

聚集式理水往往以水池为中心，沿池周边营造建筑、配植花木。集中用水易于形成内敛、向心的空间格局，使有限的空间呈现疏朗、开阔的景象。如阿尔罕布拉宫的桃金娘庭院就是以矩形水池为中心，两边配以沿水池轴线修剪的香桃木绿篱，更凸显出了庭院中的轴线，使庭院显得疏朗开阔(见图 5-7)。

分散式理水的方法即采取分隔的方法，将大的水域分成大小、长短、深浅和形态各异的局部水域。分散式理水的基本原则是：水域宽阔以分为主，水域局促则应以聚为主；分流应曲萦回绕，聚合则宽阔浩渺；要分而不乱，聚而不死，分聚穿插，相辅相成。分隔水域可用建筑、石景、桥、汀步、矶、花木等来分隔，从而形成丰富的空间层次和多变的景观。例如，苏州的怡园和网师园两处古典宅第园林中的水面(见图 5-8)，与网师园的水面相比，怡园的水面虽然面积要大出约三分之一，但是，大而不见其广，长而不见其深，就是因为它采用了分散式理水方法，将大的水域分成长短、深

图 5-7 阿尔罕布拉宫桃金娘庭院

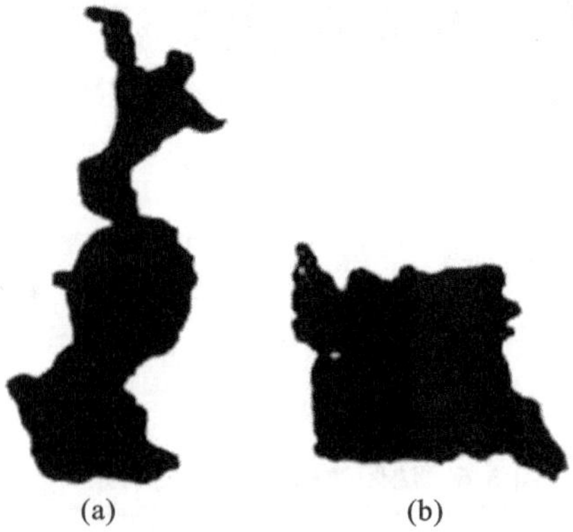

图 5-8 苏州怡园水面与网师园水面对比

(a)怡园水体；(b)网师园水体

浅不同的各色水域，显得空间深远。

2. 曲折——自然式水体形式的变化

无曲折，必平淡无奇。这正如陈从周先生《说园》中所说："水不在深，妙于曲折"。因为只有"萦纡非一曲"，才能达到"情态如千里"的艺术效果。

构成水体曲折深度的条件大致有四：一是藏源，二是引流，三是集散，四是掩映。

所谓"藏源"，就是要把水体的源头做隐蔽的处理，或藏于石隙（见图 5-9），或藏于洞穴，或隐于溪瀑。如果水体隐源，便能引起人们循流追源的兴趣，实现"江水西头隔烟树，望不见江东路"的观赏效果，成为展开水景序列空间的一条线索，带动一池清水活动起来。正如郭熙在《林泉高致》中所说："水欲远，尽出之则不远，掩映断其派（脉），则远矣。"

图 5-9　水源隐于山石中

所谓"引流"，就是引导水体在空间中逐步展开，形态宜曲不宜直，以形成优美的风景线。南京瞻园藏源溪瀑，引流曲折迂回，有谷涧、水谷、溪湾、湖池、泉瀑，其间用亭榭、假山、花木互作掩映，水体纵贯全园，增加了水景的空间层次。

所谓"集散"，就是要将水面进行适度的开合与穿插，既要展现水体主景空间，又要增加水体的深度，避免水面的单调、呆板。无锡寄畅园近长方形的水面，本来显得十分单调，构园者利用曲岸、桥廊分隔水面，得到水体的藏引和开合变化，构成多变的水景空间，弥补了先天的不足（见图 5-10）。

所谓"掩映"有两层意思，掩即是遮蔽，映即是显露。掩可用山石、树木、建筑等掩蔽水口、水岸，造成烟水迷离、来去悄然的景象，从而营造出幽邃深远的意境。在掩的同时要注意映，即水域的适当开敞，以便形成水与山石、花木、建筑相互资借、交相辉映的生动景象（见图 5-11）。掩与映的关系是辩证的，掩映得当，不仅使湖光山色相映成趣，还能增强视觉的空间感受。

图 5-10　无锡寄畅园锦汇漪

图 5-11　山石、水体、植物交相辉映

总之，园林的水体处理贵在曲折有致，犹如作画的起结开合，须立意在先，立宾主之位，定远近之形，穿凿景物，摆布高低，让水面有流有滞、有隐有显、有大有小、有开有合，生发出无穷之意、多层次感。

3. 临近

临近指接近水面，强调“亲水性”，景观中水体的营建要注重人的能动性，不要将水景与人相隔甚远，要有远距离的观赏和近距离的与水亲和的意趣。通常以建筑、桥、汀步、堤等适当迫近水面，可使人产生水面凌波的情趣。如图 5-12 所示，艺圃的石桥和石岸贴水而建，行之如凌波水面。

图 5-12 艺圃的石桥和石岸

建筑与水临近大致有三种情形：一是水面包围建筑群，这种情况往往是水体面积大，以大水面包围建筑群，水面衬托建筑空间向外伸展，形成开敞空间，使人的视野为之开阔；二是建筑群环抱水面，这种情况往往是水体面积较小，且又处于中心景观地位，形成“群星拱月”式的闭合空间，视野收缩，空间感静谧、亲切，多见于一般小型景观；三是水体穿插于建筑空间之中，建筑空间随水体空间交织而变幻，视野时收时放，空间流动性强，将水体作为天然之物引入建筑空间环境之中，形成形态对比与势态对比。所谓“形态对比”，即是水体的柔和、色貌、形态特征与建筑的实态特征，形成柔与刚、虚与实的实感对比，使空间感平稳、静谧，产生环境空间的静态美。所谓“势态对比”，即是水体自由流动、大小聚散的势态特征，与建筑的静态空间构成动与静、开与合的势态对比。

4. 形、声、光、色——水景的艺术手法

园林景观理水须巧妙借助形、声、光、色四重艺术手法。

1） 水或动或静，皆有其形

静态水以湖、池、塘、潭为载体，其水体景观形态受制于载体。

自然形成的静态水体具有优美动人、浑然天成的形态，图 5-13 展示了大型湖泊天然的水形。动态水的形较复杂，它并不完全受制于其载体形状，而是表现出更多的空间变化。如喷泉，喷口的形状、组合方式、运动方式和水压大小，都会对喷水的形态产生影响；落水与跌水形态除受出水方式影响外，还受构筑物形态和受阻物设置的影响。

2） 水或疾或缓，皆有其声

在园林理水造景中，若能运用各种手法，制造出水体的各种声音，就能引发游人的听觉美，观赏效果十分惊人。如温庭筠在《相和歌辞 · 公无渡河》中写道“黄河怒浪连天来，大响谹谹如殷雷”，以此形象描述了黄河水浪涛翻滚、声势浩大的态势。

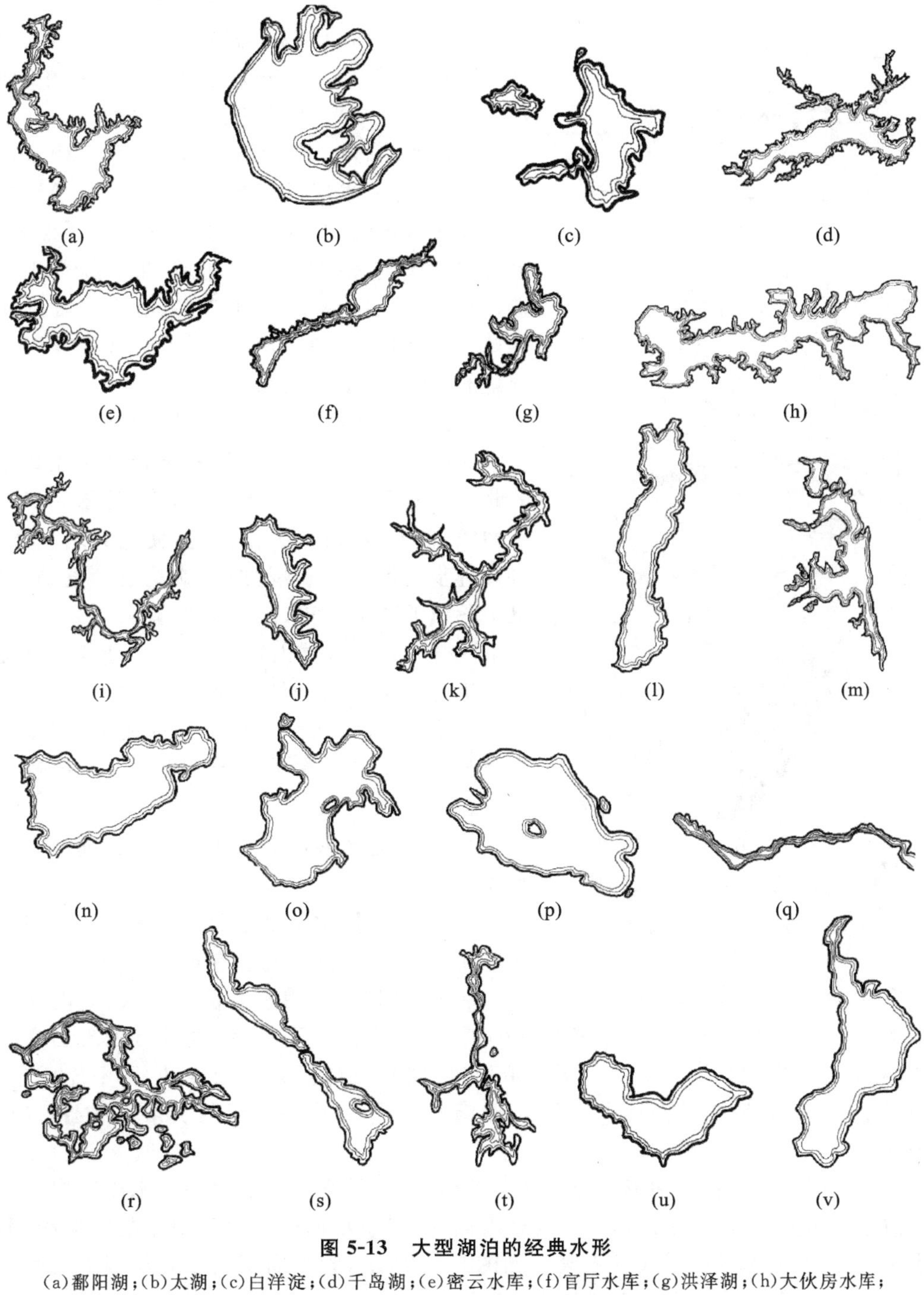

图 5-13 大型湖泊的经典水形

(a)鄱阳湖;(b)太湖;(c)白洋淀;(d)千岛湖;(e)密云水库;(f)官厅水库;(g)洪泽湖;(h)大伙房水库;(i)松花湖;(j)天山天池;(k)镜泊湖;(l)洱海;(m)高邮湖;(n)纳木错;(o)东钱湖;(p)青海湖;(q)班公错;(r)羊卓雍措;(s)南四湖;(t)红枫湖;(u)巢湖;(v)滇池

(a)

(b)

图 5-14　无锡寄畅园“八音涧”

(a)平面图;(b)手绘效果图

有时水声又舒缓温柔,如王维写道“声喧乱石中,色静深松里”,描绘一条溪流蜿蜒于青石上,发出叮咚的水声,然后流入一片浓密的松树林中,而水又慢慢地缓下来、静下来的迷人画面。

利用水的自然声响而成景,或是用水声来增添意境、烘托艺术气氛是理水艺术的设计手法之一。无锡寄畅园“八音涧”就是运用这一手法,从惠山引泉成溪,沿溪叠山作堑道,泉水跌落于堑道,在山石间发出一种滴滴答答、叮叮咚咚的回音,犹如不同音阶的琴声,产生了一种具有诗情画意的水景(见图 5-14)。

任何纯自然或半自然的水声,都能作为理水艺术的创作表现资源。如 20 多米高处飞流直下的北京王府酒店大堂多级落水瀑布(见图 5-15),声如惊雷,天暗云低,大雨滂沱,使人为之一振。科技进步也带来新表现方法,或是借助电脑、电讯手段模拟环境水声,或是设置音乐喷泉,不仅音乐配合和声控水体惟妙惟肖,而且随着水体翩翩起舞。响泉和喊泉是一种奇特的“天然声控”流泉。这种泉平时无水,但当电闪雷鸣,或是有奇声异响时,就会哗啦啦流出清泉水,音息则水枯。

3) 绚烂的光影效果同样是水景灵魂的重要组成

水面的光影效果以景物倒影的形式体现。据记载,早在汉代武帝时就有造园家利用水面设计影景,在宫中凿池映月,以供戏赏。水面波光粼粼,利用水面倒影借景,就能丰富景物层次,扩大视觉空间,产生朦胧虚幻的美感;水面一平如镜,则常常表现出虚实变换、潋滟柔媚的意境。水中倒影是由周边景物生成的,如岸景凌乱,则不能成景。因而岸边与水体附近的设计十分重要,须精心布置,才会使光景与实景相得益彰(见图 5-16)。

利用阳光投射在水中形成光束和逆光剪影,也是光影手法之一。水中或岸边景物被强烈阳光投射,或是被逆光反射至水面,呈现景物面的深暗和清晰的轮廓线,而出现“剪影”,甚至是版画般的效果。如图 5-17 所示,倾泻而下的阳光与洒下的水帘交织在一起,与幽暗的岩洞形成鲜明对比。

“印月”,也是水的光影效果中的重要元素。日常生活中,人们见到水中的月影,会觉得很普通,但由于文字和传说中的描述却被大大地美化和神秘化了。在园林设

图 5-15 北京王府酒店大堂瀑布

图 5-16 上下交映的圆拱桥

计中，以月或月影为主题的园景就有了高雅的意境。如承德避暑山庄文津阁前，隔水相对，有一座嶙峋的假山，堆叠时在山体适当的位置上留出月牙形的孔洞，在晴空骄阳照射下，阁前的池塘背阴的水面上，正好投射出一弯明月，呈现出日月同辉的景象(见图 5-18)。

图 5-17 水的逆光剪影

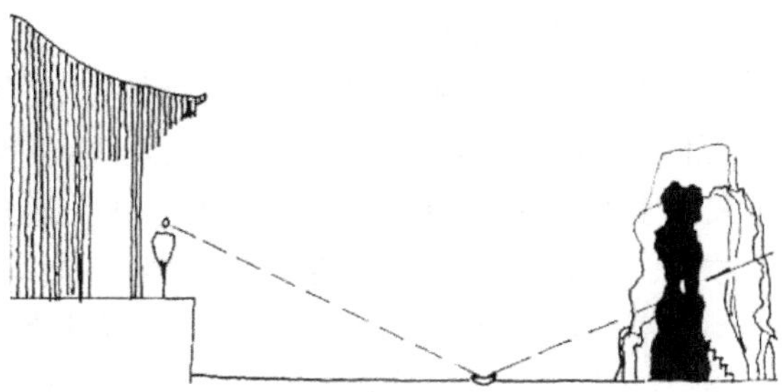

图 5-18 避暑山庄文津阁前的月影

4）素入镜中飞练，清来郭外环屏——水的色彩

自然界中林林总总万物之色，要数水体之色最为素淡。然而，它也最富于色彩的变化，运用搭配得当，就可以创造出丰富的色彩视觉美。概括起来，大致有点色和借色两种作用。所谓“点色”，就是水体的本身颜色，以素淡明净的水色点缀于周遭环境的色调，取其浓彩中的淡雅；用明快跳动的水色突破周围空间的深沉，获得园林空间的生气。计成在《园冶》中用“素入镜中飞练，清来郭外环屏”诗一般的语言，形象地描绘出瀑布流入湖面的清淡、远山入湖的沉郁之观赏效果。所谓“借色”，就是借助周遭气象变化的色彩和环池而建的建筑色彩和花木色彩。天光云影、日升月落、下雨落雪等气象色彩，常常因时而异；花开或花落、绿荫与秃枝等花木色彩，常常因季而变。这种不断变相的色彩与建筑的固有色彩结合在一起，倒映于水中，常常生发出不断变化的色彩美。对这种水中倒影美，扬州曾有一座园林，即以“影园”命名，取“以园之柳影、水影、山影而名之也”(李斗《扬州画舫录》)。显然，欲获得水体景观的最美色彩效果，一是要水质明净，二是水体空间周遭其余景观布局得好。

水因光线照射或所处环境影响，给人以不同色感。园林景观理水用色手法主要包括以下几方面。

(1) 环境配色法

通过水岸边的景物和植物色彩直接反映于水色上。这种方法必须与整个园区环境的色彩相协调,特别是应注意地域特征和地理气候。例如,北方寒冷的季节长,多雪;南方炎热的季节长,热带植物多,这些差异对水环境配色有较大影响。比如,在以草木绿色为主的地域,应配置或掺和一些红黄等暖色,或是白色和浅色等较明亮的色彩。这些颜色与大片绿色环境相配,反射到水面上,会给人一种色彩丰富、鲜艳的感受,也会令人产生亲切感。

(2) 色彩补偿

景观水体给人的色感觉是单调的,特别是人工环境中的砌池水体,如喷水池、景观泳池等,水质纯净,水中产生颜色的介质消失,且又不能依靠水边植物的反射投影产生色彩,因而就需要对池壁和池底进行着色。此外,还可以根据环境需要绘制各种图案,使水体更具有装饰性。池岸和水池边地面的铺装,如能与水池色彩形成烘托、对比,则更会收到良好的环境效果。

(3) 水中加色

水中加色有两种方式,一种是直接往水中加颜料,但这种方法使用时一定要慎重,因为更换的水排出如不进行净化处理,就会污染环境。因此,加注颜料一般仅限于较小水面和小型的动态喷泉。另一种是通过往水体中施放动植物的方法,来为水体添色。这种方法既环保生态,又使环境充满生机。动物添色多采取放养金鱼及各种颜色搭配的锦鲤等。植物添色一般采用各种水生植物,特别是浮水植物、沉水植物和漂浮植物。沉水植物能够产生植物间接映出的色彩,浮水植物和漂浮植物则覆盖水面而使人直接看到植物色。

(4) 光的渲染

水体的光色分为自然光和人造光,自然光主要是借助太阳一天丰富的光照变化渲染水体。人造光主要是在水中或水旁,也可在水面上方的景物上。

5.2.2 水景的作用

图 5-19 水的基底作用

1. 基底作用

大面积的水面视域开阔、坦荡,有托浮岸畔和水中景观的基底作用。当水面不大,但水面在整个空间中仍具有面的感觉时,水面仍可作为岸畔或水中景物的基底,产生倒影,扩大和丰富空间。例如,西班牙阿尔罕布拉宫中的庭院,院中宁静的水面使城堡丰富的立面更加完整和动人,如果没有这片简洁的水面,则整个空间的质量就要逊色得多(见图 5-19)。

2. 系带作用

水面具有将不同的园林空间、景点连接起来产生整体感的作用；将水作为一种关联因素，又具有使散落的景点统一起来的作用。前者称为线型系带作用，后者称为面型系带作用。例如，扬州瘦西湖的带状水面延绵数千米，一直可达平山堂(见图5-20)。在现代公园范围内，众多的景点或依水而建，或伸向湖面，或几面环水，整个水面和两侧景点好像一条翡翠项链。同样，从桂林到阳朔，漓江将两岸奇丽的景色贯穿起来，这也是线型系带作用的例子。

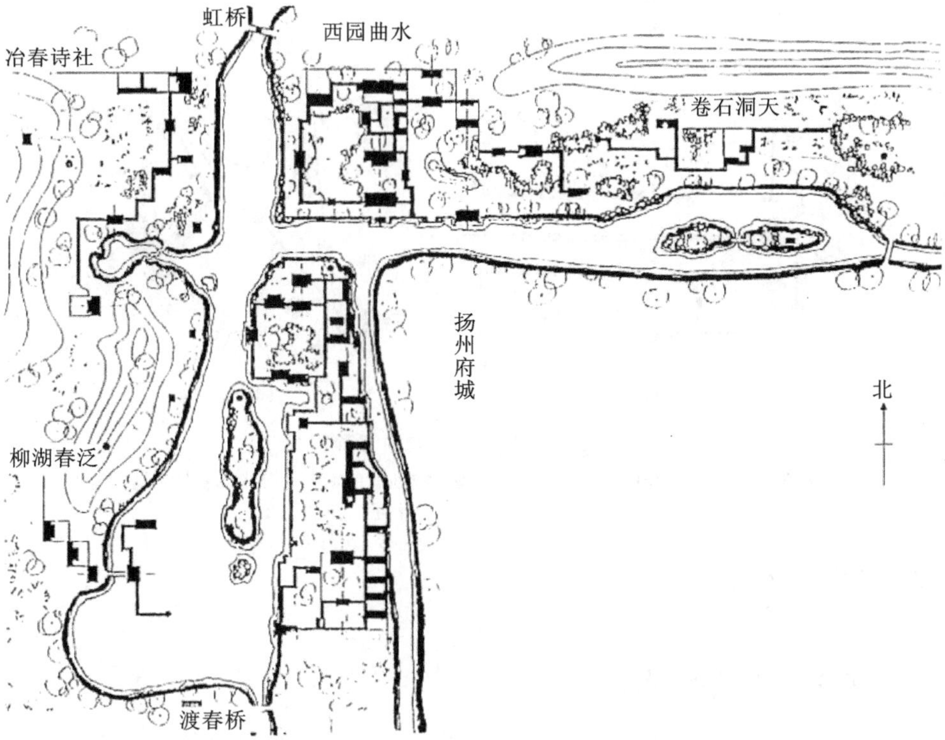

图 5-20 扬州瘦西湖水系

3. 焦点作用

喷涌的喷泉、跌落的瀑布等动态形式的水的形态和声响能引起人们的注意，吸引住人们的视线。在设计中除了处理好它们与环境的尺度和比例的关系外，还应考虑它们所处的位置。通常将水景安排在向心空间的焦点上、轴线的交点上、空间的醒目处或视线容易集中的地方，使其突出并成为焦点(见图5-21)。可以作为焦点水景布置的水景设计形式有喷泉、瀑布、水帘、水墙、壁泉等。

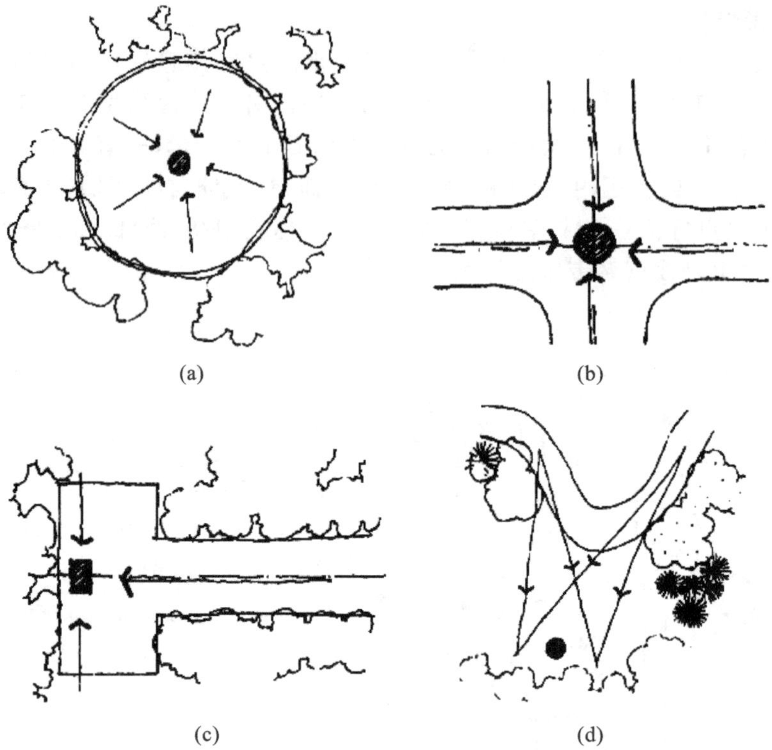

图 5-21　水景成为焦点的几种形式

(a)空间的中心；(b)视线或轴线的交点；(c)视线或轴线的端点；(d)视线容易到达的地方

5.3　静水营建

5.3.1　静水景观的形式类别

静水是以稳定的形态呈片状汇集的水面。静水景观是以自然的或人工的湖泊、水库、水田、池塘、水洼等为主的水景形式。以下所讲的静水景观主要是以现代、人工的手法，缔造出的水景形态。

1. 根据景观形态划分

根据水体的平面变化，静水景观的应用类型可分为规则式和自然式两种。

1）规则式静水

规则式静水主要包括水景池及泳池。这种静水因水容器有着规则的几何形状而呈现出很有规则的平面效果，并可作立体几何形的设计，如圆形、方形、长方形、多边形或曲线、曲直线结合的几何形组合，是城市空间中应用较广泛的一种形式(见图 5-22)。

2）自然式静水

自然式静水有着近似于天然湖泊的景观特质，是人工对大自然的模仿和再现。

(a)

(b)

图 5-22 几何规整式水池

(a)方形;(b)曲线形

自然式静水的特点是平面曲折有致,宽窄不一,虽由人工开,宛若天然成。水面宜有聚有分,大型静水辽阔平远,有水气弥漫之感;小型水面则讲究清新小巧,方寸之间见天地。自然式静水应根据环境空间的大小进行不同的设计,小面积静水聚胜于分,大面积静水则应有聚有分。自然式静水理水形式又可分为如下几种。①小型自然式水池。这种水池形状宜简单,周边宜点缀山石、花木,池中若养鱼植莲也很有情趣。应该注意的是,点缀不宜过多,过多则拥挤落俗,失去意境(见图 5-23)。②较大的自然式水池。这种水池应以聚为主,分为辅,在水池的一角用桥或缩水束腰划出一弯小水面,非常活泼自然,主次分明。③狭长的水池。这种水池应注意曲线变化和某一段中的大小宽窄变化,处理不好会成为一段河。池中可设桥或汀步,转折处宜设景或置石植树。④山池,即以山石理池。周边置石,缀石应注意不要平均,要有断续,有高低,否则也易流俗,也可设岩壁、石矶、断崖、散礁。水面设计应注意要以水面来衬托山势的峥嵘和深邃,使山水相得益彰(见图 5-24)。

图 5-23 小型静水上点缀的植物宜少

图 5-24 日本池水筑山庭

2. 根据营建形式分类

静水景观主要有以下几种营建形式。

1) 下沉式

把水池下沉,水面低于地平面的水池(见图 5-25)。

2）地台式

与下沉式水池相反，这种水池是把水池抬高，使其高出地平面，丰富空间立面（见图 5-26）。

图 5-25 下沉式水池

图 5-26 地台式水池

3）镶入式

水池镶嵌在墙上或者地面，池边与地面平齐，形式新颖、工艺感强（见图 5-27）。

4）组合式

这种水池常具有主体造型的主水池，并与别的不同标高，不同形状的规则式水池组合成为一个统一的整体，功能可有所差别，如蓄水、游戏或作为倒影池，增加观赏上的多样性（见图 5-28）。

图 5-27 镶入式水池

图 5-28 英国丘吉尔园中的组合水池

5）溢流式

这种水池水满溢出，水沿池边平缓滑落，池壁一般有垂直形、内凹形两种处理形式（见图 5-29）。

(a)

(b)

图 5-29 溢流式水池

(a)垂直形;(b)内凹形

6) 平满式

这种水池将水蓄满,使人有一种近水和水满欲溢的感觉,能形成较好的倒影效果,多用于较安静和恬适的空间内(见图 5-30)。

图 5-30 平满式水池

5.3.2 静水在景观中的应用原则

1. 规则式静水

规则式静水在城市造景中主要突出静的氛围、水池的装饰及美化地坪的图案效果,强调水面光影效果的营建和环境空间层次的拓展,是城市景观水体的主要表现形式之一。

1) 规则式静水池的特性

①池如人造容器,池缘线条坚硬分明。

②形状规则,多为几何形,具有现代气息,适合市区空间。

③映射天空或地面景物,增加景观层次。

2）规则式静水设计要点

①水池面积与庭院和环境空间面积要有适当的比例，过大则散漫无趣，过小则局促紧张，所以水池的大小要能给人以合适的空间张力。

②规则式静水池也是倒影池常用的形式，用来映射天空或水边的景物，增加景观层次。所以水面的清洁度、水面的距离、水池的方位、人的观赏角度在设计水池位置时都应加以仔细考虑，以获得清晰而又完整的物象。水池的长宽可依物体大小及映射的面积大小决定。

③较浅的水景池池底可用图案或特别材料式样来增加视觉趣味。在规则式的植物种植池中，水池深度以 50～100 cm 为宜；植物的配置形式也要遵循规则性的原则，以保持风格的统一。

④水池的四周可为人工铺装地坪或独具创意的构筑物，也可布置草坪，地面略向池的一侧倾斜，可显美观，也可防止风吹时水的泼溅。

⑤水池水面可高于地面，亦可低于地面。应根据环境的需求进行合理的选择。在有霜的地区，池底面一般在霜冻线以下，水平面则不可高于地面。

3）规则式水池的设置位置

规则式水池的设置应与其周围环境相映衬，是城市环境中较多的一种水景，多用于规则式庭院中、城市广场及位于建筑物的外环境修饰中。水池设置位置应位于建筑物的前方，或庭院的中心，作为主要视线上的一种重要点缀物。

2. 自然式静水

自然式静水是模仿自然环境中湖泊的造景方法，水体强调水际线的自然变化，有着一种天然野趣的意味，设计上多为自然或半自然式静水池。

1）自然式静水池的特点

①自然形式的水域，形状呈不规则形，使景观空间产生轻松、悠闲的感觉。

②人造或改造的自然水体，有泥土或植物收边，适合自然式庭院或乡野风格的景区。

③水际线强调自由曲线式的变化，并可使不同环境区域产生统一连续感（借水连贯），其景观可引导人行经过一连串的空间，充分发挥静水的系带作用。

2）自然式静水设计要点

①自然式静水的形状、大小、材料与构筑方法，因地势、地质等不同而有很大的差异，设计灵感多来自于大自然，强调一种天然的景观效果。

②在设计时应多模仿自然湖海、池岸的构筑、植物的配置以及其他附属景物的运用，均须非常自然，最忌僵化死板。

③自然式水池的深度，当面积较小时，以保持 50～100 cm 为宜。当面积较大时，则可酌情加深。

④自然式水池可作游泳、溜冰（北方冬季）、休息、眺望、消遣等场所。在设计时，应一并加以考虑，配置相应的设施及器具。

⑤为避免水面平坦而显单调，在水池的适当位置应设置小岛，或栽种植物，或设置亭榭等。

⑥自然式水池的任何部分均应将水泥或人工堆砌的痕迹遮隐，避免有失自然的效果出现。

5.3.3 静水施工技术

1. 池底施工技术

1）规则式静水

规则式静水的池底，应在霜冻线以下，如土壤为排水不良的黏土，或地下水位甚高时，在池底基础下及池壁之后，当放置碎石，并埋 10 cm 直径土管，将地下水导出，管线的倾斜度为 1%～2%。池宽为 1～2.5 m，则池底基础下的排水管沿其长轴埋于池的中心线下。池底基础下的地面，则向中心线作 1%～2%倾斜。

常见的池底结构分为灰土层池底、聚乙烯薄膜防水层池底、混凝土池底（见图 5-31）。

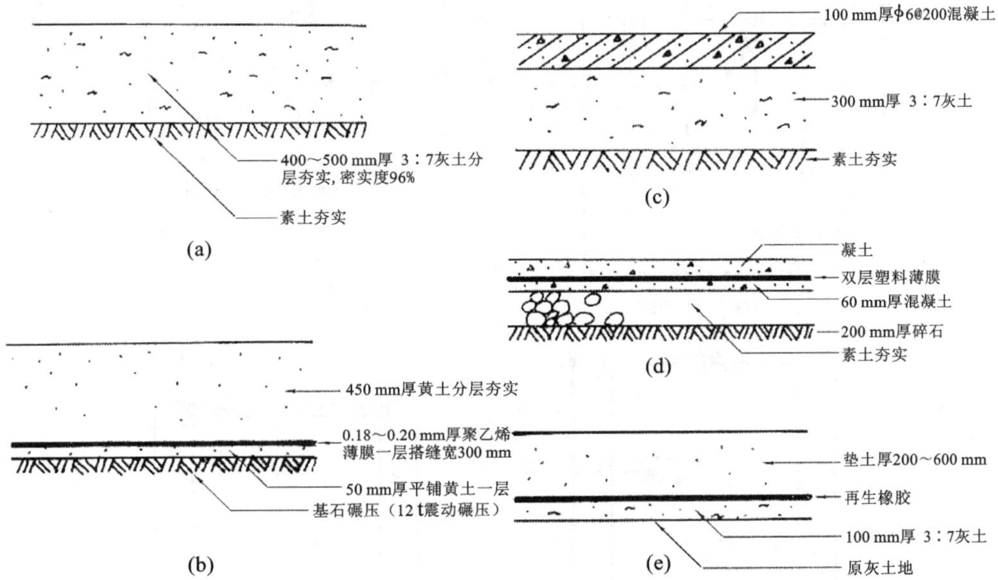

图 5-31 静水池底基本做法

(a)灰土层池底做法；(b)聚乙烯薄膜防水层池底做法；(c)混凝土池底做法；
(d)塑料薄膜防水层小水池底做法；(e)旧水池翻底做法

①灰土层池底。当池底的基土为黄土时，可以在池底做 40～45 cm 厚的 3∶7 灰土层，并每隔 20 m 留一伸缩缝。

②聚乙烯薄膜防水层池底。当基土微漏，可采用聚乙烯薄膜防水层池底做法。

③混凝土池底。当水面不大，防漏要求又很高时，可以采用混凝土池底结构。这种结构的水池，如其形状较完整，则 50 m 内可不做伸缩缝。如其形状变化较大，

则应在其长度约 20 m、并在其断面狭窄处做伸缩缝。一般池底可贴蓝色瓷砖，或用水泥加蓝色，进行色彩变化，增加景观美感。

2）自然式静水

自然式静水的池底如为非渗透性的土壤，应先敷以黏土，弄湿后捣实，其上再铺砂砾。若池底为渗水性土壤，或水源给水量不足，池底可采用规则式水池的做法，用水泥或钢筋水泥，然后以砂土覆盖，或者用蓝色或绿色水泥加色隐蔽。

2. 给排水设置

1）给水

无论是规则式水池或自然式水池，都必须储满水，并须为流动水，使水池内排出及蒸发的水分能随时补充，这才能不破坏池景之美。水的来源有自来水及沟渠水两种。给水管可设于池的中央或一端，有时做成喷水、壁泉等形式流出（见图 5-32）。

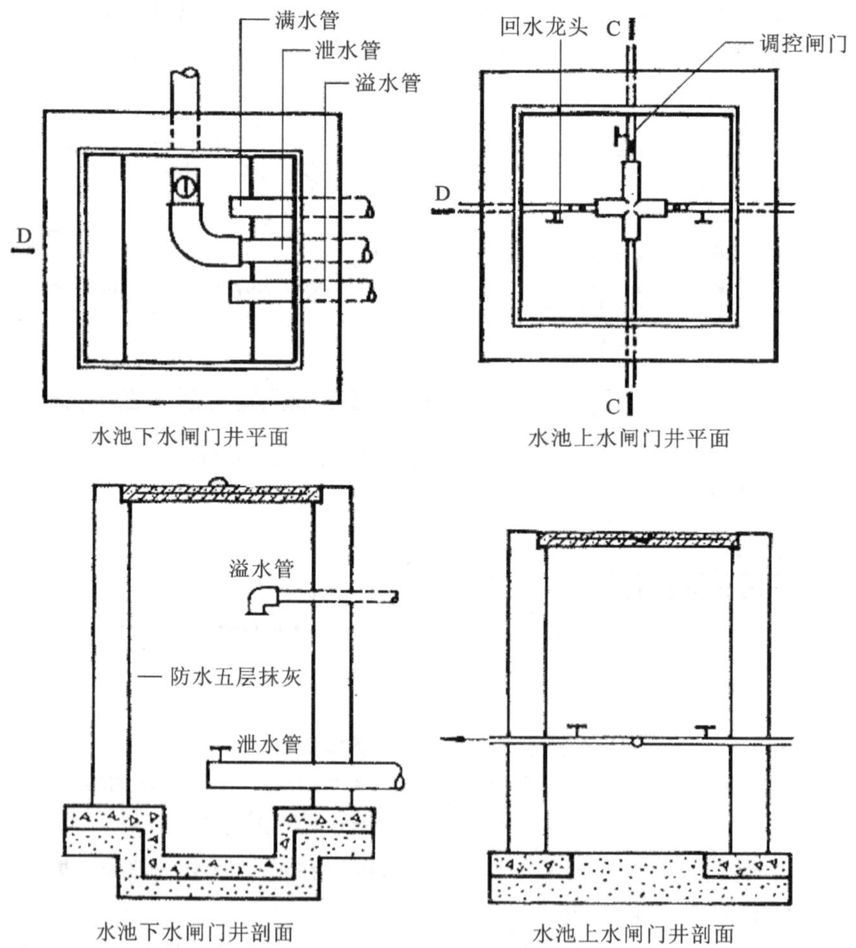

图 5-32 水池上、下水调控做法

2）排水

为使过多的水或陈腐的水排出，应有排水设备。排水口有两种，即水平排水和水底排水。水平排水为保持池水的一定深度而设，入水量超过水平排水口时，则水自该排水口溢出，为防树叶杂物流入管内阻塞，可考虑附滤网；水底排水是在清理水池时，需将池水全部排出，排水口设置于池底最低洼处。水底排水与水平排水可联合设置。排水管及给水管应在池底水泥未造就前即埋入（见图 5-33）。

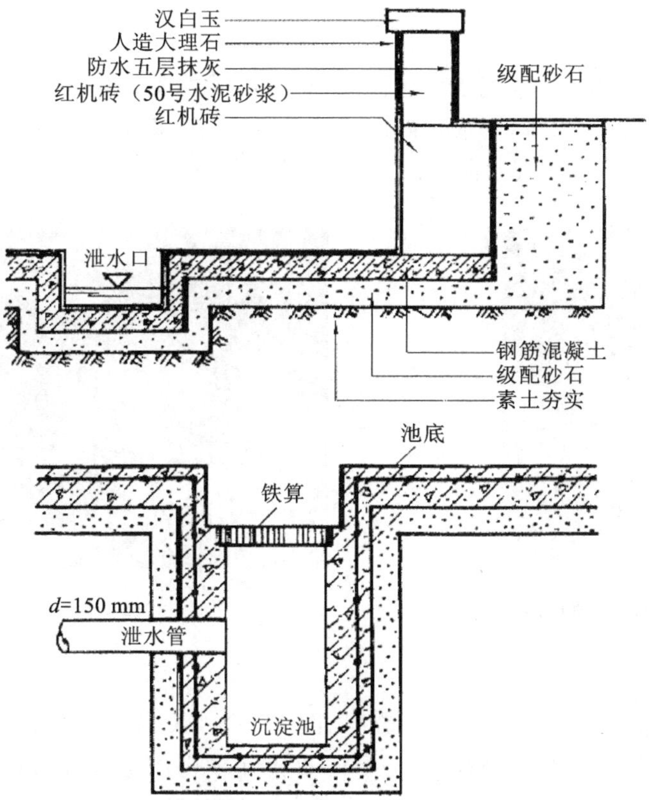

图 5-33 普通水池排水系统

5.4 动水营建

动态水景是利用水体的可流动性形成的景观，在园林中动态水景与其他静止的景观融为一体，给人以丰富的想象与思考。随着科技发展，水景拥有越来越多样化的形式，归纳起来，主要有流水、落水、喷泉、冷雾四种基本形式。

5.4.1 流水

1. 流水的形式

我国古代讲究曲水流觞，被不少诗人所咏叹。流水主要包括溪流、泻流、溢流、壁流、管流等流水水景。

1）溪流

溪流是指蜿蜒曲折的潺潺流水，溪流的形式较曲折、蜿蜒，展现出活泼、欢快的内涵（见图 5-34）。

2）泻流

泻流则是断断续续、细细小小的溪流，它的形成主要是降低水压，借助构筑物的设计点点滴滴地泻下水流，形成细碎的音响效果，一般多设置于较安静的角落（见图 5-35）。溪流与泻流最适宜于园林造景，广场上并不多见。

图 5-34 龙湖滟澜山溪流

图 5-35 泻流

3）溢流

溢流，顾名思义，即池水满盈外流（见图 5-36）。人工设计的溢流形态取决于水池或容器面积的大小、形状及层次。例如，直落而下则成溢流瀑布；沿台阶而下则成叠水溢流池；与杯状容器结合，形成垂落的水帘效果则成溢水杯。溢流的水都以接近垂直的角度落下（见图 5-37）。在合适的环境中，这种无声垂落的水幕将会产生一种非常有效的梦幻效果。

4）壁流

壁流是指附着墙面滑落的水流，水流厚度为 1～3 mm，透过水流可见墙浮雕和饰面（见图 5-38）。壁流耗水与耗电量较小，同时软化城市中凝固的建筑物和硬质的地面的效果显著。近年来，壁流无论是在广场还是在室内都较多见。

人工建筑的墙面，无论凹凸与否，都可形成壁流，而其水流方向也不一定都是从上而下，也可设计成具有多种石砌缝隙的墙面，水由墙面的各个缝隙中流出，产生涓涓细流的水景（见图 5-39）。

图 5-36 香港尖东溢流池

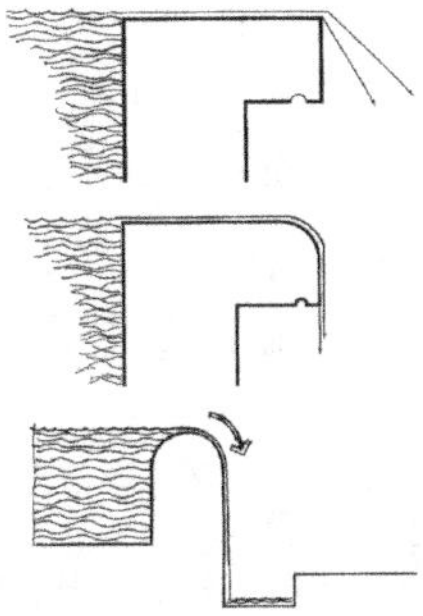

图 5-37 溢流的三种落水角度

图 5-38 壁流

图 5-39 水从墙壁缝隙中流出

5）管流

管流是指水从管状物中流出。这种人工水态主要源于自然乡野的村落，人们常以挖空中心的竹竿引山泉之水，常年不断地流入缸中，作为生活用水的形式。近现代园林中则采用石材管道、不锈钢管道或仿生管道等，大者如槽，小者如管，通常和景墙结合，组成丰富多样的管流水景（见图 5-40）。

(a) (b)

图 5-40 管流的管道

(a)不锈钢管道；(b)仿生管道

管流的形式十分多样，但最富个性而又最体现自然情趣的恐怕要算日式水景中的管流景观。日式水景中的管流主要有“蹲踞”（见图 5-41）与“逐鹿”（见图 5-42）两类。"蹲踞"高度为20～30 cm，一般设在茶室入口处，供客人洗手；"逐鹿"是利用杠杆原理，当竹筒上部注满水后，自然下垂倒空筒中水，而后再翘头，恢复原来的平衡，尾部击打在撞石上，发出清脆声响，用来惊扰落入庭院的鸟雀。两者都体现了一种源于自然的、简朴清新而又富有禅思的境界，对东西方园林水景影响较大，并已成为一种较为普遍的庭院装饰水景。

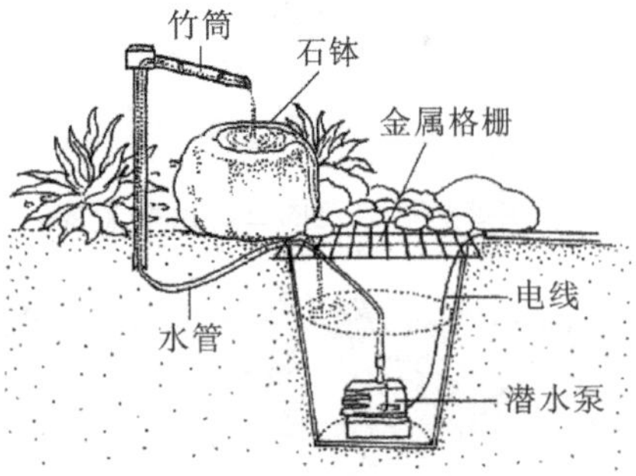

图 5-41 "蹲踞"营建示意图

图 5-42 日本传统景园中的"逐鹿"

6）滚槛

滚槛（滚水坝）可以理解为水越过水下的横石，翻滚而下的一种急流状态，常运用于流水中，形成独特的水造型，渲染气氛（见图5-43）。滚槛的设计模式如图5-44所示，滚槛可以分为直墙式和斜坡式两种，可形成不同的浪花效果，通常可与水流中的置石景观相搭配，共同组景（见图5-45、图5-46）。

图 5-43 半人工半天然的滚槛效果

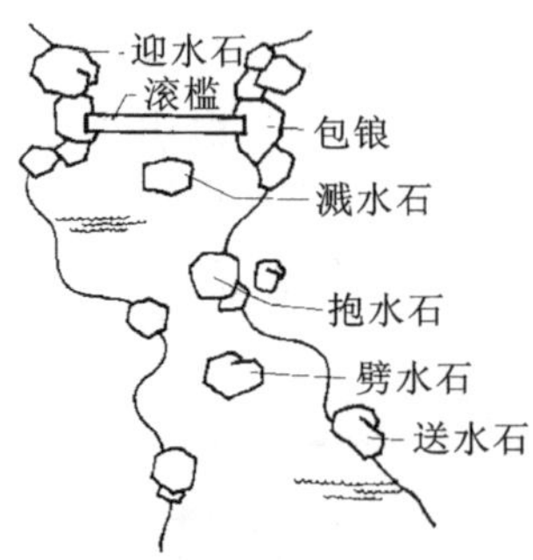

图 5-44 滚槛设计平面模式图

在现代水景景观设计中，随着科技的发展，水景的形式越来越多样化，通常是几种形式组合，结合雕塑、景墙、小品，形成丰富的水景景观。

2. 流水的特点

除去自然形成的河流以外，城市中的流水常设计于较平缓的斜坡或与瀑布等水景相连。流水虽局限于槽沟中，但仍能表现水的动态美。潺潺的流水声与波光潋滟的水面，给景观带来特别的山林野趣，甚至也可借此形成独特的现代景观。

流水依其流带、坡度、槽沟的大小，以及槽沟底部与边缘的性质而有各种不同的

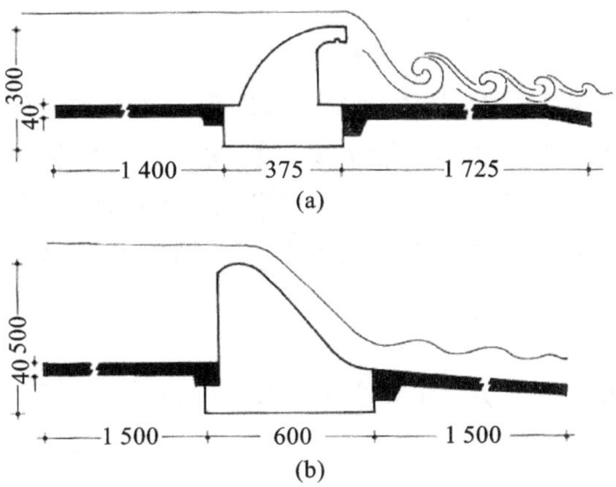

图 5-45 滚槛断面及水流形式

(a)直墙式;(b)斜坡式

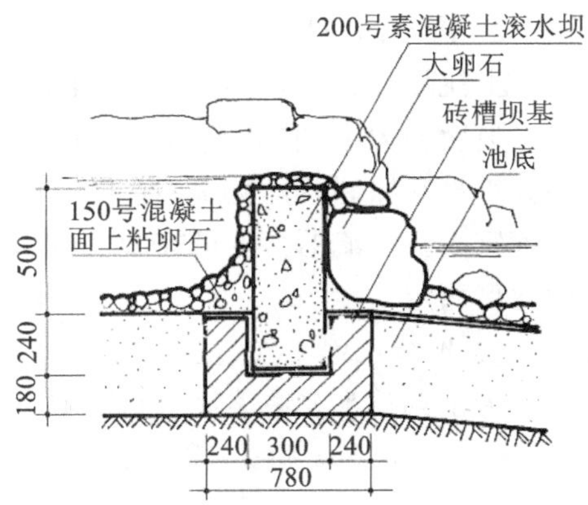

图 5-46 滚水坝结构图

特性。

槽沟的宽度及深度固定,质地较为平滑,流水也较平缓稳定。这样的流水适合于宁静、悠闲、平和、与世无争的景观环境中。

如果槽沟的宽度、深度有变化,而底部坡度也有起伏,或是槽沟表面的质地较为粗糙的话,流水就容易形成涡流(漩涡)。也就是说,槽沟的宽窄变化较大处,容易形成漩涡。

流水的翻滚具有声色效果。因此,流水的设计多仿自然的河川,盘绕曲折,但曲折的角度不宜过小,曲口必须较为宽大,引导水向下缓流。一般形状均采用 s 形或 z 形,使其合乎自然的曲折,但曲折不可过多,否则有失自然(见图 5-47)。

有流水道之形但实际上无水的枯水流,在日式庭园中颇多应用,其设计与构造,完全是以人工仿袭天然的做法,给游人以暂时干枯的印象,干河底放置石子石块,构成一条河流,似两山之间的峡谷。设计枯水流时,如果偶尔在雨季或某时期枯水流会成为真水流,则其堤岸的构造应坚固(见图 5-48)。

图 5-47 人工铺设的溪流

图 5-48 以细卵石铺就的枯溪景观

3. 流水的设计原则

1) 流水的位置确定

水流常设于假山之下、树林之中或水池瀑布的一端;应避免贯穿庭院中央。因为水流为线的运用，宜使水流穿过庭院的一侧或一隅。

2）流水的坡度与深度、宽度确定

上流坡度宜大，下流坡度宜小。在坡度大的地方放圆石块，坡度小的地方放砾砂。坡度的大小，取决于给水的多寡，给水多则坡度大，给水少则坡度小。水流坡度的大小没有限制，可大至垂直 90°，小至 0.5%。在平地上，其坡度宜小；在坡地上，其坡度宜大。水流的深度可在 20～35 cm 之间，宽度则依水流的总长和园中其他景物的比例而定。

3）护岸工程

为了创造小溪中湍流、急流、跌水、水纹等景观，并减少水流对岸的冲蚀破坏作用，溪流的局部必须做工程处理（见图 5-49）。

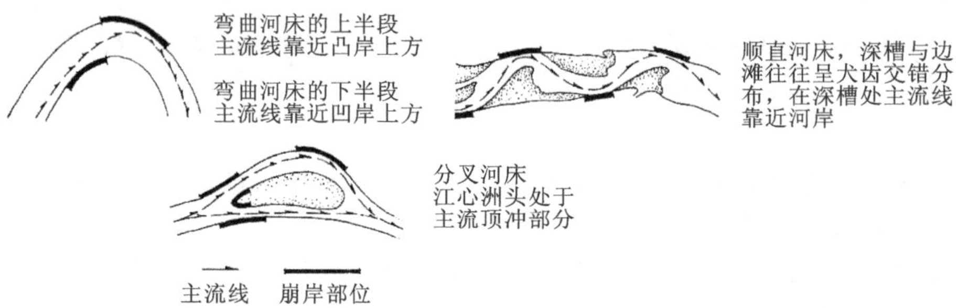

图 5-49　护岸工程图

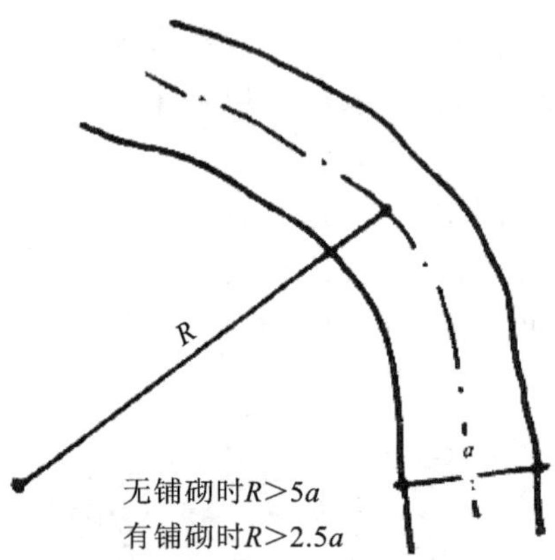

图 5-50　弯道的弯曲半径

小河弯道处中心线弯曲半径一般不小于设计水面宽的 5 倍。有铺砌的河道，其弯曲半径不小于水面宽的 2.5 倍。弯道的超高一般不小于 0.3 m，最小不得小于 0.2 m。折角、转角处的水流不小于 90°（见图 5-50）。

4）植物的栽植

水流两岸可栽植各种观赏植物，以灌木为主，草本为次，乔木类宜少。在水流弯曲部分，为求隐蔽曲折，弯曲大的地方可栽植树木；浅水弯曲之处，则可放入石子、栽植水中花草等，以增加美观，但是需顾及透视线。

5）附属物的设置

在适当的地方可设置栏杆、桥梁、园亭、水钵、雕像等，以增加浪漫主义色彩，使园景既有自然美，又有人工美。

4. 流水的构造及营建

1）水源及其设置

①在园内的水源，可与瀑布、喷水或假山石隙中的泉洼相连，只是其出水口须隐

蔽，方显自然。

②将水引至山上，使其聚集处成瀑布流下。

③将水引至山上，以岩石假山伪装，使水从石洞流出。

④将水引至山上，使水从石缝中流出。

2）河岸的构造分类

两边堤岸的角度，除人工式可用90°外，普通以35°～45°为宜，因土质及堤岸的坚固程度而异。其堤岸的构造可分为三种：①土岸，水流两岸坡度宜较小，需较黏重不会崩溃的土质，在岸边宜培植细草；②石岸，在土质松软或堤岸要求坚固的地方，在两边堤岸用溪流的圆石堆砌（见图5-51）；③水泥岸，为求堤岸的安全及永久牢固，可用水泥岸。人工式庭院水泥岸，可磨平或做假斩石，或者用表层块料铺装，如石材、马赛克、砖料等；自然式庭院的水泥岸，则宜在其表面做石砾，以增加美观（见图5-52）。

图5-51　台湾虎山溪的溪沟亲水步道

图5-52　石材铺就的流水道

3）流水道结构

各类常见流水道如图5-53所示。

5.4.2　落水

落水是利用自然水或人工水聚集一处，使水流从高处跌落而形成的垂直水带景观，即为落水。在城市景观设计中，常以人工模仿自然瀑布来营造它。落水的水位有高差变化，常成为设计焦点，落水面变化丰富，视觉趣味多。落水向下坠落时所产生的水声、水流溅起的水花，都能给人以听觉和视觉的享受。落水也是城市水景中常用的一种营建形式，它包括瀑布和跌水。

1. 瀑布

瀑布在地质学上叫跌水，即河水在流经断层、凹陷等地区时垂直地跌落。

1）瀑布常见的跌落形式

①滑落式，水沿斜坡滑落而下的瀑布（见图5-54）。

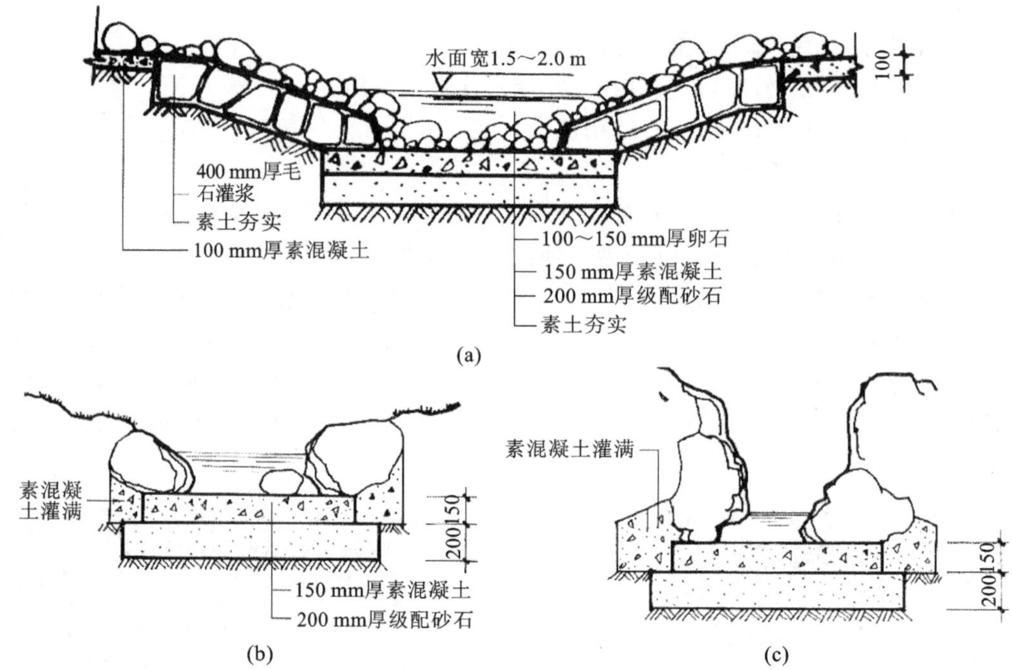

图 5-53　常见流水道结构图

(a)卵石护岸小溪的结构；(b)自然山石草块小溪的结构；(c)峡谷溪流的结构

②阶梯式，阶梯状跌级瀑布，瀑布在不同高度的平面上相继落下(见图 5-55)。

图 5-54　滑落式瀑布

图 5-55　阶梯式瀑布

③幕布式，瀑身悬空、瀑面较宽的瀑布(见图 5-56)。

④丝带式，呈丝带状较为纤细柔和的瀑布(见图 5-57)。

图 5-56 幕布式瀑布

图 5-57 丝带式瀑布

瀑布有天然瀑布和人工瀑布之分。天然瀑布是由于河床突然陡降形成落水高差，水经陡坎跌落如布帛悬挂在空中，形成千姿百态的落水景观(见图 5-58)。人工瀑布是以天然瀑布为蓝本，通过工程手段营造的水景景观(见图 5-59)。

图 5-58 贵州安顺的黄果树瀑布

图 5-59 城市人工瀑布

在园林设计中，还有一种枯瀑，有瀑布之型而无水者称为枯瀑布，多出现于日式庭园中。枯瀑布可依枯水流的设计方式，完全用人为之手法造出与真瀑布相似的效果。凡高山上的岩石，经水流过之处，石面即呈现一种铁锈色，人工营建时可在石面上涂铁锈色氧化物。干涸的蓄水池及水道，都可改为枯瀑布(见图 5-60)。

2）瀑布的设计要点

①筑造瀑布景观，应师法自然，以自然的瀑布作为造景砌石的参考，来体现自然情趣。

图 5-60 日本庭园中的枯山水

②设计前需先行勘查现场地形，以决定大小、比例及形式，并依此绘制平面图。

③瀑布设计有多种形式，筑造时要考虑水源的大小、水量的多少、景观主题等，并依照岩石组合形成的不同进行合理的创新和变化。特别是水源和水量的问题尤为重要。瀑布在跌落的过程中，水体和空气摩擦碰撞，逐渐造成水滴分散、瀑布破裂，瀑面将不再完整。因此，水量要达到一定的厚度，才能保持水型。根据国外资料显示，随着瀑布跌落高度的增加，水流厚度、水量也要相应增加，才能保证落水面完整的效果。而作为城市中的瀑布应用，由于形式多种多样，有时水量会非常大。

现代庭园中多用水泵（离心泵和潜水泵）加压供水，或直接采用自来水作为水源。不论引用自然水源或城市供水系统，都会在瀑布出水口上端设立蓄水槽，再由水槽中落下。至于瀑布形式，则由水源的水量决定，水的供给量在每秒钟能有 1 m^3 左右者，可采用重落、离落、布落等形式；如仅有 0.1 m^3 的水量，可采用线落、丝落等形式（见图 5-61）。

根据经验，高 2 m 的瀑布，每米宽度流量为 0.5 m^3/s 较为适当。若瀑高为 3 m 的瀑布，沿墙滑落，水厚应达 3～5 mm；若为一般瀑布，水厚则为 10 mm 左右；颇具气势的瀑布，则水厚常在 20 mm 以上。表 5-1 是瀑布用水量估算情况，表 5-2 是瀑布宽度与流水量的关系。瀑布用水要求较高的水质，因此一般都应配置过滤设备。

表 5-1 瀑布用水量估算表（每米用量）

瀑布落水高度/m	蓄水池深/m	用水量/(L/s)
0.30	6	3
0.90	9	4
1.50	13	5
2.10	16	6
3.00	19	7
4.50	22	8
7.50	25	10
>7.50	32	12

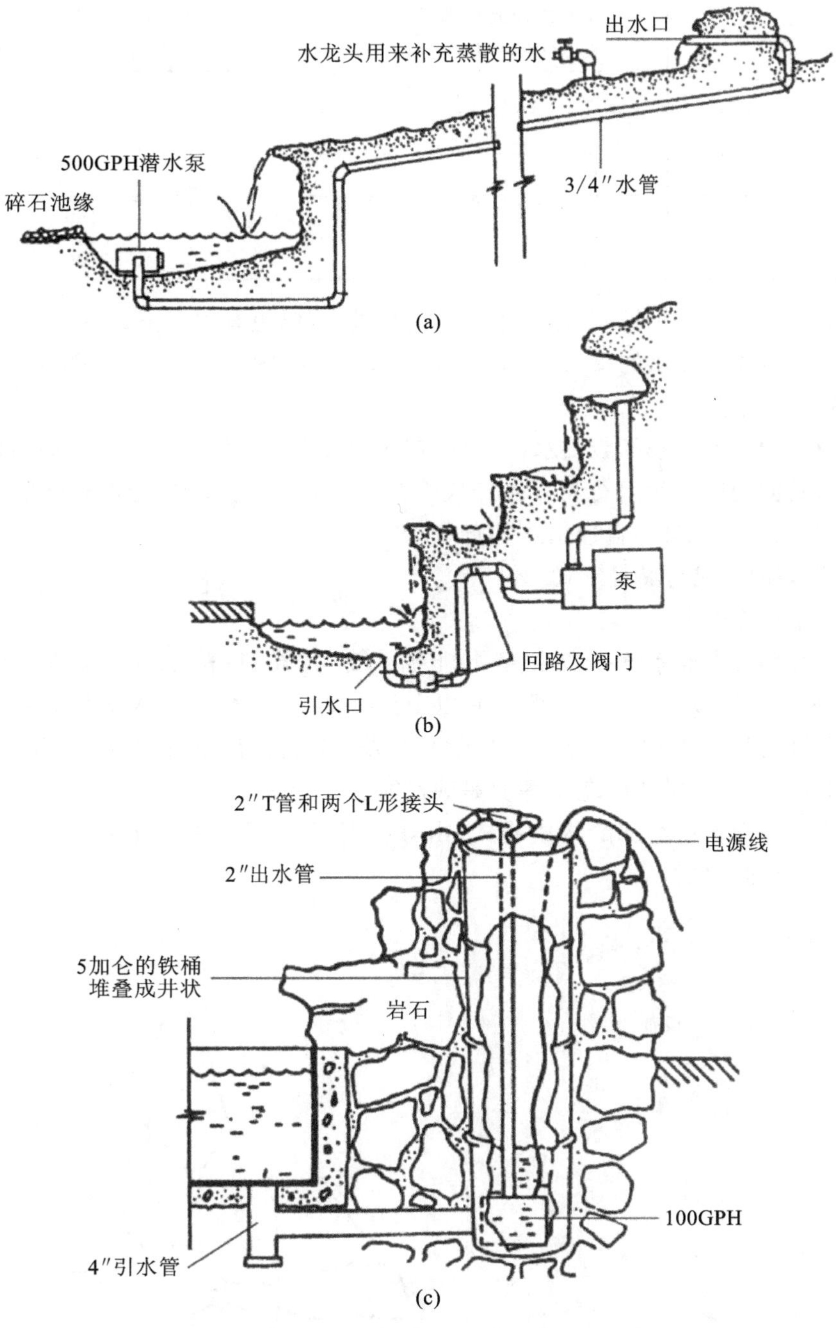

图 5-61 人工瀑布的水循环系统

(a)沉水泵；(b)水平式泵；(c)大型沉水泵

表 5-2　瀑布宽度与水流量

瀑布口宽度/cm	覆盖在光滑瀑布口上的薄水膜的用水量/(L/min)	汹涌的水流盖在瀑布口之上的用水量/(L/min)
10	15	30
15	22	45
25	55	90
40	100	160
60	225	300

④庭园的地形较平坦时，瀑布不要设计得过高，以免看起来不自然。

⑤为节省瀑布流水的损失，可装置循环水流系统的水泵，平时只需补充一些因蒸发而损失的水量。

⑥应以岩石及植栽隐蔽山水口，切忌露出塑胶水管，否则将破坏景观的自然。

⑦岩石间的固定除用石与石互相咬合外，目前常以水泥强化其安全性，但应尽量以植栽掩饰，以免破坏自然山水的意境。

3）瀑布的构成与瀑身形式

（1）瀑布的构成

一个完整的瀑布系统一般由背景、上游水源、瀑布口（落水口）、瀑身、承瀑潭和溪流六部分组成（见图 5-62）。瀑布常以山体上的山石、树木组成浓郁的背景；上游积聚的水流至瀑布口，瀑布口多为结构紧密的岩石悬挑而出，俗称泻水石，瀑布口的形状和光滑程度会影响瀑身水态。瀑身是观赏的主体，水落下后形成深潭，经溪流流出。

日本的瀑布也有特殊的构成模式，由守护石、童子石、受水石、分水石、回流石、镜石组成（见图 5-63）。

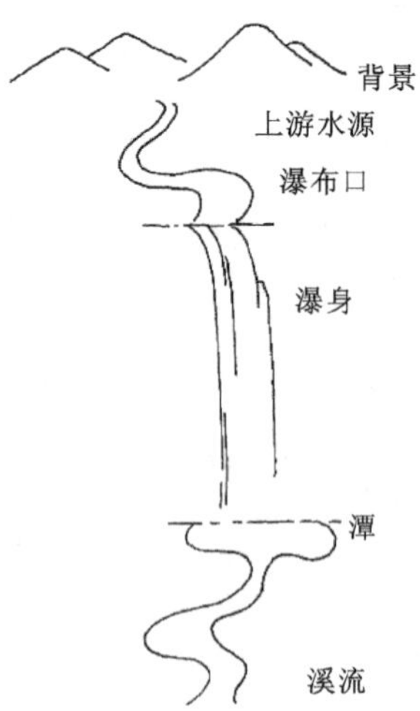

图 5-62　瀑布模式图

图 5-63　日本瀑布模式图

1—守护石；2—童子石；3—受水石；4—分水石；5—回流石；6—镜石

(2) 瀑身形式

瀑身设计表现了瀑布的各种水态。瀑布落水的形式也由瀑身决定，常见的落水形式有泪落、线落、布落、离落、丝落、段落、坡落、二层落、二段落、对落、片落、傍落、重落、分落、连续落、帘落、滑落和乱落等(见图 5-64)。

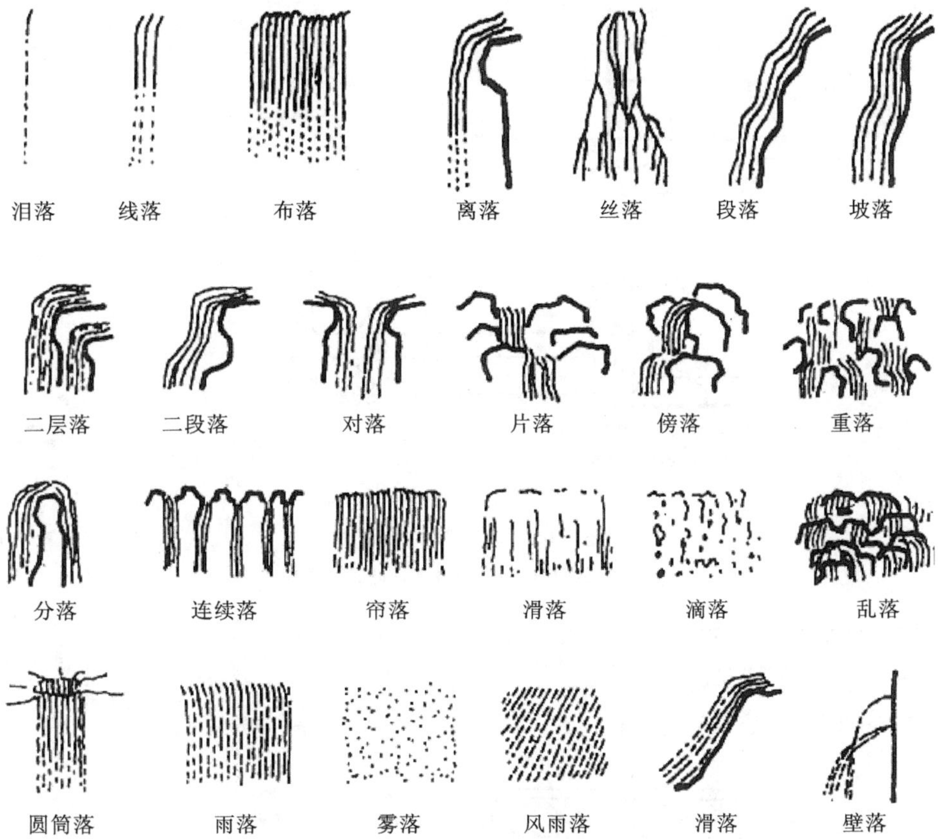

图 5-64 瀑身的基本形式

4) 瀑布施工

(1) 基本施工程序

瀑布施工流程：现场放线→基槽开挖→瀑道与承水潭施工→管线安装→瀑布装饰→试水。

①现场放线。可参考溪流放线，但要注意落水口与承水潭的高程关系(用水准仪校对)，同时要将落水口前的高位水池用石灰或砂子放出。如属掇山型瀑布，平面上应将掇山位置采用“宽打窄用”的方法放出外形，这类瀑布施工最好先按比例做出模型，以便施工时参考，还应注意循环供水线路的走向。

②基槽开挖。可采用人工开挖，挖方时要经常与施工图校对，避免过量挖方，保证各落水高程的正确。如瀑道为多层跌落方式，更应注意各层的基底设计坡面。承

水潭的挖方请参考水池施工。

③瀑道与承水潭施工。可参考溪流水道和水池的施工(见图 5-65、图 5-66)。

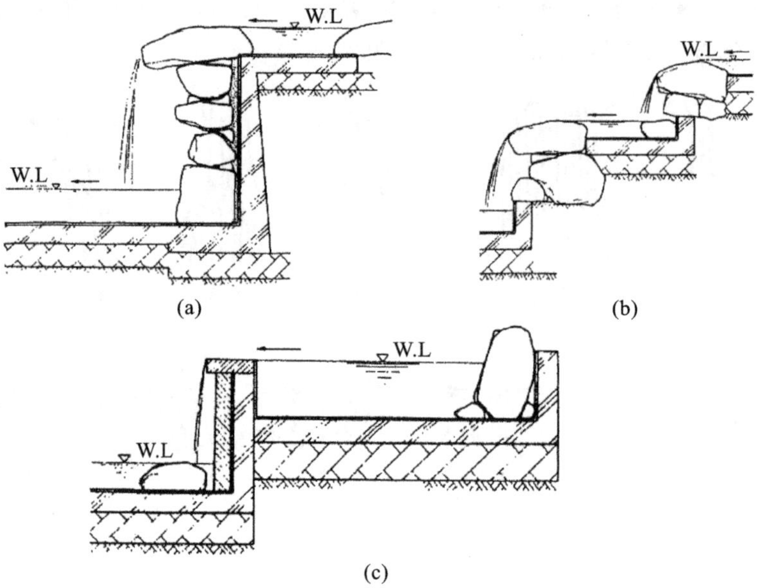

图 5-65　瀑布形式剖面图

(a)远离落水;(b)三段落水;(c)连续落水

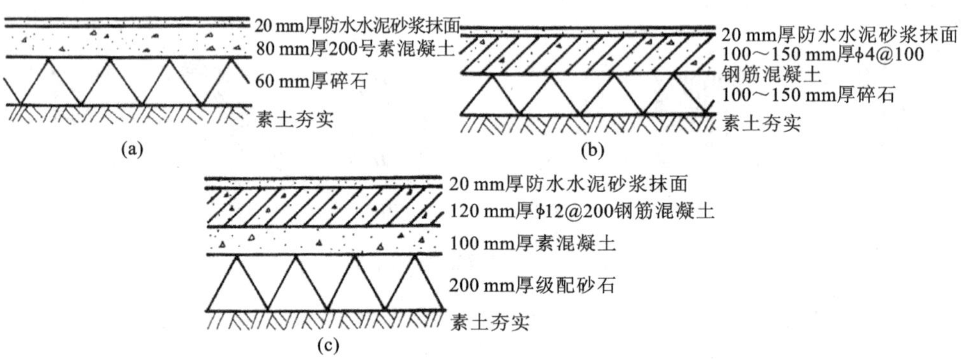

图 5-66　承水潭潭底结构

(a)承水潭池底结构(一);(b)承水潭池底结构(二);(c)承水潭池底结构(三)

④管线安装。埋地管可结合瀑道基础施工同步进行。各连接管(露地部分)在浇捣混凝土 1～2 d 后安装,出水口管段一般要等山石堆掇完毕后再连接。

⑤瀑布装饰与试水。根据设计的要求对瀑道和承水潭进行必要的点缀,如装饰卵石、水草,铺上净砂、散石,必要时安装灯光系统。瀑布的试水与流水的相同。

(2) 预制瀑布造景

在国外,可以自己动手安装风格自然的预制瀑布。预制瀑布造景成品数量多,选择面广,有些生产商还可以专门为业主设计制造。

①预制瀑布造景的材料有玻璃纤维、水泥、塑料和人造石材等。而玻璃纤维预制模是最为普通的,质地轻且强度高,并且表面可以上色以模仿自然岩石,还可以涂上一层砂砾或石子进行遮饰。

②塑料预制件也有许多规格可供选择,质地轻,容易安装,造价便宜,但其光滑的表面和单一的颜色很难进行遮饰,水下部分会很快覆盖上一层自然的暗绿色水苔,与露出水面的部分形成不自然的反差。当然,如果塑料的颜色与周围石头的颜色不协调的话,可以在其表面铺上色泽自然的石头,或再粘涂一层颜色合适的砂砾。这并非易事,但如果做得恰到好处,也是件一举两得的事,因为这一层保护可能减轻阳光对预制模的直接照射所造成的损害,从而使它的寿命大大延长。

③水泥和人造石材预制模瀑布造景相对玻璃纤维和塑料材料等会重一些,但强度好,结实耐用。由于自身重量的影响,能选的规格较为有限。人造石材预制模瀑布色泽自然,容易与周围环境协调统一。不过这些预制模材料的表面都有一些气孔,容易附着水中的沉淀物。若出现这种情况,可以用处理石灰石的酸溶液清除。

尽管预制模瀑布群造景既容易处理又便于安装,但它们的规格种类和设计式样却并不周全。在大型的园林中,尤其在周围壮观景物的反衬下,规格过小的瀑布常常显得全无风采。而且一长串的水池和瀑布也会使造价过于昂贵。在这种情况下,可以考虑铺设柔性衬砌瀑布。

(3) 柔性衬砌瀑布

柔性衬砌瀑布在水池规格的大小以及瀑布的落差上有很大的选择自由,适用于所有风格的水池,包括非常正统、形状规则的水景。柔性衬砌的作用相当于防水衬垫。如图 5-67 所示,连续的瀑布水池群给人以轻快活泼的感觉,一般多选用柔性衬砌材料做基底,风格自然,可有多种变化。

图 5-67 柔性衬砌瀑布

一般来说,柔性衬砌瀑布适宜于营造连续的瀑布水池群。这一串瀑布与其水池中的水最终汇入最下面的蓄水池中。这主要是因为关掉水泵的开关后,斜坡上蜿蜒的流水道便会干涸,十分碍眼,所以把它们造成几段效果就会好得多。

如果只想小规模地设上一景,可以选择一个高于地面的水池,通过中间一个瀑布泻入下边的水池。但是如果想设计一串瀑布加上一个主水池,最好用一整块的水池衬里,并连着伸出来的一块,这一块可以用来铺垫瀑布口。这样一来,整个水塘和瀑布浑然一体,渗漏的可能性就很小了。

瀑布大部分的衬里上还要铺上一层装饰物,这样衬里就不会因阳光直射而过早老化。可以选用较为经济的塑料材料。如果采用质量较好的橡胶衬里则更为理想,可以与复杂的瀑布和溪流造型相协调。如果计划把岩石铺在衬里上，要防止岩石划破衬里，在衬里上还要再铺上一层保护层。但绝对不能用纤维类材料，因为虹吸作用会让水渗流到周围的土壤里。

2. 跌水

跌水又称叠水，是园林理水和现代景观设计中最常用的一种落水形式。叠水按叠级数量分为单叠、三叠、五叠和多叠等(见图 5-68、图 5-69)；按结构分为陡叠水(见图 5-70)、坡叠水和平缓叠水(见图 5-71)等。

图 5-68 五叠跌水

图 5-69 多叠跌水

图 5-70 陡叠水

图 5-71 平缓叠水

跌水本质上是瀑布的变异，是呈阶梯式的多级跌落瀑布。它强调非常有规律的阶梯式落水形式，大多强调人工设计的美学创意，具有韵律感及节奏感(见图 5-72、图 5-73)。

人工设计的跌水形态不仅取决于水池的深浅、水流的大小，还取决于池顶落水口的形式。跌水池顶分为开槽与不开槽，开槽的落水口材质、样式、间距、宽窄、深浅等都会影响跌水的形式，产生丰富的跌水纹理。如图 5-74 所示为落水口较窄的跌水

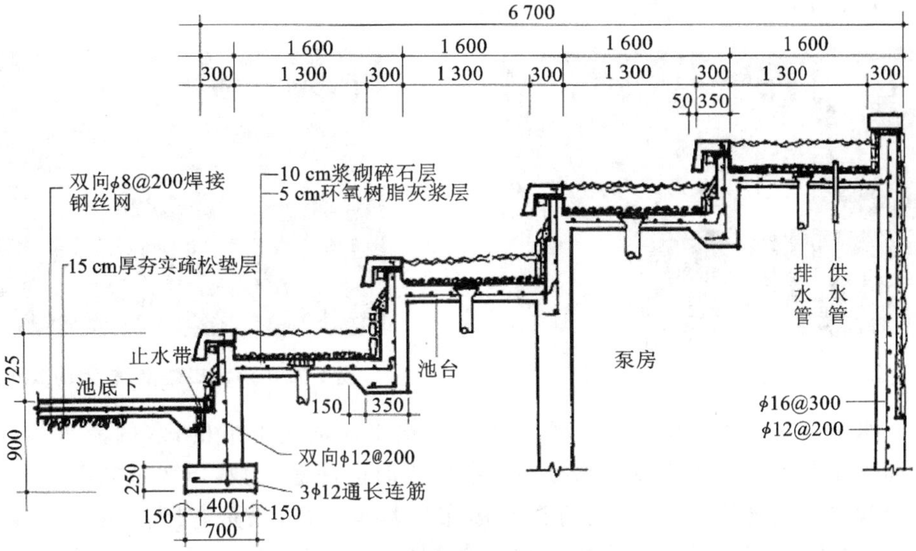

图 5-72　平缓叠水的构造及池底详图

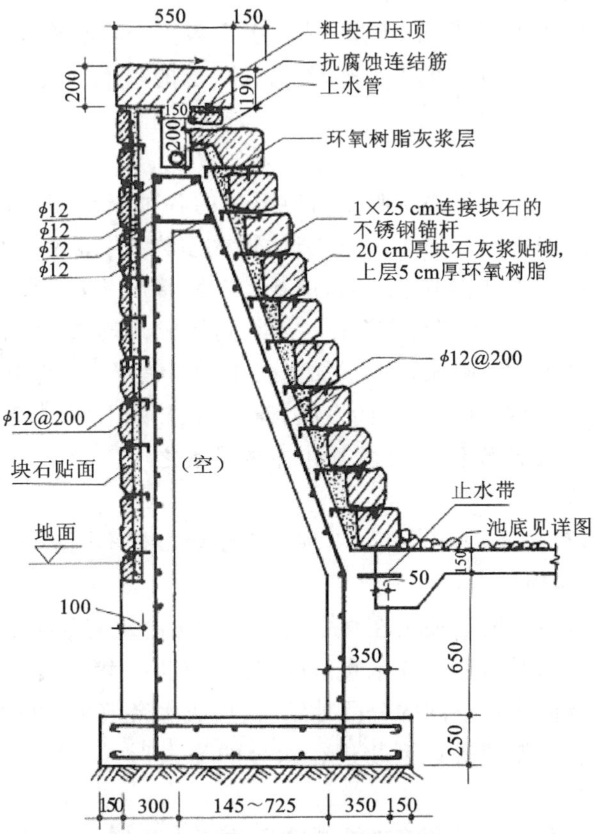

图 5-73　陡墙叠水的构造及池底详图

池，图 5-75 所示为落水口较宽、较浅的跌水池。

图 5-74 落水口较窄的跌水池

图 5-75 落水口较宽、较浅的跌水池

跌水是落水遇到阻碍物或平面使水暂时水平流动所形成的，水的流量、高度及承水面大小都可通过人工设计来控制。在应用时应注意层数，以免适得其反。跌水的外形就像一道楼梯，其构筑的方法和瀑布的基本一样，只是它所使用的材料更加规则，如砖块、混凝土、厚石板、条形石板或辅路石板，目的是为了取得设计中所严格要求的几何形结构。台阶有高有低，层次有多有少，构筑物的形式有规则式、自然式及其他形式，故产生了形式不同、水量不同、水声各异、丰富多彩的叠水。叠水是善用地形、美化地形的一种最理想的水态，具有很广泛的利用价值。

5.4.3 喷泉

喷泉也称喷泉水，是将压力水喷出后所形成的各种喷水姿态用于观赏的动态水景，起装饰点缀园景的作用。喷水历史久远，形式多样，深得人们的喜爱。随着时代的发展，喷泉已广泛用于现代城市公园、广场、宾馆、商贸中心、影剧院、广场、写字楼等处，配合构筑小品，与水下彩灯、音乐一起共同构成朝气蓬勃、欢乐振奋的城市水景，成为人们视线的焦点。喷泉还能增加空气中的负离子，具有卫生保健之功效，所以备受青睐。近年来随着电子工业的发展，新技术、新材料的广泛应用，喷泉设计更是丰富多彩，新型喷泉层出不穷，成为城市主要景观之一。

1. 喷泉的分类

喷泉的形式多种多样，变化灵活，其规模大小要根据不同的设置场所进行选择。

1）喷泉的基本类型

①喷水造型式，主要展现喷头在水中或水面喷出的水姿效果，较为常见。

②瀑布水帘式，像瀑布那样使水直落的喷泉，喷头一般安装于建筑物的高处，向下喷射，常与玻璃墙面或者空间的分隔处结合，形成水帘效果（见图 5-76）。

③雕塑造型式，与雕塑等造型物进行组合的喷泉形式，可用于装饰或进行主题的营建（见图 5-77）。

④声控喷泉式，用声音或音响来控制喷泉的喷水高度、造型的变化，包括较为大型的音乐喷泉。

图 5-76 美国 sears 公司总部内的水帘喷泉

图 5-77 雕塑喷泉

2）按喷嘴的射流方式分类

喷泉按喷嘴的射流方式主要可分为以下几类。

（1）单孔式

①单线喷，由下往上或向侧面单孔直喷，成一独立的抛物线（见图 5-78）。

②组合喷，由多个中线喷组成一定的图形或花样的喷泉。有的结合长形水池构成喷泉系列或排列一行成“水巷”，或水壁、水墙；有的以多个单线喷指向同一目标物体；更多的是以单线喷组合成几何形体或花样的喷泉，或与雕塑物相结合（见图 5-79）。

③面壁喷，喷泉直接向墙壁喷射如打壁球般，而墙壁或为墙面，或为壁雕，多是具有特色的壁面（见图 5-80）。

④喷柱，集中相当数量的单孔喷眼于一处，齐喷如柱；或由许多水柱构成极为壮观的喷泉群。

图 5-78 单线喷柱与喷雾

（2）喷雾式

有时出于一种设计构思，或植物保养的需要，会采用喷雾的水态。雾会随着自然风向及风力的大小而变化莫测。喷雾景观往往可以营造出梦幻般的诗意，并常常与气象发生相得益彰的关系，天空的云彩、朝夕的变化，常常成为园林的借景或衬景，而喷雾水体在阳光的照射下，常出现彩虹的景象，更增加水景之美。如图 5-81 所示，美国哈佛大学校园地下停车场上方的喷雾池，布满了天然河石，形成刚与柔的对比效果。

（3）冒泡式

冒泡式为一孔喷水，喷水口大，造成漩涡白沫，水由下向上冒出，含空气喷上来，不作高喷，形成涌动不息的景观效果，所以也称为涌泉。现今流行的时钟喷泉、标语

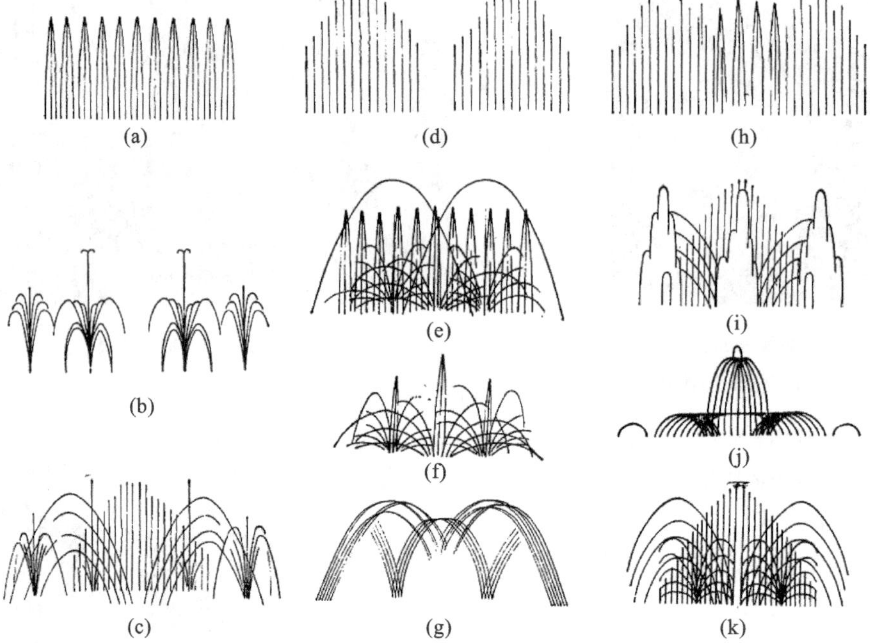

图 5-79 组合式喷水姿变化图形

图 5-80 面壁喷

图 5-81 美国哈佛大学校园地下停车场上方的喷雾池

喷泉都是以小小的水头绷成字幕，利用电脑控制时间，涌出泉水而成(见图 5-82)。

(4) 花样喷

由粗细不同的单线喷头，或如珠状，或如雾状，构成较为复杂的各种花样。

(5) 旱喷泉

旱喷泉，又叫旱地泉：放置在地下，喷头和灯光设置在盖板下端，喷水时，水柱通过盖板箅子或花岗岩铺装孔喷出，流回落到广场硬质铺装上，沿地面坡度排出。既不占休闲空间又能观赏喷泉，不喷水时，不阻碍交通，可照常行人，旱喷泉能使人更多地亲近水，真正做到人与水共嬉、共舞。这类喷泉非常适合于宾馆、饭店、商场、大厦、广场、街景小区等场所(见图5-83)。

图 5-82 商业广场涌泉

图 5-83 旱喷广场

(6) 水幕电影

水幕电影是通过高压水泵和特制水幕发生器，将水自上而下高速喷出，雾化后形成扇形"银幕"，由专用放映机将特制的录影带投射在"银幕"上。

(7) 跳跳喷泉

跳跳喷泉又名光亮泉，是一种高科技水景艺术，水形似根根晶莹透彻的冰柱，一条条、一串串飞向空中，轻舞飞扬，不离不散。如果是一对跳跳喷泉，可实现长对跳、中对跳、短对跳、错位跳等，令人目不暇接。如果安装的个数多于两个，还可以增加追逐、跟踪等功能，多用于公共空间进行造景。

(8) 程控喷泉

将各种水型、灯光，按照预先设定的排列组合进行控制程序的设计，通过计算机运行控制程序发出控制信号，使水型、灯光实现多姿多彩的变化。另外，喷泉在实际制作中还可分为水喷泉、旱喷泉及室内盆景喷泉等，大小型水体都可应用，但技术性要求较高。

(9) 游戏喷泉

游戏喷泉又称感应泉，喷泉可根据游人的动作产生反应，而且这种反应具有不确定性，是一种互动式喷泉，可增强娱乐氛围。人们可以融入喷泉水景中进行各种戏水活动，如穿过由彩虹状水型形成的隧道，由水型矩阵形成的迷宫，还可以实现水炮打靶，用呐喊来控制喷泉水柱的高低；用脚踩钢琴键发出音符的同时喷出高低对应的水柱，通过触摸改变水柱的颜色或水流方向、形态，产生水雾、气泡甚至跳出彩球和奖品等，给人带来轻松愉悦的心情。

(10) 音乐喷泉

音乐喷泉是在程序控制喷泉的基础上加入音乐控制系统，计算机通过对音频及

图 5-84 音乐喷泉

MIDI 信号的识别，进行译码和编码，最终将信号输出到控制系统，使喷泉及灯光的变化与音乐保持同步，从而达到喷泉水型、灯光及色彩的变化与音乐情绪的完美结合，使喷泉表演更生动、更加富有内涵。音乐喷泉多见于城市中心地带的大型文化广场等地，对空间要求较大。最有名的范例为美国拉斯维加斯的一处与交响乐相配合的广场音乐喷泉（见图 5-84）。

（11）跑泉

跑泉是由电磁阀依顺序开闭来控制一长列喷嘴而产生的动态水型。设计较好的跑泉控制器可以变化几十种花样，并可改变其速度。

2. 喷泉的构成

1）喷水池

喷水池的尺寸与规模主要取决于整体水景的观赏与功能要求，但又与水池所处地理位置的风向、风力、气温等关系极大，它直接影响了喷水池的面积和形状（见图 5-85）。喷出的水柱中的水量要基本回收在池内，所以对这部分水量还要考虑到水池容积的预留，即一旦水泵停止工作，各水柱落下会造成水池水位升高外溢，所以为了不浪费水资源，应在设计水池容积时考虑到这部分水的储放。综合考虑水池设计，池深应以 500～1 000 mm 为宜。

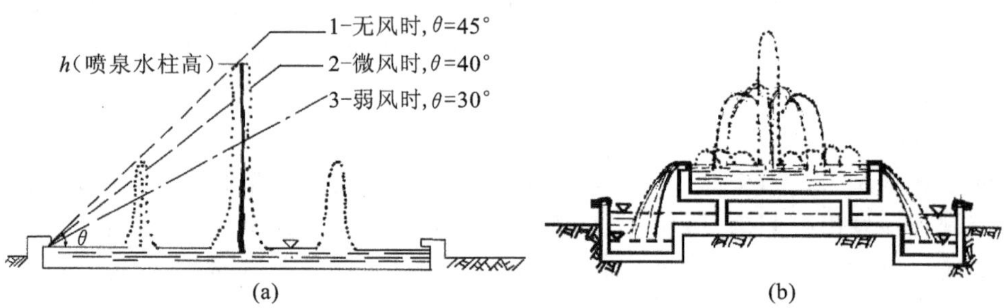

图 5-85 喷水池面积和形状的影响因素

（a）水池喷水高度与风力的关系图；（b）水池容积设计考虑外溢水的储放

（1）水池的平面尺寸

水池的平面尺寸除应满足喷头、管道、水泵、进水口、泄水口、溢水口、吸水坑等布置要求外，还应防止水的飞溅。在设计风速下应保证水滴不会被大量吹至池外，回落到水面的水流应避免大量泼溅到池外。所以喷水池的平面尺寸一般应比计算要求每边再加大 0.5～10 m。

（2）水池的深度

水池深度一般应按管道、设备的布置要求确定。在设有潜水泵时，还应保证吸水口的淹没深度不小于 0.5 m。在设有水泵吸水管时，应保证吸水喇叭口的淹没深度不小于 0.5 m。

(3) 溢水口

水池设置溢水口的目的在于维持一定的水位和进行表面排污，保持水面清洁。常用溢流口形式有堰口式、漏斗式、管口式、联通管式等，可根据具体情况选择。大型水池仅设一个溢水口不能满足要求时，可设若干个，但应均匀布置在水池内。溢水口的位置应不影响美观，且应便于清除积污和疏通管道。溢流口应设格栅或格网，以防止较大漂浮物堵塞管道，格栅间隙或格网网格直径应大于管道直径的 1/4。

(4) 泄水口

为便于清扫、检修和防止停用时水质腐败或结冰，水池应设泄水口。水池应尽量采用重力泄水，也可利用水泵的吸水口兼作泄水口。利用水泵泄水，泄水口的入口应设格栅或格网，栅条间隙或网格直径应不大于管道直径的 1/4，或根据水泵叶轮间隙决定。

(5) 喷水池内的配管

大型水景工程的管道可布置在专用管沟或共同沟内。一般水景工程的管道可直接敷设在水池内。为保持各喷头的水压一致，宜采用环状配管或对称配管，并尽量减小水头损失。每个喷头或每组喷头前宜设有调节水压的阀门。对于高射程喷头，喷头前应尽量保持较长的直线管段或设整流器。

2) 喷头种类

喷头的作用是使具有一定压力的水流经喷头后，形成各种设计的水花，并喷射在水面上空。因此，喷头的形式、结构、质量和外观等，都对整个喷泉的艺术效果产生重要的影响。

喷头受高速水流的摩擦，一般需选用耐磨性好、不易锈蚀，又具有一定强度的黄铜或青铜制成。喷头出水口的内壁及其边缘的光洁度，对喷头的射程及喷水造型有很大的影响。因此，设计时应根据各种喷头的不同要求，或同一喷头的不同部位，选择不同的光洁度。

喷水形式与喷头的构造因规模而异，小规模的喷水，可用构造比较简单的喷头。柱状喷嘴包含单柱、大口径柱、空气混合柱、水内柱等，可分为雾状喷嘴、扇形喷嘴、牵牛花形喷嘴、伞形喷嘴、水幕。较大规模的喷水，应采用构造较复杂的喷头。设计者必须充分了解喷水式样、水量及喷水高度后，再决定采用哪种喷头与配置方式、喷水时间的精密控制以及彩色照明的配合等。

目前国内外常用的喷头的种类很多，可以归纳为以下几类(见图 5-86)。

(1) 单射程喷头

它可以单独使用，但更多的则是组合使用，形成多种样式的喷水型。其喷头又可分固定式与可调式两种。

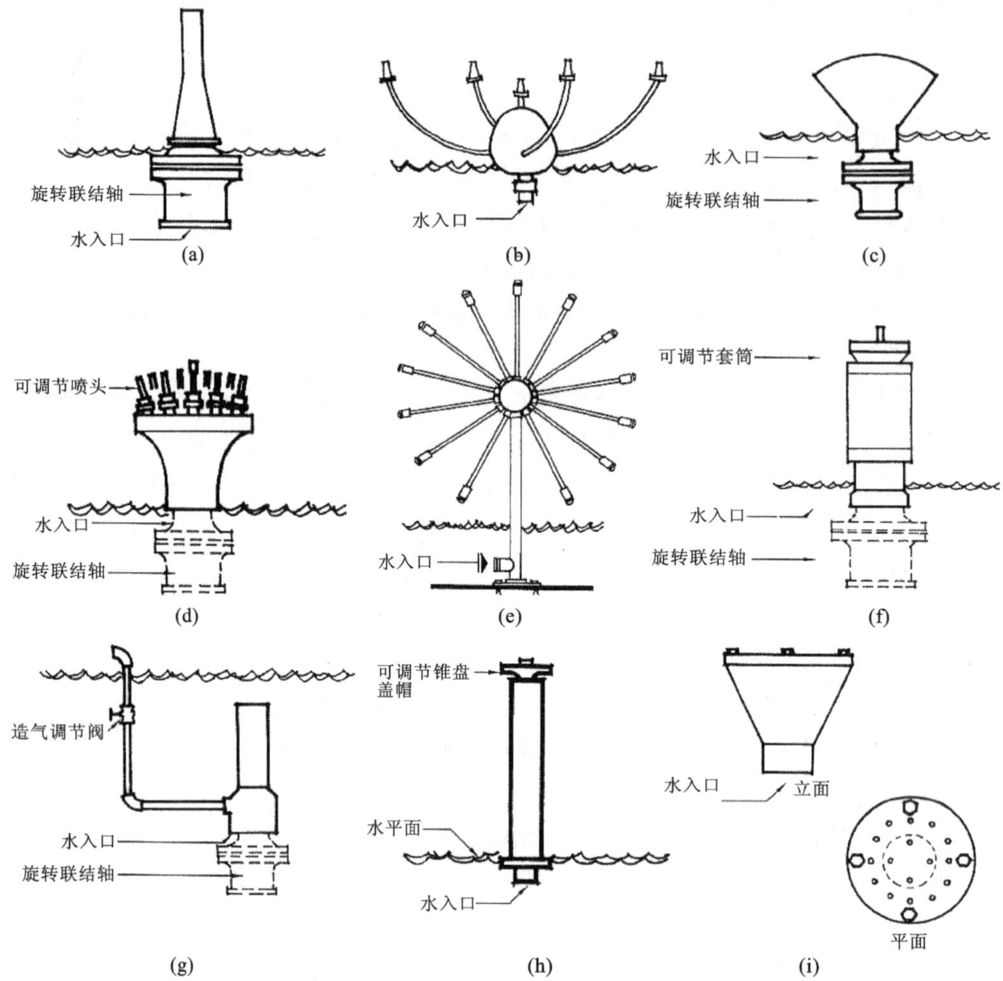

图 5-86 喷头种类

(a)可调式单射程喷头;(b)旋转式喷头;(c)扇形喷头;(d)多头喷头;(e)蒲公英球形喷头;
(f)牵牛花形喷头;(g)吸水喷头;(h)半球形喷头;(i)莲蓬喷头

(2) 喷雾喷头

这种喷头的内部具有一个螺旋形导水板,能使水进行圆周运动。因此,当旋转的水流由顶部小孔喷出时,迅速散开,弥漫成雾状的水滴。每当天空晴朗,阳光灿烂,在太阳对水珠表面与人眼之间连线的夹角为 42°18′～40°36′时,伴随着蒙蒙的雾珠,就会呈现出色彩缤纷的彩虹辉映着湛蓝的晴空,景色十分瑰丽。

(3) 环形喷头

这种喷头的出水口为环形断面,它能使水形成外实中空,集中而不分散的环形水柱,以雄伟、粗犷的气势跃出水面,给人们带来一种奋进向上的激情。

(4) 旋转式喷头

这种喷头的出水口有一定的角度，当压力水流喷出时，靠水的反推力，使喷头不断地旋转，因而喷出的水花或欢快旋转，或飘逸荡漾、婀娜多姿。

(5) 扇形喷头

喷头的外形很像扁扁的鸭嘴，能喷出扇形的水膜或像孔雀开屏一样美丽的水花，类似的还有平面喷头(见图 5-87)。

图 5-87 扇形喷头

(6) 多孔喷头

这种喷头是由多个单射程喷头组成的一个大喷头，也可以由平面、曲面或半球形的带有很多细小孔眼的壳体构成。

(7) 半球形喷头

这种喷头的种类很多，它们的共同特点是在出水口的前面，有一个可以调节、形状各异的反射器，当水流通过反射器时，能起水花的造型作用，从而形成各式各样、均匀的水膜。

(8) 吸水喷头

这种喷头是利用压力水喷出时，在喷嘴的出水口附近形成的负压区，由于压差的作用，它能把周围的空气和水吸入喷嘴外的套筒内，与喷嘴内喷出的水混合后一并喷出。这时水柱的体积膨大，同时因混入大量细小的空气泡，形成乳白色不透明的水体。它能充分地反射阳光，因此色彩艳丽。夜晚如有彩色灯光照明，则更是光彩夺目。吸力喷头又可分为吸水喷头与吸水吸气喷头。

(9) 蒲公英形喷头

这种喷头是在圆球形的壳体上，装有很多放射形短管，并在每个短管的管头上，装一个半球形喷头。因此，它能喷出美丽的水花，像蒲公英一样。它可以单独使用，也可以几个喷头高低错落地布置，显得格外壮观(见图 5-88)。

5.4.4 冷雾

冷雾是模拟自然界的雾气，水景工程中称这种人造雾为冷雾或雾森。近年来，冷雾在广场水景中得到了广泛运用。冷雾系统一般由喷嘴、输送管道及高压主机组成，雾滴细致，轻柔自然，随风飘散。相比其他水景，冷雾节能节水，与空气接触的面积大，喷射的液滴极小，空气净化效果最为明显；同时，冷雾能大量增加环境中的负氧离子浓度，对人体有益，具有保健作用。冷雾结合雕塑、小桥、低矮建筑运用，雾气冉冉升起，雾中景观虚无缥缈，宛若仙境(见图 5-89)。

图 5-88　蒲公英形喷头

图 5-89　冷雾

5.5　水景的装饰

5.5.1　水景小品

水景小品借助卵石、雕塑、钢筋混凝土、不锈钢件等建构艺术作品喷水，以表达一种意境，传承一种文化。水景小品具有强烈的艺术性，在主题广场或纪念性广场运用较多。一个好的有创意的水景小品可以让人记住一个广场，甚至一个城市。其中，水景雕塑是最主要的水景小品。

水景雕塑的选材首先要考虑与周围环境的关系：一是要注意相互协调；二是要注意对比效果；三是要因地制宜，创造性地选择材料以取得良好的艺术效果。

室外水景雕塑的材料一般分为五大类：第一类是天然石材，即花岗岩、砂石、大理石等天然石料；第二类是金属材料，以焙炼浇铸和金属板锻制成形；第三类是人造石材，即混凝土等制品；第四类是高分子材料，即树脂塑形材料；第五类是陶瓷材料，即高温焙烧制品。

随着现代技术水平及材料科学的进步，水景雕塑的形式及造景效果早已跃上了新的高度，更加强调与环境的协调、整体的统一，但又彰显个性化的艺术特征，有着更为丰富的表现形式、想象空间、主题思想，产生了一大批代表之作。

水景雕塑按摆设位置可分为两类：①水面雕塑，设置在水体之中，一般位于水景中心（见图 5-90），或者散置于水池中的雕塑群（见图 5-91）；②水旁雕塑，布置在水体周围，如池岸、池岩等，与水体接触较少或者不接触水体，水旁雕塑以仿生造型较为常见，并以喷水的形式与水体联系，成为水体的水源之一（见图 5-92）。

水景雕塑按存在方式也可分为两类：①静态水景雕塑，具有固定的基座，雕塑保持静止的状态，是水景雕塑中最为常见的一种形式；②动态水景雕塑，雕塑借助于外力或水的动能产生移动、翻滚、旋转等动态变化，如图 5-93 所示为亚历山大·考尔德设计的“运动的雕塑”，其利用水和风作为动力，使雕塑不停地翻转运动。

图 5-90 置于水中心的雕塑

图 5-91 散置于水池中的雕塑群

图 5-92 津巴布韦喷水池雕动物雕塑

图 5-93 亚历山大·考尔德设计的“运动的雕塑”

5.5.2 水景山石

石在景观营造中虽然起不到植物和水那样改善环境气候的作用，但由于它的造型和纹理都具一定的观赏作用，与水景搭配的假山、置石更是重要的景观组成部分。在中国古典园林中，素有“水得山而媚”的造园佳话。在今天的景观设计中通过水石相结合创造宁静、朴素、简洁的空间。现代水景设计中用石块点缀或组石来烘托水景的例子很多。例如，雕塑家野口勇设计的查斯·曼哈顿银行天井中的水石空间就十分典型。整个水景是在薄薄的一层水中散置几块黑色的石块，石块下面的水池隆起成一个个小圆丘，有风的水面形成波浪的曲线，石块好像是大海中的岛屿，喷泉喷出细细的水柱为水景增添了情趣。在这里，黑色的组石、平静的池水、喷涌的泉水等相结合，水石交融，创造出了静谧的空间，野口勇称其为“我的龙安寺”（见图 5-94）。

图 5-94 查斯·曼哈顿银行的下沉水石空间

5.5.3 水景生物

水景生物包括水景植物和水景动物。

1. 水景植物

水景植物在水景中会带来丰富的视觉色彩与情感特征，而且也是保持池塘自然生态平衡的关键因素。当然在景观设计中，水景植物更会使水体的边缘显得柔和动人，弱化水体与周围环境原本生硬的分界线，使水体自然地融入整体环境之中。即使是非常正规、有着装饰性池沿的水池，适当点缀的水景植物也可以将其单调枯燥的感觉一扫而光。

水景植物种类繁多，是园林、观赏植物的重要组成部分。这些水景植物在生态环境中相互竞争、相互依存，构成了多姿多彩的水景植物王国。

水景观赏植物按照生活方式与形态特征分为以下几类。

图 5-95 水中仙子——荷花

①挺水型水景植物，挺水型水生花卉植株高大，花色艳丽，绝大多数有茎、叶之分；直立挺拔，下部或基部沉于水中，根或地茎扎入泥中生长发育，上部植株挺出水面(见图 5-95)。

②浮叶型水景植物，浮叶型水生花卉的根状茎发达，花大，色艳，无明显的地上茎或茎细弱不能直立，它们的体内通常储藏有大量的气体，可使叶片或植株能平衡地漂浮于水面上，常见种类有王莲、睡莲、萍蓬草、芡实、荇菜等，种类较多(见图 5-96)。

③漂浮型水景植物，这类植株的根不生于泥中，株体漂浮于水面之上，随水流、风浪四处漂泊，多数以观叶为主，为池水提供装饰和绿荫(见图 5-97)。

图 5-96 香港公园水景中的浮叶与挺水植物

图 5-97 漂浮于锦鲤水面的大薸

④沉水型水景植物，沉水型水景植物根茎生于泥中，整个植株沉入水体之中，叶多为狭长或丝状，在水下弱光的条件下也能正常生长发育。对水质有一定的要求，因为水质会影响其对弱光的利用。花小，花期短，以观叶为主。它们能够在白天制造氧气，有利于平衡水山的化学成分和促进鱼类的生长。

⑤水缘植物，这类植物生长在水池边，从水深 23 cm 处到水池边的泥里都可以生长。水缘植物的品种非常多，主要起观赏作用(见图 5-98)。

⑥喜湿性植物，这类植物生长在水池或小溪边沿湿润的土壤里，但是根部不能浸没在水中。喜湿性植物不是真正的水生植物，只是它们喜欢生长在有水的地方，根部只有在长期保持湿润的情况下，它们才能旺盛生长。常见的有樱草类、玉簪类和落新妇类等植物，另外还有柳树等木本植物(见图 5-99)。

图 5-98　日本不退寺的水缘盛开着的黄菖蒲

图 5-99　水边点缀着的玉簪类植物

2. 水景动物

水景动物有水景观赏鱼等，观赏鱼类可以为水景增添别具一格的情趣和四季常鲜的色彩。它们在水中优雅的姿态还可与喷泉、瀑布、水生植物等交相辉映，使碧波荡漾的池塘更添流光溢彩。观赏鱼类还有助于消灭水池中不受欢迎的昆虫。很多园林水景都通过在池塘里放养观赏鱼而增添无限的情趣和活力。

现在，各式各样的观赏鱼类品种繁多，数不胜数。金鱼具有适应面广、生命力强、繁殖率高等特点。优雅的圆腹雅罗鱼比较适合于大型池塘。而锦鲤鱼长有独特的花纹和鲜艳斑斓的色彩，目前已成为池塘中最受喜爱的观赏品种(见图 5-100)。

图 5-100　水中赏鱼

5.6 水体驳岸设计

5.6.1 水体驳岸设计的指导思想

水体驳岸设计的基本理念是以人为本，为使用者提供舒适宜人的游憩空间，其设计的主要目的是服务于人，而人的活动则又构成了社区活动的主要最佳景观。因此，在建筑设计中，不仅要体现人们的文明程度，更重要的还要有一定的超前意识，使之适应各种环境的需要，力求在一定时间内尽量满足人们对环境的不同需求。我们在设计中应把生态效益放在首位，随着人们对环境关系认识的日益提高，对环境的需求也逐渐提高。园林生态已成为整体园林建设发展的主要趋势，而水体作为园林的要素之一，它的生态性依然重要，因此园林建筑设计也要体现“绿色”理念，通过设计建造绿色建筑来满足人们对自然环境的需要。

5.6.2 水体驳岸设计的原则

城市水体建设应以体现城市的特色风貌，反映地方文化及体现开放、发展的时代精神为规划设计的基本点，立足山水园林文化的特征，创造具有时代感的、生态的和文化的景观。在具体的规划设计中应把握以下原则。

1. 坚持生态化原则

把握人与自然的设计主题，在保护原有自然景观的基础上，充分发挥自然优势，将自然景观和人文景观高度结合，使之具有很高的园林艺术观赏价值，体现人与自然的有机融合。

2. 坚持自然化原则

造园方式上要依地就势，追求自然古朴，体现野趣。既要考虑工程的要求，又要考虑景观和生态的要求，不能简单地把园林设计搬到水边，要依照地形特点设计出各具特色的园林景观。

3. 坚持整体性原则

把城市的水体作为一个有机整体，各段相互衔接、呼应，各具特色，联成整体，并考虑城市居民的要求，建设一些与城市整体景观相协调的水体公园，使城市河流两岸周边的空间成为最引人入胜的休闲娱乐空间。

5.6.3 水体驳岸的分类

水景驳岸（池壁）是在园林水体边缘与陆地交界处，为稳定岸壁，保护湖岸不被冲刷或水淹所设置的构筑物。驳岸也是园景的组成部分。在古典园林中，驳岸往往用自然山石砌筑，与假山、置石、花木相结合，共同组成园景。驳岸必须结合所处具体环境的艺术风格、地形地貌、地质条件、材料特性、种植特色以及施工方法，按技术经济要求来选择砌筑结构形式，在实用、经济的前提下，注意外形的美观，使其与周围景色协调(见图 5-101)。水体驳岸是水域和陆域的交接线，相对水而言也是陆域的前沿。人们在观水时，驳岸会自然而然地进入视野；接触水时，也必须通过驳岸，作为到达水边的最终阶段。因此，驳岸设计的好坏，决定了水体能否成为吸引游人的空间。作为城市中的生态敏感带，驳岸的处理对于滨水区的生态也有非常重要的影响。

目前，在我国城市水体景观的改造中，驳岸主要采取以下模式。

1. 立式驳岸

立式驳岸一般用在水面和陆地平面差距很大或水面涨落高差较大的水域，或者因建筑面积受限、没有充分的空间而不得不建的驳岸(见图 5-102)。

图 5-101 具有规整效果的混凝土驳岸

图 5-102 立式驳岸

2. 斜式驳岸

斜式驳岸相对于立式驳岸来说，容易使人接触到水面，从安全方面来讲也比较理想；但适于斜式驳岸设计的地方必须有足够的空间(见图 5-103)。

3. 阶式驳岸

与前面两种驳岸相比，阶式驳岸让人很容易接触到水，可坐在台阶上眺望水面；但它很容易给人一种单调的人工化感觉，且驻足的地方是平面式的，容易积水，不安全。上述做法虽能立竿见影，使河道景观看上去显得很整洁、漂亮。但是，它忽视了人在水边的感受。因为人对水的感情，往往和人的参与有关，儿童喜欢水，涉足水中，尽情嬉水、玩乐，可直接感觉到水的温暖、清澈、纯净；盛夏的沙滩人满为患，人们聚集在水中，体现出了对水的钟爱(见图 5-104)。

但上述驳岸，让人看到的是被禁锢在水泥槽中的人工水，而不是自然的活水，其给人视觉和心理上的感受都大打折扣，并且由于河岸使人们走在河边有一种畏惧感，不能获得良好的亲水性。再者，这样的驳岸也忽略了如下许多缓慢、不易察觉的

图 5-103 斜式驳岸

图 5-104 阶式驳岸

负面影响。

①河道拉直后径流速度加快，将导致下游地区大量的沉积和淤塞；筑坝、改道使河岸的地下水位下降、河岸的水量调节功能下降。

②加深水体、固化水岸往往破坏自然水岸和水槽之间的水文联系，并加快水槽水流的流速和侵蚀力。

③直接破坏了水岸植被赖以生存的基础。固化驳岸阻止了河道与河畔植被的水气循环，不仅使很多陆地上的植被丧失了生存空间，还使一些水生植物失去了生存、避难地，易被洪水冲走。

④缺乏渗透性的水泥护堤隔断了护堤土体与其上部空间的水气交换和循环，也在一定程度上弱化了水体空间的空气环流过程。

4. 生态驳岸

生态驳岸是指恢复自然河岸可渗透性的人工滨水驳岸，是对生态系统的认知和为保证生物多样性的延续而采取的以生态为基础、安全为导向的工程方法，来减少对河流自然环境的破坏。

1）生态驳岸的功能

生态驳岸除具有护堤、防洪的基本功能外，对河流水文过程、生物过程还有如下促进功能。

①补枯、调节水位生态驳岸采用自然材料，形成一种可渗透的界面：丰水期，河水像堤岸外的地下水层渗透储存，缓解洪灾；枯水期，地下水通过堤岸反渗入河，起着滞洪补枯、调节水位的作用。另外，生态驳岸上的大量植被也有涵蓄水分的作用。

②增强水体的自净作用。生态河岸上修建的各种鱼巢、鱼道，可形成不同的流速带和水的紊流，使空气中的氧溶入水中，促进水体进化。

③生态驳岸对于河流生物过程同样起到重大作用。生态驳岸把滨水区植被与堤内植被连成一体，构成一个完整的河流生态系统。生态驳岸的坡脚具有高空隙

率、多鱼类巢穴、多生物生长带、多流速变化，为鱼类等水生动物和其他两栖类动物提供了栖息、繁衍和避难的场所。生态河堤上繁茂的绿树草丛不仅为陆上昆虫、鸟类提供了觅食和繁衍的好场所，而且进入水中的柳树枝或根系还为鱼类产卵、幼鱼避难、觅食提供了场所，形成了一个水陆复合型生物共生的生态系统。

2）生态驳岸的分类

（1）自然原型驳岸

对于坡度缓或腹地大的河段，可以考虑保持自然状态，配合植物的种植，达到稳定河岸的目的。如种植柳树、水杨、白杨、芦苇以及菖蒲等具有喜水特性的植物，它们生长舒展的发达根系可以稳定堤岸，加之其枝叶柔韧，顺应水流，具有增强抗洪、护堤的能力（见图 5-105）。

（2）自然型驳岸

对于较陡的坡岸或冲蚀较严重的地段，不仅种植植被，还采用天然石材、木材护底，以增强堤岸的抗洪能力。如坡脚采用石笼、木桩或浆砌石块等护底，其上筑有一定坡度的土堤，斜坡种植植被，实行乔、灌、草相结合，固堤护岸（见图 5-106）。

图 5-105　自然原型驳岸

图 5-106　自然型驳岸

（3）台阶式人工自然驳岸

对于防洪要求较高，而且腹地较小的河段，在必须建造重力式挡土墙时，也要采取台阶式的分层处理。在自然型护堤的基础上，再用钢筋混凝土的材料确保大的防洪能力，如将钢筋混凝土柱或耐水原木制成梯形箱状，框架内埋入大柳枝、水杨枝等，邻水则种植芦苇、菖蒲等水生植物，使其在缝中生长出繁茂、葱绿的草木（见图 5-107）。

图 5-107　台阶式人工自然驳岸

3）生态驳岸的特点（见表 5-3）及岸栖湿生水生植物群落类型（见表 5-4）

表 5-3　几种主要生态驳岸与硬质驳岸的特点比较

特性类型	使用材料	景观、生态效果	适用场所
自然岸线生态驳岸	沿岸土壤和植物，适当采用置石、叠石，以减少水流对土壤的冲蚀	岸栖生物丰富，景观自然，保持水陆生态结构和生态边际效应，生态功能健全、稳定	坡度自然舒缓，在土壤自然安息角范围内，水位落差小，水流平缓
生物有机材料生态驳岸	树桩、树枝插条、竹篱、草袋等可降解或可再生的材料辅助护坡，再通过植物生长后根系固着成岸	通过人为措施，重建或修复水陆生态结构后，岸栖生物丰富，景观较自然，形成自然岸线的景观和生态功能	坡度自然，可适当大于土壤自然安息角，水位落差较小，水流较平缓
结合工程材料的生态驳岸	石材干砌、混凝土预制构件、耐水木料、金属沉箱等构筑高强度、多孔性的驳岸	基本保持自然岸线的通透性及水陆之间的水文联系，具有岸栖生物的生长环境；通过水陆相结合的绿化种植，达到比较自然的景观和生态功能	适于 4 m 以下高差，坡度 70°以下岸线，无急流的水体
硬质工程驳岸	现浇混凝土和浆砌块石	切断了水陆之间的生态流交换，岸栖生物基本不能生长，硬质景观不能演化为自然的景观和形成良好的生态功能	具有较强的稳定性和抗洪功能，适于水流急、水面与陆地高差大、坡度陡地段

表 5-4　典型生态驳岸岸栖湿生水生植物群落

特征群落类型	水深	群落形态	主要植物种类
缓坡的自然式生态驳岸：湿生林带、灌丛，缓坡自然生草缀花草地，喜湿耐旱禾草、莎草、高草群落	常水位以上	植物喜湿，亦耐干旱，土壤常处于水饱和状态	河柳、旱柳、柽柳、杞柳、银芽柳、灯芯草、水葱、芦苇、芦竹、银芦、香蒲、草芙蓉、稗草、马兰、香根草、伞草、水芹菜、美人蕉、千屈菜、红蓼、狗牙根、假俭草、紫花苜蓿、紫花地丁、菖蒲、燕子花、婆婆纳、蒲公英、二月兰等

续表

特征群落类型	水深	群落形态	主要植物种类
浅水沼泽挺水禾草、莎草、高草群落	0.3 m以下	密集的高1.5 m以上以线形叶为主的禾本科、莎草科、灯芯草科、湿生高草丛	芦苇、芦竹、银芦、香蒲、菖蒲、水葱、野茭白、蔺草、水稻、苔草、水生美人蕉、水鳖、萍蓬草、杏菜、莼菜、三白草、水生鸢尾类、伞草、千屈菜、红蓼、水蓼、两栖蓼、水木贼
浅水区挺水及浮叶和沉水植物群落	0.3～0.9 m	以叶形宽大、高出水面1 m以下的睡莲科、泽泻科、天南星科的挺水、浮叶植物为主	荷花、睡莲、萍蓬草、荇菜、茨菰、泽泻、水芋、黄花水龙、茨实、金鱼藻、狐尾藻、黑藻、苦草、眼子菜、沮草、金鱼草
深水区沉水植物和漂浮植物群落	0.9～2.5 m	水面不稳定的群落分布和水下不显形的沉水植物	金鱼藻、狐尾藻、黑藻、苦草、眼子菜、沮草、金鱼草、浮萍、槐叶萍、大漂、雨久花、凤眼莲、满江红、菱

随着海绵城市的发展，生态驳岸在国内外逐渐受到重视。生态驳岸的设计原则是：依据景观生态学原理，模拟自然河道，保护生物多样性，增加景观异质性，强调景观个性，促进自然循环，构建城市生态走廊，实现景观的可持续发展。

5. 水体驳岸施工技术

1）水体驳岸的结构形式

园林中使用的驳岸形式主要是以重力式结构为主，它主要依靠墙身自重来保证岸壁的稳定，抵抗墙背土的压力。重力式驳岸按其墙身结构分为整体式、方块式、扶壁式，按其所用材料分为浆砌块石、干砌块石及钢筋混凝土结构等（见图5-108）。

由于园林中驳岸高度一般不超过2.5 m，可以根据经验数据来确定各部分的构造尺寸，而省去繁杂的结构计算。园林驳岸由以下几个部分组成（见图5-109）。

①压顶，驳岸之顶端结构，一般向水面有所悬挑。

②墙身，驳岸主体，常用材料为混凝土、毛石、砖等，还有用木板、毛 板等作为临时性驳岸的材料。

③基础，驳岸的底层结构，作为承重部分，厚度常用400 mm，宽度是高度的0.6～0.8倍范围内。

④垫层，基础的下层，常用材料如矿渣、碎石、碎砖等整平地坪，保证基础与土基均匀接触作用。

⑤基础桩，增加驳岸的稳定性，防止驳岸滑移或倒塌的有效措施，同时也兼起加

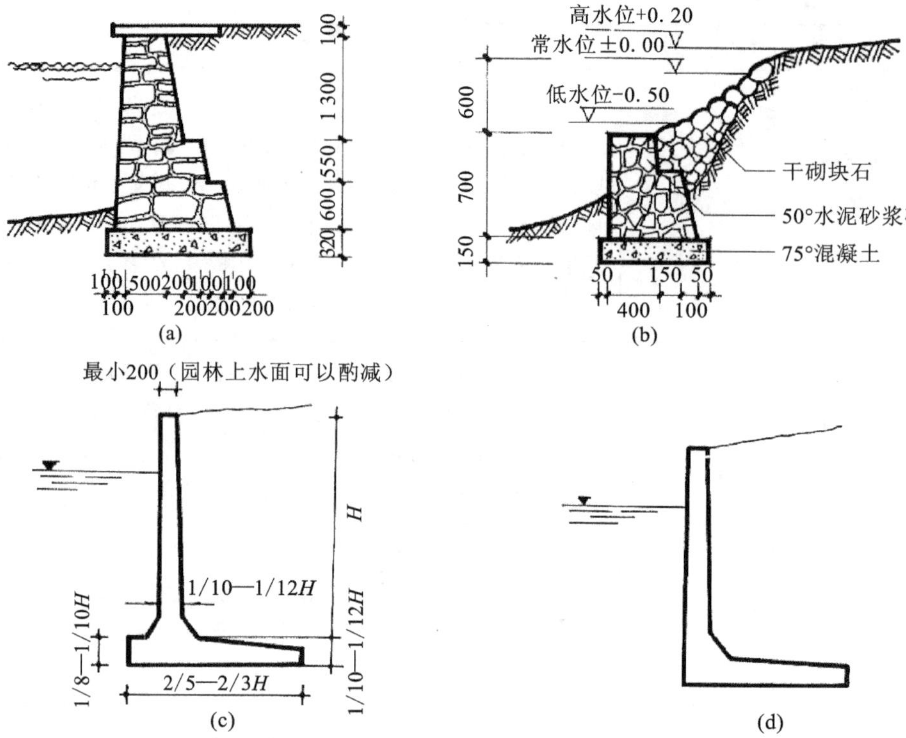

图 5-108　常见驳岸结构图

(a)浆砌块石驳岸；(b)干砌块石驳岸；(c)钢筋混凝土 T 形驳岸；(d)钢筋混凝土 L 形驳岸

强土基承载能力的作用。材料可以用木桩、灰土桩等。

⑥沉降缝，由于墙高不等，墙后土压力、地基沉降不均匀等的变化差异时所必须考虑设置的断裂缝。

⑦伸缩缝，避免因温度等变化所引起的破裂而设置的缝。一般 10～25 m 设置一道，宽度一般为 10～20 mm，有时也兼作沉降缝用。

2）驳岸的破坏因素

驳岸可以分成湖底以下基础部分、常水位以下部分、常水位与最高水位之间的部分和不淹没的部分，不同部分有其破坏因素。

驳岸破坏的因素如下。

①由于池底地基强度和岸顶荷载不一而造成不均匀的沉陷，使驳岸出现纵向裂缝甚至局部塌陷。

②在寒冷地区水深不大的情况下，可能由于冰胀而引起基础变形。

③木桩做的桩基因受腐蚀或水底一些动物的破坏而朽烂。

④在地下水位很高的地区会产生浮托力，影响基础的稳定。

⑤常水位以下的部分常年被水淹没，其主要破坏因素是水浸渗。在我国北方寒

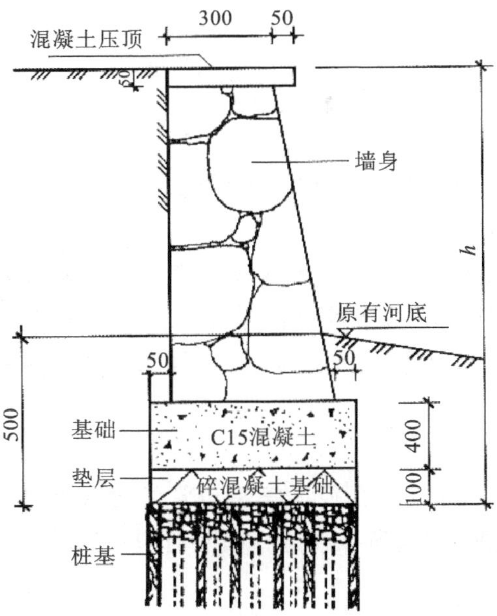

图 5-109　驳岸构造及名称

冷地区则因水渗入驳岸内再冻胀以后使驳岸胀裂。有时会造成驳岸倾斜或位移。常水位以下的岸壁又是排水管道的出口,如安排不当亦会影响驳岸的稳固。

⑥常水位至最高水位这一部分经受周期性的淹没。如果水位变化频繁,则对驳岸也会形成冲刷腐蚀的破坏。

⑦最高水位以上不淹没的部分承受浪击、日晒和风化剥蚀。驳岸顶部则可能因超出荷载和地面水的冲刷受到破坏。另外,驳岸下部的破坏也会使得这一部分受到破坏。

了解破坏驳岸的主要因素以后,可以结合具体情况采取防止和减少破坏的措施。

3）驳岸平面位置与岸顶高程的确定

与城市河流接壤的驳岸,按照城市河道系统规定的平面位置建造。园林内部驳岸则根据湖体施工设计确定驳岸位置。在平面图上以常水位线显示水面位置。如为岸壁直墙,则常水位线即为驳岸面向水面的平面位置。整形式驳岸岸顶宽度一般为 30～50 cm。如为倾斜的坡岸,则根据坡度和岸顶高程推求。

岸顶高程应比最高水位高出一段,以保证湖水不致因风浪拍岸而涌入岸边陆地面。因此,高出多少应根据当地风浪拍击驳岸的实际情况而定。湖面广大、风大、空间开旷的地方高出多一些,而湖面分散、空间内具有挡风的地形则高出少一些,一般高出 25～100 cm。从造景角度看,深潭和浅水面的要求不一样。一般湖面驳岸贴近水面较好,游人可亲近水面,并显得水面丰盈、饱满。在地下水位高、水面大、岸边地形平坦的情况下,对于游人量少的次要地带可以考虑短时间被最高水位淹没以降低由于大面积垫土或加高驳岸的造价。

5.7 水景设计应注意的问题

水景营建中也需要注意以下一些常见问题。

1. 大面积的浅水池

浅水池难以进行良好的过滤，它不像泳池有一定的坡度，可以将污物集中到一处。浅水池在太阳的照射下易于藻类的繁殖，这需要使用化学物质进行控制。当然，在流动的水体中，这些问题会被克服，但在静水中或流动缓慢的水体中，这些问题不能忽视。

2. 小孔径喷头

即使有最好的过滤系统，小孔径的喷头也常常会被堵塞，而不得不拆下进行清理。孔径越大，这种问题越少，所以在选择喷头时应注意孔径要合适。

3. 自动阀门

在复杂的管道系统中，控制水形变化效果的较原始的独立式自动阀门都有着很多小的配件以及出入口，如小孔径喷头，即使在良好的过滤系统下，也容易被堵塞。当然，较为新型的阀门已在很大程度上降低了这种可能性。

4. 水的泼溅

泼溅是水景尤其是喷泉及落水设计中最容易发生的问题。水从池中泼出，严重时会不得不关闭整个喷泉或水景。虽然在水景设计中并没有固定的程式，而且水池的宽度要根据场地条件和设计形式进行变化，但一般来说，水池的宽度至少要达到喷水高度的 2 倍，在行风的地方应该达到 4 倍。水景周围的铺装如使用大理石等材料，会因溅水而变得很滑，所以应注意防止滑倒跌伤。另外，喷水池不像游泳池，其周边相连的铺地应向水池方向有一个坡度，以防止溅出的水四溢。如果水池周边高出地面，在其外围应当设置排水设施。

5. 硬水水源

在有些城市，水景利用的是地下水，其水质中有相当含量的钙及其他不溶于水的矿物质，它们会堵塞小孔径的喷嘴或控制阀门。即使这种水是用来补充水池中损失的水分，也会提高整个水池的硬度，当达到一定程度时，不得不使用水软化剂。这类地区的水池排水清理的频率将比正常水质的地区高。一般至少每 3～4 个星期一次，具体取决于当地的水质条件。所有硬质水源的喷泉都应远离窗户，以避免矿物颗粒沉积于玻璃上。

6. 破坏行为与杂物

虽然目前在水池中还没有防止人为破坏的设施，但特定的装置会将机械性破坏的可能性大大降低。如果喷水池设置于一个有着很多松散的石砾、树皮、杂物等的地方，这些东西往往会沉积在喷水池中，没有一种过滤系统可以将大的或重的物体从水池中自动清除，这些工作需要人工进行。在喷泉设计中常见的一个主要错误是降低再循环系统吸力网的面积，这会导致入水口或水泵被碎物堵塞，造成不可挽回的损失。

7. 冰雪的影响

在冬季，寒冷地带的喷泉在适宜的条件下，可以产生形状各异、大小不同的冰堆造型，带有魔幻的效果。经美国堪萨斯城公园及休闲地管理局的多年实验发现，冰本身对喷泉造成的损害很小，但冰堆的重量会引起管道系统的一些问题，如会加大管道系统支撑力的负荷。虽然喷头是一样的，但在每年的冬季，冰堆的景观效果都会有所不同，这取决于风向的变化、融化的程度、日照时间和其他因素。堪萨斯城通过实验，允许一些喷泉可以终年运行，为冬天增添了新的情趣。大型的喷水池还可以作为溜冰场，而冰堆也成为孩子们戏要攀玩的地方。

如果能在水景设计的起始阶段，仔细分析冰的重量的影响，并降低喷水管系统的运行功率，那么即使在最冷的地方，喷泉也可延长运行时间。当然，喷水的循环水量会受到一些影响，需及时补充。

在寒冷地区，由于冬季时间较长，水景设计要同时考虑到枯水期的效果，使其冬夏以不同的形态成为美化环境的景观。对以硬质铺装为主的池底、池壁以及驳岸，要采取防冷胀措施，避免水受冻膨胀造成这些部位的开裂和隆起。

6 景石设计

6.1 概述

石在城市景观营造中虽然不像植物和水那样能改善环境气候，但由于它的造型和纹理都具有一定的欣赏作用，又可叠山造景，所以石也是城市景观设计中不可缺少的重要材料之一。古语有“园可无山，不可无石”，“石配树而华，树配石而坚”，由此可见石在造景造园中的作用。石能固岸、坚桥，又可为人攀高作蹬，围池作栏，叠山构洞，搭石为座，也可立石为壁，引泉作瀑，伏地喷水成景，其在景观营建中的作用不可小视（见图 6-1）。

6.1.1 城市造景常用石类

设计石景首要精选石材。精选石材的品种、类型应与景观的性质和内涵相吻合，所选石材还应符合选石的审美标准。早在唐代，著名诗人白居易就对选石的美学标准有了系统论述，用今天的眼光来概而述之，景观选石的美学标准有：造型轮廓；质感、色泽；肌理、脉络；尺度比例和体量。

1. 湖石类

湖石是经过熔融的石灰岩，在我国分布很广，只不过在色泽、纹理和形态方面有差别，湖石类山石分为以下几种。

1）英石

英石产于广东英德，石质坚而润，可分为白英、灰英和黑英，以灰英多见，色泽呈灰青色，节理天然而多皱多棱，岭南多用来叠山。英石用于室内景园或与室内灯光和现代装饰材料配合甚为贴切，小而奇巧的可作几案小景陈设。如图 6-2 所示，英石的片层状结构使其纹理奇特，极富观赏力。

图 6-1 石在具有现代感的市景中的应用

图 6-2 英石

2）锦川石

锦川石表似松皮形状，如笋，俗称石笋，又叫松皮石，有纯绿色及五色兼备者。新石笋纹眼嵌石子，又叫子母石；旧石笋纹眼嵌空，又叫母石，色泽清润。以高丈余者为名贵，一般长尺许。锦川石常置于竹丛花墙下，取雨后春笋之意，作春景图（见图6-3）。

3）太湖石

太湖石（见图 6-4）运用较早且广泛，原产洞庭湖中。大者丈余，小者及寸，质坚面润，嵌空穿眼，纹理纵横，叩之有声，外形多具峰峦之致。唐代诗人白居易写过一首咏太湖石的诗："烟翠三秋色，波涛万古痕。削成青玉片，截断碧云根。风气通岩穴，苔文护洞门。三峰具体小，应是华山孙。"这首诗将太湖石描写得十分生动逼真，比喻也很美恰。诗中先描述太湖石的颜色如深秋烟雾中的青蓝色，再述表面存留着无数年代中被波涛冲击的痕迹，匠人在水中取石，削成片状，好似"青玉片"，截成块状的疑似"碧云根"，但上面有洞眼可以通风透气，后人形容太湖石有"透""漏""瘦""绉"的特点早被诗人发现了，但更具自然美的是在石上的洞里发现了苔藓植物的纹理。

2. 黄石类

黄石（见图 6-5）属细砂岩，为深暗的赭黄色。由于水流和风化崩落，产地很多，以常州、苏州、镇江所产为著。其石型棱角分明，节理面近乎垂直，雄浑沉实，块钝而棱锐，具有强烈的光影效果。黄石叠山粗犷而有野趣，用来叠砌秋景山色，极切景意。

图 6-3 锦川石

图 6-4 太湖石

图 6-5 黄石

3. 剑石、笋石类

剑石、笋石类指自然生成或利用山石纵向纹理而成的细长形石材，由于这类石酷似剑或笋的造型，因而常以剑石、笋石统称之（见图 6-6）。

4. 灵璧石

灵璧石(见图 6-7)产自土中,经加工清理,去除浮土,打磨加工之后才能光亮入景。灵璧石为片状,石身多起伏褶皱,色泽有黑、白、赭红等,敲击灵璧石会发出悦耳的声音。由于灵璧石兼有形、质、色、声之美,历来为园林家、收藏家所喜爱。

5. 蜡石

蜡石色黄,油润如蜡,质地如卵石,其形多圆润可玩,别有情趣,常以此石作孤景,散置于草坪、池边、树下,既可坐歇,又可观赏,并具现代感。如图 6-8 所示,黄蜡石色泽醒目,石纹古拙,成为庭院独立置石的主要种类。

图 6-6 剑石

图 6-7 灵璧石

图 6-8 蜡石

6. 宣石

图 6-9 宣石

宣石以石色洁白为其特征,并有积雪的团状肌理。宣石有很强的造景作用,如扬州个园四季假山之冬山,以宣石置于墙处,望之如石上积雪一般,是以宣石造景的经典范例(见图 6-9)。

7. 花岗石

花岗石是普通石材,除作山石景外,还可加工成工程构件,作散石景给人以旷野纯朴之感。

8. 青石

青石(见图 6-10)是最普通的石材,为青灰色细砂岩。形体多呈片状,故又称“青云片”,常用作铺道、砌石阶用,亦可叠山,开裂成条状。

9. 卵石类

卵石又名河滩石,多出自海岸、河谷,是由于岩石在地质变化和外力作用下断裂成碎块，经水流长年冲刷、滚动而成浑圆之状。形、色、质俱佳的卵石可用于特置孤赏。著名的雨花石也属卵石类。如图 6-11 所示，住宅周边以黑色卵石及园林踏步形成了“溪流”的景观。

图 6-10 青石

图 6-11 卵石

6.1.2 赏石

1. 石的形态美

园林中的石景千姿百态，部分景石给人以具象联想，却又妙在似与不似之间，令人百赏不厌。尤其中国古典园林由以石作想，把一块石想成是高深莫测的“峰”，或视作上天自然所造的艺术品；或把石拟人化，与石为友，与石为伍。例如，江南名峰冠云峰、玉玲珑等诸石，名冠天下，历代人们以能“一睹为幸事”。“瘦、绉、漏、透”是古人赏石的基本标准，主要针对的是太湖石。“瘦”是讲造型不臃肿而风骨劲瘦；“绉”是指有纹理，存放久远风化所致；“漏”“透”是讲石有洞有眼。东坡又曰：“石文而丑。”“丑”是指石的造型独特，这一“丑”字将石之千姿万状一言以蔽之，如图 6-12 所示为瘦西湖疏峰馆山石峰，可谓丑石。此外，还有“清”“顽”的标准，“清”意指清雅、秀丽，“顽”意指石之坚实、刚韧。

图 6-12 瘦西湖疏峰馆后山石峰

综上所述，赏石的标准可概括为瘦、漏、透、绉、怪、丑、清、顽八个字。从现代造型审美的角度来看，石的体态、质地、褶皱和色泽是造型美的基本要素，因此，赏石一是赏其结构之美，二是赏其肌理质地之美，三是赏其色泽之美。另外，周围环境中建筑背景、水景和花木的衬托，以及日月光影的映射更能渲染、烘托出石的意境之美。

2. 石的寓意美

石在古人心目中是有灵性的，古人认为石是天地精华的凝聚体。《诗经》中有“山出云雨，以润天下”之说，故园林中的峰石常以云命名，如冠云峰、皱云峰等。园林中的景石又有“小中见大”的尺度象征，以咫尺峰石移缩千里山川，所谓“一峰则太华千寻”，园中石景成为浓缩自然美之载体。《周易》的卜辞记载了古人对石坚贞品性的赞誉：“介于石，不终日，贞吉。”成语中“金石为开”“海枯石烂”等，则以石之坚硬象征人品性的坚毅与忠贞。

“石令人古”是中国传统赏石的理性标准，因为“古”是中国文人追求的最高境界。“古”意味着对古人、古物、古风的景仰和崇尚。为体现这一审美追求，造园选石务求高古、清雅脱俗。

6.1.3 置石

置石用的山石材料较少，结构比较简单，对施工技术也没有专门的要求，因此容易实现。可以说，置石的特点是以少胜多、以简胜繁，量虽少而对质的要求更高。这就要求造景的目的性更加明确，格局严谨，手法洗练，寓浓于淡，使之有感人的效果，有独到之处。深浅在人，不会因篇幅小而限制匠心的发挥，这也可以说是置石的艺术特征。如图 6-13 所示，日式庭园中的置石景观体现了一种自然天成的情趣，不露丝毫的人工痕迹。

图 6-13 日式庭园中的置石

1. 置石各部位名称

庭石在造园中利用时，为了方便起见，对各部位均有称呼，具体如下。

①天端，石的上面，直立石块的顶端。

②面，石块的正面，供观赏最佳的一面。

③侧，以天为首，面向前时，两腋的部位就是侧。

④肩，天与侧或与面相接的突出部位是为肩。

⑤根，石底，与地接触的地方，通常埋入土中 1/3～1/2。

2. 置石的摆置原则

置石种类很多，按其外形，常用的有立石、椅形石、伏石、平板石、蕈形石、瓜形石、腿形石、灵像石、心形石等。石的放置，除应合乎真、善、美的法则外，还应顾及牢固与安全。置石的摆置要点如下。

①在园中“摆”石头，应像“种”有生命的物体一般，需将石块根部埋入地下，使露出地面部分能显得稳固。

②将景石最具特色的一面朝向观赏者一边。

③上有美丽纹路的石块，应以美丽纹路的一面为正面，其次再考虑形状。

3. 置石的布局

置石讲求造景目的明确，格局严谨，手法洗练，寓浓于淡，有聚有散，有断有续，主次分明，高低起伏，顾盼呼应，疏密有致，虚实相间，层次丰富。常见的置石布局有如下几种。

1）特置

特置又称立峰，特置石又称孤置石、孤赏石，也称作峰石。如图 6-14 所示，日本某办公庭园中的“独石”景观，突破了传统的石景应用手法。

图 6-14　日本某办公庭园中的“独石”景观

特置石大多由单块山石布置成为独立的石景，特置石自身应有完整的形态结构与形式美感，或秀丽多姿，或古拙奇异。特置石可采用整形的基座，也可以坐落在自然的山石上面，这种自然的基座称为“磐”。布置的要点在于相石立意，山石体量与环境相协调，有前置框景、背景的衬托和利用植物或其他办法弥补山石的缺陷等。特置重在成“景”，应从园林空间总体布局出发，斟酌环境背景、空间尺度、石型特点和观赏角度等，综合相关因素予以置放。特置石可用于点景，成为景观中的主景；也可用于补景，补点园林中的剩余空间；还可应用于引景，将其置于园路尽端或空间转折之处，兼观赏与空间引导的双重作用。

特置石在工程结构方面要求稳定和耐久，关键是掌握山石的重心线，使山石本身保持重心的平衡。我国传统的做法是用石榫头稳定，榫头一般不用很长，大致十几厘米到二十几厘米，根据石之体量而定。但榫头要有比较大的直径，周围石边留有 3 cm 左右即可，石榫头必须正好在重心线上。基磐上的榫眼比石榫的直径大 0.5～1 cm，比石榫头的长度要深 1～2 cm。吊装山石以前，只需在石榫眼中浇灌少量黏合材料，待石榫头插入时，黏合材料便自然地充满了空隙的地方。

2）对置

将山石沿某一轴线或在门庭、路口、桥头、道路和建筑入口两侧作对应的布置称为对置。对置由于布局比较规整，给人严肃的感觉，常在规则式园林过入口处应用。对置并非对称布置，作为对置的山石在数量、体量以及形态上无须对等，可挺可卧，可坐可偃，只求在构图上的均衡和在形态上的呼应，这样既给人以稳定感，亦有情的感染(见图 6-15)。

3）散置

散置即所谓“攒三聚五、散漫理之，有常理而无定势”的做法。常用奇数 3、5、7、9、11、13 来散置，最基本的单元是由 3 块山石构成的，每一组都有一个“3”在内。它

图 6-15　美国橘郡演绎中心水池中的对置石景观

的布置要点在于有聚有散、有断有续、主次分明、高低曲折、顾盼呼应、疏密有致、层次丰富。此外，散置布置时要注意石组的平面形式与立面变化。在处理 2 块或 3 块石头的平面组合时，应注意石组连线不能平行或垂直于视线方向；3 块以上的石组排列不能呈等腰、等边三角形和直线排列。立面要力求石块组合多样化，不要把石块放置在同一高度组合成同一形态或并排堆放，要赋予石块自然特性的自由。明代画家龚贤所著《画诀》说："石必一丛数块，大石间小石。然后联络。面宜一向，即不一向亦宜大小顾盼。石小宜平，或在水中，或从土出，要有着落。"又说："石有面、有足、有腹。亦如人之俯、仰、坐、卧，岂独树则然乎。"这是可以用来评价和指导实践的。如日本枯山水庭园，在其特有的环境气氛中，细细耙制的白砂石铺地、叠放有致的几尊石组，就能对人的心境产生神奇的力量（见图 6-16）。它同音乐、绘画、文学一样，可表达深沉的哲理，而其中的许多理念便来自禅宗道义，这也与古代中国文化的传入息息相关。

图 6-16　日本龙安寺散置的石景

4）群置

群置也称"大散点""大聚点"，它在用法和要点方面基本上同散点是相同的，差异之处是群置所在空间比较大。群置常布置在山顶、山麓、池畔、路边、交叉口以及大树下、水草旁，还可与特置山石结合造景。群置配石要有主有从，主次分明，组景时要求石之大小不等、高低不等、石的间距远近不等（见图 6-17）。群置有墩配、剑配和卧配三种方式。

图 6-17　日本天龙寺群置的石景

4. 组石的要诀

石块有单独摆置的，也有数个组成的，使用石组的场合也很多，如水边、树下、通路和种植区、宽阔的场所等，此外，岩石园也是设计上常用的手法。组石有以下数点要诀。

①自然石块每一个都不太相同，摆置石组时，要有主有副，强弱有别，大小搭配（见图 6-18）。

图 6-18　组石要有主次

②多数石块组合时，要由大的先排起，顺次再排放小的（见图 6-19）。

③相同大小或形状类似的石块不要并排放置，以免显得不自然（见图 6-20）。

图 6-19　湖中置石与岸上置石先大后小的摆放

图 6-20　体量相近的石块摆放很近形成单调的感觉

6.2　传统的石景艺术

6.2.1　中国古典园林的叠山艺术

叠山又称假山，是构成中国园林的五大要素之一，“水以山为面”“水得山而媚”。因而，中国古代造园必须有山，无山难以成园。自然园林往往选址于自然山水境，外借自然山林成景；私家园林往往建在村镇人口密集之处，无自然山林可借，只得掇石叠山。正如计成所说:“余七分之地,为垒土者四,高卑无论,栽竹相宜。”

1. 叠山的类型

叠山可分为传统假山与现代假山。

1) 传统假山

传统假山有土山、土石山和全石山之分。土山坡度缓,易于营造山野情趣,但以土堆山占地面积大,一般中小型园林难以实施。土石山以土石兼有为其特征,并具有多样的景观风貌,大型土石山巍峨多姿,上有亭台、洞穴,宛如真山一般。江南私家园林中的全石山则往往以壁为背景,体态玲珑,与特置孤石的体最相仿。

传统假山按所属空间类型又可划分为园山、厅山、楼山、池山、亭山、廊山、峭壁山、内室山、书房山等。庭园内堆叠假山即园山,园山应高低错落、疏落堆置,营造出自然佳景(见图 6-21)。厅山一般在厅堂前叠三峰,或与厅相对做成石壁山(见图 6-22)。在楼阁旁堆山即为楼山,楼山应叠出平缓蹬道,以便登阁眺望(见图 6-23)。水池中叠山即为池山,池山上可架桥,水中点汀石,或暗藏洞穴,以便穿山涉水而意趣无穷(见图 6-24)。筑有亭子的假山为亭山(见图 6-25)。廊旁的假山为廊山。峭壁山为靠墙叠置的山,像是以白墙为纸,以山石作画,理石应依皴合掇,遵循画理,若以松、梅、篁竹等与之配合,更显诗情画意(见图 6-26)。内室山为室内叠山,北海“一房山”的内室山兼有观赏和实用功能,不仅壁立岩悬,而且有石阶蹬道可攀达二层楼上。书房前叠山即为书房山,书房前堆叠小组石景或配置花木,使其疏密有致;也可叠成悬岩陡壁,若能在窗下以山石筑池,便可产生水滨观鱼之感。

图 6-21　园山

图 6-22　厅山

传统假山应注重运用石材本身的特点与造园的立意呼应。例如,扬州个园的四季假山是极为成功的范例,园门处以笋石配置修竹取雨后春笋之意,使人引发春来早的联想(见图 6-27);在树木浓荫下,在淙淙的溪流中,以湖石叠置的夏山犹如一朵朵冉冉升起的夏云,营造出一派盛夏景致(见图 6-28);秋山以黄石构筑,运用大斧劈和折带皴的笔法勾勒出雄峻的秋山(见图 6-29);以宣石堆叠的冬山犹如尚未消融的积雪,每当有风吹过,衬景墙上的 24 个圆洞便发出北风般的呼啸声(见图 6-30);西侧

图 6-23 楼山

图 6-24 小瀛洲池山——九狮石

图 6-25 艺圃亭山

图 6-26 峭壁山

图 6-27 个园春山

图 6-28 个园夏山

墙上的花窗洞又框景春山，向人们预告春的消息。

图 6-29　个园秋山

图 6-30　个园冬山

石洞、洞穴是假山中重要的组成部分，洞景可增添假山的空间层次，营造真山范水的意境。砌山洞如理岩一样，先由两边悬挑石柱、石块，上面再压石收顶（见图6-31）。顶上可建亭，亦可以卵石铺地或设蹬道、山径，若堆土则可栽花植树。有时上面预留漏隙，用以透光或储水以著涓涓滴水，为盛夏纳凉之好去处。

2）现代假山

随着科技的进步与艺术的发展，假山的材料不再单纯由石头和土组成，许多新的材料被运用于叠山的设计，如混凝土、玻璃钢等。材料的进步促进了人们创作力的迸发，现代假山更可以理解为雕塑的一种，在景观中发挥着积极的作用。如图6-32所示，现代材料仿石塑山，可达到以假乱真的效果。

图 6-31　人工堆砌的山洞

图 6-32　现代假山

2. 叠山的艺术作用

①提高视点，堆山后能登高远眺，看到平地上见不到的景物。

②增加观赏面，平地是两维空间，堆山后平面变立体成为三维空间，山上杂植植物更为自然，而且接近视平线，如果山势曲折幽邃更显变化之美。

③屏风障景，堆石成壁放在园门入口内，充当“影壁”。有时园内风景全部遮住，有时半掩半露，如无锡寄畅园入口内的石山影壁，上面留有不少孔隙，使园内风景若隐若现。

④置身丘壑，有些园路旁石山高耸，或路面下降，两侧风景全被封闭，山上悬葛

垂萝如同置身丘壑，片刻之后“豁然开朗”或“峰回路转”，又是另一个境界，很有逸趣。

⑤情犹未尽，园界有墙，游人见到边界未免失望，设计者常堆山挡住围墙，用假山与墙壁造景或造亭廊引导游人感到山外有景，使人游兴不减，如图 6-33 所示，假山与白墙交映生辉，犹如一幅展开的画卷。在中国古典园林中许多园林均不易见到园墙，都要归功于堆山。

⑥蔽陋遮丑，运用假山来遮蔽周围不好的景观，挡住人们的视线，如图 6-34 所示，建筑轴线终端的波涛式假山挡住了后面简陋的小楼。

图 6-33　假山与白墙交映生辉

图 6-34　建筑轴线终端的波涛式假山

3. 叠山的技艺

采用叠山技艺，模仿自然真山堆叠的石景称为假山。与置石相比，堆叠假山由于规模大，用材多，形式丰富多变，更需要高超的技艺。假山是园林结构的骨架，也是园林空间组织的基本要素。

叠山技艺主要借鉴我国传统绘画理论。构思讲究“做假成真”，注重营造自然山林意境，使假造之山具有真山神韵。叠山讲究半处见高低，直中求曲折，大处着眼，小处着手，脉络气势遵定法。选石讲究“依皴合掇”，与绘画皴擦笔意吻合。叠石依石形、石纹和石性的不同而分，采用不同的造型模式，形成不同的意境。或雄奇峻拔，如鬼斧神工；或宛转缥缈，如流云舒卷；或浑厚质朴，如天然画卷。江南私园之假山将绘画理论的应用发挥到极致，所谓“以粉壁为纸，以石为绘”。贴壁置景石，配置竹木、花卉或攀缘植物，务求构成如画般景致。

同一假山应选用统一的石材，石材纹理应自然连续。尽可能选择色调协调一致的石材堆叠。叠山的石材结合技法被工匠们概括为“安、连、接、斗、挎、跨、拼、悬、卡、剑、垂、挑、飘、戗、挂、钉、担、扎、垫、杀、转、压、顶、吊”等生动形象的口诀，并广泛应用于造园实践(见图 6-35)。叠山还应根据石料特性选择造型手法。黄石山应于浑厚中见空灵，于质朴中求变化，收顶应特别注意变化。湖石山应于空灵中寓浑厚，于琐碎中求整体，特别应注意起脚的平稳。

土石山又有“石包土”和“土包石”做法之分。石包土以土为基础，外面以石覆盖。由于这种方法用石料较少，简便易行，故应用广泛。土包石则以石为基础骨架，上面适量覆土，亦可种植花木，但土壤必然填嵌于石头框架的凹入部分，以免水土流

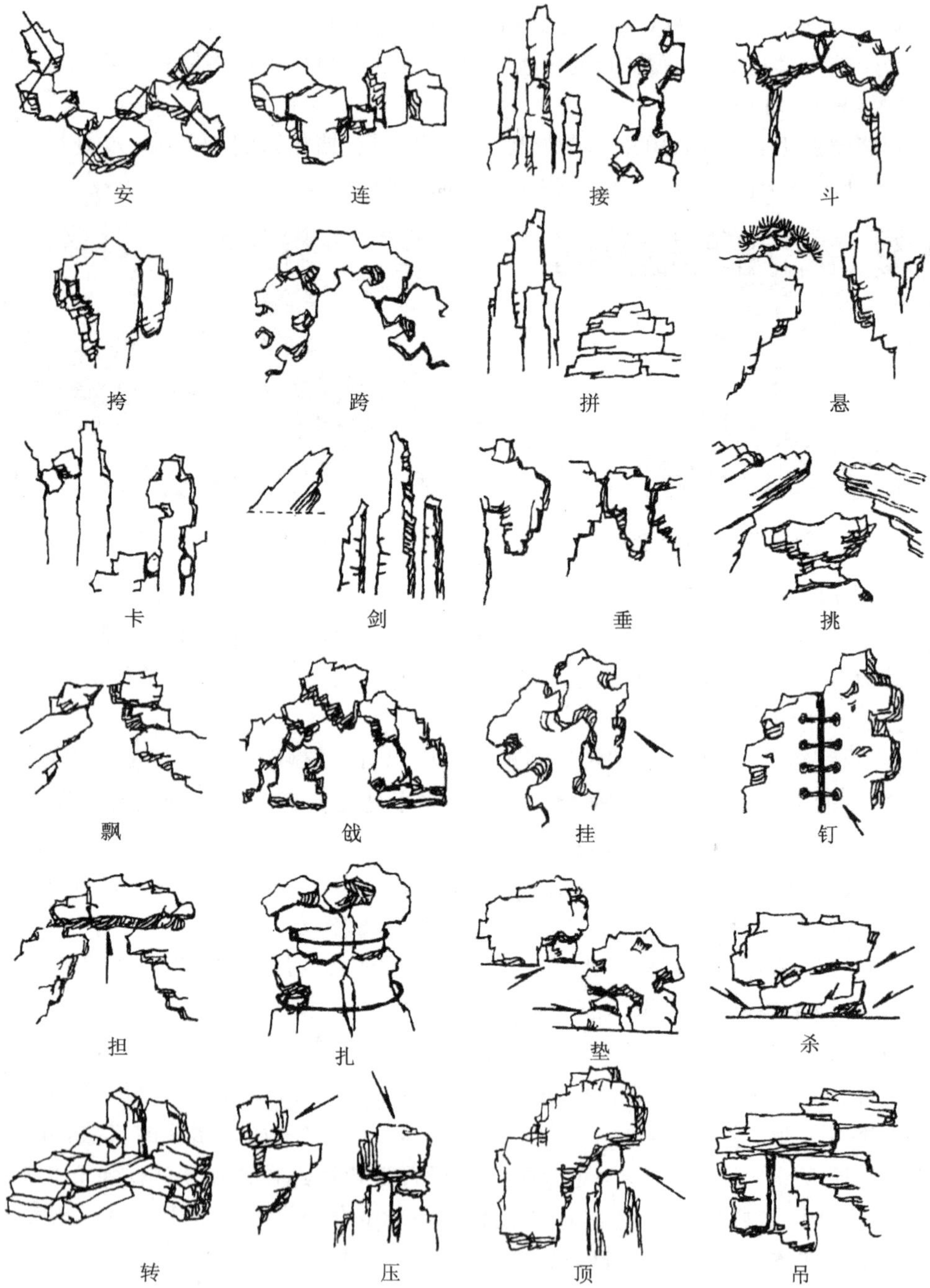

图 6-35　叠山造型手法示意

失。纯用岩石叠山的全石山易于再现自然界的险奇景观，但也需要较高的叠山技艺。叠石如绘画章法，石山的空间布局与造型应高低起伏，前后错落；假山中的悬崖、深涧、绝壁和危梁等，应主次分明、顾盼呼应、疏密有致、浑然一体。山洞是叠山的重要内容，不仅有助于增添游园的意趣，还能有效地避免大面积假山堵塞的感觉而显其空灵。埋洞如造屋，起脚要先立石柱，再取奇巧的石块做洞口。

1）假山设置位置及方法

假山可设置在自然式庭园中的瀑布落口处、水流发源地、水流一侧、自然式水池的一侧、草地的一侧、墙垣的脚下、林地之中、斜坡上、岛屿冲蚀面。假山的主要设置要点如下。

①堆砌假山时，先需建筑牢固的基础，然后依据岩石的自然形状、庭园景观的主题，顺次堆砌，并经严格的修改后，始行固定。

②石与石之间的固定，多为水泥（古时用铁屑及盐卤，色泽较佳，只是牢固性稍差），固结时应注意稳固与安全。

③土山应在表面铺设草皮，以保持土壤免受冲刷；其上应模仿自然之山，放置若干石块及种植各种树木。

④石山及土石山所用的岩石，宜大小块配合堆置，其空隙口可填土，栽植蕨类植物或其他花草树木。

⑤大型假山可设置峭壁、山谷、道路、石阶、涵洞、滴泉、瀑布等，同时应注意排水的设置。

⑥适合栽植于假山附近的植物有景天科、仙人掌科、羊齿类、兰科、虎耳草、杜鹃、杨柳、榕树、软枝黄蝉、铁线草、蓬莱焦、黑松、罗汉松等。

2）旱地堆筑假山艺术

叠山的艺术手法，诸如山峦、峭壁、洞谷、巅峰等，几乎应有尽有。雄奇、峭拔、幽邃、平远的山林意境，层出不穷，变幻有致。

（1）园中高山的堆叠

园中高山多采用峭壁的叠法。如萃赏楼前后的假山，均有陡直的峭壁，高耸挺拔，所用石材大小相间，叠砌得凸凹交错，形象自然，且有绝壁之感。

（2）峭壁的堆叠

峭壁上端做成悬崖式。这是采用悬崖与陡壁相结合的叠山手法，“使坐客仰视，不能穷其颠末，斯有万丈悬崖之势”。耸秀亭檐下的悬崖，即有挑出数尺的惊险之景，崖边立有石栏杆，近栏俯视，如临深渊，颇为险峻。

（3）山峦的叠筑

叠筑多采用山峦连绵起伏的手法。如古华轩前的重峦叠嶂、望阁前的山峦绵亘，都属于山峦的叠筑法。峦与峰又往往结合使用，以增加起伏之感。“峦，山头高峻也，不可齐，亦不可笔架式，或高或低，随致乱掇，不排比为妙”（计成《园冶》）。如此，即可避免呆板整齐之忌。

(4) 山势起伏的表现

用突起的石峰进行散置堆筑，以加强整个山势的起伏变化。园中除了山顶多用石峰以外，于山腰、山脚、厅前、道旁等处，也多散置石峰。有的采用整块耸立的巨石，如玉粹轩南蹬道旁的石峰。有的用几块湖石联掇而成，如碧螺亭两侧的石峰。耸秀亭与露台周围也有石峰散点，形态奇巧，状若飞舞。

(5) 山体幽静深邃的表现

在峭壁夹峙的中间堆出峡谷，给假山以幽静深邃。如耸秀亭檐下的峡谷，深达7余米，婉转与山洞接连，成为通往三友轩、萃赏楼、遂初堂的山道。延趣楼前与衍棋门里各有一条极狭的山谷，仅60 cm宽，只能侧身通行。虽非主要山道，但在叠山艺术中却增添了宽狭、主次、虚实等情趣的变化，丰富了山林的造型。

3) 叠石假山施工工艺

(1) 叠石假山选料原则

叠石筑假山，要想达到较高的艺术境界，必须掌握三个统一的规律。

①石种要统一。忌用几种不同的石料混堆。

②石料纹理要统一。在施工时，要按石料纹理进行堆叠，切忌横七竖八乱堆。所谓石料纹理，即竖纹、横纹、斜纹、粗纹和细纹等。堆叠时纹理要向同一方向，即直向与直向，斜向与斜向，横向与横向，粗对粗，细对细。石块大小也要适宜。这样既可以使人感到整座假山浑然一体，统一协调，不会产生杂乱无章、支离破碎的感觉，又可使人感到山体余脉纵横有向及上下延伸感，并且还能产生"小中见大"的感觉。

③石色要统一。同一石种的颜色往往有深有浅。因此，要尽量选用色彩协调统一的石头，不要差别太大。

(2) 叠石假山施工方法

①叠石的方法。叠石须先打好坚固基础。从前临水叠石须先打桩，上铺石板一层；一般叠石先刨槽，铺三合土夯实，上面铺填石料作基，灌以水泥砂浆。基础打好后再自下而上逐层叠造。底石应入土一部分，即所谓叠石生根，这样做较稳。石上叠石，首先是相石，选择造型合意者，而且要使两石相接处接触面大小凹凸合适，尽量贴切严密。不加支填就很稳实为最好。然后选大小厚薄合适的石片填入缝中敲打支填，此法工人称之为"打刹"。如此再依次叠下去，每叠一块应及时打刹使之稳实。叠完之后再以灰勾缝，以麻刚沙蘸调制好的干灰面(以水泥、砖面配以色粉调和而成，如石色)扑于勾缝泥灰之上，使缝与石浑然一体。

②叠石的具体手法。有叠、竖、垫、拼、挑、压、钩、挂、撑、跨及断空诸种，石叠造出石壁、石洞、谷、壑、蹬道、山峰、山池等各种形式。

4) 仿石塑山营建技术

在传统灰塑山石和假山的基础上，运用混凝土、玻璃钢、有机树脂等材料可以进行塑山与塑石。塑山与塑石可省采石、运石之工，造型不受石材限制，体量可大可小，适用于山石材料短缺的地方，条件受到限制或结构承重条件限制地方，如室内中庭等。塑山具有工期短和见效快的优点，缺点在于混凝土硬化后表面有细小的裂纹、表面皴纹的变化不如自然山石丰富，以及不如石材使用期长等。近几年国内开始发展GRC(玻璃纤维强化水泥)假山材料来塑山，GRC是一种由抗碱性玻璃纤维混合水泥砂浆而成的复合材料，兼具水泥砂浆的高抗压能力及玻璃纤维的高抗张、抗弯能力，有薄轻、抗撞、吸音、防潮、外形富变化、施工快速等优点，目前被世界各国大量采用。

塑山与塑石施工的基本步骤包括以下几方面。

(1) 基架设置

可根据山形、体量和其他条件分别采用不同的基架结构，如砖基架或钢架、混凝土基架或者是三者的结合。坐落在地面的塑山要有相应的地基处理，坐落在室内的塑山则必须根据楼板的构造和荷载条件进行结构计算，包括地梁和钢材梁、柱和支撑设计等。基架将自然形概括为内接的几何形体桁架，作为整个山体的支撑体系，并在此基础上进行山体外形的塑造。施工中应注意对山体外形的把握，因为基架一般都是几何形体。施工中应在主基架的基础上加密支撑体系的框架密度，使框架的外形尽可能接近设计的山体形状。

(2) 铺设钢丝网

砖基架可设或不设钢丝网。一般形体广大者都必须设钢丝网。钢丝网要选易于挂泥的材料，并将钢丝网与基架绑扎牢固。钢丝网根据设计模型用木锤和其他工具加工成型，使之成为最终的造型形状。

(3) 挂水泥砂浆以成石冰与皴纹

面层雕塑是石山的造型成形过程，塑造过程中可在水泥砂浆中加纤维性附加料以增加表向抗拉的力量，减少裂缝。常利用M7.5水泥砂浆做初步塑型，形成大的峰峦起伏的轮廓以及石纹、断层、洞穴、一线天、壁、台、岫等山石自然造型，再用M15水泥砂浆罩面塑造山石的自然皴纹。纹理的塑造需要多次尝试，反复观察，边做边改，最终就使每个局部充分显示石质感。

(4) 上色

根据石色要求，刷或喷涂非水溶性颜色，亦可在砂浆中添加颜料及石粉，调配出所需的石色，以接近自然为最佳，并与所处环境协调。

6.2.2 日本古典园林的枯山水艺术

日本镰仓、室町时代园林艺术最重要的就是创立并发展了枯山水这一独特的园林形式，理石艺术达到了极高的水平，成为日本园林的精华，并被中国和西方国家借鉴学习。枯山水庭园是一种缩微式园林景观，多位于小巧、静谧、深邃的禅宗寺院。

枯山水代表作有京都大德寺大仙院、龙安寺庭院、银阁寺庭院、本坊庭院、西芳寺庭院、桂离宫庭院等。典型的枯山水庭院几乎都集中在日本的古都——京都。15世纪建于京都龙安寺的枯山水庭院是日本最有名的园林精品(见图6-36)。它占地

图 6-36 日本京都龙安寺的枯山水庭院

呈矩形，面积仅 330 m²，庭院地形平坦，由 15 尊大小不一之石及大片灰色细卵石铺地所构成。石以二、三或五为一组，共分五组，石组以苔镶边，往外即是耙制而成的同心波纹。同心波纹可喻雨水溅落池中或鱼儿出水。看似白砂、绿苔、褐石，但三者均非纯色，从此物的色系深浅变化中可找到与彼物的交相和谐之处。而砂石的细小与主石的粗犷、植物的“软”与石的“硬”、卧石与立石的不同形态等，又往往于对比中显其呼应。因其属眺望园，故除耙制细石之人以外，无人可以迈进此园。而各方游客则会坐在庭院边的深色走廊上，有时会滞留数小时，以在砂、石的形式之外思索龙安寺布道者的深刻含义。

6.3 现代石景艺术

6.3.1 极简主义石景艺术

现代景观设计师在继承和发扬古典园林禅宗思想的基础上，利用其雄厚的物质基础、先进的科学技术，对现代景观设计有益元素的吸收借鉴和对传统造园文化的执着，在现代石景艺术发展道路上取得了显著的成绩。他们的作品代表了现代极简主义石景艺术的又一辉煌。其中最有代表性的当属日本石景大师枡野俊明。

枡野俊明是位禅僧，他曾说：“我把生活中的庭比作为‘心灵的表现’这样一种特殊的场所……对于我来说，无论是创造还是欣赏一个庭，都是一种修行，而且还可以认为是道场。”他的设计以禅的精神、日本庭院的设计手法和技术为基础，被誉为具有鲜明人生哲学的设计作品。在他的园林作品中，石作为设计要素的素材具有的内在特性得到了最大限度的展现，他的设计常常运用石头——这一无声的精灵来营造脱俗、迥超尘外的心灵空间。他的代表作品是麹町会馆“青山绿水的庭”（见图 6-37）。该庭由三部分组成：一层和四层三个很小的空间。一层为瀑布园，该场所为狭长地带，紧邻建筑首层落地玻璃窗，设计师设计了两面交错布置的石景墙，雾状瀑布从顶层落下，经过景墙上两种不同石材（整形的片状青石和自然式碎石块）后更显水雾的缥缈。在景墙与建筑中间的狭长空间内，设计师设置了数块大小不一的片状石块，石块朝同一方向错落布置于水池中。片石是自然

图 6-37 麹町会馆“青山绿水的庭”

石块经过片状切割形成的规则式石块，再稍加人工雕饰。整体石景既有简洁大方的现代美，与现代化的建筑相统一，又不乏石块的天然情趣，与植物和水体共同形成一处宜人的庭院景观。四层的小空间呈方形，设计师以折线形的围栏、弧形的竹篱和石块散置的扇形区域作为平面布局；而在立面上则是以围栏为总背景，映衬前面的小乔木，弧形竹篱作为第二背景映衬前面的石景和苔藓，在围栏边设有石灯笼，具有浓厚的日本古代人文风土气息。但石块的造型和布局却与传统庭院迥异，也是运用与一层庭院相同的切割并稍加雕饰的片状石块同方向错落布置，与周围环境协调得非常自然。

6.3.2 飞石、步石石景艺术

1. 飞石

飞石是置于地上的石块，多在草坪、林间、岸边或庭院等较小的空间使用。最初应用于日本式庭园，现在则广泛用于自然式庭园。它可由天然的大小石块或整形的人工石块布置而成，具有轻松、活泼、自然的风貌和较强的韵律，易与自然环境相协调。

1）飞石的选择

①飞石石块的质地应是坚硬、耐磨损的材料，质地松软的砂岩等不宜使用。

②飞石以表面平整、中间略微凸起的龟甲形为好，这样可以防止石面上积水。如图 6-38 所示，下陷的踏步在地被植物的衬托下，充满宁静的艺术气息，石材踏步的中部呈屋脊状突起，以防积水。

③石块的大小可根据需要选择，但不宜小于 30～40 cm，以便踏脚。

2）飞石的配置原则

①飞石的设置地点多在水边、浅水滩涂、林间、假山上、山脚下、草地中，以及其他低、湿、泥泞的地方。

②因一般人的步幅约为 50 cm，故在 2 m 内以铺设 4～5 cm 石为标准。而石与石之间的间隔以 10 cm 为宜；石块突出地面的高度不可过高，以 3～6 cm为标准。

图 6-38 下陷的飞石踏步

③为求自然，选用石块的大小、形状及设置的距离，不可完全一致，应有变化（见图 6-39）。

④飞石的长边应与人前进的方向相垂直，这样能给人以稳定的感觉。

⑤飞石路的分叉点应设踏分石，踏分石可分两层，使其更富变化之味。

⑥飞石布置可以由一块至数块组成，不宜过长，不能走回头路，要表现韵律性和

方向性的平衡。一组飞石应选同种材料、同一色调来表现统一的画面，做到既丰富又统一，切忌杂乱，这样就能获得优美的飞石踏步景观（见图 6-40）。

图 6-39　不同的天然石材所形成的踏步

图 6-40　庭园中由灰色石所形成的几何构图形飞石景观

⑦石块之下的土壤如硬度差，为免于下陷，应做地基。每块飞石放置时务必稳固安全。

⑧飞石的近旁或石隙间，可种植小型的花草，如葱兰、韭兰、红绿草、书带草、虎耳草、麦冬草、半支莲、松叶菊等，但应作零星而不规则的点缀。

3）飞石的摆置技术

（1）基本排列形式

飞石基本排列形式如图 6-41 所示。

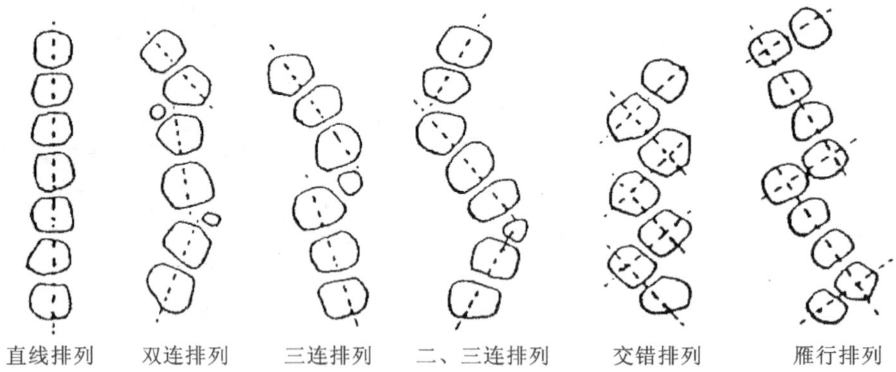

图 6-41　踏石的基本排列样式

（2）飞石摆置的施工顺序

飞石摆置的施工顺序如图 6-42 所示。

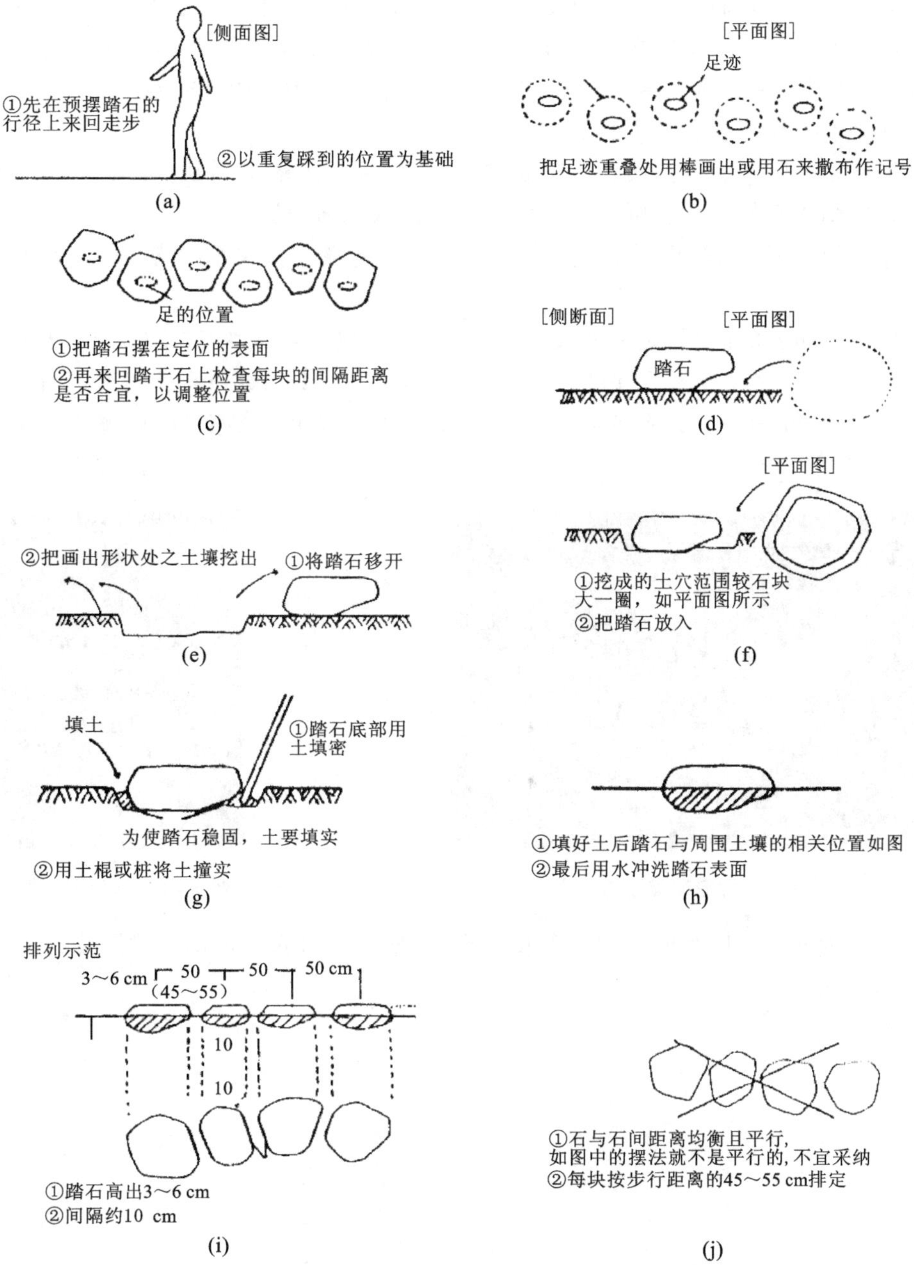

图 6-42　飞石摆置的施工顺序

2. 汀步

汀步是设在水中的步石。古代叫“鼋鼍”。《拾遗记》有“鼋鼍以为梁”，几块石块，平落水中，使人蹑步而行。这可能是石桥的前身，因此也有人把汀步叫作踏步桥或跳桥。汀步的形式可以是自由式的，也可以是规则式的，可以采用天然石材，也可以用混凝土预制成各种形状。通常汀步可自由地横跨在浅涧小溪之上，或点缀在浅水滩涂上。每当人们踏石凌水而过，别有一番风趣。在宽深的水面上，不宜设置汀步。汀步的基础一定要稳固，绝不能有松动，一般需用水泥固定，务求安全。当汀步较长时，还应考虑当两人相对而行，在水面中间有一个相互错开的地方。

汀步的设计要点有以下几点。

①基础要坚实、平稳，面石要坚硬、耐磨。多采用天然的岩块，如凝灰岩、花岗岩等。砂岩则不宜使用。也可以使用各种美丽的人工石（见图 6-43）。

②石块的形状，表面要平，忌做成龟甲形以防滑。又忌有凹槽，以防止积水及结冰。

③汀步布石的间距，应考虑人的步幅，中国人成人步幅为 56～60 cm，石块的间距可为 8～15 cm。石块不宜过小，一般应在 40 cm×40 cm 以上。汀步石面应高出水面 6～10 cm 为好。如图 6-44 所示，汀步摆放可以灵活多变，以此增加庭院的情趣，但要合乎人的行走要求。

图 6-43　方形混凝土汀步

图 6-44　自然的汀步

④汀步的长边应与前进的方向相垂直，这样可以给人一种稳定的感觉。

7 照明设计

7.1 概论

随着城市功能的日益完备和人们生活的需求，现代化都市将向着 24 h 连续运转的方向发展，夜晚景观和照明质量问题已经受到普遍重视。精心设计的城市照明将整个市区映衬得美妙绝伦，成为一个色彩缤纷的世界(见图 7-1)。

路灯、广场塔灯、园林灯、建筑物立面照明、喷泉水池照明、发光广告和霓虹灯、商业街橱窗照明、街道信号灯等，各色各样的灯交织在一起熠熠生辉，勾画出绚丽的街市夜景，表现出独特的灯光文化，成为现代都市一道亮丽的风景线(见图7-2)。

图 7-1　大连不夜城的景观效果

图 7-2　广场街道与楼体泛光照明

7.1.1 照明景观的原则

现代化城市照明景观有以下原则。

①以高雅得体、美观大方、繁华有序为原则，对照明景观进行整体规划，应与市政建设的总体规划相联系。

②以高层建筑、大型公共建筑及有独特风貌的外部照明、顶部照明为骨架的灯光环境的总体构架，突出现代化气息和艺术品位(见图 7-3)。

③按照城市区域功能的划分来确定灯光景观的表现主题。例如，商业区要求灯

光变幻、气氛热烈，行政区要求庄重大方、高雅严肃，旅游区要求温馨祥和、绚丽多彩。

④应用新技术、新光源、新材料，把电子技术、激光技术、全息技术、光纤和光导管技术、发光二极管技术等高新技术成果应用于夜景照明中。

⑤在建设原则上力求做到设计思想现代化、灯光效果艺术化、灯光景观信息化、灯光环境有序化、灯光管理集中化、灯光设备安全化等(见图 7-4)。

图 7-3 建筑外的辉光照明勾勒出建筑的立面结构

图 7-4 日本街头喷水广场夜间照明

7.1.2 照明的种类

根据灯具的不同，照明分为景观灯、道路灯(见图 7-5)、草坪步道灯(见图 7-6)、高杆灯、庭院灯、地埋灯、护栏灯、投射灯(见图 7-7)、探照灯、广场灯、交通灯、隧道灯等。

图 7-5 与花槽结合的内嵌式庭院道路灯

照明景观中常用的电光源有白炽灯、荧光灯、荧光高压汞灯、卤钨灯、高压钠灯和金属卤化物灯等，根据其工作原理，基本上可分为固体发光光源(即热辐射光源)和气体放电发光光源两大类。

1. 固体发光光源

固体发光光源主要是利用电流将物体加热到白炽程度而发光的光源，如白炽灯、卤钨灯。

图 7-6 草坪步道灯

图 7-7 地上投射灯

2. 气体放电光源

气体放电光源是利用电流通过气体而发射光的光源。这种光源具有发光效率高、使用寿命长等特点，使用极为广泛。气体放电光源按放电的形式分为以下两种。

1）弧光放电灯

这类光源主要利用弧光放电柱产生光（热阴极灯），放电的特点是阴极位降较小。这类光源通常需要专门的启动器件和线路才能工作。荧光灯、汞灯、钠灯等均属于弧光放电灯。

2）辉光放电灯

这类光源由正辉光放电柱产生光，放电的特点是阴极的次级发射比热电子发射大得多（冷阴极），阴极位降较大（100 V 左右），电流密度较小。这种灯也叫冷阴极灯，霓虹灯属于辉光放电灯。这类光源通常需要很高的电压。

放电光源还可按其他特点分类。放电光源通常按其充入气体（或蒸气）的种类和气体（或蒸气）压力的高低来命名，如氙灯、高压汞灯、低压钠灯等。

3. 不同光源在装饰照明中的优点

1）固体发光光源的优点

固体发光光源的优点包括：①显色性好；②色温适应于照明效果很宽的范围；③品种及额定参数众多，便于选择；④可以用在超低电压的电源上；⑤可即开即关，为动感照明效果提供了可能性；⑥可以调光。

2）气体放电光源的优点

气体放电光源在装饰照明中的优点有光效高、寿命长，而且气体放电灯品种甚多，特色不同，适用于各种环境的照明。

7.1.3 光源的性能与应用范围

1. 固体发光光源(见表 7-1)

表 7-1 各类白炽灯光源的性能与应用范围

品种	结构与性能	应用范围
一般照明用灯泡	发光效率为 13 lm/W 左右,使用寿命 1 000 h 左右	装饰带照明,组成发光图案,走廊边照明,花坛的下脚照明
钕玻璃反射灯泡	泡壳内部含有一个常由铝或硅酸盐材料做成的反射器,可以直接发出一束光线。发出白光或彩色光,功率 40～300 W,光束角可变化。含有钕玻璃的某些产品可以改善显色性,主要改善蓝和绿的范围	局部照明,可对较小目标投射
球形镀银灯泡	泡壳内部面向钨丝发光的圆顶部位镀铝,将这种灯泡放置在一个合适的外部反射器中,就可以得到一个非常窄的光束。灯泡的功率为 25 W、40 W、60 W 和 100 W	使用在特殊设计的灯具中,进行装饰投光照明
超低压灯泡	低压白炽灯泡的主要优点在于提高了发光效率。紧凑型灯丝的结构容易控制光输出,能用在窄光束的投光灯具中,并提高中心光强。使用低电压的灯具可以减少在发生故障或事故时对过往者的危险。与低压卤钨灯一样,两者标准通用	严格的聚光照明,小范围的投射光,以及特别需要用电安全的场所
密封光束灯泡(PAR 灯)	蓝、绿、黄、红等光,用多层镀膜取代镀银反射器,既可以不用玻璃或涂料产生彩色光,又可以得到一种称为“冷光束”的灯泡(彩色灯泡为 150 W,“冷光束”灯泡为 150 W 和 300 W)	装饰投光照明,局部照明,非常适用于照射纪念物和艺术品
高压汞灯	这种灯建立在高压汞蒸气放电原理的基础上。灯的额定功率为 50～2 000 W。放电管放在内部涂有荧光粉的玻璃泡内,因为蓝-绿光使水池和绿叶发生显眼的光,所以在装饰照明中,常常使用透明的灯管或椭圆形泡壳,还有把放电管放在内涂磷涂层反射器中,高压汞蒸气灯有较长的额定寿命,发光效率为 55～60 lm/W,这种灯泡的形状和尺寸,适合于大面积场所的照明。点亮时,不是瞬间就亮起来的,重复点亮,既需要预先冷却,又要有一个特殊的高电压重复启动系统。因此,这种光源很难用于动感照明中	用于透光照明,宜用于广场照明、建筑物立面投光照明及对树木植物的投射照明

续表

品种	结构与性能	应用范围
高压钠灯	光色为金黄色(色温为 2 000 K 左右),发光效率 80～100 lm/W,显色指数为 25～35,有较长的额定寿命。大功率的灯泡安装在聚光灯具中,能进行大面积投光照明。由于灯泡的发光体是半透明的,因此,灯具的反光罩要特殊设计,以使反射光能有效地避免开发光体 目前,还有一种小功率的改进型,色温 2 500 K,显色指数为 50 左右,发光效率为 45 lm/W,功率为 35 W 和 50 W。灯的颜色给人的印象与白炽灯泡的相同,但寿命是白炽灯的 5 倍,发光效率是白炽灯的 4 倍。由于灯泡尺寸缩得很小,能聚集于精确的反射器中,使它们非常适用于某些发光效果。然而,用高压钠灯来照明植物,有时会产生不舒适的效果	大面积照明,特别宜用于褐色、红色或黄色建筑物的投光照明
低压钠灯	低压钠灯的发光效率可达到 200 lm/W,有比较长的额定寿命,由于低压钠灯是单色光源,显色指数很低,透明的管状泡壳的灯泡功率范围是 18～180 W	特殊作用的投光照明(黄色)
金属卤化物灯	这种灯是在一个内含汞蒸气的石英放电管内加入不同的金属卤化物添加剂组成的。光源的额定功率在 70～3 500 W 范围内。根据不同的种类,其发光效率为 50～100 lm/W,色温为 3 000～6 000 K,显色指数为 65～90。被封在透明泡壳内的小尺寸的放电管装在聚光灯中,通过理想的调焦,可得到精确的光束,还可采用玻璃制 1 000 W 的 PAR 型反射器的形式。它的窄光束角约 6°,可用于远距离的照明。灯具的菱形透镜也能用来改变光束宽度和光强,除了必须有镇流器和电容器以稳定工作以外,这种灯还要求有一个分离式触发器。与高压汞灯一样,启动和再启动应用几分钟后才能进行	用于显色要求较高的聚光灯照明
卤钨灯	这种灯与传统的白炽灯相比,有更高的发光效率、更好的色温和更长的使用寿命,卤钨灯有管状的,也有单端灯头的。管状的卤钨灯两端各有一个接触灯帽,一般使用在水平位置上,在抛物线柱面反射器中,可比较精确地控制出射光。对于单端灯头的卤钨灯,可以在任何方向上工作,不存在安装方面的问题	管状卤钨灯用于泛光照明,单端卤钨灯可作聚光照明

2. 气体放电光源(见表 7-2)

表 7-2　各类气体放电光源的性能与应用范围

品种	结构与性能	应用范围
标准型荧光灯	低压汞蒸气放电激发荧光粉发光,光色有暖白、白色以及彩色	直线形状的灯管适用于照亮被照物的轮廓、栏杆和其他相似的地方,彩包荧光灯管的不同色彩可以得到不同的装饰效果
紧凑型荧光灯	这是种缩小了的荧光灯泡。通常直径细的紧凑型灯泡有各种各样的形状,如 U 形、双 U 形、双 D 形等。其中有些内部装有放电管、启动器或电子镇流器。从额定寿命长(至少长 5 倍)以及光效高(4～5 倍)两方面来说,紧凑型荧光灯比传统白炽灯有明显的优点	装饰带照明、花坛的投光照明
冷阴极灯泡	长长细细的灯管根据其目的做成各种形状,例如,成为建筑线条或制成分开的装饰图案。灯的光效较低,但额定寿命却很长。其范围宽广的色彩使它具有许多特殊的效果。这种灯能重复开关、迅速点亮而不影响寿命。这种特性,可产生许多动态效果。因为这种灯泡有一个几千伏的电源,所以使用上必须有某些保护措施,在工作中必须遵守电器安全规程	建筑物发光的轮廓、发光的装饰图案、动态照明
氙灯	氙灯有一个近似太阳光的光谱,但它的发光效率比金属原子气体放电灯低,氙灯为直管形与球形,功率为 1.5～20 kW	直管形高压氙灯用于大面积照明,亦可作屋檐照明灯,球形超高压氙灯可用于聚光照明
紫外灯	用汞灯产生光线加上特殊的蓝-黑玻璃滤色片或通过 WOOD 玻璃后得到;紫外光常用来使特殊的荧光涂料发光。它也用来揭示在无紫外光时无法看清的图案、纹理和图像,产生某种动感和提供一种更加引入戏剧性的气氛。 紫外灯既可以是靠灯内部灯丝或传统镇流器镇流的高压汞灯,也可以是与荧光灯有相同直径、相同镇流器的管状低压汞灯	产生动感装饰照明效果

7.2 庭园及广场照明

7.2.1 庭园照明

庭园的功能是多种多样的，它包括公园、住宅庭园、办公庭园等。因此，照明方式也必须与其对应，采用最有效率的设备。庭园照明对于光源、灯具也有不同的性能要求。

在庭园和园路中要随处设置有明视、显示等各种性质的照明。以前庭园照明大部分为明视照明，但现在随着人们对生活环境要求的提高，装饰照明愈来愈受到重视，庭园照明开始更多地与环境艺术结合在一起(见图 7-8、图 7-9)。

图 7-8 白天的住宅庭园

图 7-9 夜晚的住宅庭园

1. 园灯的使用条件

①凡门柱、走廊、亭舍、水边、草地、花坛、塑像、园路的交叉点、阶梯、丛林，以及主要建筑物及干路等处，均宜设置园灯。园灯可使园景明暗交错，倍增变化、神秘、梦幻及诗意般的感觉，表现不同气氛。如图 7-10 所示，精心布置的庭园照明，使静态的公园在夜景中也呈现出生机勃勃的活力和世外桃源般的美感。

②园灯可作为单独造型存在，也可与庭园建筑物(如亭、楼、阁、塔或门柱)相配而成一景。

③造园的基本照明，采取如同画室的自然光，自上方均匀投射者为佳。光源自地面投射的方式较为不自然，故仅限于特殊要求时采用。因此，光源最好高 6 m 以上，光度在 150 W 以下者为宜。

④照明方式采用间接照明较佳，如用反射灯罩、磨砂玻璃罩及百叶窗式罩等。

图 7-10 公园夜景

⑤电源配线应尽量为地下缆线配线法，其埋土深度在 45 cm 以上。庭园内主要位置照明最低标准如表 7-3 所示。

表 7-3 园内主要位置的照明标准

位　　置	园灯最低功率/W	光源高度/m	间隔距离/m
园地(树木多者)	100	4～5	25
园地(树木少者)	200	5～6	40
园路	200	5～6	30
广场	500	10	100 m^2 中 3～6 盏

2. 明视照明

明视照明是以园路为中心进行活动或工作所需要的照明，必须根据照度标准中推荐的照度进行设计。从效率和维修方面考虑，一般多采用 5～12 m 高的杆头式汞灯照明器。庭园中使用的光源及其特征如表 7-4 所示，常用的照明灯具类型如表 7-5 所示。

表 7-4 庭园中使用的光源及特征

光　　源	特　　征
汞灯 (包括反射型)	使树木、草坪的绿色鲜明夺目，是最适合的光源。由于寿命长，维修容易，功率为 40～2 000 W，可以使用容量适合庭园大小的灯
金属卤化灯	由于效率高，显色性好，也适于照射有人的地方。没有低瓦数的灯，使用范围有限
高压钠灯	效率高，但不能反映绿色，因此只可在重视节约能源的地方使用
荧光灯	由于效率高、寿命长，适于用作庭园照明的光源，不适于范围广泛的照明。在温度低的地方效率降低，因此必须注意
白炽灯 (包括反射型、卤钨灯)	小型，便于使用，使红、黄色美丽醒目，因此适合作为庭园照明，但寿命短，因此维修麻烦。投光器可以制成小型，适于投光照明

表 7-5 常用的照明灯具类型

照明器的种类	特　　征
投光器 (包括反射型灯座)	用于白炽灯、高强度放电灯从一个方向照射树木、草坪、纪念碑等，安装挡板或百叶板以使光源绝对不致进入眼内。白天最好放在不碍观瞻的茂密树荫内或用箱覆盖起来
杆头式照明	布置在园路或庭园一隅，适于全面照射路面、树木、草坪，必须注意不要在树林上面突出照明器
低照明器	有固定式、直立移动式、柱式照明器，光源低于眼睛，完全遮挡上方光通量会有效果。由于设计照明器的关系，露出光源时必须尽可能降低它的亮度

3. 饰景照明

饰景照明是创造出夜间的景色及显示夜间气氛的照明。它是由亮度对比表现光的协调的，而不是照度值本身。投光器对景观的照明，力求不要产生均匀平淡的感觉，最好能利用明暗对比显示出深远来。以灯光为手段，塑造出独树一帜的艺术效果。

树叶、灌木丛林以及花草等植物以其柔和的色彩、和谐的排列和美丽的形态成为城市景观不可缺少的组成部分。在夜间环境下，投光照明能够发挥其独特的光学效果，使植物在光照下不再以白天的面貌重复出现，而是展露出新颖别致的夜景。

1）对植物的灯光照明应遵循的原则

①要研究植物的一般几何形状（网锥形、球形、塔形等）以及植物在空间所展示的程度。照明类型必须与各种植物的几何形状相一致。

②对淡色的和耸立空中的植物，用强光照明，可以得到一种轮廓的效果。

③不应使用某些光源去改变树叶原来的颜色，但可以用某种颜色的光源去加强某些植物的外观。

④许多植物的颜色和外观是随着季节的变化而变化的，照明也应适于植物的这种变化。

⑤可以在被照明物附近的一个点或许多点观察照明的目标，要注意消除眩光。

⑥从远处观察，成片树木的投光照明通常作为背景设置，要考虑其颜色和总的外形大小。从近处观察，若需要对目标进行直接评价的，则应该对目标作单独的光照处理。

⑦对未成熟的及未伸展开的植物和树木，一般不施加装饰照明。

⑧光源色彩要科学合理，被照射物产生的颜色要符合美学原理，不要让人产生厌烦心理。如图 7-11 所示，浅琥珀色的光线，会使植物呈现出病态的枯黄色；如果改用蓝白色的光源，则会使它们呈现出勃勃生机。

图 7-11　浅琥珀色灯光使植物呈现出病态的枯黄色

2）照明设备的选择和安装

① 照明设备的选择（见图 7-12、图 7-13）。选择照明设备的原则：一是照明设备的挑选（包括型号、光源、灯具光束角等）主要取决于被照植物的重要性和要求达到的景观效果；二是所有灯具都必须是水密防虫的，并能耐除草剂与除虫药水的腐蚀；三是经济耐用；四是某些光线会诱来对植物有害的生物（昆虫），选择时必须加以注意。

②灯具的安装。投射植物的灯具安装要注意做到：一是考虑到白天整体环境的美观，饰景灯具一般安装在地平面上；二是将灯具固定在略微高于水平面的混凝土基座上，这种布灯方法比较适用于只有一个观察点的情况，而对于围绕目标可以走

图 7-12　树干上安装的灯具

图 7-13　地面安装的铜质探照灯

动的情况，可能会引起眩光，如果发生这种情况，应将灯具安装在能确保设备防护和合适的光学定向两者兼顾的沟内；三是将投光灯安装在灌木丛后或树枝间，这样既能消除眩光又不影响白天的外观；四是注意安全，灯具和线路的安装使用必须确保进入绿地的人员安全。

3）树木的投光照明的方法

①投光灯一般是放置在地面上，根据树木的种类和外观确定排列方式。有时为了更突出树木的造型和便于人们观察欣赏，也可将灯具放在地下（见图 7-14）。

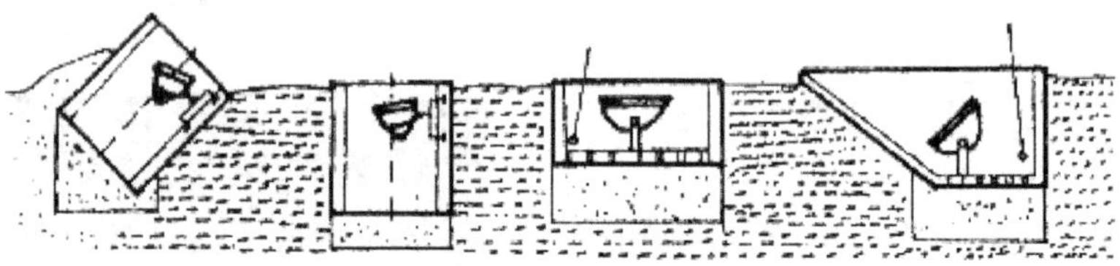

图 7-14　安装在地下的投光灯具

②如果想照明树木上某个较高的位置（如照明一排树的第一个分枝及其以上部位），可以在树的旁边放置一根高度等于第一个分枝的小灯杆或金属杆来安装灯具。

③在落叶树的主要树枝上，安装一串串低功率的白炽灯泡，可以获得装饰的效果。但这种安装方式一般在冬季使用。因为在夏季，树叶会碰到灯泡而被烧伤，对树木不利，也会影响照明的效果。

④对必须安装在树上的投光灯，其系在树杈上的安装环必须适时按照植物的生长规律进行调节。

⑤对树木的投光造型是一门艺术，目前常见树木投光照明的布灯方式有（见图 7-15）：一是对一片树木的照明，用几只投光灯具，从几个角度照射过去，照射的效果既有成片的感觉，也有层次及深度上的变化；二是对一棵树的照明，用两只投光灯具从两个方向照射，成特写镜头（见图 7-16）；三是对一排树的照明，用一排投光灯具，按一个照明角度照射，既有整齐感，也有层次感；四是对高低参差不齐的树木的照

明，用几只投光灯，分别对高、低树木投光，给人以明显的高低、立体感（见图 7-17）；五是对两排树形成的绿荫走廊，采用两排投光灯具相对照射，效果很佳；六是对树杈与树冠的照明，在大多数情况下，对树木的照明，主要是照射树杈与树冠，因为照射了树杈与树冠，不仅层次丰富、效果明显，而且光束的散光也会将树干显示出来，起衬托作用。

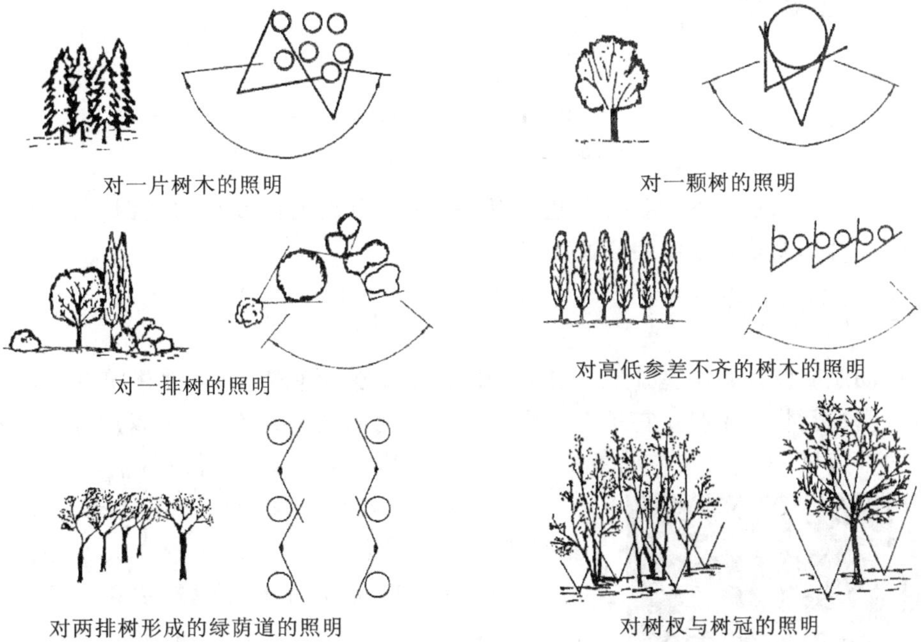

图 7-15 树木投光照明的布灯方式

图 7-16 一棵树上的照明特写

图 7-17 投光照明使树林具有的层次感

4）花坛的照明方式

①由上向下观察的处于地平面上的花坛，采用称为麻菇式灯具向其照射。这些灯具放置在花的中央或侧边，高度取决于花的高度。观察点可为花坛的前方或四周

(见图 7-18)。

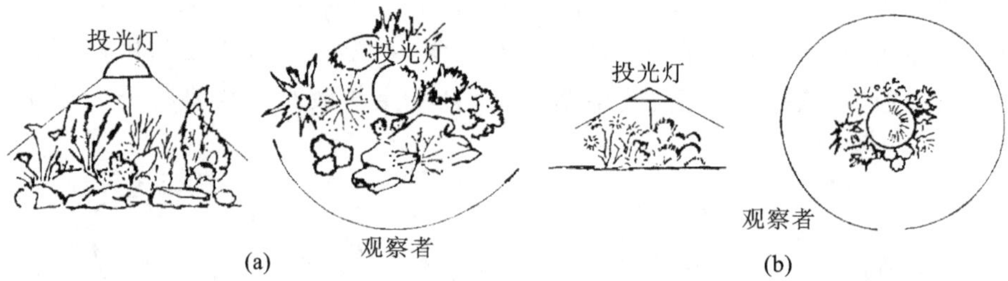

图 7-18　花坛照明方式

(a)花坛照明(一);(b)花坛照明(二)

②如果花坛中有各种各样颜色的花,就要使用显色指数高的光源。白炽泡、紧凑型荧光灯都能较好地应用于这种场合。

7.2.2　广场照明

广场照明设计采用室外照明技术,用于大型公共建筑、纪念性建筑和广场等环境进行明视及装饰照明。它是广场设计的一种辅助性设计方法,可以加强广场在夜晚的艺术效果,丰富城市夜间景观,便于人们开展夜晚的文娱、体育等活动。

图 7-19　中华世纪坛的照明体现出一种恢宏庞大的气势

广场夜晚照明始于商业和节庆活动。自 19 世纪发明白炽灯以来,常用串灯布置在大型公共建筑和广场的边缘上,形成优美的建筑物和广场轮廓线照明。现在对于重要的广场,一般采用大量的泛光灯照明(见图 7-19)。

1. 广场照明光源

广场夜间照明可采用多种照明光源,应根据照明效果而定。白炽灯、高压钠灯由于带有金黄色,可用于需要暖色效果的受光面上。汞灯的寿命长,光效好,易显示出带蓝绿的白色光;金属卤化物灯的光色发白,可用于需要冷色效果的受光面上。光源的照度值应根据受光面的材料、反射系数和地点等条件而定。

2. 广场照明设计原则

①利用不同照明方式设计出光的构图,以显示广场造型的轮廓、体量、尺度和形象等。

②利用照明位置,能够在近处看清广场造型的材料、质地和细部,在远处看清它们的形象。

③利用照明手法,使广场产生立体感,并与周围环境相配合或形成对比。

④利用光源的显色使光与广场绿化相融合，以体现出树木、草坪、花坛的鲜艳和清新的感觉。

⑤对于广场喷水造型，要保证有足够的亮度，以便突出水花的动态，并可利用色光照明使飞溅的水花丰富多彩。对于水面则要求能反映出灯光的倒影和水的动态变化。具体方法可参见7.4节“水景照明”。

3. 广场照明手法

广场包括广义的空地以及会场，有展览会会场、集会广场、休息广场和交通广场等。这里对需要电气照明的广场（也就是人、车、物集散的广场）加以阐述。

广场照明手法的运用取决于受照对象的质地、形象、体量、尺度、色彩和所要求的照明效果以及周围环境的关系等因素。

照明手法一般包括光的隐现、抑扬、明暗、韵律、融合、流动等以及与色彩的配合。在各种照明手法中，泛光灯的数量、位置和投射角是关键问题。在夜晚，广场细部的可见度主要取决于亮度，因此泛光灯应根据需要，可远可近地进行距离调整。对于整个照面来讲，其上部的平均亮度为下部的2～4倍，这样才可能使观察者产生上下部亮度相等的感觉。

1）展览会会场

在展览会中的照明可以使物体隐现，创造气氛，控制人流，显出明亮而富有时代感的气息，呈现完全崭新的夜间景观。

照明设计应该同建筑设计非常紧密地协同进行，这样才能在展览会中产生良好的照明效果。在展览会中独创性和新颖性是最重要的因素。照明技术人员也可借机会普及新光源、新灯具。

图7-20 大连中山音乐广场夜景

2）集会广场

集会广场由于人群聚集，一般采用高杆灯的照明较为有效。最好避开广场中央的柱式灯，以免妨碍集会。为了很好地看到人群活动，要注意保证标准照度和良好的照度分布。最好使用显色性良好的光源。当有必要以高杆或建筑物侧面设置投光照明时，需用格栅或调整照射角度，尽可能消除眩光(见图 7-20)。

以休息为主要功能的广场照明，应用暖色光色的灯具最为适宜。从维修和节能方面考虑，可推荐使用汞灯或荧光灯，庭园用的光源和灯具也可使用。

3) 交通广场

交通广场是人员车辆集散的场所。越是人多的地方越要使用显色性良好的光源，而在大部分是车辆的地方则要使用效率高的光源，最低限度应保证从远处能识别车辆的颜色。公共汽车站这样人多的地方必须确保足够的照度。火车站中央广场的照明设施，因为旅客流动量最大，容易沾上灰尘和其他污染，所以照明灯具要便于维护。其形式应同建筑物风格相协调。高顶棚时，最好用效率良好的灯具和高压汞灯结合，照明率达 25%～90%。

4. 照明灯具的安装高度和配置

1) 高杆照明方式(见图 7-21)

图 7-21 广场高杆照明灯具

按照配光不同，照明的范围也不同，一般轴对称配光的灯具垂直或接近垂直照射地面时，应考虑照度均匀度，原则上灯具安装高度 H 由下式决定：

$$H \geqslant 0.5R$$

式中：R——被照范围的半径，m。

2) 投光灯照明方式

一般广场(见图 7-22)，照明器的安装高度分两种情况。

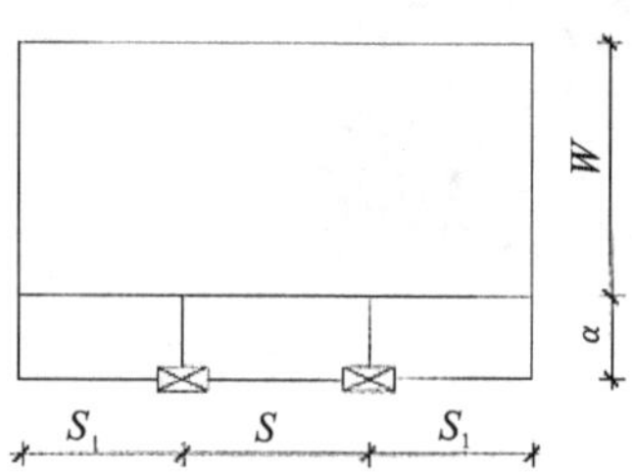

图 7-22 一般广场照明器的配置

(1) 一侧排列

$$H \geqslant 0.4W + 0.6\alpha$$
$$S \leqslant 2H$$
$$S \approx 2S_1$$

(2) 相对矩形排列

$$H \geqslant 0.2W + 0.6\alpha$$
$$S \leqslant 2.7H$$
$$S \approx 2S_1$$

5. 不同广场灯具的结构(见图 7-23、图 7-24)

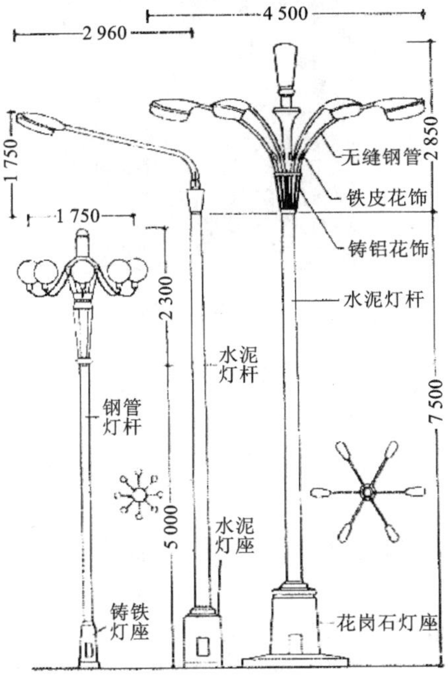

图 7-23 普通广场灯结构及材料做法

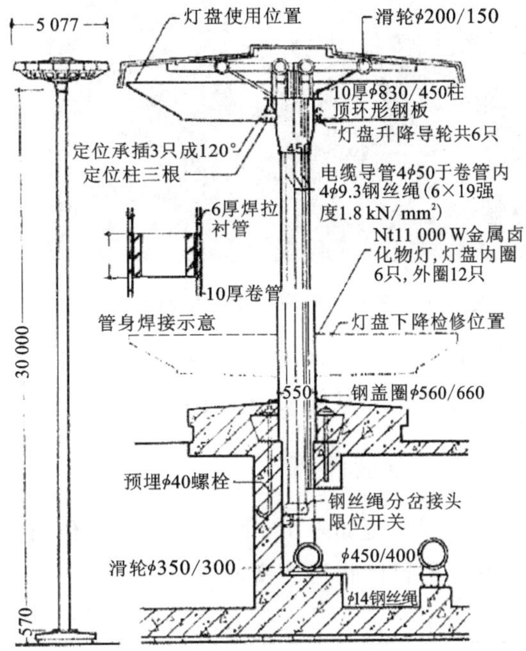

图 7-24 广场照明灯具结构及做法

7.3 雕塑照明

为了提高夜间观赏效果,需在雕塑或纪念碑及其周围进行照明。这种照明主要采取投光灯照明方式,如图 7-25 所示,安装于地面及附近树干上的探射灯所照亮的雕塑,在夜色中似有了生命一般。在进行照明设计时,应根据设计的照明效果,确定所需的照度,选择照明器材,最后确定照明器的安装位置。

图 7-25 探射灯所照亮的雕像

7.3.1 灯光的布置

投光灯的布置一般有三种方法:①在附近的地表面上设置灯具(见图 7-26);②利用电杆(见图 7-27);③在附近的建筑物上设置灯具。还可将以上方法组合起来,也是有效的方法。

投光灯靠近被照体,就会显出雕塑材料的缺点,如果太远了,受照体的亮度变得均匀,则过于平淡而

图 7-26 在附近地表面上设置灯具实例

图 7-27 利用电杆设置灯具实例

失去魅力。因此,应该适当地选择照明器的装设位置,以求得最佳的照明效果。为了防止眩光和对近邻产生干扰,投光灯最好安装灯罩或格栅。

7.3.2 照度计算

推荐照度如表 7-6 所示。这些数值可根据雕塑和纪念碑的类型、地点的环境条件和照明目的作适当变通。

表 7-6 推荐照度值

表面材料	反射系数/(%)	周围情况	
		明	暗
		照度/lx	
明亮颜色的大理石、白色或乳色的粗陶材料、白色石膏抹灰墙	70～80	150	50
混凝土、浅色石灰砂浆、水泥砂浆、勾石缝、明灰色或暗黄色石灰石、暗黄色砖	45～70	200	100
稍浓灰色石灰石、浓褐色普通砖、砂石	20～45	300	150
普通红砖、赤褐色砂岩、带色木板瓦、浓灰色砖	10～20	500	200

注:表面材料的反射系数在 20%以下时,如果没有反射系数较高的木质部分,投光照明是不经济的。

确定投光灯数量,可采用逐步法计算。应该注意,表中所示的照度值是没有考虑色光(使用光源的固有光谱)时的数值。当需用色光时,就要加装滤色片。由于滤色片吸收或反射了不希望的颜色而透射出所需要的色光,这时若要得到与非色光相同的照度,就必须加上滤色片损失的光量。

7.3.3 声和光的并用

根据历史性雕塑或纪念碑类型种类,除了光和色以外还可以并用声音,做到有声有色,增加审美观和艺术效果。这时要对光源调光来改变建筑物的亮度,由电路调节音响使气氛有所变化。因此，电路数量越多，越能表现出不同的效果。

为了避免损害白天时的景观，也为了不干扰参观或游览者，需充分注意将照明灯具、布线设备等尽可能地隐藏或伪装起来。

7.3.4 雕塑、雕像的饰景照明技术要点

对高度不超过 5～6 m 的小型或中型雕塑，其饰景照明的方法如下。

①照明点的数量与排列，取决于被照目标的类型。照明要求是照亮整个目标，但不能均匀，应通过阴影和不同的亮度，再创造一个轮廓鲜明的效果。

②根据被照明目标、位置及其周围的环境确定灯具的位置。

a. 处于地面上的照明目标，孤立地位于草地或空地中央。此时灯具的安装，尽可能与地面平齐，以保持周围的外观不受影响和减少眩光的危险。也可装在植物或围墙后的地面上(见图 7-28)。

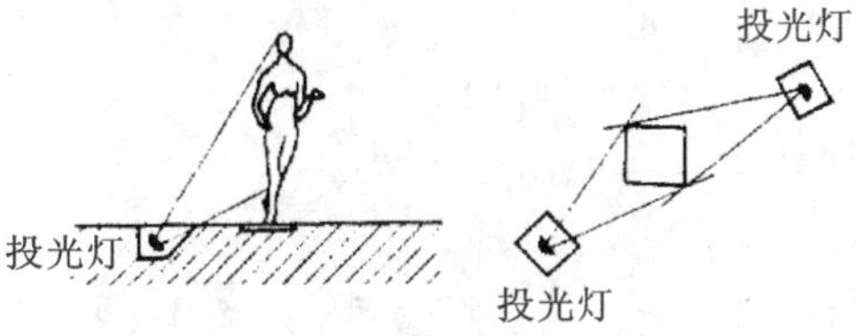

图 7-28 雕像投光照明一

b. 坐落在基座上的照明目标，孤立地位于草地或空地中央。为了控制基座的亮度，灯具必须放在更远一些的地方。基座的边不能在被照明目标的底部产生阴影，这也是非常重要的(见图 7-29)。

c. 坐落在基座上的照明目标，位于行人可接近的地方。通常不能围着基座安装灯具，因为从透视上说距离太近。只能将灯具固定在公共照明杆上或装在附近建筑的立面上，但必须注意避免眩光(见图 7-30)。

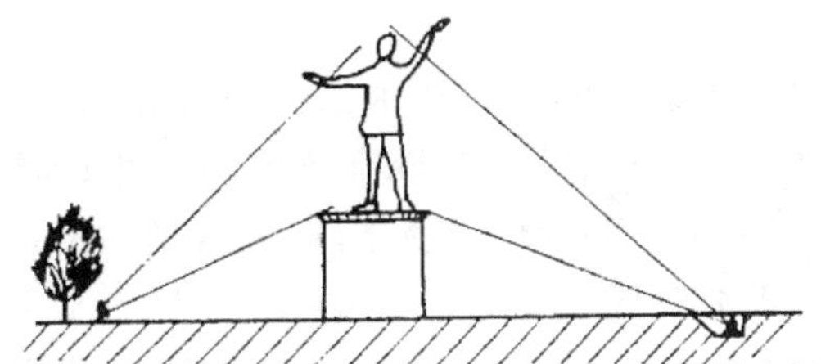

图 7-29 雕像投光照明二

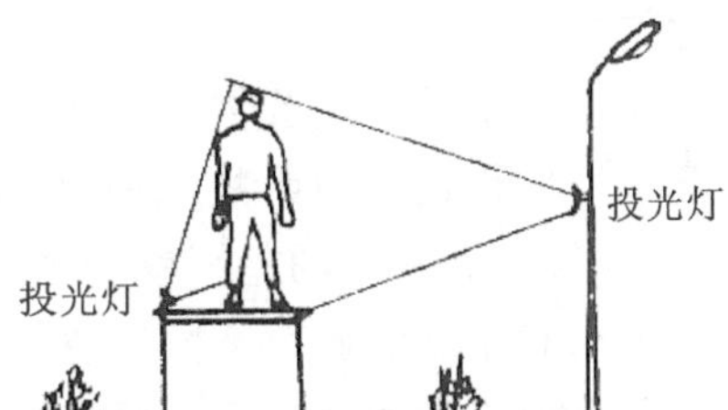

图 7-30 雕像投光照明三

③对于塑像，通常照明脸部的主体部分以及像的正面。背部照明要求低得多，或在某些情况下，不需要照明。

④虽然从下往上的照明是最容易做到的，但要注意，凡是可能在塑像脸部产生不愉快阴影的方向不能施加照明。

⑤对某些塑像，材料的颜色是一个重要的要素。一般说，用白炽灯照明有好的显色性。通过使用适当的灯泡，如汞灯、金属卤化物灯、钠灯，可以增加材料的颜色。采用彩色照明最好能做一下光色试验。

7.4 水景照明

7.4.1 水景照明的设计与应用

1. 水景照明的应用

水是城市环境中不可缺少的要素，也是城市生活中富于生机的内容。静止的水、流动的水、喷发的水、跌落的水，以及随之而来的欢歌与乐趣，这一切都成为城市景观设计中最有魅力的主题。这些主题和人的想象力需要通过形态各异的水景的具体设计目标予以实现。

图 7-31 净水池的照明

理想的水景照明既能听到声音，又可通过光的映射使其闪烁和摆动，这正是将效果推向高潮的重要因素，也是灯光的魅力所在。如图 7-31 所示，净水池的照明，将水池地灯安装在靠近屋子的一边，人们可以欣赏其美丽的光影效果，而且可以避免眩光对眼睛的影响。

2. 水景照明的特性

水景照明分为以观赏为目的和以视觉工作为目的两种。前者从空气中看水中景象，如水中展望塔；后者包括直接在水中工作时的照明和为了电视摄像或摄影的视觉作业。

在空气中为了观看物体而实现必需的视觉条件的照明技术已经完善(除了特别情况以外)，将这些照明技术应用到水中照明的领域里去是最有效率的。在这种情况下，空气中和水中的差别就是光在空气中和水中的特性有所不同，其区别如下。

①水对于光的透射系数比空气的透射系数要低。

②水对于光的波长有选择的透射特性。一般来说，对于蓝色、绿色系统的光透射系数高，对于红色系统的光透射系数低。

③当微生物生息或悬浊物存在于水中时，光发生散射。有气泡存在时也发生同样的散射现象。

因此，当光通过水中时，由于水而发生吸收或散射，每一方面都起着减弱光调的作用，水中的视力显著下降，水中颜色的可见度与光源类型有关。水中照明用光源以金属卤化物灯、白炽灯为最佳。在水下的颜色中黄色、蓝色系统容易看出，水下的视距也较大。

3. 水中照明方式

按照照明灯具的设置划分，水中照明方式主要有三种，如图 7-32 所示。

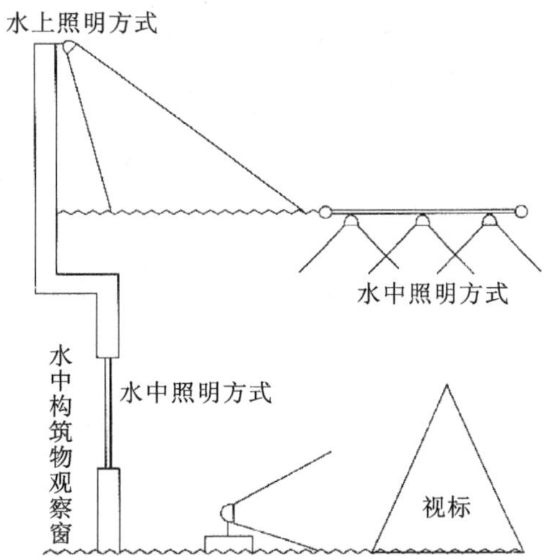

图 7-32 各种水中照明方式

使用最多的是在高出水面的构筑物上安装照明灯具的水上照明方式。这种方式可使水面具有比较均匀的照度分布。但是根据所用灯具的配光特性会从周围看到光源，或光源反映到水面上，往往对眼睛产生眩光，因此要加以注意。

水中照明方式是适于照明水中有限范围的方式，最好是周围不出现光并且不产生反射。但是由于灯具设置在水中，除了具有耐水性和抗蚀性以外，还要具有抵抗波浪等外部机械冲击的强度。

水中设置方式的优点是设在水中需要的地方，集中进行照明。特别是在观赏鱼等的饲养池的照明中，要布置得使水中照明器的光照射到水中的岩石或水底，从水面上看不到光源，却能够很好地看到观赏目标。水中照明常使用的方法如表 7-7 所示，具体使用可根据实际组合使用。

表 7-7 水中照明的方法

	水面以上照明	浮游照明	水中照明	室内照明	水边照明组合
特长	a. 光不匀称且少； b. 有摇动效果； c. 器具简单	a. 安装位置在任何地方都可以； b. 造成明暗差； c. 水面上没有光害； d. 维修检查容易	a. 可以局部照明； b. 可以用遥控片式配线改变照射方向； c. 反过来利用光膜现象，使其轮廓化	a. 可以使展望窗附近明亮； b. 可以在室内进行灯具的维修检查	a. 光不匀称且少； b. 有摇动效果； c. 器具简单

续表

	水面以上照明	浮游照明	水中照明	室内照明	水边照明组合
简图	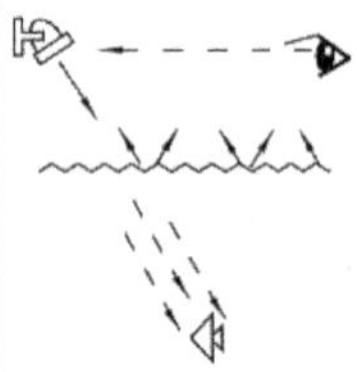	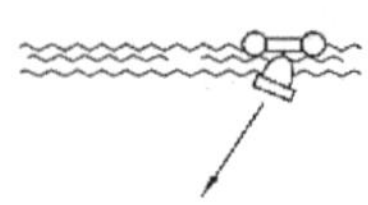	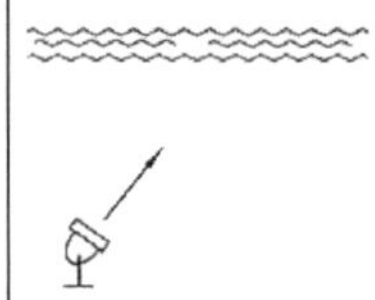	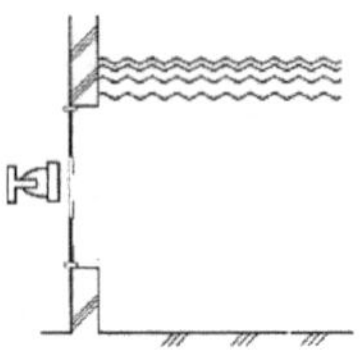	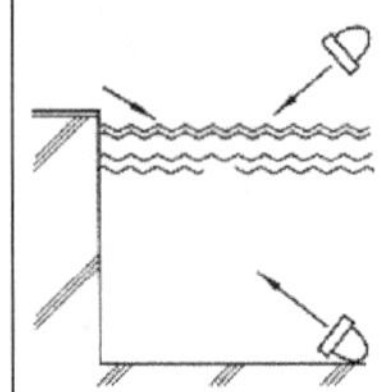
问题要点	a. 水面发生眩光； b. 光源照明； c. 要采取防风等对应措施	a. 灯具的安装不稳定； b. 不要让鱼类成为黑色轮廓； c. 没有波浪的摇动效果； d. 制定防止生物附着的对策	a. 不适于一般照明； b. 不能看到光源； c. 避开与视线相同的方向； d. 制定防止生物附着的对策	a. 可以形成光膜； b. 变为平面图像； c. 窗玻璃上能够有附着物	a. 水面发生眩光； b. 光源照明； c. 要采取防风等对应措施

7.4.2 喷泉照明

1. 照明灯具位置

灯具位置应放在喷水嘴的周围喷水端部水花散落瞬间的位置(见图 7-33)。

在水面以下设置灯具时，白天难以发现隐蔽在水中的灯具，但是由于水深会引起光线减少，所以要适当控制，一般安装在水面以下 30～100 mm 为宜。在水面以上设置灯具时，必须选取看到喷泉的一面而不致出现眩光的位置。

2. 喷泉端部的照度

因为喷泉的亮度是强调水花的，所以根据和喷泉周围部分的明亮对比会呈现出鲜明或朦胧状态。由于观看位置和距离的不同，喷泉的明亮度是有变化的。进行色彩照明，常使用红、蓝、黄三原色，其次使用绿色。由于滤色片的透射系数不同，从而使光束变化成各种各样，绚丽无比。

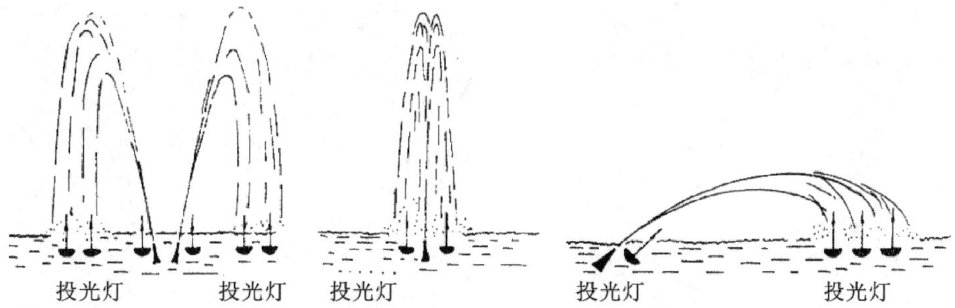

图 7-33 喷泉的形状和灯具照射的方向

水中及喷泉照明效果非常迷人，再加上动水的声音及音乐，这是其他城市景观所无法替代的(见图 7-34)。

3. 喷泉的调光方式

使喷水的形态、色彩变化的方式有许多种类。按一定程序的控制方式分为转筒方式、凸轮方式、针孔方式、磁带方式。

按任意程序控制方式分为自动式，按照频率使音乐、声音等外部音响进行控制的方式；手动式，人们利用音乐键盘等演奏控制喷水、色彩、音响的方式。

上述调光方式简述如下。

① 转筒方式。将装在转筒内的水段编成程序，由微动开关使喷水的形态、照明等变化的方式。

②凸轮方式。在旋转轴上将凸轮编成程序使其变化的方式。

③针孔方式。在水泵控制电路、照明电路和时间设定电路的交点上用穿孔板调节喷水时间或开灯时间，由波段开关或电子控制器控制运行的方式。

④磁带方式。在磁带上预先记录下一定的程序，通过播放磁带而使喷水的形式及色彩产生变化的方式。

⑤自动式。在磁带上将外部的音乐、声音等一起录下来，并将它们按一定频率分类，由于声调的高低而使色彩、喷水变化的方式。

⑥手动式。配合音乐敲打键盘使喷水的形态和色彩等变化的方式。

目前，国内通常采用时控和声控两种方式。时控是由彩灯闪烁控制器按预先设定的程序自动循环，按时变换各种灯光色彩。这种时控方式比较简单，但变化单调，如果喷水也按程序控制的话，灯光变化规律便与喷水的变化不同步，形成不协调的感觉。

比较先进的声控方式是由一台小型专用计算机和一整套开关元件以及音响设备组成的，灯光的变化与音乐同步，它使喷出的水柱随音乐的节奏而变化，灯光的色彩和亮灯数量也作相应的变化(见图 7-35)。但是，喷水受到水流变化及管道的影响要比音响和灯光慢几秒到十几秒钟，所以必须根据管道的实际情况提前发出控制喷水信号，做到声、光和喷水三个同步。

图 7-34 水中喷泉效果

图 7-35 音乐喷泉

7.4.3 瀑布及流水的照明

对瀑布进行投光照明的方法如下(其他可参见“水中照明”部分)。

①对于水流和瀑布,灯具应装在水流下落处的底部(见图 7-36)。

②输出光通量应取决于瀑布的落差和与流量成正比的下落水层的厚度,还取决于流出口的形状及落水面的形式。

③对于落差比较小的叠水,每一阶梯底部必须装有照明。线状光源(荧光灯、线状的卤钨白炽灯等)最适于这类情形(见图 7-37)。

图 7-36 在落水下方安装水池灯

图 7-37 安装在水道两边侧壁上的水池灯

④由于下落水的重量与冲击力,可能冲坏投光灯具的调节角度和排列,所以必须牢固地将灯具固定在水槽的墙壁上,或加重灯具。

⑤具有变色程序的动感照明,可以产生一种固定的水流效果,也可以产生变化的水流效果。

瀑布及流水的照明方式多种多样,应视不同环境特点采用灵活多变的手法。

7.4.4 静水及湖泊的照明

①所有静水或是低速流动的水，比如水槽内的水、池塘、湖或缓慢流动的河水，其镜面效果是令人十分感兴趣的。所以只要照射河岸边的景象，必将在水面上反射出令人神往的景观，分外具有吸引力。如图 7-38 所示，安装于自然式水池底部的光源照出了浮游植物的色彩，与旁边的庭院灯一起，为整个环境增添了一种温暖的色调。

②对岸上引人注目的物体或者伸出水面的物体（如斜倚着的树木等），都可用浸在水下的投光灯具来照明。

③对于因为风等而使水面汹涌翻滚的景象，可以通过岸上的投光灯具直接照射水面来得到令人感兴趣的动态效果。此时的反射光不再均匀，照明提供的是一系列不同亮度区域中呈连续变化的水的形状（见图 7-39）。

总之，静水的照明需与环境相和谐，才能得到理想的美化效果。

图 7-38 庭院中安装于自然式水池底部的光源

图 7-39 低位置安装的探照灯

7.5 街道照明

7.5.1 街道照明设计原则

街道照明包括道路照明和环境装饰照明两类。路灯是城市环境中反映道路特征的照明装置，为夜间交通提供照明之便；装饰照明则侧重于艺术性、装饰性，利用各种光源的直射和漫射，灯具的造型和各种色彩的点缀，形成和谐又舒适的光照环境，使人们得到美的享受。如图 7-40 所示，道路的串灯装饰是一种较为传统的装饰手法，形成的繁星点点与彩练飞舞的动人景观，增添了节日气氛。

无论是道路照明还是装饰照明，都是为了给人们创造良好的工作和生活环境，

图 7-40 道路的串灯装饰

都直接影响社区文化的建设，在设计时要注意以下五点。

①照明设施是影响环境特征的要素之一，它的功能并不限于夜间照明，良好的设计与配置还必须注意其白天的景观效果。灯具造型要与灯柱造型协调，与邻近建筑、树木、花草等环境的关系和尺度相适宜。有时甚至要淡化灯柱的表现，将其附设于其他沿路设施（如护柱和建筑外墙等）。对隐蔽照明设施，要注意其位置与附着物及遮挡物的关系，尽量使之在白天不容易被发现。

②在城市主要道路和环城道路中，同一类型的路灯高度、造型、尺度、布置要连续、整齐和力求统一；在有历史、文化、观光、民俗特点的区域中，光源的选择和路灯的造型要与环境适应，并有其个性。

③不同视距对不同种类路灯有着不同的观感和设计要求。设置于散步小道或小区的路灯，侧重于造型的统一，显示其特色，即它与附近其他路灯比较，更注重细部造型处理。而对高柱灯，则注意其整体造型、灯具处理及位置的设置，不必刻意追求细部处理和装饰艺术。

④街区照明讲求艺术性，注重照明质量。照明的“质”体现于亮度以及电光源的色度；而照明的“量”则表现为灯源的高度、间距和照度。城市环境的不同区域，对照明的“质”和“量”各有独特的要求。如繁华商业街、旅游风景区、站前广场等对路灯的照度要求较高，追求视觉的舒适感和真实感。而对于一般步行道、住宅区则要求不同的照度。

⑤路灯照明范围（光束角）一般以车行道和人行道为限，共分三档。第一档是完全阻隔，仅允许 10％的光束射到人行道以外区域（如住宅区）；第二档为不完全阻隔，允许 30％的光束渗出（如商业街、办公区）；第三档为不阻隔，对光束不加控制（如停车场、货场）。由此，可以通过现有道路总宽度及路灯照射范围确定路灯的高度，或通过现有路灯高度确定道路总宽度。完全阻隔的光束投射面宽度为 3.75 倍灯柱的高度，不完全阻隔的为 6 倍，不阻隔的为 8 倍及以上。路灯的光照范围如图 7-41 所示。

7.5.2 路灯种类与构造

路灯是城市环境中反映道路特征的道路照明装置，它排列于城市广场、街道、高速公路、住宅区和园林路径中，为夜晚交通提供照明之便。路灯在街区照明中数量最多、设置面最广，并占据着相当的高度，在城市环境空间中作为重要的分划和引导因素，是景观设计中应该特别关注的内容。

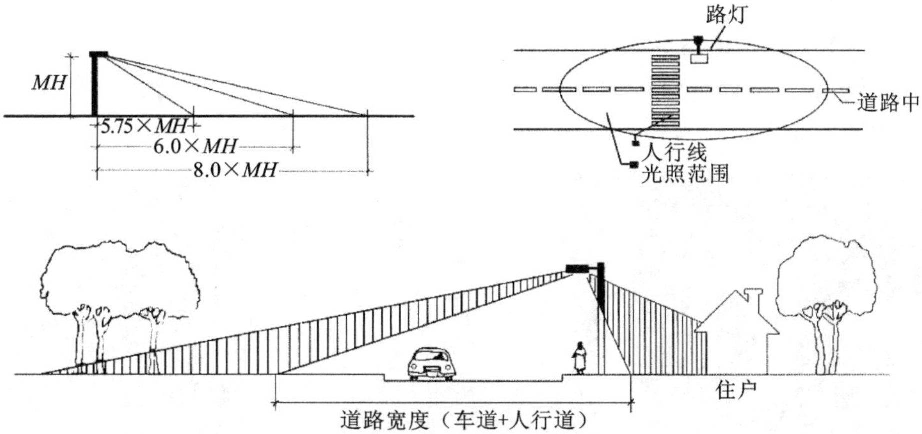

图 7-41　路灯的光照范围

1. 路灯的分类(见图 7-42)

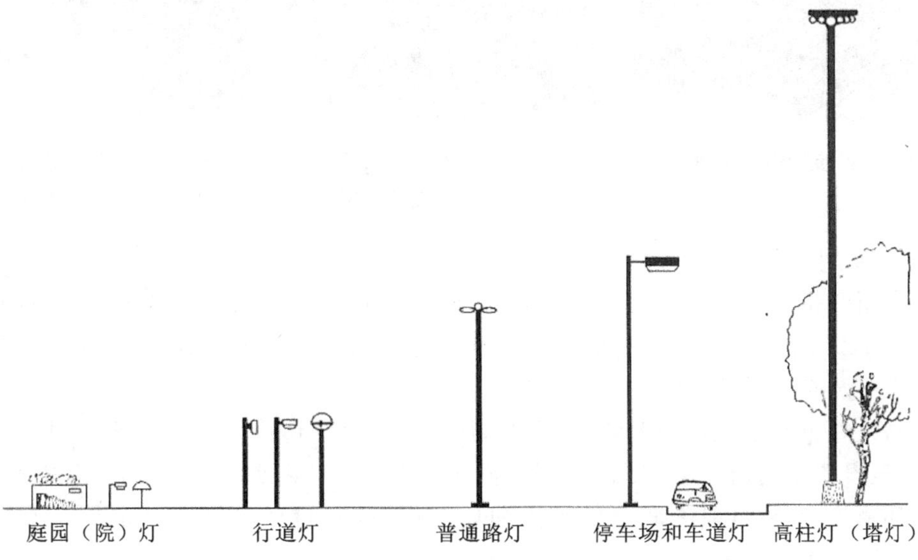

图 7-42　路灯种类图示

1）低位置路灯

这种灯具所处的空间环境，表现一种亲切温馨的气氛，以较小的间距为人行走的路径照明。埋设于园林地面和嵌设于建筑物入口踏步和墙裙的灯具属于此类(见图 7-43)。

2）步行街路灯

步行街路灯灯柱的高度在 1～4 m 之间，灯具造型有筒灯、横向展开面灯、球形灯和方向可控式罩灯等。这种路灯一般设置于道路的一侧，可等距离排列，也可自由布置。灯具和灯柱造型突出个性，并注重细部处理，以配合人们在中、近距离的观感(见图 7-44)。

3) 停车场和干道路灯

停车场和干道路灯灯柱的高度为 4～12 m,通常采用较强的光源和较远的距离(10～50 m)(见图 7-45)。

图 7-43　步行道上的地灯

图 7-44　英国利兹商业区人行道上的新颖灯具

图 7-45　桥梁道路的照明工具

4) 专用灯和高柱灯

专用灯指设置于工厂、仓库、操场、加油站等具有一定规模的区域空间,高度为 6～10 m之间的照明装置。它的光照范围不仅仅局限于交通路面,还包括场所中的相关设施及晚间活动场地。

高柱灯也属于区域照明装置,它的高度为 20～40 m,照射范围要比专用灯大得多,一般设置于站前广场、大型停车场、露天体育场、大型展览场地、立交桥等地。在城市环境中,高柱灯具有较强的轴点和地标作用,人们有时称之为灯塔,是恰如其分的。

2. 路灯的构造

路灯主要由光源、灯具、灯柱、基座和基础等五部分组成。

光源把电能转化为光能。常用的光源有白炽灯、卤钨灯、荧光灯、高压汞灯、高压钠灯和金属卤化物灯。选择光源的基本条件是亮度和色度。

灯具把光源发出的光根据需要进行分配,如点状照明、局部照明和均匀照明等。对灯具设计的基本要求是配光合理和效率高。

灯柱是灯具的支撑物,灯柱的高度和灯具的布光角度(光束角)决定了照射范围。在某些场合下,建筑外墙、门柱也可起到支撑灯具的作用。可以根据环境场所的配光要求来确定灯柱的高度和距离。

基座和基础起固定灯柱的作用,并把地下敷设的电缆引入灯柱。有些路灯基座还设有检修口。

由于灯柱所处的环境不同,对照明方式以及灯具、灯柱和基座的造型、布置等也应提出不同的综合要求。路灯在环境中的作用也反映了人们的心理和生理需要,在其不同分类中可得到充分的体现。

7.5.3 布灯形式

1. 杆柱照明方式

照明灯具安装在高度为 15 m 以下的灯杆顶端,沿道路布置灯杆,这种方式应用最为广泛。它的特点是:可以在需要照明的场所任意设置灯杆,而且可以根据道路线形变化来配置照明灯具。由于每一个照明灯具都能有效地照亮道路,所以不仅可以减少灯的光通量,灯泡容量较小,比较经济,而且能在弯道上得到良好的引导性。因此,可以应用于道路本身、立体交叉、停车场、桥梁等处。

杆柱照明柱子与路面的关系如图 7-46 所示。

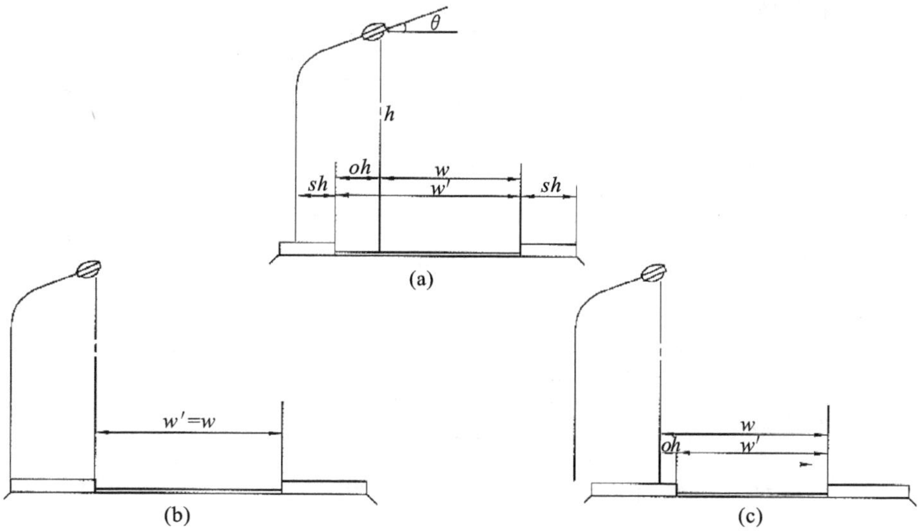

图 7-46 杆柱照明的位置与道路的关系

(a)外伸为正值;(b)外伸为零;(c)外伸为负值

w'—车道宽;sh—路边+侧带的宽;h—照明器安装高度;θ—倾斜角度;oh—外伸部分

1) 照明器的安装高度 h

杆柱照明一般安装高度在 15 m 以下。随着灯具安装高度的增加,眩光越来越少,整个照明的舒适感相应增加。但从另一角度来看,由于提高了安装高度,会使照明灯杆的成本相应地增加,同时,溢向路面以外的光通量也会增加,这就会使总效率降低。按照以往的经验,气体放电灯的灯杆高度在 10～15 m 较为经济。

2）照明器的外伸部分 oh

在干燥路面情况下，外伸部分长的路面平均亮度高，但在雨天路面潮湿时，路侧亮度很低，故外伸部分不能很长，一般为 1～1.5 m。

3）倾斜角度 θ

照明器宜尽量采用水平安装。考虑美感，倾角可以为 5°或 15°以下，一般在 5°以下。因为倾角过大会增加不快眩光，使慢车道和人行道的亮度降低。

4）灯具的排列方式

照明灯具安装高度、间距和配置方式要使路面亮度分布均匀、经济合理，很大程度上取决于灯具的合理配置。最基本的排列方式有一侧排列、交错排列、相对矩形排列、中央悬挂排列、中央分离带排列等五种。对不同宽度的道路，灯具可采用不同排列方式的组合，从而形成不同的配置方式，表 7-8 列出了推荐使用的配置方式。

表 7-8 街道照明器推荐配置方式

配置方式名称	图例	行车道的最大宽度/m
一侧排列	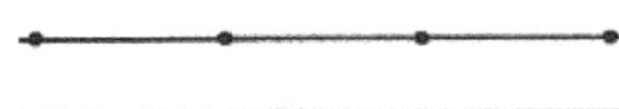	12
在钢索上沿行车道的中心轴成一列布置		18
交错排列		24
相对矩形排列		48
中央分离带排列	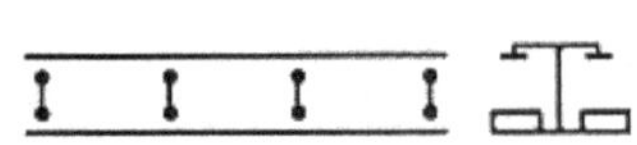	24
中央＋交错	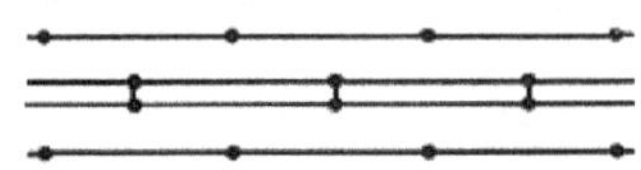	48
中央＋相对矩形	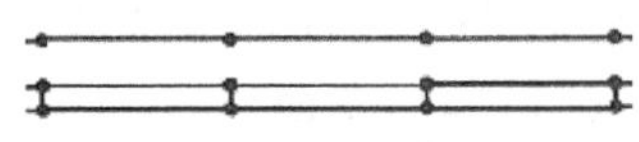	90

续表

配置方式名称	图　　例	行车道的最大宽度/m
在两列钢索上布灯沿车道方向轴交错布置	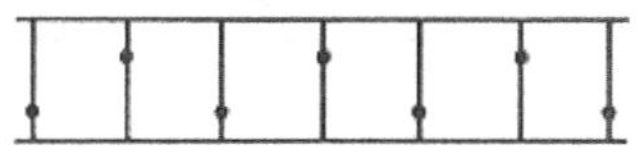	36
两列钢索上布灯沿车道方向轴矩形布置	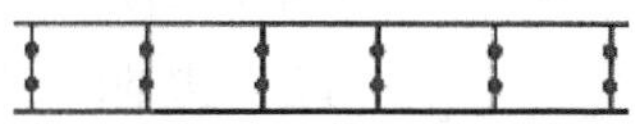	60
路两侧矩形布置，第三列在钢索上布置	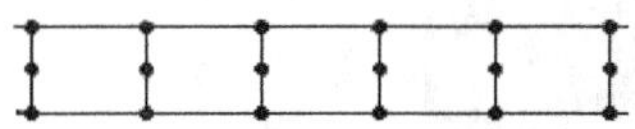	80

为了达到路面亮度分布均匀，对不同类型配光的灯具按照不同的配置方式，将其安装高度 h、灯的装置间距 s、道路宽度 w 的比率限制在一定范围之内，参照表 7-9 选取，即可基本满足要求。

表 7-9　照明灯具的配置标准

照明灯具种类	截止型		半截止型		非截止型	
高度间隔 / 配置方式	安装高度 h	装置间隔 s	安装高度 h	装置间隔 s	安装高度 h	装置间隔 s
一侧排列	$h\geqslant\omega$	$s\leqslant 3h$	$h\geqslant 1.2\omega$	$s\leqslant 3.5h$	$h\geqslant 1.2\omega$	$s\leqslant 4h$
交错排列	$h\geqslant 0.7\omega$	$s\leqslant 3h$	$h\geqslant 0.8\omega$	$s\leqslant 3.5h$	$h\geqslant 0.8\omega$	$s\leqslant 4h$
相对矩形排列	$h\geqslant 0.5\omega$	$s\leqslant 3h$	$h\geqslant 0.6\omega$	$s\leqslant 3.5h$	$h\geqslant 0.6\omega$	$s\leqslant 4h$

道路弯曲部分照明灯具的配置，不论其前后直线部分是何种配置，都是沿着弯曲部分的外缘设置灯具(见图 7-47)。

图 7-47　岔路口的布灯形式

按表 7-10 道路弯曲半径来选取灯具的间距，引导性较好，亮度分布也较均匀。

表 7-10 道路弯曲部分照明器的间隔

道路弯曲半径	300 cm 以上	250 m 以上	200 m 以上	200 m 以下
照明器间隔/m	35	30	25	20

2. 高杆照明方式

图 7-48 布置在交通导向岛上的高杆照明灯具

在 15～40 m 的高杆上装有大功率光源的多个照明灯具，以少数高杆进行大面积照明的方法，就是所谓的“高杆照明”。这种照明方式适用于复杂的立体交叉、汇合点、停车场、高速公路的休息场、广场等大面积照明的场所。如图 7-48 所示，布置在交通导向岛上的高杆照明灯具，没有占用道路，并注重道路弯曲处的配置，有效地保证了行车的安全与视距的开阔。这种照明方式的优点：①照明范围广阔，光通利用率高；②使用高效率大功率光源，经济性好；③由于杆塔很高，下面亮度均匀度高；④用于道路交叉或立体交叉点时，车辆驾驶人员很容易从远处看到高杆照明，便于预知前方情况；⑤高杆一般在车道以外安装，易于维修、清扫和换灯，不影响交通秩序；⑥可以兼顾附近建筑物、树木、纪念碑等的照明，以改善环境照明条件，并可兼作景物照明。

3. 悬链照明方式

悬链，又称悬挂线或吊架线。这种照明方式是在间距较大的杆柱上张挂钢索作为吊线，吊线上装置多个照明灯具。灯具一般间隔较小。这种照明方式称为悬链式照明。

悬链照明方式的优点：①照明灯具的排列间隔比较密，还可以装置成使配光沿着道路横向扩展的方式，因而可以得到比较高的照度和较好的均匀度；②由于照明灯具配光扩展方向沿道路横向发射，因此可以把灯具配光接近水平方向的光强扩大，而眩光却很少，以形成一个舒适的光照环境，此种配光在雨天路面潮湿的情况下更具有优越性；③照明灯具布置较密，有良好的引导性；④照明灯具的光束沿着道路轴向直线分布，路面的干湿度不同时，亮度变化少，即晴天和雨天均有良好的照明效果；⑤杆柱数量减少，事故率降低。

4. 高栏照明方式

在车道两侧距地面 1 m 高的位置，沿道路轴向设置照明灯具的方法称为“高栏照明”。这种方式适用于道路狭窄的地段。当配置在道路弯曲部分时，应限制眩光。这种照明方式的优点是不用灯柱，比较美观。缺点是照明灯具容易污染，建设和维护费用较高。

城市道路照明效果非常壮观，已成为现代城市独特的景观和标志(见图 7-49)。

7.6 建筑外部装饰照明

建筑外部立面装饰照明已成为现代都市夜景的重要组成部分。对有重要意义和有观赏价值的大型楼、堂、馆、所等建筑物，设置供夜间观赏的立面照明，如果处理得当，会产生较好的艺术效果(见图7-50)。

图 7-49 立交桥上的栏式照明

图 7-50 北京天银大厦

做好立面照明设计，首先要掌握建筑物的特点和立面的建筑风格、艺术构思等，再找出从不同角度打光时最能引人注目的特色。究竟光线照射哪个立面为好，应视观看的概率而定。显然，观看概率大的立面便是照射面。

在进行立面照明设计时，还可根据已有资料进行分析和模拟试验，或者对类似建筑物做细致的考察，找出全日阳光照射方位不断变化所形成的最佳观赏角度，以及背景的对比和光色的烘托效果等，最后确定好的设计方案。

7.6.1 光源及照度的选择

我国建筑物的立面照明，过去多采用沿建筑轮廓装设彩灯(又称串灯)的方式。这种方式简单易行，但难以体现建筑物本身的立体感，艺术效果也欠佳，而且耗电量较大。近年开始较多地采用投光灯作为立面照明的光源，由于投光灯的光色好，立体感强，所需照明器的功率较小，可以节约电能，所以逐渐得到推广应用。

立面照明所需照度的大小应视建筑物墙面材料的反射率和周围的亮度条件而定。相同光通量的照明灯投射在不同反射率的墙面上所产生的亮度是不同的。如果被照建筑物的背景较亮，则需要更多的灯光才能获得要求的对比效果；如果背景较暗，仅需较少的灯光便能使建筑物的亮度超过背景。如果被照建筑物附近的其他建筑物室内照明是通亮的，则需要更多的灯光投射到建筑物的立面上，否则就难以得到突出的效果。

建筑物立面照明所需照度如表 7-11 所示，此表是参照日本和德国照明手册的规定值给出的，供设计时参考。

表 7-11 建筑物立面照明的照度推荐值

墙面色泽	墙 面 材 料	反射系数/(%)	周围环境条件		
			明亮的	暗的	很暗的
			推荐平均照度/lx		
明	明亮的大理石、白色或奶油色瓷砖、白色粉刷面	70～85	150	50	25
中	混凝土、着淡色油漆、明亮的灰色或褐黄色石灰石、面砖	45～70	200	100	50
暗	灰色石灰石、砂岩、普通黄褐色的砖块	20～45	300	150	75
暗	普通红砖、褐色砂岩、黑色或灰色的砖块	10～20	500	200	100

7.6.2 立面照明设计方法

各种场所立面照明根据环境条件各有不同的艺术效果。

①对环境障碍物的利用。可利用环境的障碍物如树木、篱笆、围墙等，使之成为投光灯设施的装饰性部分，可将光源设在障碍物后面，光源可不被看到。树木围栏在亮背景下成黑影，加强深度感，这是引人注目的处理方法。

②水面的利用。建筑物邻近处的任何一片水面均可利用，如水池、人工湖等。可将水面作为一面“镜子”，使被投光的建筑物在水中的倒映出来(见图 7-51)。布置时应注意：a. 光线不能布置成与水面接触，使水面保持绝对暗；b. 光源设置得愈低愈好，光束平射或向上斜射；c. 水面须洁净，污物或水生植物会使反射变弱、变形。

③投光灯组的设置应以建筑物底层平面形状为依据，对低层建筑可用宽光束投光灯，对高层建筑可用多个窄光束或中光束投光灯，这样效果较好。调整光束在立面上的分布可获得均匀的高度(见图 7-52)。

④建筑立面照明。

a. 平立面没有凹凸部分或缺乏建筑物细部的立面，不太适合用投光照明。为了避免平淡无奇，只有使投光灯光源非常接近立面，才能产生明暗效果。为此，通过对投光灯布置的调整，使之照明不均匀以增强效果。

图 7-51 利用水的镜子特性

图 7-52 通过各层露台以及阳台的不同色泽的顶灯照明

b. 有垂直线条的立面如有壁柱、承重柱、大玻璃窗或由大梁支撑楼板的建筑物立面等，可用中光束投光灯从靠面的左右侧投光，以突出立面垂直线条，但大多数情况会导致阴影过分强烈，若用宽光求投光灯并从对面投光时，阴影较弱并变得较为柔和。

c. 有水平线条的立面如立面上有装饰用横线条，或稍稍凸起的梁等，此时投光灯不宜太接近立面，否则会使凸出的梁上形成宽而深的阴影，给人造成建筑物被分成上下两部分而上部又浮在空中的感觉。为使阴影变窄，需使投光灯远离立面。

8 建筑、雕塑及公共设施设计

8.1 景观建筑设计

8.1.1 建筑在景观环境中的作用

建筑小品虽属景观中的小型艺术装饰品，但其影响之深、作用之大、感受之浓的确胜过其他景物。一个个设计精巧、造型优美的建筑小品，犹如点缀在大地中的颗颗明珠，光彩照人，对提高游人的生活情趣和美化环境起着重要的作用，成为广大游人所喜闻乐见的点睛之笔。建筑小品的地位如同一个人的肢体与五官，它能使景观这个躯干表现出无穷的活力、个性与美感。总结起来，建筑小品在景观中的作用大致包括以下三个方面。

1. 组景

建筑在景观空间中，除具有自身的使用功能外，更重要的作用就是把外界的景色组织起来，在景观空间中形成无形的纽带，引导人们由一个空间进入另一个空间，起着导向和组织空间画面的构图作用；能在各个不同角度都构成完美的景色，具有诗情画意。建筑还起着分隔空间与联系空间的作用，使步移景异的空间增添变化和明确的标志。如屈米设计的拉・维莱特公园，正是运用 40 个红色景观来统领公园的秩序的（见图 8-1）。

图 8-1 拉・维莱特公园红色的点景物（folie）

2. 观赏

建筑作为艺术品，它本身就具有审美价值，由于其色彩、质感、肌理、尺度、造型的特点，加之成功的布置，建筑也可以成为景观环境中的一景。运用建筑小品的装饰性能够提高景观要素的观赏价值，满足人们的审美要求，给人以艺术的享受和美感。如图 8-2 所示，玻璃建筑中种植了植物，人们可以透过玻璃观赏植物，如此，建筑亦成为景观中的风景。

3. 渲染气氛

建筑除具有组景、观赏作用外，还通常与环境结合，创造一种艺术情趣，使景观整体更具感染力。如由丹尼尔·里博斯金德设计的犹太人博物馆,“之”字形折线平面和贯穿其中的直线形“虚空”片断的对话,形成了这座博物馆建筑的主要特色,建筑立面与环境一样采用倾斜、穿插与冲突,给人巨大的震撼和感染力,很好地渲染了场所特有的气氛(见图 8-3)。

图 8-2 玻璃建筑中种植植物

图 8-3 犹太人博物馆

4. 满足功能要求

各类景观建筑尽管名目繁多,但是分析起来无非都是直接或间接为人们休息游览活动服务的,因此,满足人们休息、游览、文化、娱乐、宣传等活动要求,就是各类景观建筑的主要功能。

8.1.2 景观建筑的形式

1. 游憩类

游憩类建筑分为科普展览建筑、文体游乐建筑、游览观光建筑、建筑小品等四类。科普展览建筑是指供历史文物、文学艺术、摄影、绘画、科普等展览的设施,文体游乐建筑包括园艺室、健美房、康乐厅等。此类建筑如果营建得巧妙,通常会带来出人意料的效果。如图 8-4 所示为巴塞罗那市公园绿地的假日健身中心,其设计就利用了周围的地形,使建筑隐藏于环境中,成为一处有趣的景观。

图 8-4 巴塞罗那市公园绿地的假日健身中心

游览观光建筑是供人休息、赏景的场所,而且其本身也是景点或成为构图中心,其作为景观建筑的主要形式,包括亭、廊、水榭、舫、厅堂、楼阁等。

1) 亭

亭在东西方园林中都有应用,西方认为亭子就是花园或游戏场上一种轻便的或半永久性的建筑物。计成的《园冶》中关于亭有这样的叙述:“亭者,停也。所以停憩游行也。”亭的形式很多,从平面上分有圆形、长方形、三角形、四角形、六角形、八角形、扇形等,从屋顶形式上分有单檐、重檐、三重檐、钻尖顶、平顶、歇山顶等,从位置上分有山亭、半山亭、桥亭、沿水亭、廊亭等。

亭在景观中有显著的点景作用,多布置于主要的观景点和风景点上,它是增加自然山水美感的重要点缀,设计中常运用对景、借景、框景等手法。

2) 廊

廊具有遮阴防雨、供作休息的使用功能,同时也具有导游参观和组织空间的作用,廊可用透景、隔景、框景等手法使空间发生变化。廊依位置分有沿墙走廊、爬山廊、水走廊等,按廊的总体造型及其与地形的关系可分为直廊、曲廊、回廊、抄手廊、爬山廊、叠落廊、水廊等,按结构形式可分为双面空廊、单面空廊、复廊、双层廊和单支柱廊五种。

(1) 双面空廊

双面空廊(见图 8-5)两侧均为列柱,没有实墙,在廊中可以观赏两面景色。双面空廊不论直廊、曲廊、回廊、抄手廊等都可采用,不论在风景层次深远的大空间中,或在曲折灵巧的小空间中都可运用。

(2) 单面空廊

单面空廊有两种:一种是在双面空廊的一侧列柱间砌上实墙或半实墙而成;另一种是一侧完全贴在墙或建筑边沿上(见图 8-6)。单面空廊的廊顶有时做成单坡形,以利排水。

图 8-5 双面空廊

图 8-6 一侧完全贴在墙边沿的单面空廊

(3) 复廊

在双面空廊的中间夹一道墙,就成了复廊,又称“里外廊”,因为复廊内分成两条走道,所以复廊的跨度大些。中间墙上开有各种式样的漏窗,从廊的一边透过漏窗可以看到廊的另一边景色，一般设置两边景物各不相同的园林空间。如苏州沧浪亭的复廊就是一例，它妙在借景，把园内的山和园外的水通过复廊互相引借，使山、水、建筑构成整体。

(4) 双层廊

双层廊为上下两层的廊，又称“楼廊”。它为游人提供了在上下两层不同高程的廊中观赏景色的条件，也便于联系不同标高的建筑物或风景点以组织人流，可以丰富园林建筑的空间构图。

3) 水榭

水榭是供游人休息、观赏风景的临水景观建筑。中国园林中水榭的典型形式是在水边架起平台，平台一部分架在岸上，一部分伸入水中。平台跨水部分以梁、柱凌空架设于水面之上。平台临水围绕低平的栏杆，或设鹅颈靠椅供休憩凭依。平台靠岸部分建有长方形的单体建筑(此建筑有时整个覆盖平台)。

建筑的面水一侧是主要观景方向，常用落地门窗，开敞通透，既可在室内观景，也可到平台上游憩眺望。屋顶一般为造型优美的卷棚歇山式。建筑立面多为水平线条，以与水平面景色相协调，如苏州拙政园的芙蓉榭。北京颐和园内谐趣园中的“洗秋”和“饮绿”则是位于曲尺形水池的转角处，以短廊相接的两座水榭，相互陪衬，连成整体，形象小巧玲珑，与水景配合得宜。

4) 舫

舫也称旱船，不系舟。舫的立意是“湖中画舫”，运用联想使人有虽在建筑中，犹如置身舟楫之感。它是仿照船的造型建在园林水面上的建筑物，供游玩宴饮、观赏水景之用。舫是中国人民从现实生活中模拟、提炼出来的建筑形象，处身其中宛如乘船荡漾于水面。舫的前半部多三面临水，船首常设有平桥与岸相连，类似跳板。通常下部船体用石料，上部船舱则多用木构。舫像船而不能动，所以又名“不系舟”。中国江南水乡有一种画舫，专供游人在水面上荡漾游乐之用。江南修造园林多以水为中心，造园家创造出了一种类似画舫的建筑形象，游人身处其中，能取得仿佛置身舟楫的效果。这样就产生了“舫”这种园林建筑。

舫的基本形式同真船相似，宽约丈余，一般分为船头、中舱、尾舱三部分。船头做成敞棚，供赏景用。中舱最矮，是休息、宴饮的主要场所。中舱的两侧开长窗，坐着观赏时可有宽广的视野。后部尾舱最高，一般为两层，下实上虚，上层状似楼阁，四面开窗以便远眺。舱顶一般做成船篷式样，首尾舱顶则为歇山式样，轻盈舒展，成为园林中的重要景观。

在中国江南园林中，苏州拙政园的“香洲”、怡园的“画舫斋”是比较典型的实例。北方园林中的舫是从南方引来的，著名的有北京颐和园石舫——清晏舫(见图 8-7)。它全长 30 m，上部的舱楼原是木结构，1860 年被英法联军烧毁后，重建时改成现在的西洋楼建筑式样。它的位置选得很妙，从昆明湖上看过去，很像正从后湖开过来的一条大船，为后湖景区的展开起着启示作用。

5）厅堂

厅堂是景观中的主要建筑。“堂者，当也。为当正向阳之屋，以取堂堂高显之义。”厅亦相似，故厅堂常一并称呼。厅堂大致可分为一般厅堂、鸳鸯厅和四面厅三种。鸳鸯厅是在内部用屏风、门罩、隔扇分为前后两部分，但仍以南向为主。四面厅在园林中广泛运用，四周为画廊、长窗、隔扇，不做墙壁，可以坐于厅中，观看四面景色(见图 8-8)。

图 8-7　北京颐和园的清晏舫

图 8-8　拙政园远香堂

6）楼阁

阁是景观中的高层建筑，与楼一样，均是登高望远、游憩赏景的建筑。

2. 服务类

景观中的服务性建筑包括餐厅、酒吧、茶室、接待室等，这类建筑对人流集散、功能要求、服务游客、建筑形象要求较高(见图 8-9)。

3. 管理类

景观中的管理类建筑主要指景区的管理设施，以及方便职工的各种设施，如广播站、变电室、垃圾污水处理厂等(见图 8-10)。

图 8-9　水系边的木茶座

图 8-10　公园的管理建筑

8.1.3　景观建筑设计要点

1. 设计要结合功能要求

景观建筑要符合使用、交通、用地要求等，必须因地制宜，综合考虑。例如，亭、廊、舫、榭等点景游憩建筑，需选择环境优美、有景可赏，并能控制和装点风景的地方；餐厅、茶室、照相馆等服务建筑一般希望建在交通方便、易于被发现之处，但又不占据园中的主要景观位置；阅览室和陈列室宜布置在风景优美、环境幽静的地方，另居一隅，以路相通；人流较集中的主要建筑，应靠近主要道路，出入方便并适当布置广场；管理建筑不为游人直接使用，一般布置在园内僻静处，设有单独出入口，不与游览路线相混杂，同时考虑管理方便；厕所应均匀分布，既要隐蔽又要方便使用。

2. 满足造景要求，与自然环境有机结合

在进行景观建筑设计时要巧于利用基址，即要造怎样的景，利用基址的什么特点造景。对有否大树、山岩、泉水、古碑、文物等都要调查研究，反复推敲。首先要选择好基址，因为不同的基址，有不同的环境、不同的景观。园林建筑高架在山顶，可供凌空眺望，有豪放平远之感；布置在水边，有"近水楼台"、漂浮水面的趣味；隐藏在山间，有峰回路转、豁然开朗的意境。即使在同一基址上建同样的景观建筑，不同的构思方案，对基址特点的利用不同，造景效果也大为不同。

景观建筑设计还应注意室内外相互渗透，使空间富于变化。例如，可将室外水面引入室内，在室内设自然式水池模拟山泉、山池；还可将园林植物自室外延伸到室内，保留有价值的树木，并在建筑内部组成景致。

8.2 雕塑景观设计

雕塑与景观有着密切的关系，历史上，雕塑一直作为园林中的装饰物而存在，20世纪60年代的西方艺术界，雕塑的内涵和外延都有相当大的扩展，雕塑与其他艺术形式之间的差异已经模糊了，特别是在景观设计的领域里。建筑师、景观设计师逐步认识到，雕塑的构成会给新的城市空间和园林提供一个很合适的装饰，自此雕塑作品走出美术馆成为城市的景观。

景观设计师的主要任务，并不在于亲自进行雕塑本身的创作，而是根据景观环境的整体情况对放置、基本形态、主题、材料、尺度、风格等提出构想和要求，使雕塑既能为环境添彩，又能十分贴切地融于环境中。

8.2.1 城市雕塑的文化内涵

作为文化构成的一部分，城市艺术代表了这个城市、这个地区的文化水准和精神风貌。一些城市中的优秀城雕作品以永久性的可视形象使每个进入所在环境的人都沉浸在浓重的文化氛围之中，感受到城市的艺术气息和城市的脉搏。

1. 人文性

任何一个城市都有其发展的自身规律。它的历史背景、经济发展、人口状况等方面决定了某特有的文化氛围。城市的文化氛围在某些程度上决定了其城市雕塑的基本状况。最典型的例子便是美国首都纽约的自由女神像(见图8-11)，她是美国独立纪念时法国送给美国的礼物。伫立于曼哈顿的自由女神像，不仅仅是美国独立的象征，更是美国国家的象征。女神手中握着的火炬与法典都与美国文化、国情紧密联系。

伫立于各个城市的城市雕塑，不仅仅是为了美化环境而建立，它们的存在，还体现了这个城市的精神面貌与城市的文化建设。

2. 地域性

地理位置及周围环境决定了城市雕塑的形式与特征，不同的地域文化和环境背景决定了雕塑的内容和形态。例如，意大利佛罗伦萨的统治广场宽阔的喷水池，池中央矗立着白色大理石海神像，海神像基座和水池边上还布置着一座青铜铸造的小塑像作为陪衬，形成广场的重要景观。海神像垂直的形象与它背后高耸的建筑角部的线条呼应，这两者结合在一起，如同是这空间的转轴，雕像造成了有趣的视角错觉，因为它明亮的色和自然的形使人的视线集中，并有助于缓和美第奇宫墙角高而锐利的线条。

3. 时代性

每个时代都有其历史的、独特的时代特征，这是和当时的经济、文化、宗教、军事、人民的追求分不开的。同时，在不同的时代里，艺术的演变与成就也是不一样的。雕塑艺术就是以其独特的艺术形式，展现了不同时代的风貌与格调。雕塑风格的演变与丰富同时也是时代演变的产物。

在丹麦的哥本哈根，1908 年建成的作为城市标志的杰芬喷泉成为哥本哈根的象征。然而当 1913 年根据安徒生的童话创作而成的“美人鱼”雕塑诞生之后，“美人鱼”雕塑逐步代替了杰芬喷泉而成为哥本哈根，甚至是丹麦的标志了(见图 8-12)。

图 8-11 美国自由女神像

图 8-12 坐在哥本哈根海港边的“美人鱼”雕塑

4. 启迪性

从对雕塑的观赏，可以想象出雕塑师当时的思想活动，给人以无限的遐想，在有限的空间内，塑造人们精神的无限空间。黑格尔认为，雕刻与建筑一样，是“就建筑单纯的感性物质的东西按照它占空间的形式来塑造形象”，“雕刻则把精神本身(这种自觉的目的性和独立自主性)表现于在本质上适宜于表现精神个性的肉体形象，而且使精神和肉体这两方面作为不可分割的整体而呈现于观看者的眼前”。

5. 纪念性与交流性

纪念性是城市雕塑传播文化的一个重要方式，通过对历史事件、人物的刻画与表现，重现了当时的英雄人物及时代精神。交流性不但使人产生亲近感，还起着使人同自然进行交流的某种媒介作用。不同类型、不同区域雕塑的展现可以起到促进文化交流和人际交流的作用。

我国最长的城市雕塑群——“舜耕”(见图8-13)在浙江省上虞市建成。这座长 65 m、宽 6 m、最高处 26.4 m 的巨型大象雕塑群占地 25 亩，由我国著名美术家韩美林构思，并组织助手在 11 000 t 花岗岩石材中雕制而成。史载，与黄帝齐名的我国远古“五帝”之一的大舜最后在浙江上虞居住，披星戴月，“躬耕畎田”不已。大象感其恩德，远道前来助其耕地。雕塑的建成，引来了大量的游客，给城市的文化交流和经济交流带来了很多机会。

图 8-13 夕阳下的“舜耕”

6. 象征性

每个城市都有其自身的文化与历史背景，城市雕塑则是以其雕塑的内容和形式，体现了其所在城市及所在环境的特征。如美国的自由女神像，只要我们一提到自由女神，马上会联想到美国。这是因为该雕塑特定的文化和时代背景，即美国独立战争的胜利，使自由女神成为美国的标志。

8.2.2 城市环境雕塑的类型

城市环境雕塑是以三维空间的形式，采用坚实的材料制作，具有形象的实体性和形体的特质性的城市空间艺术品，是城市景观建设中的重要组成部分。它通过自身的形象塑造，典型而成功地再现生活、反映社会，表现时代精神面貌与创作者的思想情感，也是一个城市物质文明和精神文明的象征之一。

好的城市环境雕塑，不仅装饰城市，美化环境，丰富人们的生活，同时也从侧面反映出一个国家文化艺术的发展水平，体现一个民族的个性及精神，既为当代服务，又为未来留下不易磨灭的历史性标志。所以景观雕塑在环境景观设计中起着特殊而积极的作用。世界上许多优秀景观雕塑成为城市标志和象征的载体(见图 8-14)。

根据所起的不同作用,景观雕塑可分为纪念性景观雕塑、主题性景观雕塑、装饰性景观雕塑、标志性景观雕塑、陈列性景观雕塑和大地艺术景观六种类型。

1. 纪念性景观雕塑

纪念性景观雕塑(见图 8-15)以雕塑为主,并以雕塑的形式来纪念人与事。纪念性景观雕塑最重要的特点是它在环境景观中处于中心或主导位置,起到控制和统率全部环境的作用,所以环境要素和总平面设计都要服从雕塑的总立意。纪念性景观雕塑根据需要可建造成大型和小型两种,通常以比较小型的纪念性景观雕塑更为普遍。

图 8-14 广州具有现代气质的广场大型金属日晷雕塑

图 8-15 井冈山纪念雕塑

2. 主题性景观雕塑

主题性景观雕塑是指通过主题性景观雕塑在特定环境中揭示某些主题。主题性景观雕塑同环境有机结合,可以充分发挥景观雕塑和环境的特殊作用。这样可以弥补一般环境缺乏主题的功能,因为一般环境无法或不易具体表达某些思想。主题性景观雕塑最重要的是雕塑选题要贴切,一般采用写实手法(见图 8-16、图 8-17)。

图 8-16 中国台湾街头绿地中心的主题雕塑“合”

图 8-17 美国洛杉矶大西洋富日机场大厦前的主题雕塑

3. 装饰性景观雕塑

城市雕塑作品中大多数为装饰性的作品。这类作品并不刻意要求有特定的主题和内容，主要发挥着装饰和美化环境的作用。如图 8-18 所示巴塞罗那国际博览会德国馆中的雕塑与水池、建筑景观相结合，体现了简约又高雅的风范。装饰性的城市雕塑，题材内容可以广泛构思，情调可以轻松活泼，风格可以自由多样。它们的尺度可大可小，大部分都从属于环境和建筑，成为整体环境中的点缀和亮点。

情趣雕塑景观设计巧妙地被应用于各种环境中，给人以奇妙的感受。这些趣味横生的雕塑景观设计，巧妙地和环境融为一体，以雕塑的形式给人带来无数遐想，也给一些本不具备趣味性以及文化内涵的环境以新的、更浓厚的文化艺术气息(见图 8-19)。在旅游发展过程中，情趣雕塑景观设计经常被应用，这些独特的雕塑景观设计作品给旅游环境增添了亮丽的色彩和文化内涵。

图 8-18 巴塞罗那国际博览会德国馆中的雕塑

图 8-19 现代抽象金属雕塑

4. 标志性景观雕塑

标志性的城市雕塑作品增加了说明性的功能，树起了形象的标志，其含蓄生动，寓意深远，形象优美，鲜明易懂，雅俗共赏，成为了城市景观中的重要部分。

布鲁塞尔的标志雕塑“撒尿的男孩”(见图 8-20)实在是小得不起眼的雕塑，如果没有导游的指引，一个外来人要找到它真的很困难，但是，它的名气却很大，如果没有看到它，就好像没有到过布鲁塞尔一样。原因是这个雕塑背后有个关于这个小孩子撒尿救了全城人的故事，因而“撒尿的男孩”成了布鲁塞尔的标志。

5. 陈列性景观雕塑

陈列性景观雕塑是指以优秀的雕塑作品陈列作为环境的主体内容，把各类雕塑作品如同展览陈设那样布置起来，让公众集中观赏多种多样的优秀雕塑作品。也有的是全部为一位作者的作品，围绕一个专题，经严格的总体设计构成的。有时大量的陈列性雕塑可以组成雕塑公园或艺术长廊。优秀的雕塑组合(群)给人的冲击力一般使人很难忘却，具有非凡的艺术感染力(见图 8-21)。

6. 大地艺术景观

20 世纪 60 年代末的美国，许多艺术家为了反对技术时代对艺术品的不断复制，反对人工化、塑料化的美学和无情的艺术商业化趋势，逃离美术馆和公共广场，将他们的作品置于远离文明之地的沙漠和旷野中，创造出一种超大尺度的雕塑——大地

图 8-20　布鲁塞尔“撒尿的男孩”铜像

图 8-21　美国纽约 Moma 庭园雕塑公园是现代雕塑艺术的展示场

艺术，它是介于工程与雕塑、建筑与风景、艺术与大自然之间的一种边缘概念，一般以广阔的大地、田野、海滩、山谷、湖泊为艺术材料，通过大规模的挖掘、堆叠、染色、包裹、构筑等方式，改造自然的某一部分外观，企图创造一种体量巨大、不能为博物馆接受、永不被人占有的环境艺术，并掀起了一股大地艺术运动的潮流。在这一运动中，艺术家运用土地、石头、水和其他自然材料介入和标记自然，塑形、建造、改变和重构着自然景观空间。大地艺术表现为抽象、简约和秩序，突出自然景观材料是其创作的重要手段。如同西方 20 世纪众多的抽象艺术一样，材料成为影响作品的比喻和象征信息的媒介。在一个高度世俗化的现代社会，当大地艺术将一种原始的自然和宗教式的神秘与纯净展现在人们面前时，大多数人多多少少感到一种心灵的震颤和净化，它迫使人们重新思考一个永恒的话题——人与自然的关系。

早期的大地艺术作品往往置于远离文明的地方，1970 年，美国艺术家史密森的“螺旋形防波堤”含有对古代图腾的向往。这是一个在犹他州大盐湖上用推土机推出的长 458 m、直径 50 m 的螺旋形石堤，湖水因微生物而变红。根据传说，这个漩涡是湖底一条与大西洋相连的地下通道产生的，更增加了景观的神秘性(见图 8-22)。

大地艺术产生之初，艺术家追求的是通过远离世俗社会，为艺术创作带来纯净的土壤。但是当这一形式获得极大的成功和认可后，它又回到了世俗社会，逐渐成为改善人类生活环境的一种有效的艺术手段，在景观设计领域获得极大的发展，不少设计师在景观设计时也运用大地艺术的手法，创造了许多让人愉悦的公共艺术品。如德国画家霍德里德和雕塑家施拉米洛由于飞机起降的瞬间产生的灵感，在新建成的慕尼黑机场附近塑造了大地艺术作品“时间之岛”。这是一个 300 m×400 m 的在大地上犁出的图案，像田间的耕地，像东方园林中的砂纹，像儿童堆积的沙丘，更像是大地上的音符。当飞机腾空飞向蓝天，或是缓缓滑翔落在地面时，乘客能看见这个富于动感的地标，引起诸多的遐想，也增添了对慕尼黑的美好印象(见图 8-23)。

大地艺术作品以一种新颖、意味深长、出人意料的形象促使我们去深入思考自

图 8-22 史密森的大地作品“螺旋形防波堤”

图 8-23 霍德里德、施拉米洛的大地艺术作品“时间之岛”

然本身，思考我们与自然的关系，思考自然与艺术的关系。这些作品给予自然的是一个具有完全文化意味的改变，使我们重新认识了我们的设计与自然是一个具有完全文化意味的改变，使我们重新认识了我们的设计与自然相协调的可能性。艺术家的意图是给予自然一个特殊的人类标记，从而表现人类的精神和创造力。大地艺术的思想对景观设计有着深远的影响，使得景观设计的思想和手段更加丰富。大地艺术并不是景观设计的新公式，也不是为了给景观设计师提供一种答案，而是对景观的再思考。事实上许多景观设计师都借鉴了大地艺术的手法，他们的设计或是非常巧妙地利用各种材料与自然变化融合在一起，创造出丰富的景观空间，或是追求简单清晰的结构、质朴感人的景观，也有一些景观设计作品表现出非持久性和变化性的特征，人们在这样的景观空间中有了非同以往的体验。

8.2.3 景观雕塑的材料

景观雕塑材料的选择首先要考虑与周围环境的关系，一是要注意相互协调，二是要注意对比效果，因地制宜、创造性地选择材料，以取得良好的艺术效果。室外雕塑的材料一般分为五大类：第一类是天然石材，即花岗岩、砂石、大理石等天然石料；第二类是金属材料，是以焙炼浇铸和金属板锻制成形；第三类是人造材料，即混凝土等制品；第四类是高分子材料，即树脂塑形材料；第五类是陶瓷材料，即高温焙烧制品。

1. 天然石材

花岗岩是室外雕塑最常用的材料，也是最坚固的材料之一，密度 2 500～2 700 kg/m^3，抗压强度 1 200～2 500 kg/cm^2，耐候性好，使用年限长。花岗岩是由石英、长石和云母三种造岩矿物组成的，因而它具有很好的色泽。

砂石也是可以用于室外雕塑的一种天然石料，但这种材料耐风化能力差别较大。含硅质砂岩耐久性强，可用于雕刻。

大理石质地华美，颜色丰富多样。但有些大理石不能用于室外，因为极易受雨侵蚀、风化剥落。

天然石材雕塑放大技术，一般采用空间坐标法进行放大加工，大型雕塑分段进行，最后组装。特大的雕塑先将雕塑翻成石膏像，沿水平方向将石膏切成数圈，并再次断成单元体。由石雕工人按规定的数倍在石料上放大，然后再组装(见图 8-24)。

2. 金属材料

传统金属材料是铸铁、铸铜。现代金属材料种类有了很大发展，包括不锈钢、铝合金等材料。

青铜是一种合金，古代青铜是铜锡合金，现代青铜已不是铜锡合金了。现代浇铸的铜合金多用无锡青铜，即被铝青铜代替。青铜雕塑按施工方法分为两种：一种是热加工，即浇铸成型；一种是冷加工，即青铜板锻打成型。一般采用浇铸青铜雕像比较多，可以更好地体现雕塑的永久性、纪念性、庄重性(见图 8-25)。浇铸青铜雕塑可以适应形体异常复杂以及通透、凌空的形式，故在广场雕塑中应用较多。铝青铜结晶温度范围较窄，易产生集中缩孔，氧化性强，合金液面易生氧化膜，铸件易发生夹渣现象，故多采用底柱开放式浇铸系统。而锡青铜和磷青铜与前者相反，结晶温度范围宽，易产生缩松现象，氧化不强烈，故可采用顶柱式浇铸系统。

图 8-24　日本九州市产业医科大学校园庭园石雕“行走的石头”

图 8-25　青铜雕塑

由于大型雕塑铸造工艺比较复杂，因此多采用铜板成型。最著名的美国纽约港外贝德路斯岛上的自由女神铜像，最先选用青铜板，但加工厚度使其重量太大，后来不得不改用纯铜片，厚度为 2.38 mm。铜片的成型是在木模上进行粗加工。木模实际上是一种格状体，它是按比例放大用木板钉成的。粗加工后再在石膏模上精加工。当然它的加工只能分段分块地进行，铜片之间用铜铆钉联结，而加工后的铜片最后必须挂在钢结构的骨架上，整个雕塑的自重以及抵抗海风的水平荷载必须由这个骨架来承担。这座雕塑的设计者是法国人弗雷德里克·奥古斯特·巴托迪。

铝合金是现代应用极为广泛的一种现代广场雕塑材料，多为浇铸成型。不锈钢用于广场雕塑除浇铸工艺之外，多采用类似铜片外挂的方式，它有利于组合安装。

3. 人造材料

人造材料一般以混凝土为主。它有金属铸造的造型效果，也可模拟石材的效果，但一般不太适合做永久性广场雕塑，只用它做中间试验性建造，最终还是用其他永久性材料完成(见图 8-26)。

图 8-26 临沂人民广场上沂蒙九大风情柱雕塑

4. 高分子材料

高分子材料主要是环氧树脂。用这种材料作为胶料，并铺覆增强材料形成一种强度、空间形体稳定的物质，也称作玻璃钢。用这种材料制作雕塑，成型方便、坚固、质轻、工艺简单，但成本较高。

玻璃钢雕塑制品的表面可以仿金属效果、青铜效果、石料效果等(见图 8-27)。在仿青铜效果时，一种是在胶料中加入矿物颜料，另一种就是采取非金属镀铜工艺进行表面处理。而仿石料时，可在靠模面首先覆盖加有石粒的环氧胶料，再覆盖玻璃纤维布，石粒的配制按设计者所要取得的效果而定，表面不加工者可以做到磨光的花岗岩效果，加工时也可以参照斩假石的工艺。

5. 陶瓷材料

陶瓷材料比较早地使用于雕塑制品。陶瓷材料光泽好，抗污染力强，但体形造型一般比较小、易碎、坚固性较差。另外，以玻璃镜面及仿真材料制作的雕塑作品也越来越多(见图 8-28)。

图 8-27 玻璃钢雕塑

图 8-28 特殊材质作品具有不同一般的视觉效果

8.2.4 景观雕塑设计的相关问题

1. 景观雕塑的平面位置安放设计

景观雕塑的平面位置有以下几种基本类型(见图 8-29)。

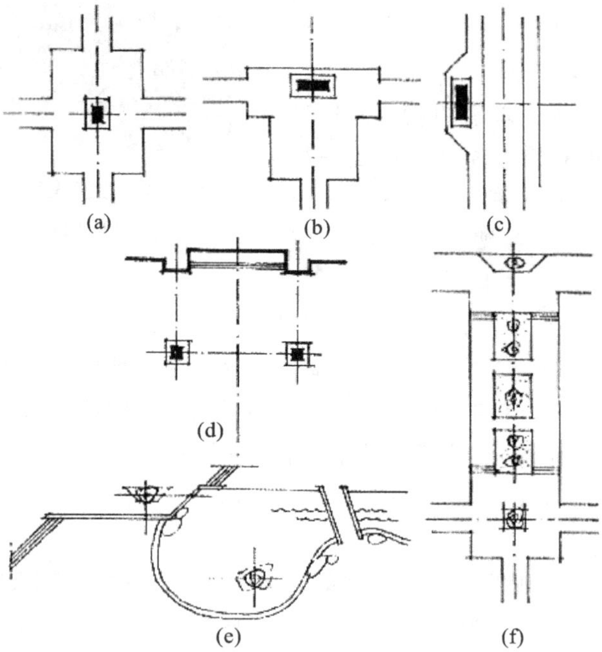

图 8-29 雕塑总平面布置的基本类型

(a)中心式;(b)丁字式;(c)通过式;(d)对位式;(e)自由式;(f)综合式

1) 中心式

中心式景观雕塑处于环境中央位置,具有全方位的观察视角,在平面设计时注意人流特点(见图 8-30)。

2) 丁字式

丁字式景观雕塑在环境一端,有明显的方向性,视角为 180°,气势宏伟、庄重(见图 8-31)。

3) 通过式

通过式景观雕塑处于人流线路一侧,虽然也有 180°观察视角方位,但不如丁字式显得庄重,比较适合用于小型装饰性景观雕塑的布置(见图 8-32)。

4) 对位式

对位式景观雕塑从属于环境的空间组合需要,并运用环境平面形状的轴线控制景观雕塑的平面布置,一般采用对称结构。这种布置方式比较严谨,多用于纪念性环境(见图 8-33)。

图 8-30 庭园中的中心雕塑突现整个园林的民族风情

图 8-31 北京长安大戏院门前丁字式雕塑

图 8-32 中国台湾居民草坪上的艺术雕塑

5）自由式

自由式景观雕塑处于不规则环境中，一般采用自由式的布置形式(见图 8-34)。

图 8-33 俄罗斯圣彼得堡夏宫中对位式放置的古典雕塑

图 8-34 路边坡地上的现代抽象金属雕塑

6）综合式

综合式景观雕塑处于较为复杂的环境结构之中，环境平面、高差变化较大时，可采用多样的组合布置方式。总的来讲，要将视觉中景观雕塑与环境要素之间不断地进行调整，从平面、剖面因素去分析景观雕塑在环境中所形成的各种观赏效果。景观雕塑的布置还涉及道路、水体、绿化、旗杆、栏杆、照明以及休息等环境设计。

2. 景观雕塑观赏的视觉要求

景观雕塑是固定陈列在各个不同环境之中的，它限定了人们的观赏条件。因此，一个景观雕塑的观赏效果必须事先进行预测分析，特别是对其体量的大小、尺度研究，以及必要的透视变形和错觉的校正。

人们理想的观赏位置一般选择处在观察对象高度两倍至三倍远的地方比较适当，如果要求将对象看得细致，那么人们前移的位置大致处在高度一倍距离。景观雕塑的观赏视觉要求主要通过水平视野与垂直视角关系变化来加以调整，所以在设计带有景观雕塑的场所时，必须对人与雕塑的视觉关系把握到位。

1）景观雕塑设计中的视线图解法应用

建筑学中的视线图解法也可以在环境景观雕塑设计中加以应用。运用视线图解法可以帮助我们研究景观雕塑与周围环境的关系，研究它们自身的有关尺度关系。视线图解法也可以解决景观雕塑的倒影问题。有许多景观雕塑布置在水面上或临水地段上，这就涉及景观雕塑高低与水面尺度大小的关系。为了取得较好的效果，可以借助视线图解法。主要通过三个因素来协调它们之间的关系，即预设雕塑位置和高低、水平面的布置、基本视点的位置。按物理的镜面反射作图法，根据这三个因素就可以得到倒影位置图。

2）景观雕塑建造中的透视变形校正

在人们观察高而大的景观时，由于仰视，必然要出现被视物体的变形。它包括物像的缩短、物像各部分之间比例失调，这些透视变形问题直接影响到人们对景观雕塑的观赏。为了克服由于透视而产生的变形，最简单的办法就是将景观雕塑的形体稍加前倾，但这种前倾是有限度的，同时还要考虑重心问题。另外，前倾只能解决局部视点问题。景观雕塑大都是以四方环绕观赏为主。为了解决透视变形问题，我们借助建筑修正透视变形方法，就是将原有的各个部分比例拉长。我们进行景观雕塑设计时也将其适当拉长，这种校正透视变形办法要根据实际状况而定。

3. 景观雕塑的基座设计

景观雕塑的基底设计与景观雕塑一样重要，因为基底是雕塑与环境连接的重要环节，基底设计既与地面环境发生联系，又与景观雕塑本身发生联系。一个好的基座设计可增添景观雕塑的表面效果，也可以使景观雕塑与地面环境和周围环境产生协调的关系。基座设计有四种基本类型，分别为碑式、座式、台式和平式。

1）碑式

碑式基座大多数是指基座的高度超过雕塑的高度，建筑要素为主体，基座设计几乎就是一个完整纪念物主体，而雕塑只是起点题的作用，因而碑的设计就是重点内容（见图 8-35）。

2）座式

座式基座是指景观雕塑本身与基座的高度比例基本采用与 1∶1 的相近关系。这种比例是景观雕塑古典时期的主要样式之一。这种比例能使景观雕塑艺术形象表现得充分、得体。座式基座过去多用古典样式，中国的古典基座采用须弥座，各部分的比例以及构成非常严密和庄重。国外以古希腊、罗马以及文艺复兴时期的柱式基座手法为主，也有采用古典基座加墙身及檐口的三段式构图（见图 8-36）。许多古典雕塑纪念碑的基座都是从这些结构演变而来的。但这种基座形式在现代景观雕塑基座中的应用越来越少，现代景观雕塑的基座应处理得更为简洁，以适应现代环境特征和建筑人文环境特征（见图 8-37）。

图 8-35 采用碑式基础的纪念性雕塑

图 8-36 美国芝加哥大学校园中的林奈纪念像

图 8-37 法国斯特拉斯堡欧共体议会前的座式雕塑

3）台式

台式基座指雕塑的高度与基座的高度比例在 1∶0.5 以下，呈现扁平结构的基座。这种基座的艺术效果是近人的、亲近的（见图 8-38）。

4）平式

平式基座主要是指没有基座处理、不显露的基座形式。因为它一般安置在广场地面、草坪或水面之上，显得比较自由、平易，容易与环境融合（见图 8-39）。

景观雕塑基座的设计虽然归纳为以上四类，但实际设计实践中应灵活运用。

图 8-38 墨西哥商业街上台式基础的雕塑

图 8-39 韩国首尔天然农苑湖美术馆的平式基座

4. 城市景观雕塑基座工程技术

从景观雕塑基座建造工程来讲，基座一般包括座身、平台和踏步三个主要要素。座身可以根据规模的大小确定为实心和空心两种，而空心又可分为可利用空间和不可利用空间两种。

一般座身可按承重墙来设计，它可用砖、天然石材砌筑，也可用钢筋混凝土浇筑。座身因要承受来自雕塑自重的垂直荷载和水平荷载的风力、地震力的影响，就必须进行结构设计计算。座身是联系雕塑和地面的中间体，所以还须解决雕塑固定问题。雕塑固定要预留钢筋，以便连接固定。

1）景观雕塑基座设计

重要技术环节是要计算埋于地下的基础，这个基础设计的好坏直接影响到景观雕塑的长久、安全问题。所以基础选型必须要恰当。常见的基础形式有以下几种类型。

（1）刚性基础

用于景观雕塑的刚性基础有灰土基础（2：8～3：7 灰土，厚为 30～40 cm，分步夯实）、三合土基础（石灰：砂：骨料＝1：3：6，每步 15 cm，不少于两步厚）、毛石基础（用高度不小于 15 cm 的毛石分台砌筑，台高不少于 40 cm，用 25～50 号砂浆砌筑）等（见图 8-40）。

（2）板式基础

板式基础是景观雕塑最常用的基础形式，因为雕塑的荷载较为集中，而且采用钢筋混凝土基础的技术可靠性比较好。采用 150 号或 200 号混凝土及 1、2 级钢筋，垫层采用 75～100 号混凝土或三合土、灰土，由于垂直造型的雕塑物加座身，比较高大，故考虑到自由端的悬臂构件，基础可能存在偏心受压的情况（有时雕塑自身就存在偏心），因此雕塑及座身的纵向钢筋应深入基础。

（3）桩基础

由于景观雕塑及基座的荷载较大而且集中，如果土层较厚且软弱，则应考虑选择桩基础。桩基础由承台与桩柱两部分组成。承台板为钢筋混凝土构造，桩柱如直

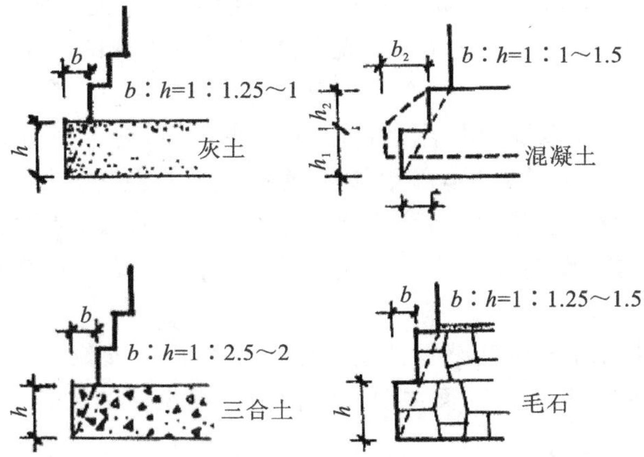

图 8-40 刚性基础示意图

抵硬土地基则为端承柱，如未抵硬土地基则为摩擦桩。桩柱按施工方法又有爆扩桩、灌注桩、预制桩多种。如果采用现浇混凝土，标号不小于 150 号；如果采用预制混凝土，标号应大于或等于 200 号。

(4) 锚固基础

许多景观雕塑因环境和条件的特殊要求，需选择锚固基础方式。对于较大型的复杂广场雕塑，雕塑及基座的规模就是一个建筑物时，就应与建筑师配合设计。

2) 基座表面材料及安装

(1) 基座表面材料

基座表面材料最好选用天然石材或陶板、琉璃板等。天然石材以花岗石为最佳，其次是耐风化的大理石，用块料砂石也可。

(2) 基座安装

虽然不同石材的力学性质不同、厚度不同，但其安装方法大同小异。镶块石墙面主要是采用插铁安装法，即用镀锌钢板钩扣入石块的上表面，后尾锚于基身，在转角处用银锭榫扣合。厚石块的安装是先在基身中预埋 U 形钢筋，在其中固定直径为 8～12 mm的立筋及水平筋，用铁件同钢筋网勾牢，上下石板间可设 5 mm 厚 30 mm ×25 mm 的钢板销，转角处加设半边银锭榫，空隙填 200 号细石混凝土。

3) 景观雕塑的避雷设计

景观雕塑的避雷设计，主要针对高大型雕塑。避雷设计是通过防雷保护装置的三项技术措施去实现的，包括雷电接收装置、引下线和接地体三个组成部分。在保障雕塑安全的情况下，设计的避雷装置尽量隐蔽或能与雕塑融为一体。

8.3 公共设施设计

城市景观中有一些小的元素一般是不太引人注意的，如街道座椅、电话亭、标志牌、栏杆等，但它们却又是城市生活中不可或缺的设施，是现代室外环境的一个重要组成部分，有人称它们为城市家具。另外还有一些大的设施在人们生活中也扮演着重要角色，如运动场等。它们是城市景观营建中不容忽视的环节，所以又被称作设施景观。

设施景观的设计要以满足使用者的需求为主，在符合人性化的尺度下，提供适宜的设施及设备，并考虑外观美，以增加环境视觉美的趣味。设计者必须了解设施物的实质特征（如大小、重量、生活距离等）、美学特征（尺度、造型、颜色、质感等）及机能特征，并与不同的设施设计及组合、造型配置后所形成的品质和感觉，确实发挥其潜能。

设施景观大体可分为休息设施、运动设施、儿童游乐设施、卫生设施、信息设施、交通设施、服务设施等七类。下面主要介绍前面六类设施的设计。

8.3.1 休息设施设计

在各种户外用具中，座椅的使用最为广泛。行人在散步后需要一个休息的地方，所以在设计中往往将这种休息用具与日常生活结合起来。令人遗憾的是，很多座椅的设计放置很难与周围环境相协调，这种情况在当今都市中经常出现（见图 8-41）。

在任何一个具体地点设置的座椅类型都取决于它周围的环境。在地区首府中的座椅应该具有一定纪念性特征，它应该是都市景观的一部分，设计时应充分考虑这一点。尺度是十分重要的，而且材料的选用应与周围环境相协调，即具有类似的特点。如果座椅和长凳需设置在较小的空间内，那它们的简洁性就很重要，在这种情况下给座椅设置过分的装饰或复杂的细部以引起人们注意的方法很不适宜。在视觉感受上，人们往往比较喜欢无靠背的长椅设计，因为这种座椅在周围环境中不突兀显眼，但设置在公共场所的座椅则必须考虑到老年人和其他需要扶手和靠背的使用者的需求（见图 8-42）。

图 8-41 日本街头座椅的风格与环境不协调

图 8-42 街头有靠背的座椅

座椅作为设计中的一个元素，往往需要一个合适的环境，这个环境多是由植被、墙或树组成的，而且座椅应该与环境中的其他物品相结合，无论它们建造在什么地方，都应该与其他的街道用具相协调。

1. 座椅的配置设计原则

座椅的配置要与环境及此环境中人们的活动相配合。其设置的方位、疏密、形式都会引起不同的心理感受，并由此影响人们不同的行为目的(见图 8-43)。

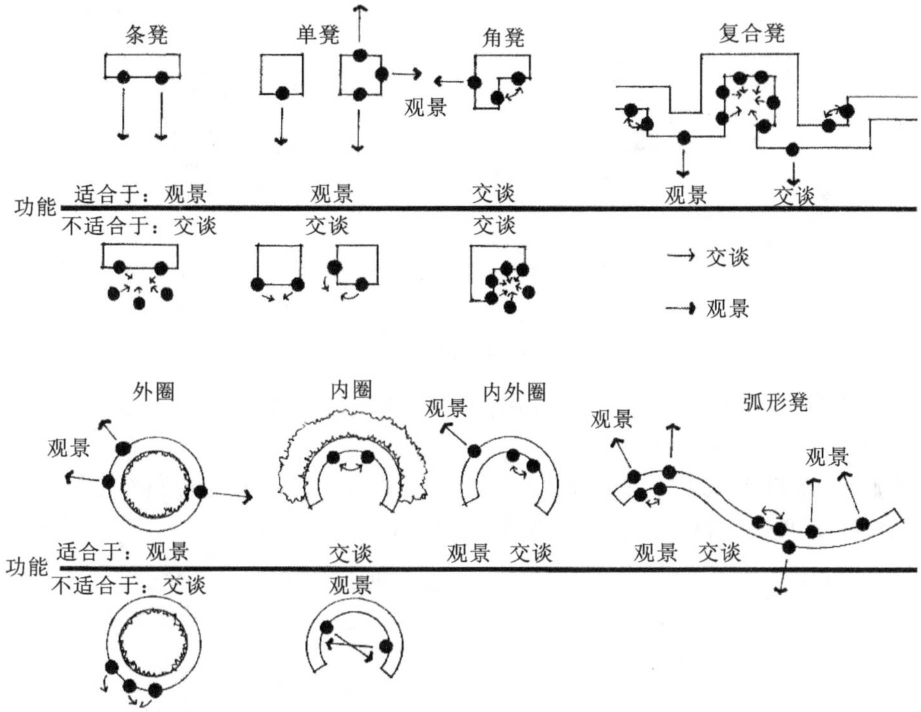

图 8-43 不同座椅形式对行为与使用的影响

①园舍、凉棚、铺石地、露台边、道路旁、水岸边或雕像脚处，均可设置座椅。但座椅应避免设立在阴湿地、陡坡地、强风吹袭场所、不良的地方或对人出入有妨碍的地方。

②座椅应具坚固耐用、舒适美观、不易损坏、不易肮脏等机能，椅身设计应符合人坐息时的生理角度(见图 8-44)。

③用于休憩或仰姿休息方式则需宽大长椅。

④将身体接触部分的座位板、背板做成木制品较为舒适。

⑤夏季有园椅的地方要设置遮阴的设备，如绿荫树。

⑥座椅必须采用易于修理的构造，设计亦要配合环境。

2. 座椅基本结构

一般长凳及座椅的高度为 425～450 mm。高度是有一定限制的，这种高度往往对中等身材的人来说比较合适；长凳的宽度和长度可以有多种变化，因为底部框架能提供必要的支撑。一般来说，普通座椅的顶部可以用板或胶合板制造，它们也可以用其他嵌板的余料来做。当椅面是胶合板或其他类似材料时，可以在支撑物之间设置横撑以保证刚度和耐久性。“X”形支架是目前比较常用的一种设计方案，它可

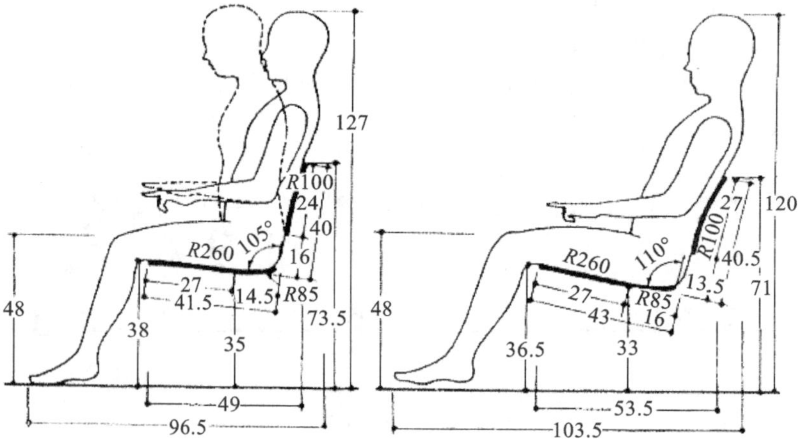

图 8-44 休息姿势

以在交叉点处设置链杆，或者在支柱间用隔断和横撑。如果用两个叠加的交叉点，就会更坚固。

当然，座椅的形式是极其丰富的，随着制料学等学科的发展，座椅无论在形式上还是功能上都日趋丰富、千姿百态(见图 8-45、图 8-46)。

图 8-45 日本东京设计新颖的座椅

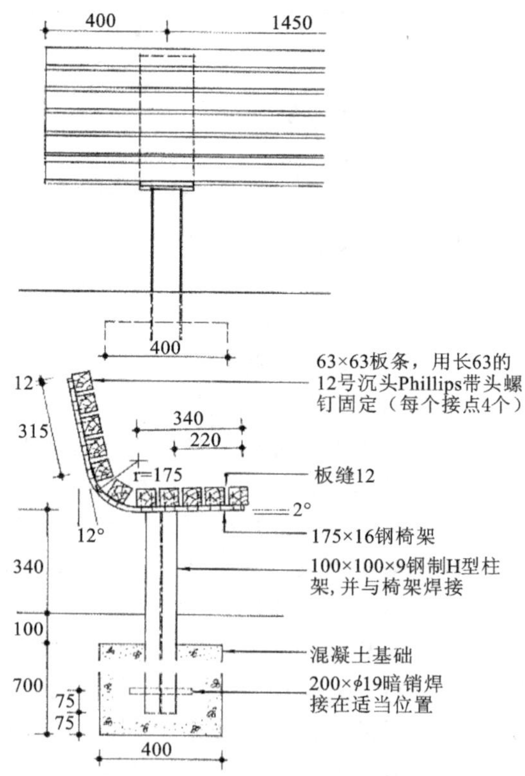

图 8-46 木材与金属支架构成的座椅

8.3.2 运动设施设计

城市景观的功能，除为修养身心外，还可起保健作用，故各类运动场的设置也很重要(见图8-47)。运动场设置的地方应该地势平坦、空气新鲜、日光充足。运动场四周应栽植庇荫树，庇荫树群所占面积愈广愈佳。运动场设施包括网球场、篮球场、羽毛球场、排球场、足球场、田径场和高尔夫球场等(见图8-48)。设计时还应注意配套设施的设计，如管理用房、厕所、座椅等。

图 8-47 南京工业大学浦江学院运动场

8.3.3 儿童游乐设施设计

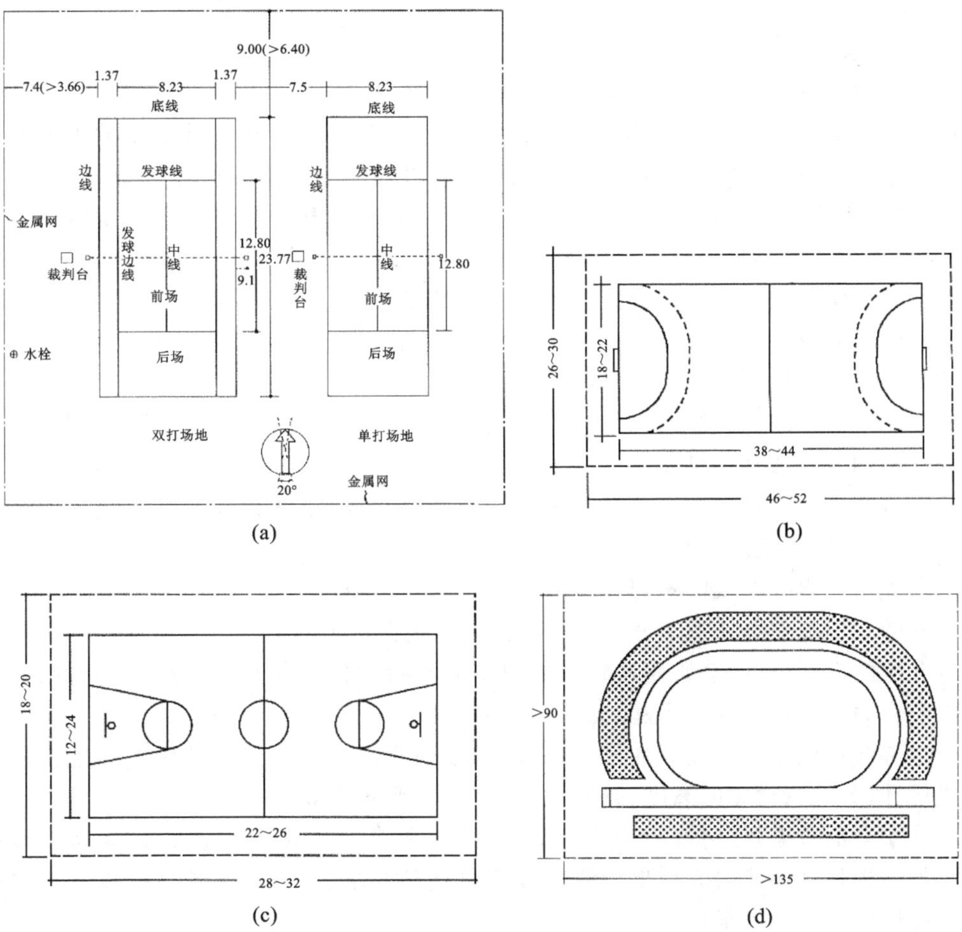

图 8-48 各类运动场尺寸

(a)网球场；(b)手球场；(c)篮球场；(d)小型运动会广场

1. 儿童户外活动场地指标

由于儿童在不同年龄的生长发育不同，在体力、智力与心理、生理等各方面也有差异，因此，儿童游戏的内容与行为有所不同。

图 8-49 小区中儿童游戏组合设备

我国目前尚未明确儿童游戏应有的指标，据推算，幼儿游戏场地、学龄儿童游戏场地可以考虑使用人均 1～2 m^2 中的 1/5～1/3，平均每户居民为 0.2～0.6 m^2。集合住宅可采用多种布置方式，以增加游戏场地，便于儿童使用。在可能的条件下，应尽量多布置适合儿童的活动场地。

经济发达国家在居住区普遍设置儿童游乐场，我国近年也在小区景观中把儿童活动场地作为考虑内容(见图 8-49)。

2. 儿童游戏的基本特点

儿童游乐设施的设计要考虑不同年龄的聚集性、季节性、时间性、“自我中心”性等因素。比如时间性，不同年龄儿童活动时间不一致。白天在户外活动的主要是学龄前儿童，放学后至晚饭前后是各种年龄儿童户外活动的主要时间。节假日、寒暑假期间，儿童活动时间较集中在 9—11 时、15—17 时。要根据时间和儿童游戏的动作特性(见图 8-50)，来设计适合的游乐设施。儿童游乐场主要设计原则如下。

①儿童游戏设施应能给予儿童各种感官的接触，如触觉、视觉、嗅觉等。

②给予儿童运动肌体及移动物体对经验控制的机会，从中了解物与物、人与人之间的空间位置概念。

③渐近的挑战，玩过一种游戏，同时又有新的挑战在等待他去克服，亦即必须能提供一系列游戏活动的可能性。

④游戏设施应让儿童有选择的余地，能自己做主决定继续向前游戏或采取撤退的选择，避免被动式的游戏。

⑤提供儿童在游戏中幻想或扮演不同角色的机会。

⑥游戏设施与成人适当隔离，儿童心理喜欢自由而有独立行动的能力，父母太接近儿童的游戏，反而会妨碍儿童在游戏中有犯错的机会及自由、尝试笨拙的行动，此点应为为人父母者深入了解。

⑦游戏设施要符合儿童的尺寸，亦即设施物应按人体工程学的原理与统计资料加以设计，如儿童攀爬的高度、脚能抬高的尺寸、手握铁管的直径等。

⑧安全的考虑，任何设施均要注意安全，儿童游戏设施更不能例外，常常在设施物上加装少量材料或去除突出尖锐部分即可达到要求。另外，在地坪硬度方面应用富有弹性的材料也是很好的办法。

⑨半成品式的游戏构造物比完整的机械式游戏设施更能激发儿童的想象力。

⑩景观设计师设计游戏设施时，应设身处地自行体验一番，以免疏忽了游戏的

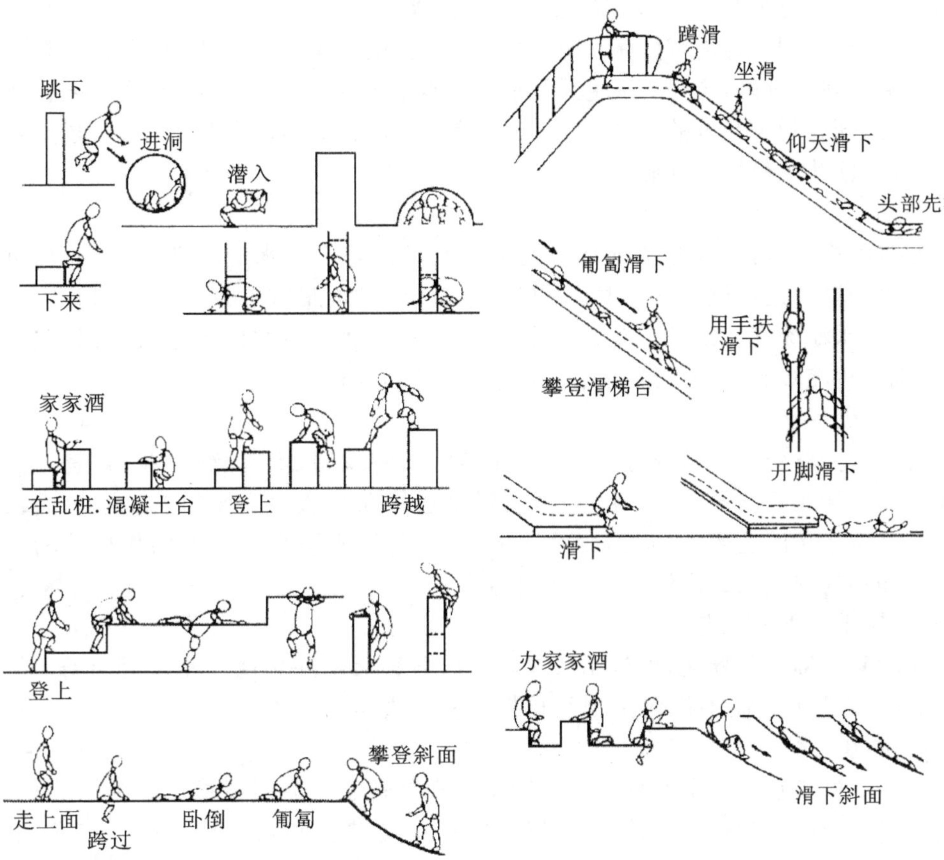

图 8-50 儿童活动基本动作

机能及本质。

⑪除了建筑师、造园师以外，若有教育专家的参与，会使设计成果更为完满。

⑫应该设计适合不同年龄群的游戏活动，而且男孩与女孩的游戏环境也不相同。

3. 儿童游乐设施的分类

1）混凝土组合游戏器具

用组合起来的竖立和横放的混凝土预制品，如管材、道牙、混凝土砌块和铺装材料，组合成房屋、拱券、城堡、迷宫、斜坡、踏步等各种游戏用具，有大小不一的正方形、长方形和圆形的地面砌块都能被利用。儿童有创造性地进行各种方式的游戏，登高、攀爬、钻洞、跨越、滑行等。为了安全，必须把所有构件的边缘都做成光滑的，还必须注意防止儿童从 1 m 以上高度坠落，或从坡度陡的混凝土踏步上滑下的可能。

2）沙

玩沙能激发儿童的想象力和创造力，因此，沙在儿童游戏场是重要的游戏设施。儿童喜欢在沙中筑隧道、城堡、迷宫，开沟渠等，幼儿喜欢踏进沙中，感到轻松愉快。

沙坑不宜太小，每个儿童 1 m^2 左右的面积，深度以 0.3 m 为宜。在大沙坑中可将沙与其他设施结合起来，进行多种多样的游戏，如英国伦敦居住区中，将童话人物格列佛塑像横卧在沙坑内，像巨人一般，儿童们可爬在他身上玩耍。沙坑最好设置在向阳的地方，既有利于儿童的身体健康，又能使沙土消毒。沙坑须经常清扫，还要定期更换新沙，使沙坑保持松软和清洁。

3）水

儿童酷爱玩水，对水有亲近感。儿童游戏场内常设喷水池和涉水池，儿童可在池中嬉水。国外还常设饮水喷泉，既有实用功能，又可观赏水景。常用的有两种涉水池：一种水池深度一致，约 20 cm；另一种池底逐渐坡向中央，池边浅，可修成各种形状，也可用雕塑装饰，或与喷泉、淋浴结合（见图 8-51）。

4）游戏墙与“迷宫”

为适合儿童的兴趣和爱好，设置各种形状的游戏墙，供儿童钻、爬、攀登。游戏墙设计要适合儿童的尺度，较低矮，其位置可选择在儿童游戏场的主要迎风面或对住宅有噪声干扰的主要方向上，游戏墙能起到挡风、阻隔噪声扩散的作用。利用游戏墙分隔和组织空间的作用还可以设计迷宫。

5）草坪与地面铺装

草坪是一种软质景观，也是儿童喜欢进行各种活动的场地。儿童活动场地的地面铺装要求具有一定弹性，常采用的材料是塑胶垫。

6）游戏器械

根据不同年龄组儿童的身高和活动特点选择适合的游戏器械。分为摇荡式（秋千、浪木）、滑行式（滑梯）、回转式（转椅）、攀登式、起落式（跷跷板）（见图 8-52）、悬吊式（单杠）、组合式等。

8.3.4 卫生设施设计

城市景观中卫生设施起到保持环境整洁的作用，在设计中应尽量从卫生、污染处理及其造型配合环境等方面考虑。城市卫生设施包括饮水台、洗手台、垃圾桶、公共厕所等。

1. 饮水台

饮水台为近代造园中重要的实用设施兼装饰添景物，其构造形式变化很多，普通的饮水台依其放水形式，可分为开闭式及常流式两种。所用之水，需能为公众饮用，饮水台多设于广场中心、儿童游戏场中心、园路之一隅，饮水台高度应在 50～90 cm 之间，设置时需注意废水的排除问题（见图 8-53、图 8-54）。

2. 洗手台

洗手台一般设置在餐厅进口、游戏场或运动场旁或园路的一隅（见图 8-55）。洗脚洗手设施配置应注意以下几点。

①为洗脚要设脱鞋平台，为洗手要设置行李用台。

②排水管因污泥或杂物容易进入，要设大型积泥坑。

图 8-51 住宅区小游园中的水道

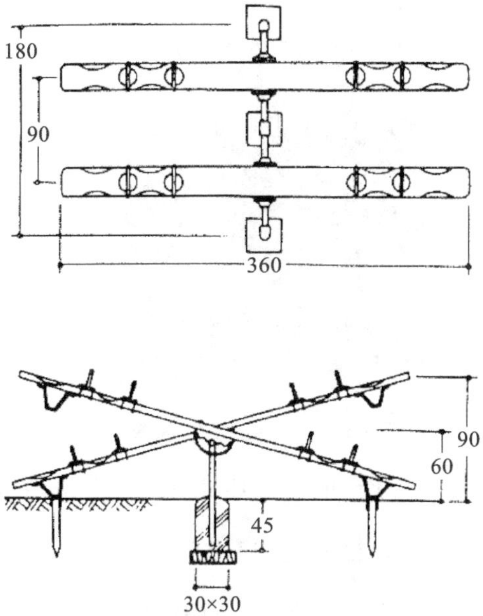

图 8-52 跷跷板

图 8-53 街头饮水器

图 8-54 饮水器与座椅相距不远

③使用水不会飞溅的设备较佳。

④其构造须参照饮用水栓。

3. 垃圾桶

垃圾桶是街道设施，被认为是城市景观的一个重要因素，而在环境整洁中，垃圾桶扮演着重要角色。为了分类垃圾的需要及设置垃圾桶的需要，造型、位置、取出方式均应考虑。垃圾桶的配置设计考虑以下几点。

①用餐或长时间休憩、滞留的地方，要设置大型垃圾桶(见图 8-56)。

②在户外因容易积留雨水，垃圾容易腐烂的关系，通风要良好，同时易于垃圾清理作业。桶的下部要设排水孔。

图 8-55 洗手池及饮水器

图 8-56 比利时街头的巨大垃圾箱

③选择能适合环境条件并有清洁感的色彩。

8.3.5 信息设施设计

城市标志牌、指示牌种类繁多，应分类进行系列设计。一般可分为城市交通类、一般引导类、商业广告类等。每类标志又可按其复杂程度进行再分类，如城市交通类又可分为各种道路交通标志(包括行驶方向的标志、经过地点的标志等)、公共汽车停车场标志、街巷功能标志、禁止交通标志等(见图 8-57)。对于不同类型的标志牌，应有不同的风格色彩。常以红色表示交通方面的信息，绿色用以表示邮政方面的信息，黄色表示商业或游览方面的信息等。

美国禁止停车示意牌　美国残疾人通道示意牌

图 8-57 示意牌

过于统一、规范的标志牌和信息板在视觉上往往给人压抑郁闷的感觉。但是，有时规范化也是必要的，这不只是经济原因，同时也为了能够创造一种协调、统一的感觉，让人认为它们是整个设计中和谐、合理的一部分。实际上为了达到给使用者提供信息的目的，规范化对人是有好处的。因为反复的手法会给人熟悉感、亲切感；具有相似风格的标志牌和其他室外用具能给人直观、深刻的印象，这样当我们在其他场合、情况下寻找时，就很容易认出在此之前所看到的熟悉事物，便于寻找(见图8-58、图8-59)。

图 8-58 日本东京火车站前的广场信息板

图 8-59 街头的观光指南

8.3.6 交通设施设计

护栏在道路中使用很广泛。设置护栏的目的主要是为了防止行人任意穿越道路，排除横向干扰。近年来城市交通发展很快，许多城市在机动车道中央设置护栏用以防止行人和自行车穿越，取得了较好的效果。城市道路上的护栏对道路景观影响很大。造型别致、色彩明快、高度适宜的护栏会给人整齐、顺畅、舒适的感觉(见图 8-60)。但高度不适宜的护栏，会让一些人乱钻、乱跳、乱跨，不仅影响交通，而且影响市容。

图 8-60 镂空铸铜高护栏与分割道路的护栏

栏杆的形式与空间环境和组景要求有十分密切的关系。临水处的栏杆多设空栏，以便于人们观赏波光倒影、游鱼及水生植物，视线不受过多的阻碍；而在高空、岩坎处应多设实栏，以给人较大的安全感。此时若设虚栏，则应有较强的坚实感。

此外，栏杆是一种水平连续、重复出现的构件，必然涉及韵律的处理，如疏密、虚实、黑白、动静感等问题。动静感也是韵律的一种反应。单一水平线与垂直线的组合，使人有一种静的感觉。如果在其中加入斜线和曲线，就形成一种有方向和起伏的运动感，若再加以疏密的变化，其运动感更强(见图 8-61、图 8-62)。

图 8-61　日本混凝土与金属相结合的人行道

图 8-62　日本人行道护栏

1. 道路护栏的种类

1）矮栏杆

矮栏杆高度为 30～40 cm，不妨碍视线，视觉上对周围景观干扰少，多用于绿地的边缘或场地划分。它常做成各种花饰，成为装饰栏杆。

2）分隔栏杆

图 8-63　日本混凝土与金属相组合的人行道护栏

分隔栏杆标准高度为 90 cm，有围护拦阻作用。因其高度在人的重心以下，若设在河岸边、岩坎边，人缺乏安全感，应用时要谨慎（见图 8-63、图 8-64）。

3）防护栏杆

防护栏杆的性质和做法与分隔栏杆的相同，但其高度为 120 cm。如果使用的材料坚实（如钢筋混凝土、钢管等），则使人感到更安全可靠。

在特殊地段（如交通干道、交叉路口、商业街道等）应将护栏提高到 120～140 cm，这样才能有效地防止行人任意跨越，或防止小摊小贩坐在护栏上兜售商品。

4）防眩装置栏

防眩装置是为在夜间行车时，防止司机感受对面来车前灯眩目而采用的设施。可采用植树作为防眩设施，但更多的是在中央分隔带上设置防眩栅或防眩网。这种形式是以条状板材两端固定于横梁上，排列如百叶窗状，板条面倾斜迎向行车方向。它常设置在高速、快速道路上，在一般城市道路上很少采用。日本所用的防眩栅（网）一般与护栏结合，全部用金属制作。

2. 护路石（护柱、路障、隔离墩）

1）护柱的功能

护柱实际上就是竖向路障，设立护柱是防止车辆进入步行区域而不遮挡视线的

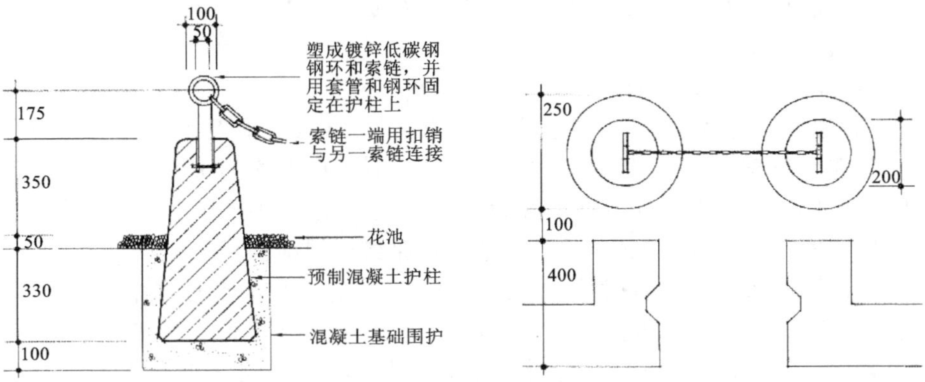

图 8-64 护栏结构图例

最好办法之一。护柱可以用来划分道路限域，它可以把道路分成人们必须快速通过的部分和人们可以聚集、可以从容不迫散步的部分。护柱也可以用来标志界限和保护界面，如建筑物的墙角。护柱有以下几点功能。

(1) 步车共存

设置防护栏是为了防止行人与机动车在道路领域相互侵犯。确切地说，路边护石主要是防止机动车侵入人行道，而步行者能够比较自由地通过车行道。护路石与防护栏相比，减少了人们认为步行活动受限制的心理感觉，使过往步行者感到轻松(见图 8-65)。

图 8-65 奥地利维也纳街头球形路障

(2) 方便步行交通

在设置护路石时，还应注意与其他附属设施的位置关系。如在护路石旁同时设有照明灯柱，会减少人行道的有效宽度，造成难以行走的现象。在这种场合可考虑利用照明灯柱作为路边护石。

(3) 充当座椅的功能

在步行者中途想休息一下，或在街上遇到熟人谈话时，往往希望有一个能暂时坐一会儿的场所。按照人们的这一要求，设置一些常用座椅，未必就能解决问题。因为在人行道十分狭窄的路段，设置座椅会妨碍人们通行。因此，设置路边护石时，可采用座凳形状的石头，来兼作凳子用。在规划设计上则应注意护路石的高度，选择便于人们坐憩的尺寸。

2) 设计路障时的要点

(1) 色泽的选择

路边护石的色彩，原则上以保持原材料的本色最为自然。但是，由于采用的材料决定其色调，所以，为了使路面的色彩与街道的气氛相协调，应预先研究确定采用的材料。

(2) 设计方案的选择

路边护石、护路栏杆不是道路景观的主角。因此，最好不要选择奇异的设计方案，以避免喧宾夺主。如果想利用路边护石来体现道路的个性，则应对方案的构思进行认真研究，选择最佳方案。在设计中避免突出路边护石。否则路边护石会与沿路建筑物、广告牌等设施争夺视线，造成道路景观混乱。

此外，在采用护路石(栏)进行步道车道分离的基础上，也要使护路石与其他道路占有物很好地共存，这是非常重要的。例如，道路标志的支撑架柱设置，与护路石的存在毫无关系时，往往人行道上的各种立柱错综复杂不整齐。如果将道路指示标志园路中护石的某一个置换位置，会减少混乱感，使道路景观统一整洁。这种场合应注意使标志支柱的颜色与护路石(栏)的基调色相协调(见图 8-66)。

图 8-66　护柱

附录A　中国古典园林常用植物的传统寓意及其应用

名　称	特　　征	寓　　意	应用传统
松	常绿乔木，树皮多为鳞片状，叶子为针形，耐寒、耐旱、耐瘠薄，冬夏常青	象征延年益寿、健康长寿，民俗祝寿词常有“福如东海长流水，寿比南山不老松”；松被视为吉祥物，被视作“百木之长”，称作“木公”“大夫”	岁寒三友（松、竹、梅）；松柏同春；松菊延年；仙壶集庆（松枝、水仙、梅花、灵芝等集束瓶中）；可用于制作盆景
柏	柏科柏木属植物的通称，常绿植物	在民俗观念中，柏的谐音“百”，是极数，象征多而全，民间习俗也喜用柏木“避邪”	皇家园林、坛庙以及寺观、名胜古迹广植柏树
桂	常绿阔叶乔木，树皮粗糙，灰褐色或灰白色，香气袭人	有木樨、仙友、仙树、花中月老、岩桂、九里香、金粟、仙客、西香、秋香等别称；汉晋后，桂花与月亮联系在一起，故亦称“月桂”，月亮也称“桂宫”“桂魄”；习俗将桂视为祥瑞植物，因桂音谐“贵”，有荣华富贵之意	私家园林中经常使用，与建筑空间结合；书院、寺庙中多栽植
椿	特指香椿，楝科落叶乔木，叶有特殊气味，花芳香，嫩芽可食	被视长寿之木，属吉祥，人们常以椿年、椿龄、椿寿祝长寿；因椿树长寿，椿喻父，萱指母，世称父为椿庭，椿萱比喻父母	广泛栽植于庭院中
槐	落叶乔木，具暗绿色的复叶，圆锥花序，花黄白色，有香味	吉祥树种，被认为是“灵星之精”，有公断诉讼之能；中国周代朝廷种三槐九棘，公卿大夫分坐其下，以“槐棘”指三公或三公之位	作为庭荫树、行道树

续表

名称	特征	寓意	应用传统
梧桐	梧桐科梧桐属，落叶大乔木，树皮绿色，平滑，叶心形掌状，花小，黄绿色	吉祥、灵性；能知岁时；能引来凤凰	祥瑞的梧桐常在图案中与喜鹊合构，谐音“同喜”，也是寓意吉祥；梧桐宜制琴。梧桐常植于庭院中
竹	竹属禾本科植物，常绿多年生，茎多节，中空，质地坚硬，种类多	贤人君子，在中国竹文化中，把竹比作君子；竹又谐音“祝”，有美好祝福的意蕴；丝竹指乐器	岁寒三友（松、竹、梅）五清图：松、竹、梅、月、水；五瑞图：松、竹、萱、兰、寿石
合欢	落叶乔木，羽状叶，花序头状，淡红色	象征夫妻恩爱和谐，婚姻美满，故称“合婚”树；合欢被文人视为释愁解忧之树	多栽植于庭院、宅旁
枣	鼠李科落叶乔木，花小，黄绿色，核果长圆形，可食用，可“补中益气”	枣谐音“早”，民俗有枣与栗子（或荔枝）合组图案，谐音“早立子”	多栽植于庭院、宅旁，作为绿化树种，也可以作为果树栽植
栗	落叶乔木，栗子可食用，可入药，阳性	古时用栗木作神主（死人灵牌），称宗庙神主为“栗主”，古人用以表示妇人之诚挚	绿化用树，果树
桃	蔷薇科落叶小乔木，花单生，先叶开放，果球形呈卵形	桃花喻美女娇容；桃有灵气，驱邪，如桃印、桃符、桃剑、桃人等	多栽植于庭院、绿地、宅居
石榴	落叶灌木或小乔木，花多色，果多子，可供食用	因“石榴百子”，所以被视为吉祥物，象征“多子多福”	广泛栽植于民居庭院、宅旁，也见于寺院中，是寺院常用花木
橘	常绿乔木，果实多汁，味酸甜可食，种子、树叶、果皮均可入药	橘有灵性，传说可应验事物；在民俗中，橘与“吉”谐音，象征吉祥	多栽植于庭院、绿地、宅居，作为绿化用树，也可作为果树栽植

续表

名　称	特　征	寓　意	应用传统
梅	蔷薇科落叶乔木，花先叶开放，白色或淡粉色，芳香，花期3月，梅在冬春之交开花，“独天下而春”，有“报春花”之称	梅傲霜雪，象征坚贞不屈的品格；竹喻夫，梅喻妻，婚联有“竹梅双喜”之词，男女少年称为“青梅竹马”；梅花吉祥的象征，有五瓣，象征快乐、幸福、长寿、顺利、和平等五福	多栽植于庭院、绿地、宅居；可制作盆景；果实可食用，具有经济价值，梅有“四贵”：稀、老、瘦、含
牡丹	牡丹属毛茛科灌木，牡丹是中国产的名花	牡丹有“花王”“富贵花”之称，寓意吉祥、富贵	与寿石组合象征“长命富贵”，与长春花组合为“富贵长春”的景观，常片植或植于花台之上，形成牡丹台
芙蓉	锦葵科落叶大灌木或小乔木，花形大而美丽，变色，四川盛产，秋冬开花，霜降最盛	芙蓉谐音“富荣”，在图案中常与牡丹合组为“荣华富贵”，均具吉祥意蕴	五代时蜀后主孟昶曾于宫苑城头遍植木芙蓉，花开如锦，故后人称成都为锦城、蓉城，常栽植于庭院中
月季	蔷薇科直立灌木	因月季四季常开而民俗视为祥瑞，有“四季平安”的意蕴	月季与南天竹组合有“四季常春”意蕴，花可提取香料
葫芦	为藤本植物，藤蔓绵延，结实累累，籽粒繁多	象征子孙繁盛；民俗传统认为葫芦吉祥而避邪气	庭院中的棚架植物，果实可食、可作容器
茱萸	茴香科常绿小乔木，气味香烈，九月九日前后成熟，色赤	象征吉祥，可以避邪，茱萸雅号“辟邪翁”，唐代盛行重阳佩茱萸的习俗	宅旁种茱萸树可“增年益寿，除患病”；“井侧河边，宜种此树，叶落其中，人饮是水，永无瘟疫”（《花镜》）
菖蒲	为多年生草本植物，可栽于浅水、湿地	民俗认为菖蒲象征富贵，可以避邪气，其味使人延年益寿	多为野生，但也适于宅旁、绿地、水边、湿地栽植
万年青	百合科多年生宿根常绿草本，叶肥果红，花小，白而带绿	象征吉祥、长寿	观叶、观果兼用的花卉，皇家园林中用桶栽万年青

续表

名　称	特　征	寓　意	应用传统
莲花	睡莲科水生宿根植物，藕可食用，可药用，莲子可清心解暑，藕能补中益气	莲花图案也成为佛教的标志；在中国，莲花被推崇为君子，象征清正廉洁，并蒂莲象征夫妻恩爱	古典园林中广泛使用的水生植物，也可以盆栽置于宅院、寺院中
菩提树	桑科常绿或者落叶乔木，树皮光滑白色，11 月开花，冬季果熟，紫黑色，可以作念珠	在佛教国度被视为神圣的树木，是佛教的象征	多植于寺院
娑罗树	龙脑香科常绿大乔木，单叶较大，椭圆形	释迦牟尼涅槃处就长着八棵娑罗树，所以是佛树	植于南方的寺院中，中国北方没有娑罗树
七叶树	七叶科落叶乔木，掌状复叶，一般七片	佛树	用作庭荫树、行道树等；寺院中也常使用，北京潭柘寺中有一株 800 多年的七叶树
曼陀罗花	茄科一年生草本，曼陀罗全株有剧毒	象征着宁静安详、吉祥如意	多栽植于寺院中
山茶花	别名曼陀罗树，为常灌木或小乔木，品种较多	山茶花被誉为花中妃子；山茶花、梅花、水仙花、迎春花为“雪中四友”	山茶花为我国的传统园林花木，盆栽或地栽均可，可孤植、片植，也可与杜鹃、玉兰相配植

附录 B　区划名称及各区主要城市及植物

区域代号及名称	区域内主要城市	代表植物	植物群落示例
Ⅰ寒温带针叶林区	漠河、黑河	—	—
Ⅱ温带针阔叶混交林区	哈尔滨、牡丹江、鹤岗、鸡西、双鸭山、伊春、佳木斯、长春、四平、延吉、抚顺、铁岭、本溪	樟子松、长白松、黑皮油松、紫杉、兴安落叶松、丹东桧、长白落叶松、银白杨、旱柳、白桦、银白杨、榆、水曲柳、风桦、五角枫、山葡萄、山杨、红柳、山槐、东北杏、沙地柏、东北连翘、东北珍珠梅、柳叶绣线菊、天目琼花、红瑞木、百里香、玫瑰、林地早熟禾、草地早熟禾、白三叶、山芍药等	1. 红松＋白桦＋山杨—矮紫杉＋偃松＋欧丁香＋东北连翘—燕子花＋铃兰 2. 春榆＋樟子松＋白桦—黄花忍冬＋柳叶绣线菊＋胡枝子—山芍药＋一只黄花＋羊胡子草
Ⅲ北部暖温带落叶阔叶林区	沈阳、葫芦岛、大连、丹东、鞍山、辽阳、锦州、营口、盘锦、北京、天津、太原、临汾、长治、石家庄、秦皇岛、保定、唐山、邯郸、邢台、承德、济南、德州、延安、宝鸡、天水	油松、乔松、华山松、辽东冷杉、臭冷杉、雪松、银杏、毛白杨、旱柳、梧桐、杜仲、核桃、榆、白梨、山桃、沙地柏、大叶黄杨、矮紫杉、朝鲜黄杨、小叶黄杨、金露梅、银露梅、珍珠海、白玉棠、现代月季、珍珠花、迎春、丁香、中国地锦、美国地锦、紫藤、木香、粉团蔷薇、早园竹、苦竹、斑竹、筠竹、野牛草、紫羊茅、羊茅、二月兰、鸢尾、萱草等	1. 油松—太平花＋接骨木—萱草 2. 河北杨＋油松—金银木＋珍珠海—羊胡子草 3. 油松—紫丁香＋白玉棠—剪股颖 4. 臭椿—胡枝子＋红瑞木—玉簪

续表

区域代号及名称	区域内主要城市	代表植物	植物群落示例
Ⅳ南部暖温带落叶阔叶林区	青岛、烟台、日照、威海、济宁、泰安、淄博、潍坊、枣庄、临汾、莱芜、东营、新泰、滕州、郑州、洛阳、开封、新乡、焦作、安阳、西安、咸阳、徐州、连云港、盐城、淮北、蚌埠、韩城、铜川	油松、白皮松、日本扁柏、广玉兰、桂花、白蜡、臭椿、枇杷、云杉、棕榈、石楠、桂花、蚊母、水杉、银杏、泡桐、毛泡桐、黄连木、旱柳、核桃、枫杨、板栗、杜仲、山地柏、翠柏、大叶黄杨、小叶黄杨、八角金盘、小蜡、金丝桃、接骨木、海州常山、白鹃梅、黄刺玫、珍珠梅、珍珠花、中华常春藤、地锦、葡萄、蛇葡萄、金银花、羊茅、麦冬、二月兰、白三叶、连钱草、早熟禾、鸢尾等	1. 华山松＋乌柏＋黄连木—黄栌＋平枝栒子 2. 栓皮栎＋华山松—溲疏＋天目琼花—玉簪＋萱草
Ⅴ北亚热带落叶、常绿阔叶混交林	南京、扬州、镇江、南通、常州、无锡、苏州、合肥、芜湖、安庆、淮南、襄阳、十堰	湿地松、黑松、赤松、雪松、广玉兰、水杉、金钱松、黄金树、合欢、七叶树、平头赤松、翠柏、茶梅、夹竹桃、金丝桃、桃叶珊瑚、水蜡、紫玉兰、星花玉兰、金钟花、紫薇、接骨木、孝顺竹、苦竹、毛竹、桂竹、斑竹、盘叶忍冬、金银花、地锦、紫藤、木香、猕猴桃、狗牙根、宽叶麦冬、山麦冬、二月兰、石蒜、石竹等	1. 玉兰＋白玉兰—山茶—阔叶麦冬 2. 雪松＋龙柏＋红枫—大叶黄杨球＋锦绣杜鹃—雏菊＋沿阶草
Ⅵ中亚热带常绿、落叶阔叶林	武汉、荆州(沙市)、黄石、宜昌、南昌、景德镇、九江、吉安、井冈山、赣州、上海、长沙、株洲、岳阳、怀化、吉首、常德、湘潭、衡阳、邵阳、郴州、桂林、韶关、梅州、三明、南平、杭州、温州、金华、宁波、重庆、成都、都江堰、绵阳、内江、乐山、自贡、攀枝花、贵阳、遵义、六盘水、安顺、昆明、大理	马尾松、赤松、五针松、日本冷杉、云片柏、水杉、池杉、银杏、七叶树、水冬瓜、垂丝海棠、麻叶绣线菊、欧丁香、石榴、蝴蝶树、金银木、孝顺竹、苦竹、毛竹、桂竹、罗汉竹、紫竹、紫藤、地锦、木通、三叶木通、络石、中华常春藤、狗牙根、山麦冬、水仙、石蒜、二月兰、马蹄金等	1. 白玉兰＋广玉兰—含笑＋八角金盘—玉簪 2. 麻栎＋枫香—厚皮香＋红茴香—二月兰

续表

区域代号及名称	区域内主要城市	代表植物	植物群落示例
Ⅶ南亚热带常绿阔叶林区	福州、厦门、泉州、漳州、广州、佛山、顺德、东莞、惠州、汕头、台北、柳州、桂平、个旧	南洋杉、湿地杉、龙柏、柏木、柳杉、垂叶榕、榄叶、水松、池杉、白玉兰、青桐、苏铁、米仔兰、九里香、吊灯花、一品红、木芙蓉、紫荆、珍珠花、石榴、紫珠、无花果、青皮竹、粉单竹、苦竹、孝顺竹、凤尾竹、龟背竹、叶子花、麒麟尾、绿萝、中华常春藤、地毯草、狗牙根、广东万年青、葱兰等	1. 白千层—九里香—沿阶草 2. 火力楠＋红花木莲—含笑＋夜合＋厚皮香—蚌花
Ⅷ热带季雨林及雨林区	海口、三亚、琼海、高雄、台南、深圳、湛江、中山、珠海、澳门、香港、南宁、钦州、北海、茂名、景洪	海南五针松、罗汉松、南洋杉、侧柏、龙柏、水杉、池杉、玉兰、鱼木、梧桐、苏铁、夜合花、含笑、南天竹、红千层、油茶、紫薇、方竹、龟甲竹、木芙蓉、孝顺竹、叶子花、鸡蛋果、猕猴桃、蒜香藤、蓝花藤、多话紫藤、地毯草、狗牙根、吊竹梅、土麦冬、石蒜等	1. 木棉＋红花木莲—大花紫薇＋红花羊蹄甲＋鱼尾葵—桃金娘＋含笑＋鹰爪花＋野牡丹＋金丝桃＋八仙花—葱兰＋蜘蛛兰 2. 凤凰木＋白兰—黄槐＋紫花羊蹄甲—含笑＋茶梅＋九里香—韭兰＋忽地笑＋紫三七
Ⅸ温带草原区	兰州、平凉、阿勒泰、海拉尔、满洲里、齐齐哈尔、阜新、肇东、大庆、西宁、银川、通辽、榆林、呼和浩特、包头、张家口、集宁、赤峰、大同、锡兰浩特	青海云杉、鳞皮云杉、紫果云杉、箭杆杨、钻天杨、小叶杨、青甘杨、康定杨、银白杨、沙地柏、高山柏、方枝柏、陕甘瑞香、凹叶瑞香、毛蕊杜鹃、头花杜鹃、香荚蒾、陕甘花楸、多腺悬钩子、水栒子、西北栒子、匍匐栒子、葡萄、猕猴梨、山荞麦、啤酒花、野牛草、结缕草、草地早熟禾、早熟禾、紫羊茅、小糠草、白颖苔草等	1. 银白杨＋大果圆柏—连翘＋接骨木—二月兰＋草地早熟禾 2. 青海云杉＋祁连圆柏＋新疆杨—蒙古绣线菊＋红瑞木＋红花忍冬＋金花忍冬—东方草莓＋紫羊茅

续表

区域代号及名称	区域内主要城市	代表植物	植物群落示例
Ⅹ温带荒漠区	乌鲁木齐、石河子、克拉玛依、哈密、喀什、威武、酒泉、玉门、嘉峪关、格尔木、库尔勒、金昌、乌海	樟子松、西伯利亚云杉、胡杨、钻天杨、箭杆杨、新疆杨、金银木、紫丁香、太平花、连翘、沙棘、猕猴梨、啤酒花、南蛇藤、准格尔铁线莲、草地早熟禾、林地早熟禾、白颖苔草等	1. 新疆杨＋圆冠榆—山梅花＋沙地柏＋鞑靼忍冬—草地早熟禾 2. 白柳＋雪岭云杉—新疆圆柏＋欧亚绣线菊＋珍珠梅—草原老鹳草
Ⅺ青藏高原高寒植被区	拉萨、日喀则	—	—

参考文献

[1] 舒湘鄂.景观设计[M].上海:东华大学出版社,2006.

[2] 杨永胜,金涛.现代城市景观设计与营建技术 1—4[M].北京:中国城市出版社,2002.

[3] 唐军.追问百年—西方景观建筑学的价值批判[M].南京:东南大学出版社,2004.

[4] 蓝先琳.中国古典园林大观[M].天津:天津大学出版社,2003.

[5] 张晓燕.景观设计理念与应用[M].北京:中国水利水电出版社,2007.

[6] 刘小惠.文心画境——中国古典园林景观构成要素分析[M].北京:中国建筑工业出版社,2002.

[7] 马克辛.景观设计基础[M].北京:高等教育出版社,2008.

[8] 格兰特·W.里德.从概念到形式[M].陈建业,赵寅,译.北京:中国建筑工业出版社,2006.

[9] 诺曼·K.布思.独立式住宅环境景观设计[M].彭晓烈,译.沈阳:辽宁科学技术出版社,2003.

[10] 薛健.园林与景观设计资料集——水体与水景设计[M].北京:知识产权出版社,2008.

[11] 顾小玲.景观设计艺术[M].南京:东南大学出版社,2004.

[12] 周玉明,徐明.景观规划设计[M].苏州:苏州大学出版社,2006.

[13] 王晓俊.风景园林设计[M].南京:江苏科学技术出版社,2000.

[14] 王向荣,林箐.西方现代景观设计的理论与实践[M].北京:中国建筑工业出版社,2002.

[15] 蔡如,韦松林.植物景观设计[M].昆明:云南科技出版社,2005.

[16] 陈丙秋,张肖宁.铺装景观设计方法及应用[M].北京:中国建筑工业出版社,2006.

[17] 张纵.园林与庭院设计[M].北京:机械工业出版社,2004.

[18] 金涛,杨永胜.现代城市水景设计与营建 1—4[M].北京:中国城市出版社,2003.

[19] 彭一刚.中国古典园林分析[M].北京:中国建筑工业出版社,1986.

[20] 俞孔坚,李迪华.景观设计专业学科与教育[M].北京:中国建筑工业出版社,2003.

[21] 伊丽莎白·巴洛·罗杰斯.世界景观设计 I—II[M].韩炳越,曹娟,译.北京:

中国林业出版社,2005.
[22] 针之谷钟吉.西方造园变迁史[M].邹洪灿,译.北京:中国林业出版社,1991.
[23] 金煜.园林植物景观设计[M].沈阳:辽宁科技出版社,2008.
[24] 周维权.中国古典园林史[M].北京:清华大学出版社,1990.
[25] 郑曙旸.景观设计[M].杭州:中国美术学院出版社,2001.
[26] 尹吉光.图解园林植物造景[M].北京:机械工业出版社,2007.
[27] 尚磊,杨珺.景观规划设计方法与程序[M].北京:中国水利水电出版社,2007.
[28] 马克辛,卞宏旭.景观设计教学[M].沈阳:辽宁美术出版社,2008.
[29] 冯炜,李开然.现代景观设计教程[M].杭州:中国美术学院出版社,2002.
[30] 张力杨,周静敏.景观与建筑——融于风景和水景中的建筑[M].北京:中国建筑工业出版社,2004.
[31] 章采烈.中国园林艺术通论[M].上海:上海科学技术出版社,2004.
[32] 计成.园冶[M].北京:中国建筑工业出版社,2004.
[33] 约翰·O.西蒙兹.景观设计学——场地规划与设计手册[M].俞孔坚,译.北京:中国建筑工业出版社,2000.
[34] 陈从周.说园[M].上海:同济大学出版社,2007.